纳米加工技术与原理

Nanofabrication
Techniques and Principles

[加拿大] Maria Stepanova　Steven Dew　编
段辉高　陈艺勤　胡跃强　李　平　译

国防工業出版社
·北京·

著作权合同登记　图字：军-2016-144号

图书在版编目(CIP)数据

纳米加工技术与原理/(加)玛丽亚·斯捷潘诺娃(Maria Stepanova)，(加)史蒂文·德夫(Steven Dew)编；段辉高等译．—北京：国防工业出版社，2021.7

书名原文：Nanofabrication：Techniques and Principles

ISBN 978-7-118-12322-7

Ⅰ．①纳…　Ⅱ．①玛…　②史…　③段…　Ⅲ．①纳米材料-加工　Ⅳ．①TB383

中国版本图书馆CIP数据核字(2021)第122330号

※

国防工业出版社出版发行
(北京市海淀区紫竹院南路23号　邮政编码100048)
三河市腾飞印务有限公司印刷
新华书店经售

*

开本 710×1000　1/16　**插页** 5　**印张** 20¾　**字数** 368千字
2021年7月第1版第1次印刷　**印数** 1—2000册　**定价** 119.00元

(本书如有印装错误，我社负责调换)

国防书店：(010)88540777　　书店传真：(010)88540776
发行业务：(010)88540717　　发行传真：(010)88540762

译 者 序

自1959年理查德·费曼提出“There's plenty of room at the bottom”伊始，纳米科学经过半个多世纪的发展，不仅拓展了科学边界，开拓出众多新领域，而且发展出了大量基于新效应的纳米器件。纳米加工与制造技术是纳米科学实现器件应用的关键，其中最为典型的实例为集成电路(IC)芯片技术的发展。进入21世纪，随着纳米电子学、纳米光学、量子芯片、超构材料、微纳传感器等新领域的发展，芯片不再单指IC芯片，而是逐步扩展到集成化、轻薄化、多功能化的微系统，如光子芯片、声子芯片、微流体芯片等，也可以称之为广义芯片。在此背景下，纳米加工技术近些年来也在不断发展，以满足广义芯片对多材料、多维度、定制化的制造需求。

鉴于纳米加工技术在纳米科学及纳米科技产业中的作用越来越显著，全面而系统地学习与纳米加工相关的知识对纳米科学研究或纳米科技产业的从业人员是十分重要的。尽管国内外已出版不少此类著作，但多数聚焦于CMOS工艺，针对非CMOS工艺的学习资料及专著依然偏少。此次，受国防工业出版社之邀，我们挑选了一本具有代表性的英文著作*Nanofabrication: Techniques and Principles*进行翻译。该著作较全面地介绍了当前几种典型的非CMOS纳米加工技术及其原理，可作为我们初涉纳米加工领域的入门级学习资料，也可作为从事纳米科学应用的科研工作者的工具性参考书。同时，我们也希望通过这本译著吸引更多的年轻学者从事纳米加工领域的研究。

鉴于译者翻译水平有限，许多英文专业术语在中文中暂时没有对应的词汇，译著中难免会出现一些难以理解或晦涩的表达，望读者见谅，也请广大读者朋友们不吝指教或深入探讨。为了尽快让本书与广大读者见面，郑梦洁、石惠民、向泉等已从湖南大学毕业的博士研究生和从事纳米加工研究的好友李湘林老师也参与了本书的部分翻译和校稿工作，在此，由衷感谢他们的辛勤劳动与付出。同时，感谢课题组的在读研究生及访问学者安秀云博士在译著的图片处理及校核等工作中付出的宝贵时间。

译者
2021年4月15日
于湖南大学

前　　言

本书的出版是因为我们意识到微纳结构加工的新知识层出不穷,现有数据库中逐渐出现了空白。目前,已经非常完善但仍然在高速发展的微电子加工技术让我们拥有了一系列对半导体、绝缘体及金属等薄膜进行沉积、图形化及刻蚀的工具和方法,这些工具和方法在许多文献和书籍中都有详细的描述和记录,也持续在新兴的纳米技术产业发挥着巨大的作用。然而,除了这些已经存在的方法外,近些年来针对纳米尺度与精度的结构加工涌现了众多新工具,其中,如原子层沉积,已经逐渐在微电子生产线上获得应用。也有部分尖端工具,如氦离子束纳米加工,在未来短期内不太可能实现大批量生产,但是作为一类强大的工具,它们可以制作以前无法想象的纳米器件。介于二者之间,还有许多技术到目前为止仍没有出现在标准的微纳加工手册中,这些技术的共同特征是能够对物质进行近原子尺度和精度的结构加工。因此,我们认为有必要将这些技术编写成一本参考书,作为对以前那些专门描述先进 CMOS 集成电路工艺的书籍的补充。本书不会对 CMOS 工艺进行介绍,并不是因为它们不属于"真正的纳米加工方法",而是因为它们在过去很多年是缓慢演化而来的,大家已经比较熟悉,有很多其他的书籍进行了专门介绍。

本书兼顾了纳米加工的基础原理和应用实例。潜在的读者,即所有对纳米结构加工新方法感兴趣的人员,包括工业界的工艺工程师、学术研究人员、研究生及高年级本科生。本书也可以作为教材为研究生开设一个学期的纳米加工方面的课程,尽管不是专门为教学目标而编写。

在选择每章的作者时,我们根据专家们的特长,兼顾本地及国际上的专业人员。本书 13 章中的作者来自 8 个不同的国家,他们都在各自相关领域颇负盛名,希望能给每个主题提供独特的视角和权威性的论述。作为编者,我们非常幸运能与如此敬业的专业人员共事,也非常感谢他们的辛勤工作和杰出贡献。

我们也非常感谢本地同行的支持,特别是来自阿尔伯塔大学纳米加工实验室、纳米集成系统研究平台、表面工程与科学中心以及国家纳米技术研究所等研究机构工作人员的支持。同时,要感谢我们的研究生、研究人员和同事,他们提供的良好环境及付出的艰苦努力使我们逐渐在纳米加工领域拥有了自己的专业知识。此外,我们还要感谢斯普林格·维拉格出版社给予的充分信任和支持。最后,真诚地感谢各位作者的家庭在本书编写过程中给予的理解和支持。

加拿大,埃德蒙顿

玛丽亚·斯捷潘诺娃

(Maria. Stepanova@ nrc-cnrc. gc. ca)

史蒂文·德夫

(steven. dew@ ualberta. ca)

目　　录

第1章　纳米加工研究方向简介 …… 1
1.1　纳米加工 …… 1
1.2　纳米光刻 …… 2
1.3　纳米薄膜沉积 …… 3
1.4　纳米尺度下的刻蚀及图形化工艺 …… 4
1.5　小结 …… 5
参考文献 …… 5
第2章　电子束曝光与显影的基本原理 …… 7
2.1　引言 …… 7
2.1.1　电子传输 …… 8
2.1.2　电子束抗蚀剂 …… 9
2.1.3　抗蚀剂的显影 …… 11
2.1.4　工艺参数 …… 12
2.2　PMMA抗蚀剂工艺窗口 …… 13
2.2.1　温度对工艺窗口的影响 …… 16
2.2.2　曝光剂量和显影时间的相互影响 …… 18
2.2.3　曝光电压的影响 …… 19
2.3　EBL工艺优化：典型示例 …… 20
2.3.1　低压曝光、低温显影PMMA工艺 …… 20
2.3.2　通过控制PMMA实现亚20nm宽桥结构 …… 22
2.3.3　HSQ亚10nm工艺 …… 26
2.3.4　HSQ抗蚀剂作为刻蚀掩模：8nm宽桥结构 …… 29
2.4　绝缘衬底 …… 31
2.5　小结 …… 33
参考文献 …… 33
第3章　电子束曝光与抗蚀剂工艺的模拟仿真 …… 36
3.1　引言 …… 36
3.2　仿真流程图 …… 38

3.3 电子束曝光仿真模块 …… 40
3.3.1 建模方法 …… 42
3.3.2 能量沉积函数 …… 48
3.3.3 电子束形效应 …… 51
3.3.4 模拟版图中的能量分布 …… 52
3.3.5 邻近效应校正 …… 53
3.4 抗蚀剂模拟模块 …… 56
3.4.1 宏观尺度下的抗蚀剂建模 …… 58
3.4.2 介观尺度下的抗蚀剂显影模型建模 …… 60
3.5 电子束曝光模拟的商用化软件 …… 66
3.5.1 电子束-物质相互作用 …… 67
3.5.2 邻近效应校正 …… 68
3.5.3 现代化的软件工具 …… 69
3.6 实例 …… 69
3.6.1 电子束图形化模拟及其在多层膜衬底上复杂版图的测量 …… 69
3.6.2 模拟电子束曝光中白噪声对32nm节点CD及LER的影响 …… 75
3.7 小结 …… 78
参考文献 …… 79
第4章 氦离子光刻的原理及性能 …… 82
4.1 引言 …… 82
4.2 氦离子束系统 …… 85
4.3 氦离子与物质的相互作用 …… 86
4.3.1 初始离子束发散 …… 87
4.3.2 二次电子的产生 …… 87
4.3.3 二次电子的能量分布 …… 88
4.3.4 二次电子的曝光贡献 …… 90
4.3.5 曝光损伤 …… 91
4.4 氦离子束光刻 …… 92
4.4.1 灵敏度和对比度 …… 93
4.4.2 分辨率 …… 96
4.4.3 邻近效应 …… 99
4.4.4 Al_2O_3 抗蚀剂 …… 100
4.5 结论和展望 …… 102
参考文献 …… 103

第 5 章　纳米压印技术 …… 106
5.1　热纳米压印 …… 106
5.1.1　基本原理 …… 107
5.1.2　薄膜挤压流动和 NIL 过程中遇到的问题 …… 108
5.1.3　模板的弯曲度和均匀性 …… 109
5.1.4　模板抗黏处理和步进式压印过程中的自动脱模 …… 111
5.2　紫外辅助纳米压印光刻 …… 113
5.2.1　透明模板 …… 114
5.2.2　全晶圆压印工艺 …… 117
5.2.3　步进重复纳米压印光刻 …… 117
5.3　其他压印技术 …… 120
5.3.1　反转压印技术 …… 120
5.3.2　压印无机溶胶-凝胶薄膜 …… 122
5.4　应用 …… 123
5.5　小结 …… 123
参考文献 …… 124
第 6 章　原子层沉积纳米技术 …… 128
6.1　引言 …… 128
6.1.1　ALD 基本原理 …… 129
6.1.2　等离子体增强 ALD …… 130
6.1.3　ALD 前驱体 …… 132
6.1.4　优势与局限 …… 135
6.2　ALD 在纳米科技中的应用 …… 136
6.2.1　高深宽比特征结构的 ALD …… 136
6.2.2　ALD 薄膜在纳米电子学中的应用 …… 138
6.2.3　纳米颗粒的沉积 …… 141
6.3　小结 …… 144
参考文献 …… 145
第 7 章　纳米尺度下的表面功能化 …… 147
7.1　引言 …… 147
7.2　从功能化视角理解表面改性 …… 148
7.2.1　浸润性 …… 148
7.2.2　均匀性和针孔 …… 149
7.2.3　化学反应活性 …… 151

7.2.4 表面保护 …… 152
7.2.5 电子相互作用 …… 153
7.2.6 热稳定性 …… 156
7.3 纳米分子层 …… 157
7.3.1 Langmuir-Blodgett 膜 …… 158
7.3.2 自组装单分子层 …… 159
7.3.3 共价键锚定的分子层 …… 161
7.4 多层表面修饰 …… 164
7.4.1 重氮化合物还原及相关技术 …… 164
7.4.2 电聚合技术 …… 166
7.4.3 分子和原子多层膜的逐层沉积 …… 167
7.5 总结与展望 …… 168
参考文献 …… 169
第8章 基于嵌段共聚物自组装的纳米结构 …… 174
8.1 引言 …… 174
8.2 微相分离和形态学 …… 175
8.2.1 块体的微相分离 …… 175
8.2.2 薄膜中的微相分离 …… 176
8.2.3 嵌段共聚物薄膜中微区取向的控制 …… 177
8.2.4 嵌段共聚物薄膜的长程横向有序性 …… 178
8.3 块体中纳米结构的形成 …… 180
8.4 嵌段共聚物纳米模板的生成 …… 183
8.4.1 选择性去除牺牲微区的纳米模板 …… 183
8.4.2 嵌段共聚物薄膜表面重构纳米模板 …… 183
8.4.3 嵌段共聚物超分子组装的纳米模板 …… 184
8.5 嵌段共聚物纳米模板的应用 …… 185
8.5.1 纳米光刻 …… 185
8.5.2 功能纳米材料的直接沉积 …… 187
8.5.3 纳米多孔膜 …… 192
8.6 总结和展望 …… 194
参考文献 …… 195
第9章 电沉积法在半导体上外延生长金属 …… 198
9.1 引言 …… 198
9.2 电沉积的步骤 …… 199

9.3 Si衬底上金属的外延生长 …… 201
9.4 GaAs衬底上金属的外延生长 …… 203
9.5 半导体纳米线 …… 211
9.6 总结与展望 …… 212
参考文献 …… 215
第10章 用于纳米技术的化学机械抛光 …… 218
10.1 引言 …… 218
10.1.1 CMP的基本原理 …… 219
10.1.2 CMP装置及其耗材 …… 221
10.1.3 抛光垫 …… 229
10.1.4 抛光垫调节器 …… 232
10.1.5 清洁 …… 232
10.2 抛光机理 …… 233
10.2.1 SiO_2抛光——“化学齿” …… 234
10.2.2 金属抛光 …… 235
10.2.3 混合表面(选择性)抛光 …… 237
10.2.4 抛光过程建模 …… 237
10.3 CMP工艺在纳米制造中的应用 …… 239
10.3.1 平滑 …… 239
10.3.2 新型集成工艺 …… 243
10.4 小结 …… 249
参考文献 …… 249
第11章 聚焦氦离子束沉积、铣削与刻蚀加工 …… 252
11.1 引言 …… 252
11.2 氦离子与材料的相互作用 …… 253
11.2.1 离子在物质中的渗入 …… 253
11.2.2 氦离子束铣削 …… 255
11.2.3 离子和电子诱导加工 …… 257
11.2.4 离子束诱导加工理论 …… 259
11.2.5 装备 …… 260
11.3 氦离子束诱导加工(He-IBIP)工作回顾 …… 261
11.3.1 方块沉积 …… 261
11.3.2 静态能量束沉积 …… 262
11.3.3 材料生长速率 …… 264

11.3.4 成分 …… 265
11.3.5 邻近效应 …… 265
11.3.6 复杂结构 …… 267
11.3.7 氦离子束铣削 …… 269
11.3.8 氦离子束诱导刻蚀 …… 271
11.3.9 氦离子束诱导沉积的建模 …… 272
11.4 总结和展望 …… 275
参考文献 …… 276
第12章 激光纳米图形化 …… 278
12.1 引言 …… 278
12.2 激光与材料的相互作用 …… 279
12.3 二维纳米写入技术 …… 281
12.4 三维非线性纳米写入技术 …… 285
12.5 纳米铣削和纳米颗粒合成 …… 286
12.6 激光诱导正向转移 …… 287
12.7 小结 …… 292
参考文献 …… 293
第13章 基于纳米多孔阳极 Al_2O_3/TiO_2 的模板制作与图形转移技术 … 296
13.1 引言 …… 296
13.2 多孔 Al_2O_3 和管状 TiO_2 的形成 …… 297
13.2.1 纳米多孔阳极 Al_2O_3 的形成 …… 297
13.2.2 利用结构预制工艺制备大规模高度有序纳米多孔 Al_2O_3 …… 299
13.2.3 TiO_2 纳米管阵列的制备 …… 301
13.2.4 非本征衬底上纳米多孔 Al_2O_3 和纳米管状 TiO_2 模板的制备 …… 303
13.3 功能纳米材料的模板生长 …… 304
13.4 孔的分化:高度有序的镶嵌纳米结构 …… 307
13.5 利用阳极氧化形成的纳米多孔硬模板进行图形转移 …… 310
13.5.1 利用 AAO 刻蚀掩膜在单晶半导体衬底上制备纳米孔阵列 …… 310
13.5.2 利用 AAO 模板制备纳米点阵 …… 312
13.5.3 AAO 作为离子束辐照掩模 …… 314
参考文献 …… 314

第1章　纳米加工研究方向简介

摘要

纳米技术是运用纳米加工方法在1~100nm尺度下进行物质结构化的一种技术。本书将论述一系列纳米加工方法,其中包括:电子束光刻、氦离子束光刻及纳米压印技术;纳米薄膜沉积,如原子层沉积、表面单分子自组装、嵌段共聚物及电化学外延技术;刻蚀工艺,如化学机械抛光、离子束诱导反应、激光纳米图形化及阳极氧化模板法。本书将对上述每种工艺方法中的原理、方法、设备、工艺参数、功能与应用实例进行介绍。综上所述,这些方法一起构成了迅速发展的纳米加工技术强有力的工具库。

1.1　纳米加工

纳米技术是在1~100nm尺度下进行物质的受控组装与结构化并利用其在该尺寸下呈现的独特性能的一种技术。众所周知,纳米技术将为医疗健康、交通工具新材料、消费产品的新类别和功能、产业新工艺、信息技术的新器件和传感器等领域注入新的活力[1]。有评估显示,预计到2020年,纳米技术产业在全球经济的产值将达到3万亿美元[2]。纳米加工使得物质的纳米尺度得到精确控制成为可能。它是具有接近纳米级可控性、重复性及精度的加工技术的集合,可用于材料的图形化、生长、成形和去除。

本书是一部关于纳米加工技术的书籍,可供有志于学习和推动纳米技术革命的相关从业者、研究人员及学生们阅读参考。这些方法和技术发展迅速而且类型繁多,因此,这里仅选择其中最重要的方法进行介绍。尽管有其他优秀的书籍和资料中对不同的方法进行了介绍,或者高度详细地论述了其中某一特定的主题[3-9],并且我们也推荐读者对这些书籍进行阅读,但我们仍然认为需要有一本书介绍各类重要的纳米加工技术的功能和基本原理。此外,虽然微电子领域本身对纳米加工领域就非常重要,也驱动了一系列与CMOS相关的高度专业化需求,却排除了大量的非CMOS相关的应用。因此,我们认为有必要为探索更广泛的纳米加工技术提供一些参考资料,并在必要时略过传统的微电子加工技术,本书是我们对此做出的尝试。

本书分为 3 部分,其中的专题章节分别由来自 8 个国家的国际专家撰写。大致来说,这 3 部分是纳米光刻、纳米沉积以及纳米刻蚀与图形转移。这些划分略显随意,因为所涉及的一些主题往往包含上述两个或多个分类功能,或者可以在多个领域进行应用。例如,离子束可用于光刻、局部刻蚀或沉积,从而实现了上述 3 部分的功能。然而,沉积、光刻和刻蚀的实例在微纳加工领域都是长期积累、根深蒂固的,我们很难从现有模式中跳脱出来。

1.2 纳米光刻

光刻是一种可以在称为抗蚀剂的特定材料层中准确而且可重复地生成任意(一般为二维)图形的工艺。通常,图形随后通过传统的刻蚀或剥离工艺被转移至另一功能层。一般来说,光刻过程是利用紫外(UV)辐射透过掩模板上的透明部分,改变聚合物抗蚀剂材料的溶解度来实现的。通过采用高数值孔径光学和浸没式透镜、深紫外准分子激光源、移相掩模、光学邻近效应校正和双重曝光等改进方法,传统光刻已经成功地推进到纳米尺度。然而,随着加工需求扩展至极限纳米尺度,对于需要控制成本、大批量而且对平面度高要求的非微电子方向的应用,则需要采用其他光刻技术。极紫外(EUV)和 X 射线光刻可以将加工扩展到更小的尺寸,但是至少在当前,高昂的成本使它们很难在非微电子领域中获得应用。对于低成本、高灵活性、深纳米的光刻需求,可采用 3 种加工方法,分别是电子束光刻(EBL)、离子束光刻(IBL)和纳米压印(NIL)技术,这些技术将在本书第 2~5 章中进行介绍。

在第 2 章中,对 EBL 的原理和主要工艺机理进行了介绍。EBL 从一开始便是纳米光刻的主流技术,现在仍然被用于掩模及压印模板的制作,尽管批量生产需要结合其他技术(如 EUV 和 NIL)。该章介绍了电子束光刻工艺中的各种参数(能量、剂量、显影温度和时间等)及其对分辨率、灵敏度、线边缘粗糙度和工艺窗口的影响。

建立模型和模拟计算对于理解和优化纳米级工艺非常重要,第 3 章对电子束光刻中需要的建模过程进行了描述。该章介绍了 EBL 仿真的基本步骤,从抗蚀剂中电子散射和能量沉积出发,对前向散射和背向散射、邻近效应校正、热处理和显影、线边缘粗糙度和随机效应等进行解释。同时,提出了不同的模拟方法,如蒙特卡罗和数值分析方法、连续和离散的抗蚀剂模型以及宏观和介观模型,并总结了现有的可用于 EBL 仿真的商业软件。

尽管 EBL 技术具有灵活性和普及性,但仍面临着分辨率的限制,特别是邻近效应带来的影响。随着近来亚纳米束斑尺寸的发展,氦离子束光刻(HIBL)在上述方面具有潜在的优势。第4章介绍了HIBL的基本原理及功能,对EBL和HIBL工艺进行了比较,提出后者可以实现更高的灵敏度、更低的散射与邻近效应及更高的分辨率。此外,还讨论了氦离子束的产生与控制原理、离子与物质相互作用及对衬底损伤的影响。同时,也探索了各种抗蚀剂,包括常规的HSQ、PMMA及无机Al_2O_3。

就“低成本”要求而言,最有前景的纳米光刻方法可能是NIL。该技术是将特征尺寸可小至几纳米的预图形化模板与抗蚀剂材料相接触,再通过热压印或紫外固化压印转印图形。在第5章中,阐述了NIL的原理、功能和主要参数,介绍了热压印和紫外固化压印的一些主要挑战,包括当与压模接触时的压印胶流动问题、压模形变、抗黏层的使用、脱模和抗蚀剂材料等。同时,还讨论了晶圆级、步进式压印策略、三维图形的创建。最后简要总结了纳米压印在各领域中的应用。

1.3 纳米薄膜沉积

在传统的微纳加工中,沉积工艺包括蒸发、溅射沉积、化学气相沉积或电化学沉积等方法,利用这些方法将各种导电材料、绝缘材料、半导体和其他功能材料逐层沉积到衬底上。经过精心设计和优化,上述这些技术可用于制作纳米级结构。然而,近年来还出现了一系列可用于纳米增材制造的新技术。与传统的气相沉积相比,这些技术更大程度上依赖于湿法化学方法。

第一种技术便是原子层沉积(Atomic Layer Deposition, ALD)技术。虽然沉积的薄膜不是纳米结构,但它们是单层可控的,这一特点在纳米加工中极具价值。单层可控特性是通过使用两种自限性的吸附反应来实现的,当两种反应交替工作时,可逐步向衬底表面叠加单层膜。因为吸附步骤是饱和的,所以可以在具有极高深宽比和复杂表面形貌的衬底上实现共形沉积。在第6章中,详细解释了上述过程的反应机理,并概述了一些功能和应用,总结了ALD的发展,以及基本原理、设备和该技术的变体,如等离子体增强ALD。此外,还讨论了前驱体的各种应用,如用于阳极氧化铝纳米孔涂层(参见第13章)、高k值栅介质、扩散阻挡层的制备以及在表面和纳米管上形成纳米颗粒。

在自限性单层沉积领域,表面功能化也是研究的热点。尽管表面仅沉积一层单分子层,但它通常会增加对目标生物分子的高度特异性亲和力或表现出其他的生物功能。这展现了纳米技术在一系列健康和安全问题相关领域中的应用潜力。第7章讨论了纳米尺度表面的重要性,以及如何制作具有特定功能的表面。表面调控的参数包括润湿性(通过水和其他材料)、覆盖性、表面形貌、化学反应活性、钝化、电子活跃度和热稳定性。同时,也讨论了单层成形技术,如Langmuir-Blodgett 和在金属、硅和碳表面上的单分子层自组装(SAM)以及形成多层纳米分子涂层的技术。

利用嵌段共聚物形成的高度规则、可重复的二维或三维结构可以对特定聚合物的不混溶特性进行改造。第 8 章介绍了各种可能出现的结构,包括球形、圆柱形和薄片层状结构,以及主导它们在溶液及薄膜中形成的原理和相图分析,并且介绍了可以使薄膜中的结构形成取向的技术,讨论了嵌段共聚物薄膜作为模板和在超分子组装中的应用。

第 9 章专门讨论了在半导体上进行金属电沉积外延生长的技术,这是一种使用衬底作为模板制作金属晶体阵列的低成本技术,与纳米加工技术密切相关,它不仅可以加工精细的纳米结构,而且是电子和传感领域形成半导体材料电接触的重要技术。作者总结了电沉积技术,包括各种工艺参数的影响,如在 Si 和 GaAs 衬底上的工艺细节,并展示了该技术在制作 Cu 和 Au 纳米线上的应用。

1.4 纳米尺度下的刻蚀及图形化工艺

本书的最后部分涉及使用刻蚀和其他减材技术来制作及控制纳米结构,主要内容包括纳米结构形成过程中所需要的原子级平坦表面的加工、对器件进行激光和离子轰击以及对高度局域化的区域进行修正、对"阀金属"进行阳极氧化从而能够生产高可控性的纳米孔材料,可用于提升其自身性能或者作为制作其他材料结构的模板。

几十年来,化学机械抛光(CMP)一直被用作抛光硅晶圆的最后一步,但其近年来才开始作为加工工艺,首先是用于介电 SiO_2的平坦化,然后用于现代微电子结构中钨插塞的加工和铜的镶嵌工艺。该项技术在微电子领域之外也有其他用处,因为许多纳米级精度的制造步骤也需要一个非常接近原子级平坦的起始表面。CMP 可通过结合化学表面软化和机械磨蚀来提供这种原子级精度的可控性。在第 10 章中,讨论了实现该级别可控性的主要纳米加工原理、参数及需求。

在第 11 章中,我们回到聚焦氦离子束这个主题上。聚焦氦离子束并非通过调控结构和抗蚀剂材料的溶解性来完成加工的;相反,它通过提供能量实现高度局域化的刻蚀、沉积或其他在衬底附近注入气体的化学反应。该章对离子诱导沉积和刻蚀作为极端纳米加工工具的能力和局限性进行了探索,对其设备和技术进行了描述,也探讨了前驱体气体注入、输运和分解,离子溅射,邻近效应,二次电子产生的作用及上述因素相互之间的关系,也讨论了离子束诱导沉积薄膜的速率、结构和组分。

第12章中对激光脉冲纳米加工方法进行了介绍。笔者认为,这种方法的主要优势是脉冲可以实现从飞秒持续时间到连续波的任意调控,从而控制相互作用时间并且最终使得能量传输尺度低至纳米级,这使得在接近单层水平控制烧蚀或重结晶成为可能。激光诱导的正向转移也为类似尺度的沉积控制提供了机遇。通过倍频、微透镜和近场光学技术,也可以实现纳米级横向控制。此外,多光子吸收为三维直写提供了新方案,增加了激光图形加工的通用性。

在第13章中讨论了Al和Ti阳极氧化方法的运用。在合适的条件下,该工艺的非线性可制作高度规则、间隔均匀的纳米级孔,这种纳米孔可以拓展至微米甚至毫米深度,这对于某些纳米尺度下的生长是非常有用的。此外,它还可以用作其他方法难以制作的各种纳米棒和纳米线材料的生长模板。纳米孔阵列也提供了另一种对其他材料进行纳米结构化的方法,即作为刻蚀和沉积反应的模板。该章探讨了应用纳米孔模板的主要方法、关键参数以及这些技术的应用领域。

1.5 小结

纳米加工领域需要在微加工技术基础上,对传统光学光刻、气相沉积和反应离子刻蚀等工艺进行拓展。通过国际专家撰写的一系列重要章节,本书讨论了可用于满足这些要求的关键技术,使得纳米尺度复杂系统和材料结构的加工成为可能。

致谢:作者感谢自然科学和工程研究委员会、国家纳米技术研究所和阿尔伯塔大学纳米加工中心的支持。作为编辑,我们也非常感谢合作作者的辛勤工作,本书的完成得益于他们丰富的专业知识和敬业的态度,特别感谢他们从繁忙的日程中抽出时间撰写了一系列自己多年来的实践积累及经验总结。

参考文献

[1] Roco MC, Mirkin CA, Hersam MC. Nanotechnology research directions for societal needs in

2020, retrospective and outlook. Heidelberg Dordrecht London New York: Springer; 2011. ISBN 978-94-007-1167-9.
[2] Roco M, Presentation on the national nanotechnology initiative 2. Washington, DC; 2010.
[3] Cui Z. Nanofabrication: principles, capabilities and limits. Berlin: Springer; 2008. ISBN 0387755764.
[4] Ampere A. Nanofabrication: fundamentals and applications. Singapore: World Scientific Publishing; 2008. ISBN 9812700765.
[5] Wiederrecht G, editor. Handbook of nanofabrication. Amsterdam: Elsevier; 2010. ISBN 0123751764.
[6] Ohtsu M, editor. Nanophotonics and nanofabrication. Darmstadt: Wiley-VCH; 2009. ISBN 9783527321216.
[7] Ostrikov K, Xu S. Plasma-aided nanofabrication: from plasma sources to nanoassembly. Darmstadt: Wiley-VCH; 2007. ISBN 9783527406333.
[8] Wang M, editor. Lithography. Vukovar: Intech; 2010. ISBN 9789533070643.
[9] Kumar Challa, editor. Nanostructured thin films and surfaces. Darmstadt: Wiley-VCH; 2010. ISBN 9783527321551.

第2章 电子束曝光与显影的基本原理

摘要

EBL是一种基本的纳米加工技术,不仅可以直接制备具有亚10nm特征尺寸的结构,而且还可以通过制备掩模和模板实现高产量的纳米级图形化技术,如(DUV和EUV)光学光刻和纳米压印光刻。本章总结了EBL的关键原理,探讨了相关参数之间的复杂相互作用及其对所加工光刻结构质量的影响规律;研究了低压曝光和低温显影的使用及其对工艺窗口的影响。此外,还讨论了EBL在制造微小孤立桥结构和用于纳米压印的高密度母掩模方面的应用;并探索了正负性抗蚀剂的使用方法。

2.1 引言

由于EBL能够加工任意的纳米尺度二维图形,目前已是纳米加工中最重要的技术之一。简而言之,其通过高度聚焦的电子束对抗蚀剂进行曝光,以大幅改变其在随后显影过程中的溶解度,如图2.1所示。

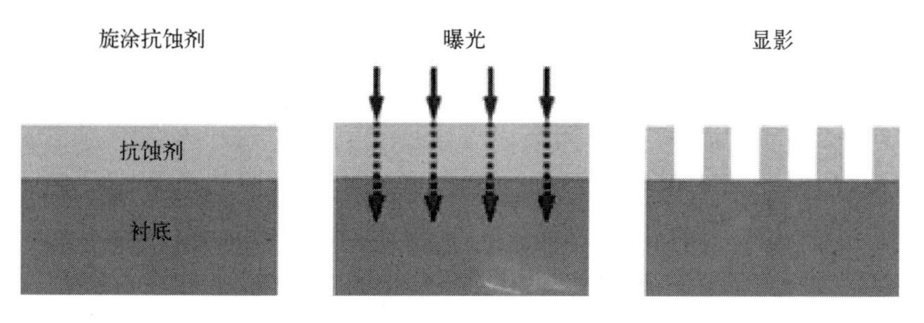

图2.1 利用EBL工艺在正性抗蚀剂层中制备纳米级图形示意图

EBL最初是由扫描电子显微镜发展而来,在扫描电子显微镜的基础之上添加了图形发生器和束闸以控制视场的特定区域曝光[1-3](图2.2(a)所示为EBL系统的示意图)。现代EBL设备是完全专用的图形化系统(图2.2(b)),它采用高亮度电子源和高分辨率机械平台,在相对较窄的电子束聚焦范围内逐步曝光大面积衬底。这种直写系统具有分辨率极高的优点,并且能够在无掩模的情况下制备任意图形,缺点是在制备大面积复杂图形时耗时较多。为了克服这个缺点,人们尝试使用了投影式 EBL 技术[4,5]和大规模平行电子束[6]。由于这些技术尚处在初步发展阶段,本章将重点关注单电子束 EBL 直写技术。

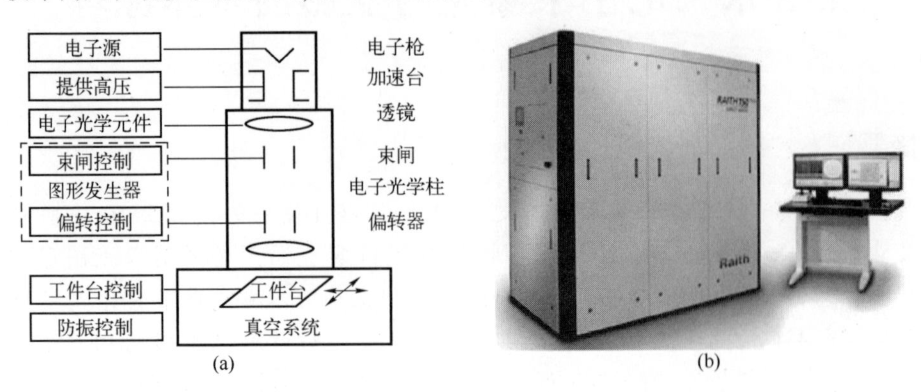

图 2.2　电子束曝光系统

(a) 原理图;(b) Raith 150^{TWO}商用 EBL 系统(经文献[7]许可)。

EBL 直写的关键目标是在抗蚀剂中实现具有高分辨率、高密度、高灵敏度和高可靠性等特点的任意图形。这些特点受诸多因素影响,并以复杂的方式相互关联。其关键的决定性因素是:电子光学元件的质量(如产生精细聚焦束斑的能力);抗蚀剂、衬底和显影液的选择;工艺条件,包括电子束能量和剂量、显影时间和温度。由于存在前向散射和背向散射(邻近效应)导致的电子离域、膨胀和毛细力导致的图形坍塌,以及特征尺寸的波动(线边缘粗糙度),因此实现上述关键目标变得更为复杂。

2.1.1　电子传输

要得到高质量电子束首先需要有稳定的高亮度电子源,如采用热场发射的电子源。光斑的质量取决于电子光学和聚焦能力,高质量的光斑需满足位置精度高、像散足够小、光斑尺寸小等特点[8]。电子束处于真空下,可以减少气体散射,但由于电子的相互静电排斥仍会引起电子束的发散。这种效应在较高电流和较低能量的情况下会变得更加明显。尽管如此,商用 EBL 系统通常情况下仍可以提供小至几纳米的束斑尺寸[7,9,10]。但是,一些其他因素,如散射,通常会使最终的抗蚀剂图形尺寸更大。

当电子进入抗蚀剂时,它们开始进行一系列低能弹性碰撞,每次碰撞都会使电子稍微偏转。这种前向散射使电子束展宽,而且电子束展宽幅度随抗蚀剂厚度的增加而增加,并且这种效应在入射能量较低时更为明显[11,12](图 2.3)。

除了前向散射外,还存在背向散射[13]。通常,大多数电子会完全穿过抗蚀剂层,并深入到衬底中。其中一部分入射电子会发生足够大角度的碰撞,并再次射入入射点周围一定区域内的抗蚀剂中(图 2.4)。在较高的能量下,这些背向散射电子可能会曝光距离电子束入射点微米尺度以外的区域[14,15],这导致了所谓的邻近效应[16-18]。电子束曝光某一位置时,会增加附近区域的曝光剂量,导致图形失真和过度曝光。特征图形的密度是决定曝光量的重要因素。在薄膜衬底上进行曝光,可以减小背向散射的影响。

另一个影响电子传输的因素是二次电子[1]。二次电子是由初级入射电子发生非弹性碰撞并电离而产生的低能量(几到几十电子伏特)电子[19]。由于它们的能量较低,所以其传输路径较短(几纳米),但是仍然可能会影响到 EBL 的分辨率。图 2.3 所示为在抗蚀剂中曝光两条平行线的预测横截面。

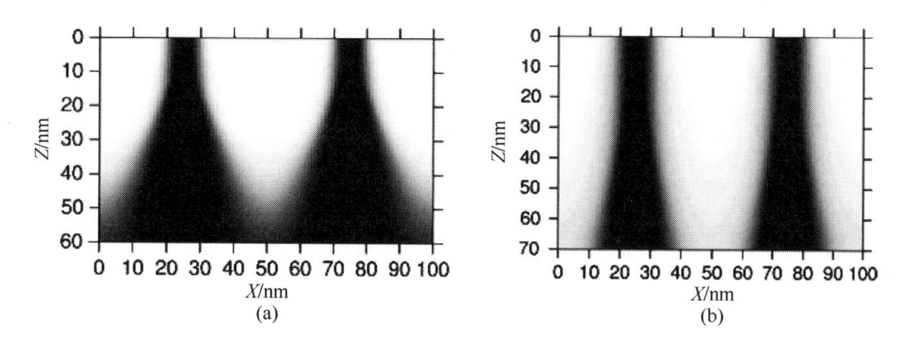

图 2.3 在入射电子能量为 3keV 和 10keV 情况下抗蚀剂中的前向散射引起的电子束展宽
(a) 3keV;(b) 10keV。

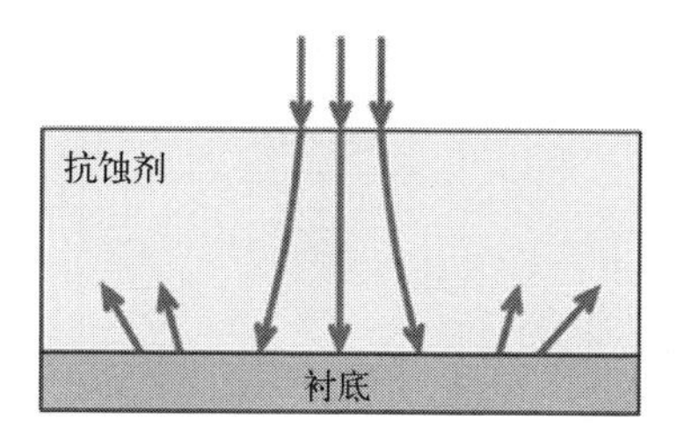

图 2.4 抗蚀剂和衬底中电子的前向散射和背向散射导致的电子束展宽和邻近效应

最后一个影响因素是静电荷累积,特别是在绝缘衬底上进行曝光时。如果没有吸收以及疏导电子的通路,电荷会在曝光的位置积聚,并使电子束散焦。在这种情况下,需要在抗蚀剂上方或下方添加薄金属[1]或导电聚合物层[20]。

2.1.2 电子束抗蚀剂

电子与抗蚀剂的非弹性碰撞会导致电离(二次电子产生),并伴有抗蚀剂的物理和化学变化。与传统光刻相同,EBL 可以使用两类抗蚀剂。正性抗蚀剂在经过电子束曝光后,其溶解度会经历由低到高的转变。典型的例子是聚甲基丙烯酸甲酯(PMMA),它是一种长链聚合物(图 2.5(a)),可被电子束分解成更小、更易溶解的碎片(图 2.5(b))[21]。另一种常见的正性抗蚀剂是 ZEP520,它也由长链聚合物组成[22,23]。

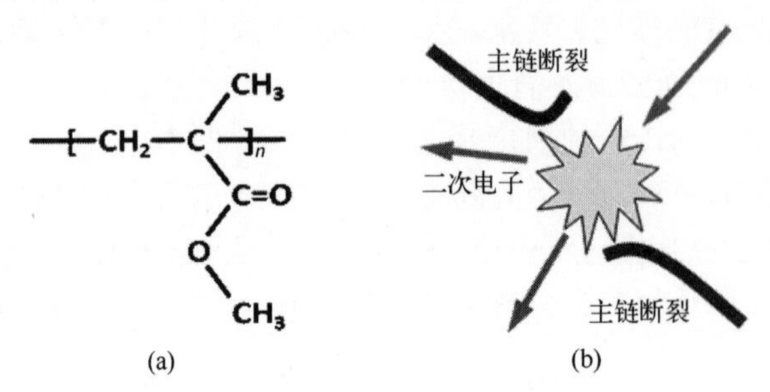

图 2.5 电子与抗蚀剂碰撞后抗蚀剂发生的物理和化学变化
(a) 聚甲基丙烯酸甲酯的基本单元;(b) EBL 曝光期间聚合物链的断裂。

在负性抗蚀剂中,电子使材料溶解度变低。典型的例子是氢倍半硅氧烷(HSQ),它经过交联反应,将较小的聚合物结合成较大的、溶解度较低的聚合物[24]。近年来,研究人员也对其他几种负性抗蚀剂进行了比较[25]。

最常见的正性抗蚀剂 PMMA 由非常长的聚合物链组成,其相对分子质量通常为 495kDa 和 950kDa。要使这种长链分子变得可溶,需要将长链分子断裂成很多份。因此,裂解分子大小的分布成为说明曝光剂量和显影之间关系的重要因素。图 2.6(a)展示了 PMMA 碎片大小和曝光剂量的分布关系[26]。随着剂量的

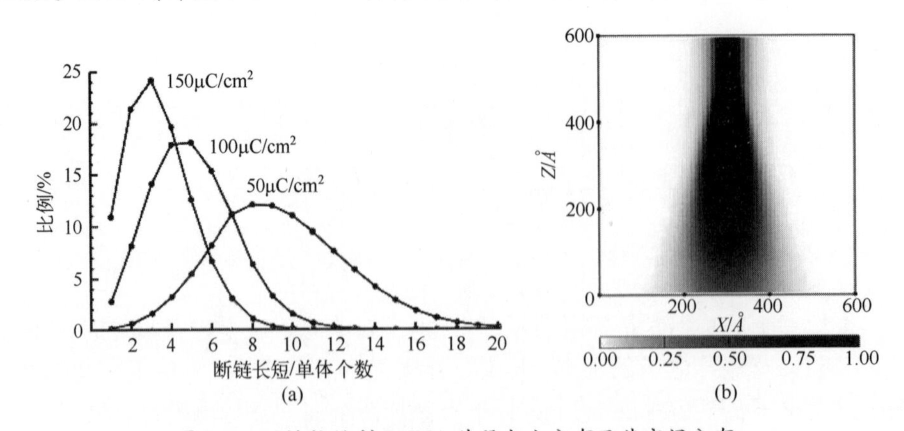

图 2.6 正性抗蚀剂 PMMA 片段大小分布及其空间分布
(a) 计算得到的入射电子能量为 10keV 时不同剂量下的 PMMA 片段大小的分布[26];
(b) 曝光单个点时抗蚀剂内的小碎片(小于 10 个单体)占比的空间分布。

增加,平均碎片尺寸减小并且在显影液中的溶解度增加。当然,由于散射,曝光剂量在空间上的分布也会发生变化,因此裂解分子的三维分布(图 2.6(b))是这个总图像的重要组成部分。类似的规律也适用于其他正性或负性抗蚀剂。

2.1.3 抗蚀剂的显影

曝光后,通常将抗蚀剂浸入液体显影液中以溶解碎片(正性抗蚀剂)或未交联分子(负性抗蚀剂)。在这里,温度和显影时间是影响显影效果的重要参数,因为显影液温度越高或显影时间越长,抗蚀剂在显影液中的可溶解性就越强或者更具有持续性。例如,PMMA 的低温显影(将在后文中讨论)除最小碎片之外的所有碎片都难以溶解掉,因此分辨率非常高。这是因为背向散射电子造成的曝光剂量不足以使 PMMA 达到溶解的阈值。

在显影时,显影液会渗透到聚合物基体中,并开始包围裂解的分子碎片。随后,分子开始相互作用,形成凝胶(图 2.7)。凝胶层的厚度取决于裂解分子的数量和溶剂的强度。在这个过程中也可能伴随着聚合物的溶胀。一旦完全被显影液溶剂包围,分子碎片就从基体上分离并扩散到溶剂中。较长的分子碎片移动性较差,与基体的结合力更强,需要更长时间才能溶解[27-29]。更强的溶剂可以去除更长的碎片,但如果需要高分辨率,则不需要这样做。曝光和显影是相互关联的,即短时间曝光之后进行长期或强力显影可能与较大剂量曝光后短时间显影的效果相当。这可能导致欠显影和欠曝光、过度显影和过度曝光的概念变得比较模糊。正如下面将要讨论的,溶解过程的动力学对于 EBL 的优化非常重要,需要详细地理解这些因素。通常使用混合溶剂(如体积比为 1:3 的 MIBK :IPA 混合溶剂用于 PMMA 显影)调节抗蚀剂的溶解。

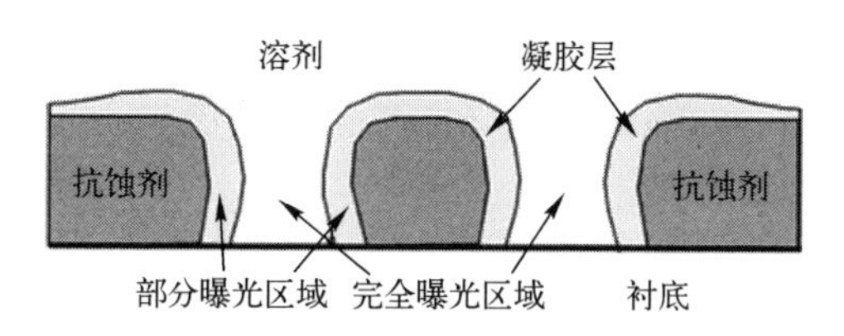

图 2.7 显影过程中的正性抗蚀剂在聚合物-溶剂相互作用下会出现凝胶和溶胀

如果抗蚀剂被过度显影,则产生的问题是抗蚀剂-衬底作用力的减弱和随着溶剂被去除而产生的毛细力。这些将导致抗蚀剂结构的力学不稳定,从而造成图形结构坍塌[30]。相邻的结构特别容易受到这一行为的影响,特别是对于较厚的抗蚀剂。图 2.8 展示了 PMMA 中图形结构坍塌的示例,以及 PMMA 中欠曝光/欠显影的结构。

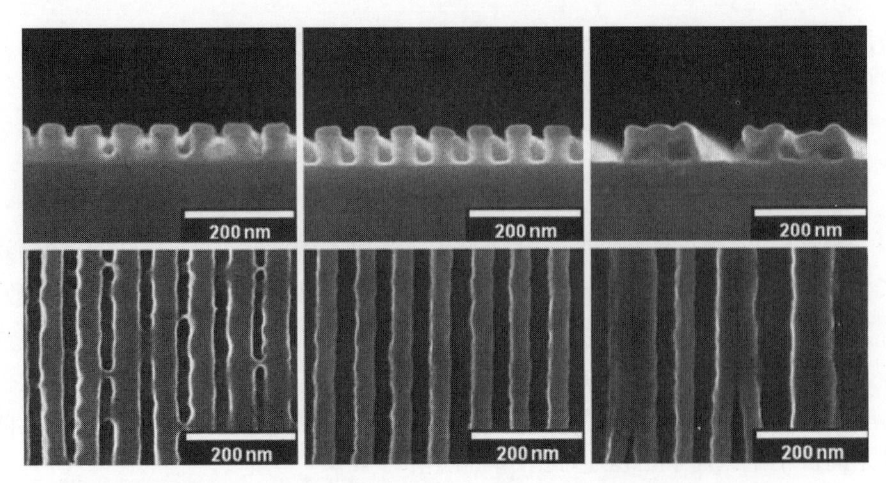

图 2.8 PMMA 光栅结构的横截面(顶部)和平面图(底部),分别为欠曝光/欠显影的结构(左)、高品质结构(中间)和坍塌结构(右)[31]

2.1.4 工艺参数

如上所述,实际加工过程中存在大量参数以复杂的交互方式影响 EBL 工艺。表 2.1 列出了部分参数。但需要指出的是,这并未包括一些次要因素,如抗蚀剂聚合物链长度会影响灵敏度和对比度,超声波搅拌等技术[32-34]会缩短显影时间和增加分辨率,以及使用超临界干燥[35-37]尽量减少结构的坍塌。当然,控制这些参数的目的是通过较大的工艺窗口实现高分辨率、高质量和高产率,以实现产量最大化和提高可复用性。

表 2.1 影响电子束曝光的参数

参　数	工艺影响
曝光能量	分辨率、灵敏度、邻近效应
曝光剂量	图形质量
图形密度	邻近效应、图形质量
抗蚀剂材料	灵敏度、分辨率、对比度
抗蚀剂厚度	灵敏度、分辨率、图形质量
显影剂	灵敏度、分辨率、显影窗口
显影温度	灵敏度、分辨率、曝光窗口
显影时间	灵敏度、分辨率、曝光窗口

这些参数对于工艺的影响如图 2.9 所示,其展示了曝光剂量对单个像素线条光栅的影响。虽然结构在所有 3 种曝光剂量下都能分辨出来,但最终结构的

尺寸变化很大。类似地,图 2.10 总结了得到的特征结构的深宽比(高度/宽度)与剂量的函数关系。需要更深入地理解电子-物质相互作用的复杂性,建立电子束光刻仿真模型技术(参见第 3 章),以达到优化工艺的目的。

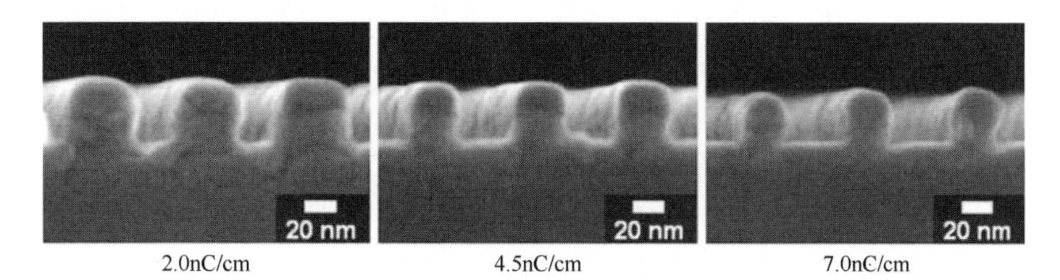

图 2.9 使用 30keV 电压和不同线曝光剂量制备的 70nm 周期 PMMA 光栅的横截面轮廓图(样品在-15℃下显影 15s,抗蚀剂层的厚度是 55nm)[38]

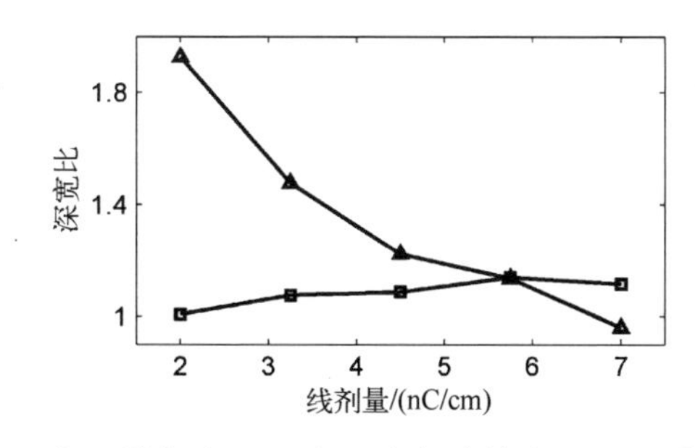

图 2.10 利用 30kV 电压制备的 70nm 间距光栅的横截面 SEM 图得到的曝光剂量与线间间隙(三角形)和 PMMA 线条(正方形)的深宽比的关系[38]

2.2 PMMA 抗蚀剂工艺窗口

随着对光刻技术的要求已朝着低于 20nm 的方向发展,一个主要的挑战在于如何在分子尺度上引入可控的辐照反应。为了使新的 EBL 工艺的加工能力扩展到单纳米尺度,需要引入新的抗蚀剂设计、曝光方式和显影技术[31,38-43]。要实现这一目标,需要全面、系统地了解电子-抗蚀剂相互作用和聚合物溶解(显影)中涉及的限制因素[44],以及包括加速电压、曝光剂量和显影条件在内的众多过程控制参数之间相应的复杂相互作用。

由于邻近效应的存在,在加工具有密集特征的图形结构时,更深刻理解 EBL 加工工艺原理就显得格外重要。图 2.11 展示了在晶圆上制备的具有不同线间距离(间距)的高密度 PMMA 光栅的纳米级形貌[38,43]。从图中可以看出,制造高质量光栅很大程度上取决于曝光剂量和线间距离。因此,当光栅周期是 70nm 时,除了对应于 125μC/cm^{2}的高面剂量的图 2.11(d)以外,所有图片中的光栅品质都很好。如图 2.11(n)、(o)、(k)所示,对于周期为 40nm 和 50nm 的光栅,曝光剂量范围在 50~75μC/cm²时展示出了比较好的形貌。如图 2.11(m)所示,对于 30nm 的

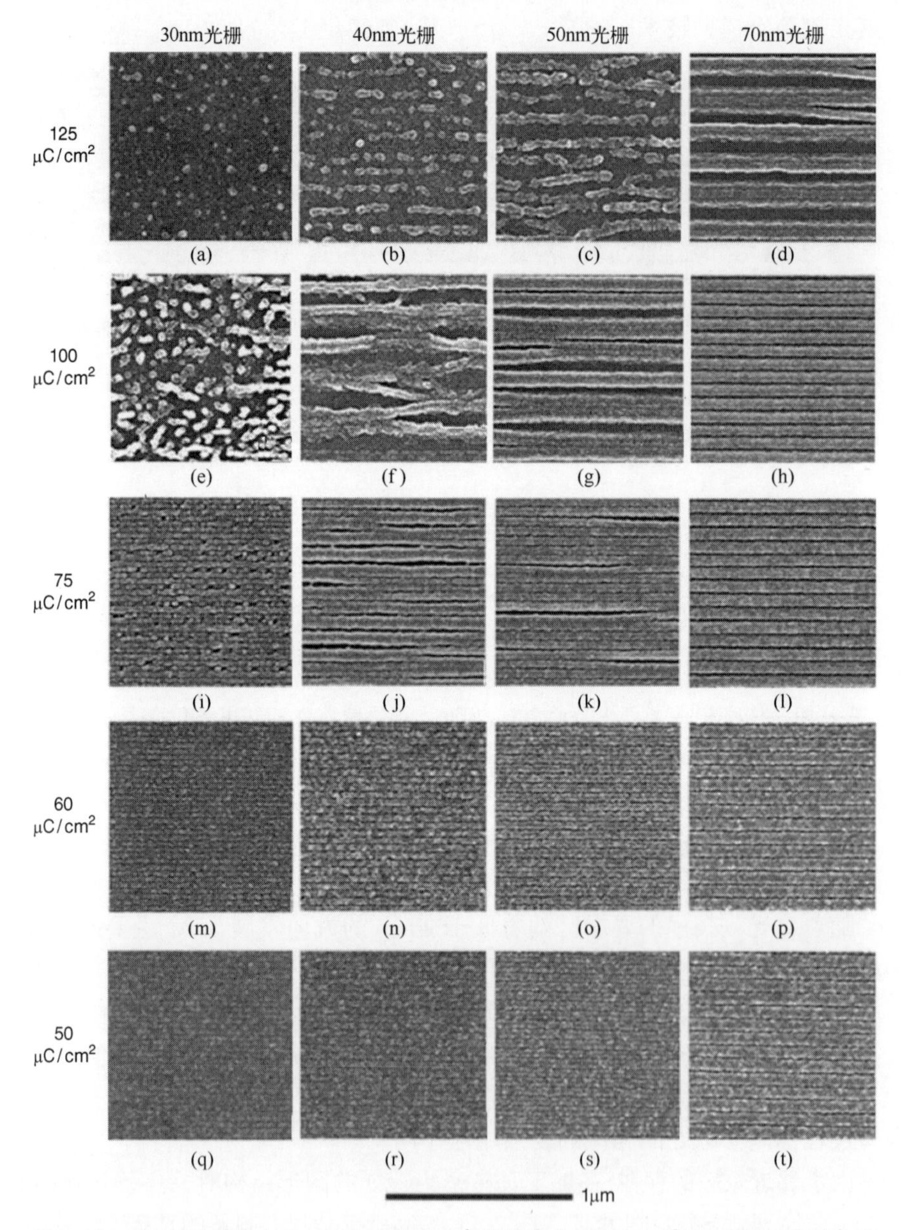

图 2.11 以 10kV 曝光电压、不同的面剂量在硅衬底上以 65nm 厚的 PMMA 层制备的 30nm、40nm、50nm 和 70nm 周期光栅的 SEM 图像(显影条件为室温下在 1:3 的 MIBK:IPA 溶液中显影 5s。所有图像的横向尺寸为 1μm×1μm[43]。平均面积剂量与 $d_{area}=d_{line}/\lambda$ 的线剂量相关,其中 λ 为线间距离(光栅周期))

周期光栅，只有当剂量为 $60\mu C/cm^2$时才能展示出比较好的形貌。另外，图 2.11 中的其他图像展示了各种破坏性影响。例如，曝光不足，即被曝光线条去除不彻底的光栅图形，表现为图 2.11(m)、(q)、(r)所示的低对比度。另一种极端状态是过度曝光，如图 2.11(a)、(b)所示，因为 PMMA 溶解太多而发生了图形损坏。在图 2.11(c)、(e)中也可以看到过度曝光的轻微迹象。另一种常见的形貌损伤类型是线间抗蚀剂的坍塌，坍塌的光栅如图 2.11(d)、(f)、(g)所示，图 2.11(j)、(k)中也有某种程度上的坍塌。值得注意的是，坍塌仅发生在 40nm 间距和更大间距的光栅中。如图 2.11(e)、(i)所示，对于 30nm 间距光栅而言，造成其加工限制的机理是完全不同的。在这些情况下，由于 PMMA 的重新分布，造成光栅结构部分或整体损坏，并趋向于形成随机分布岛状结构。形成这种球形岛状或渗透网络状结构是在互不混溶液体中发生相变造成的。由于 PMMA 结构碎片与最常用的 EBL 显影液的混合物在一定范围内具有有限可混溶性，因此是有可能发生相分离的[45,46]。

图 2.12 总结了观察到的不同光栅周期和曝光剂量的形貌。在曝光剂量较低时，其限制因素是欠曝光，而在曝光剂量增加时，由于相分离或坍塌，图形遭到破坏。对于最密集的光栅而言，其周期为 20nm 和 30nm，主要是发生相分离而使得图形遭到破坏，而周期为 40nm 或更大的光栅则倾向于坍塌。在更高的曝光剂量下，光栅会被过度曝光。可以看出，当光栅间距减小时，可曝光出高质量光栅的曝光剂量窗口会迅速减小。

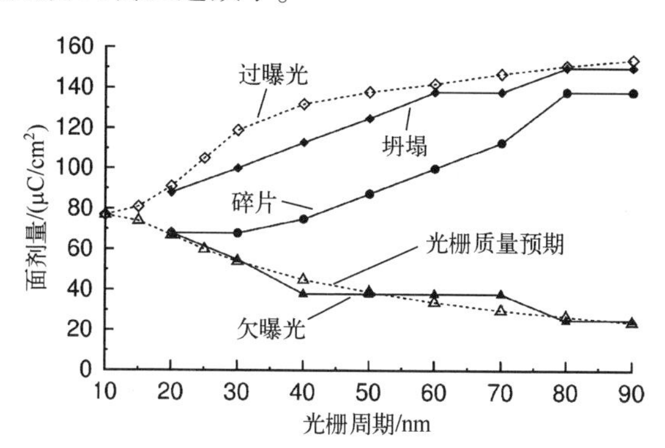

图 2.12　10kV 电压下使用不同面曝光剂量制备的具有不同周期的 PMMA 光栅特征形貌(填充符号代表图 2.9 的实验结果：三角形表示欠曝光的边界剂量(间隙不足)；菱形表示过度曝光的边界剂量(过大间隙)，圆圈表示产生倒伏或相分离的界线，从而形成碎片图形。空心符号显示数值模拟的结果[43])

适用曝光剂量窗口的宽度代表了工艺流程的稳定性[29,38]。大曝光剂量窗口意味着制作过程具有更好的重复性，并且在线宽和深宽比方面具有更大的可控性,在合理剂量窗口制备纳米结构的最小尺寸即分辨率。例如,从图 2.12 可以看出,在现有的实验条件下,可达到的最高分辨率约为平均线宽 15nm 半周期光栅。最低适用曝光剂量与 EBL 工艺的敏感性相关联。

2.2.1 温度对工艺窗口的影响

正如前面所提到的,抗蚀剂的显影是通过去除曝光区域相对较轻的碎片完成的。这个过程可以描述为类似动力学扩散的过程,其分子迁移率由扩散系数 $D \sim n^{-\alpha}\exp(-U/kT)$ 表示,其中 U 是活化能,因子$n^{-\alpha}$表示大小为 n 的片段在介质中的移动性,其性质由幂指数 α 表示。在大多数聚合物中,α 在小分子稀溶液中为 1,在较长聚合物链组成的较稠密溶液中为 2[27-29]。

如图 2.6 所示,在曝光后的 PMMA 中,碎片的平均大小$\langle n \rangle$可以用曝光剂量和位置的函数描述。对于中等曝光剂量,碎片的平均大小$\langle n \rangle$与局部断裂概率成反比,而断裂又与曝光剂量 d 相关,因此$\langle n \rangle \sim 1/d$,碎片在曝光后的 PMMA 中的扩散性可以近似描述为

$$D = cd^{\alpha}\exp\left(-\frac{A}{kT}\right) \tag{2.1}$$

式中:c 为位置相关的模型比例系数[29]。

在参考文献[29,31]中,以 PMMA 中密集周期性光栅为例,证明了高质量纳米加工的边界适用剂量$d_{\min}$和$d_{\max}$取决于温度,并满足

$$d_{\min,\max} = d_{\min,\max}^{\text{ref}}\ \exp\left(-\frac{U}{\alpha k}\left(\frac{1}{T} - \frac{1}{T^{\text{ref}}}\right)\right) \tag{2.2}$$

式中,ref 表示最小适用剂量$d_{\min}$和最大适用剂量$d_{\max}$的参考值。在图 2.13 中,将式(2.2)与 70nm 间距光栅中的剂量$d_{\min}$和$d_{\max}$的实验温度依赖性进行比较,该光栅是利用 10keV 电压曝光、在不同温度下显影 5s 和 20s 得到的。在该例中,以-15℃显影的实验确定的边界剂量作为参考,U/α 的值约为 0.22eV。从式(2.2)中可以明显看出随着显影温度的降低,适用剂量窗口会变宽。适用剂量窗口的下边界$d_{\min}$(图 2.13 中的实线)可以解释为在该剂量下曝光的沟槽中的 PMMA 碎片在显影时间内可以被完全移除。最大适用剂量$d_{\max}$(虚线)由抗蚀剂壁间发生的分子扩散过程确定。从图 2.13 可以看出,边界剂量$d_{\min}$和$d_{\max}$均随温度升高而降低,即在更高显影温度下工艺灵敏度升高。

图 2.13 中的实线和虚线之间的区域表示可以制造高质量光栅的合适剂量窗口。可以看出,适用剂量窗口的宽度$d_{\max} \sim d_{\min}$随着显影温度的降低而显著增加。因此,将显影温度从室温(RT)降低至-15℃可使得适用的线剂量窗口增加超过 5 倍。这表明当将显影温度从室温降低到-15℃时,EBL 过程稳定性得到了很大改善。

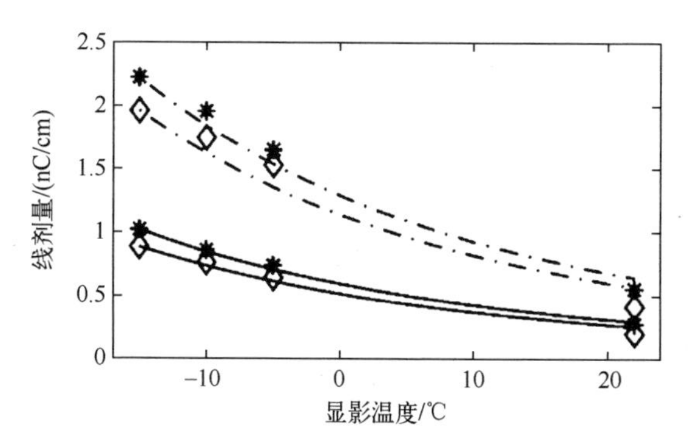

图 2.13 理论上预测的利用能量为 10keV 电子曝光制备 70nm 周期 PMMA 光栅的最小(实线)和最大(虚线)曝光剂量与显影温度变化的关系(星号和菱形符号分别表示显影时间为 5s 和 20s 的实验结果[29])

作为纳米级分辨率会随着显影温度的降低而增加的一个例子,图 2.14 展示了参考文献[29]中通过利用 10kV 电压曝光 47~55nm 厚的 PMMA 层,并在不同温度下显影获得的最高分辨率光栅结构。从中可以看出,在室温下显影后,70nm 间距(图 2.14(a))的光栅具有 33nm±2nm 宽的沟槽线。显影温度为 −10℃时,50nm 间距(图 2.14(b))的光栅具有 20nm±2nm 宽的沟槽线。在−15℃温度(图 2.14(c))下,在 40nm 间距光栅中,该线宽进一步改善为 15nm±2nm。

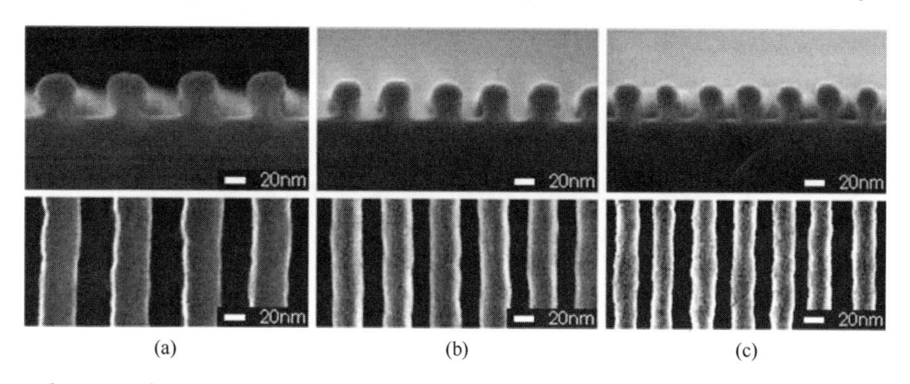

图 2.14 利用 Raith 150 EBL 系统制备的 PMMA 光栅的 SEM 截面图和俯视图,曝光电压为 10kV,并通过改变显影温度对光栅密度进行了优化

(a) 室温显影,周期为 70nm;(b) −10℃下显影,周期为 50nm;(c) −15℃下显影,周期为 40nm[29]。

由此可以得出以下结论,随着显影温度从室温降低到−15℃,最小可分辨特征尺寸显著降低。这与观察到的适用剂量窗口变宽的趋势一致,并且可以通过抗蚀剂溶解期间抗刻蚀碎片迁移的动力学来解释。然而,低温显影得到高分辨率同时伴随着灵敏度的下降。要同时得到高分辨率和高灵敏度需要权衡多个工艺条件并对其进行整体优化。

2.2.2 曝光剂量和显影时间的相互影响

考虑到抗蚀剂的显影是一个涉及碎片从曝光的抗蚀剂扩散到溶剂中的动力学过程,自然而然地考虑到显影的持续时间是一个控制因素。如图 2.15(a)所示为在不同温度下和显影时间情况下,获得 50nm PMMA 光栅所需的最小(实线)和最大(虚线)线剂量。由图 2.15 可以看出,最小和最大边界剂量随着显影时间的增加而适度减少,而且适用剂量窗口随着显影时间的增加而略微变窄[38]。

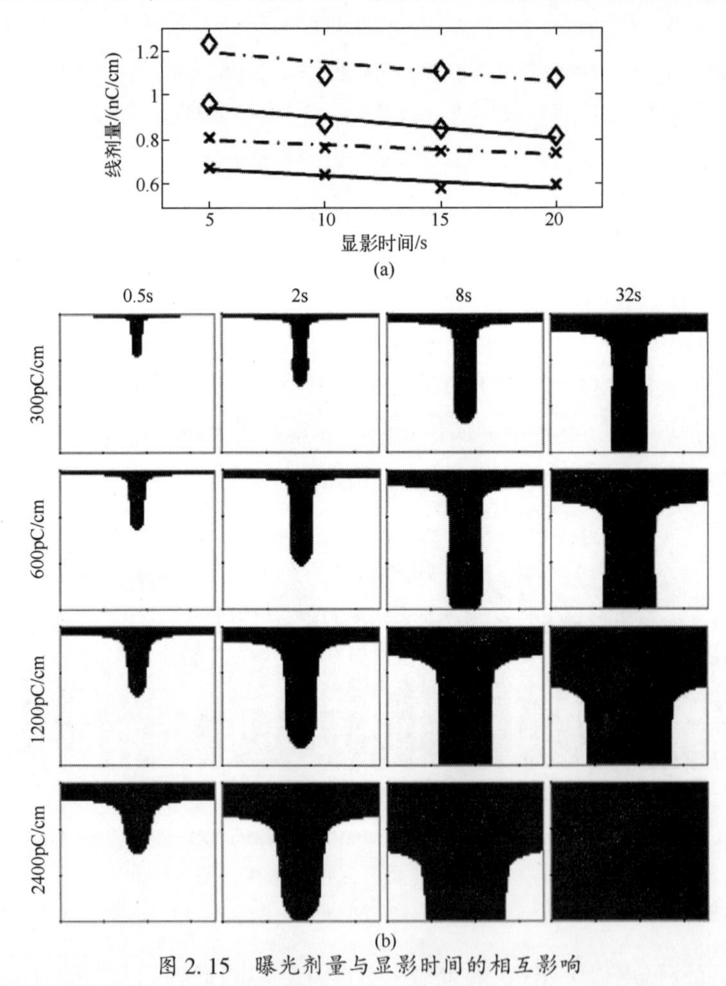

图 2.15 曝光剂量与显影时间的相互影响

(a) PMMA 中制备高品质 50nm 周期光栅的最小(实线)和最大(虚线)线剂量以及剂量窗口(叉形符号表示显影温度为-5℃,菱形符号表示显影温度为-15℃[29]);(b) 通过计算得到的不同线曝光剂量下的周期性光栅中抗蚀剂间隙轮廓(光栅周期为 70nm,曝光电压为 10keV,并在-15℃下显影不同时长。所有图片表示的区域宽度为 70nm,高度为 60nm。白色部分表示未溶解的 PMMA,黑色部分表示间隙[47])。

图2.15(b)所示的动力学模型结果阐明了曝光剂量和显影时间之间的相互关联[47]。该图展示了一组计算得出的横截面轮廓,该光栅具有70nm间距,以不同线剂量曝光,并在-15℃的温度下分别显影0.5s、2s、8s和32s。尽管工艺条件不同,但有些剖面图的沟槽宽度很接近。假设将Fick定律应用于扩散现象,则抗蚀剂的去除与PMMA碎片的扩散长度$Dt^{1/2}$相关,其中有效扩散系数D由式(2.1)给出。其结果是,对于显影沟槽宽度Δx,可以估算其比例关系为$\Delta x \sim dt^{1/2}$,其中d是剂量,t是时间。这表明最佳剂量和时间呈负相关,并且应该同时选择合适的剂量和时间使得EBL在纳米尺度可以发挥最佳性能。

2.2.3 曝光电压的影响

在若干因素的影响下,入射电子的初始能量对曝光过程起着重要作用。首先,非弹性碰撞横截面积大致随着电子能量的增加而成比例地减小[19,26,48]。在诸如PMMA的正性抗蚀剂中,这种减小会使得在较高电压下每个电子的断链数减少。图2.16说明了电压从3kV增加到30kV对灵敏度的影响。最小和最大适用曝光剂量都随电压成比例地增加,这会导致30kV下的灵敏度显著低于10kV和3kV下的灵敏度。通常,灵敏度的降低是一种负面影响,因为它会导致产率的下降。

此外,图2.16还表明,增加电子能量会导致适用剂量窗口的大幅拓宽。其原因是具有较高能量的电子经历的前向散射较少,因此电子束展宽幅度小[11,31]。图2.3展示了计算得到的在小(1~12个单体)碎片化的PMMA中曝光的平行线的侧视分布[38]。在不同曝光电压下得到的抗蚀剂结构的横截面轮廓如图2.17所示。由于电子的强烈前向散射,用3keV曝光的光栅有明显的底切,而用30keV进行曝光则可以产生几乎陡直的侧壁。低压曝光得到的锥形结构更容易受到图形坍塌的影响,导致剂量窗口减小。然而,低能量电子的强烈前向散射(通常认为是限制分辨率的主要因素)可用于在抗蚀剂[49]中产生纳米级三维结构,这将在2.3节中进行说明。

另一个与电压相关的方面就是其对邻近效应的影响。高能量电子可以深入到衬底中,并且由于背向散射可以横向扩展,最终显著增强了邻近效应。高能量所需的较高剂量也会使这个问题更加复杂化。相比之下,1~3keV能量范围内的超低电压电子会使大部分能量沉积在抗蚀剂中,可以显著降低邻近效应,并减少衬底的损伤[11,48]。

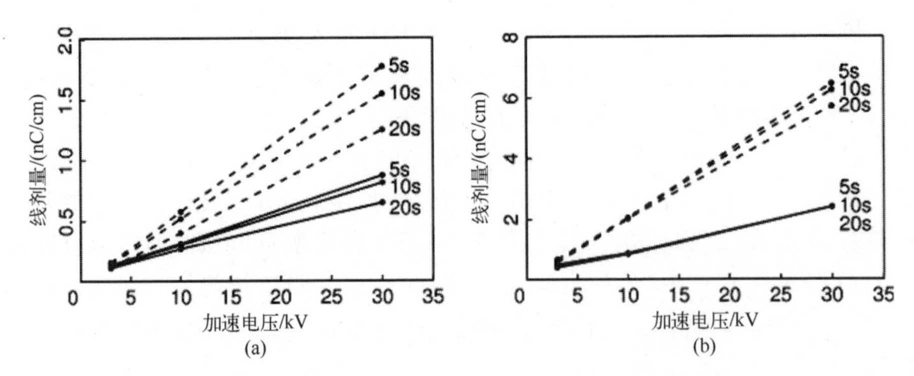

图 2.16 在室温及-15℃下,不同显影时间对于 70nm 间距光栅的线曝光剂量窗口的影响(其中曝光电压分别为 3kV、10kV 和 30kV[38]。PMMA 层的厚度为 55nm。实线和虚线的含义同图 2.15)
(a) 室温;(b) -15℃。

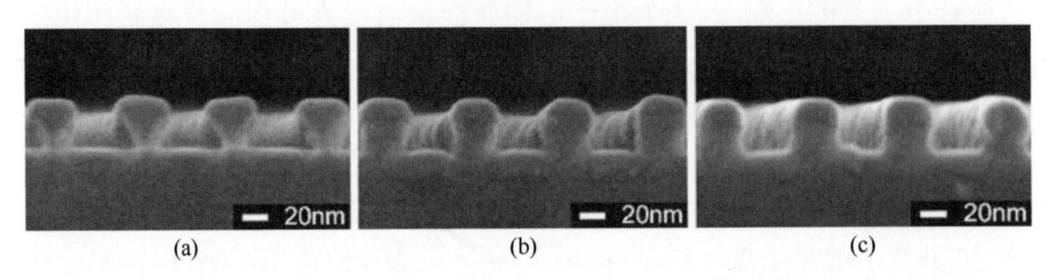

图 2.17 用 3kV(a)、10kV(b)及 30kV(c)电压制备 70nm 周期光栅的横截面 SEM 图[31]

2.3 EBL 工艺优化:典型示例

2.3.1 低压曝光、低温显影 PMMA 工艺

如 2.2.3 节所介绍,3kV 及更低电压的 EBL 可实现更高的灵敏度、更少的衬底损伤和邻近效应[11,31,48]。此外,如图 2.17(a)所示,强烈前向散射导致的抗蚀剂底切形貌可以为金属化和图形剥离提供重要加工优势[49]。通常,双层抗蚀剂方案被用于极限纳米尺度的金属化和剥离[50-52]。首先涂覆较低分辨率的抗蚀剂层,然后在其上涂覆较高分辨率的抗蚀剂。如图 2.18 所示,当进行图形化时,抗蚀剂分辨率的差异将导致在底部抗蚀剂层上产生相对较宽的开口。在随后的金属化之后,溶剂进入沟槽的所有区域,并剥离 PMMA 抗蚀剂层而不留下任何抗蚀剂浮渣黏附到衬底或沉积的金属上。

与使用双层抗蚀剂方案相比,单层抗蚀剂方案可以利用由低能电子散射产生的切状剖面。使用单层抗蚀剂具有两个明显的优点:①较薄的抗蚀剂层能够达到较高的分辨率,因为深宽比要求不那么苛刻;②同时简化了曝光剂量和显

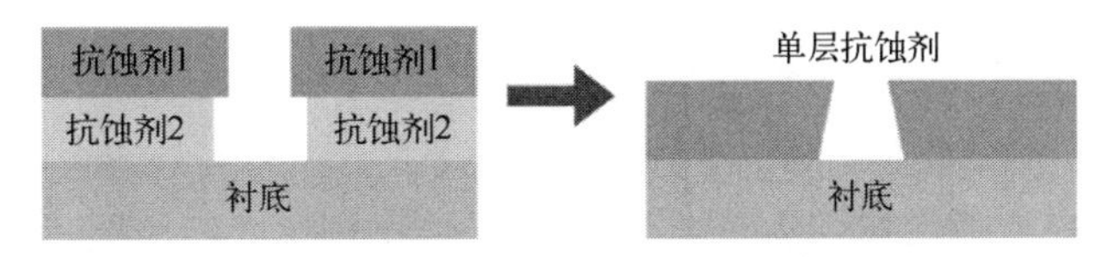

图 2.18　通过利用低电压 EBL 在 PMMA 中制备的底切可用更简单的单抗蚀剂工艺(右)替换双层抗蚀剂方案(左)

影条件的协同优化。

使用低压 EBL 的优点主要受到的限制是:即使对于薄的抗蚀剂层,高分辨率、高密度光栅的剂量窗口都非常窄。这样的特点极大地影响 EBL 纳米加工工艺的稳定性,因为很小的变化也可能导致该工艺的失败。解决这个问题的方法是使用低温显影[38]。图 2.19 比较了在室温和-15℃下显影的 55nm 厚、70nm 间距的 PMMA 光栅的剂量窗口。低温显影可以使适用剂量窗口增加约一个数量级;然而,伴随这个优点而来的是曝光灵敏度的下降。

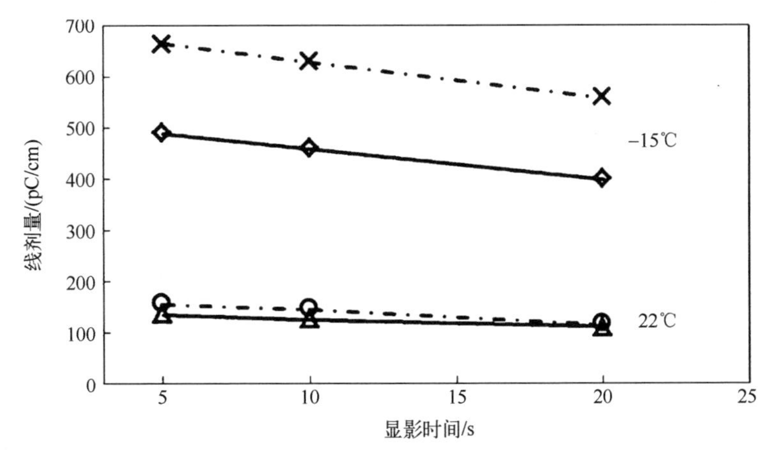

图 2.19　3kV 曝光电压下室温显影(三角形和圆圈)和-15℃下显影(菱形和叉形)剂量窗口的比较(光栅周期为 70nm,抗蚀剂层厚度为 55nm)

PMMA 的低压曝光与低温显影相结合的方法,提供了一种非常有效而简单的纳米加工工艺[29,31,38]。例如,在 PMMA 厚度为 55nm 时,Mohammad Ali Mohammad 的小组在室温下使用 3kV EBL 制造的最小光栅周期为 70nm。然而,通过-15℃的低温显影,在金属化和剥离之后可以实现具有亚 20nm 线条特征的 50nm 周期光栅。图 2.20(a)、(b)分别展示了 60nm 和 50nm 周期光栅中的亚 20nm 宽 Cr 线。该 Cr 线是通过在图形化的 PMMA 上沉积 12nm 厚的 Cr 层并随后在超声波搅拌下在丙酮中剥离得到的[53]。

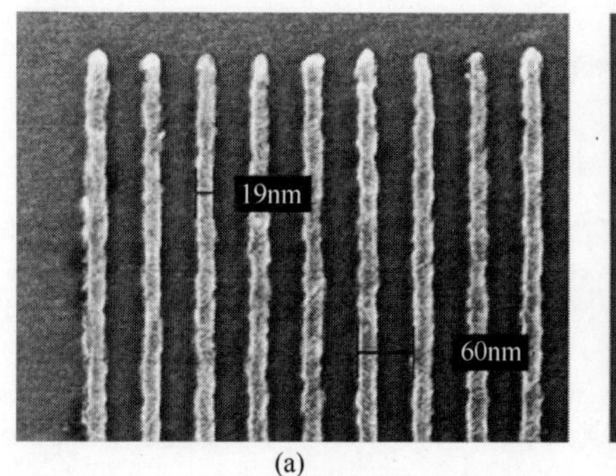

(a)

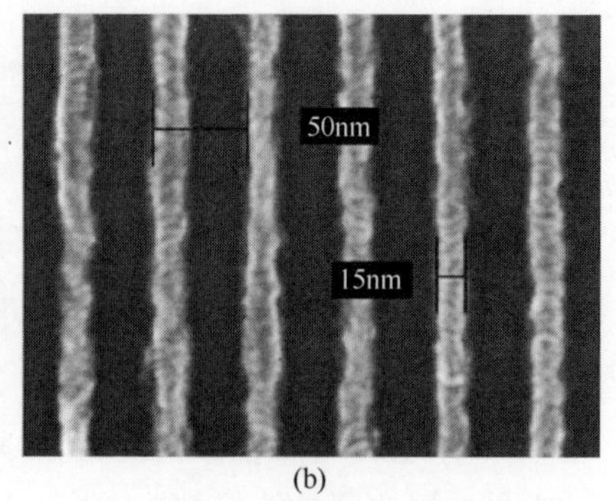

(b)

图 2.20 PMMA 在低压曝光与低温显影下的纳米加工工艺(均利用 3kV 曝光电压在单层 PMMA 950 K 抗蚀剂上制备,显影温度为-15℃)
(a) 亚 20nm 线宽,60nm 周期的 Cr 光栅;(b) 亚 20nm 线宽,50nm 周期的 Cr 光栅。

如前所述,低压 EBL 的优点是降低了邻近效应[11,48]。为了说明这一点,图 2.20(a)展示了 Cr 金属化光栅阵列的一角,边缘的图形尺寸很均匀。这证明了使用低压 EBL 结合低温显影制作高分辨结构的能力,而且该工艺无须进行任何邻近效应校正(Proximity Effect Correction,PEC)[54-56]。使用低温显影还会使得曝光后的纳米级 PMMA 图形不易损坏(如薄壁倒伏和玻璃化)。总之,低温显影为低压 EBL 工艺提供了许多优点,如更高的分辨率、更大的剂量窗口、更高的图形稳定性等,但其代价是抗蚀剂的灵敏度会有一定程度的损失。

2.3.2 通过控制 PMMA 实现亚 20nm 宽桥结构

作为利用 PMMA 超高分辨率 EBL 优化工艺器件制造的示例,本节介绍采用低电压低温显影的 EBL 工艺对现有的碳氮化硅(SiCN)桥形谐振器制造工艺[57,58]进行的改进[53]。

图 2.21 总结了改进后的工艺流程。简而言之,首先使用等离子体增强化学气相沉积制作 50nm 厚的 SiCN 层;再进行退火,使 SiCN 层处在应力拉伸状态;然后旋涂 45nm 厚的 PMMA 膜,以 3kV 电压曝光,并在-15℃下在 MIBK : IPA 为 1:3 的溶液中显影;接着通过电子束蒸发沉积 12nm 厚的 Cr 层;然后在丙酮中超声 3min(剥离不需要的 Cr 层)。Cr 层用作 SiCN 反应离子刻蚀(RIE)的刻蚀掩膜,刻蚀用 SF_6:O_2 为 4:1 的配方进行。最后,在剥离 Cr 层之后,使用热 KOH 进行湿法剥离刻蚀。更具体的工艺细节参见参考文献[53]。

上述过程可以制造大面积纳米级 SiCN 双钳位桥式谐振器,其长度为 1~20μm。图 2.22 显示了 5μm 长的桥结构的代表性显微照片,其厚度为 50nm,宽度为 16nm。一般而言,桥的最小可实现线宽取决于期望的长度。对最窄的亚 15nm 宽度的桥只能制作成 2μm 长;而对于宽度在 14~18nm 之间的桥,其长度

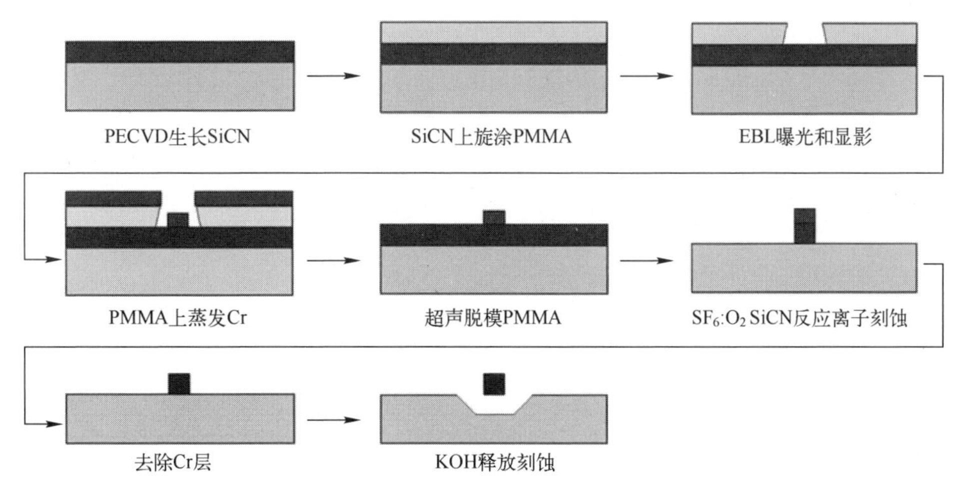

图 2.21　利用低压曝光和低温显影制备 SiCN 双钳位桥式谐振器的工艺流程

可达 10μm;超过 10μm 的长度,则宽度需达到 20~28nm。由于机械断裂,长宽比更高的桥难以被制备出来。

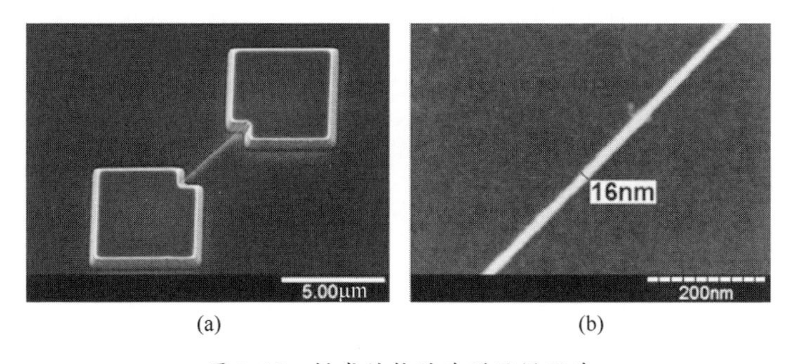

(a)　　(b)

图 2.22　桥式结构的典型显微照片

(a) 亚 20nm 宽、5μm 长的双钳位桥式 SiCN 谐振器;(b) (a)图的局部放大图,宽度为 16nm±2nm[53]。

从图 2.23 中可以看出,对于 1μm 长的谐振器,可以通过应用电子束单像素线(SPL)剂量非常精细地控制桥的宽度。随着剂量的减少,桥宽随之减小,剂量分别为 2.0nC/cm、1.6nC/cm 和 1.5nC/cm,对应制作出来的桥宽分别是 16nm±2nm、13nm±3nm 和 11nm±5nm。随着桥宽减小至 10nm,相对宽度不均匀性显著增加。在最小宽度下,很小的刻蚀变化也会对边缘粗糙度产生不利影响。

通过使用数值建模,可以实现对器件最关键部分(钳位点)更精确的工艺控制。钳位点是决定机械损耗的主要因素,因此其制造是确保高谐振器性能的关键。特别是拐角处的任何悬垂或圆角都应最小化。由于影响 EBL 技术的许多

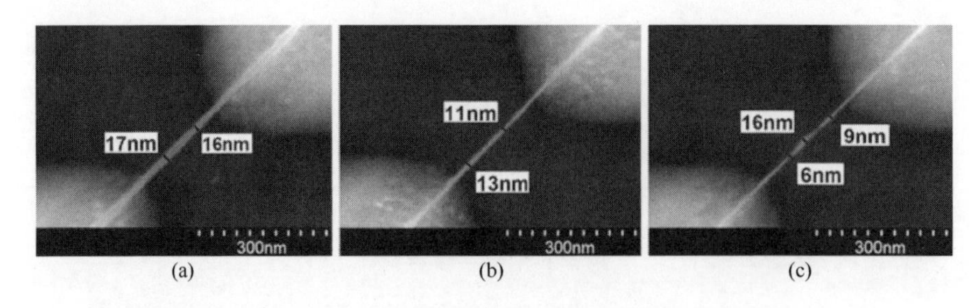

图 2.23 不同曝光剂量对于双钳位桥式 SiCN 谐振器宽度的影响

（a）桥宽 16nm±2nm、剂量 2.0nC/cm；（b）桥宽 13nm±3nm、剂量 1.6nC/cm；

（c）桥宽 11nm±5nm、剂量 1.5nC/cm[53]。

因素之间相互作用的复杂性，采用计算机辅助模拟 EBL 过程的全部或某些阶段，是省时又经济的最佳选择。

图 2.24 展示了建模工具的用户界面，并概述了用于优化谐振器中钳位点设计的仿真程序。该 EBL 模拟器可以使正性抗蚀剂的电子束曝光、裂解和显影实现可视化呈现，如 PMMA 在导电衬底上。特别地，该 EBL 模拟器可以生成在给定的显影条件（持续时间和温度）下 PMMA 主链断裂和抗蚀剂清除的三维空间图。有关 EBL 模拟器的更多详细信息，可参阅参考文献[47]。

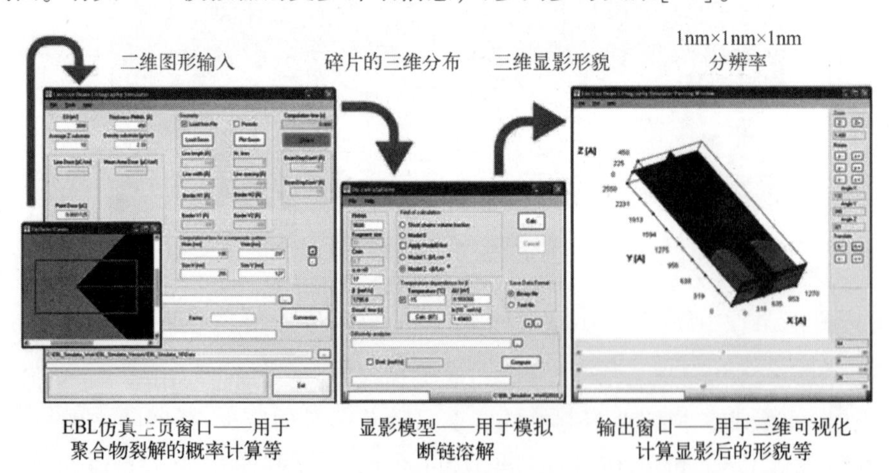

图 2.24 EBL 模拟器用户界面的屏幕截图（演示了图形输入的过程，模拟了曝光（断链）和显影并展示了结果[47]）（见彩图）

图 2.25 显示了仿真结果，并将其与实验结果进行了比较。典型的谐振器钳位点如图 2.25（a）所示，低压曝光（3keV）和低温显影（-15℃）的仿真结果如图 2.25（b）、（c）所示。可以看出，图 2.25（c）中仿真获得的结果与图 2.25（d）中显影后 PMMA 抗蚀剂轮廓非常相似。由于初级电子的前向散射，从图 2.25（c）、（d）

中可见钳位点产生的圆角。

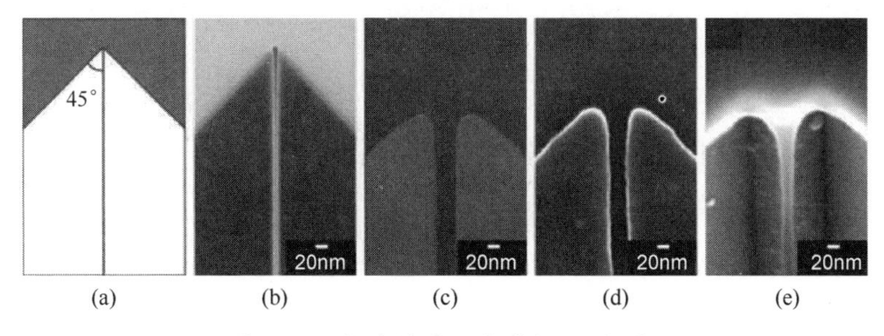

图 2.25　仿真结果及其对比(见彩图)

(a) 典型的谐振器钳位点设计示意图;(b) 计算得到的断裂数量(曝光图);(c) 计算的溶出轮廓(显影图);(d) 显影后 PMMA 抗蚀剂的 SEM 图像;(e) 释放的 SiCN 谐振器钳位点 SEM 图像[53]。

钳位点圆角化导致在最终释放刻蚀之后出现底切的悬垂区域增加。在图 2.25(e)中,钳位点周围较亮部分为 SiCN 悬突的区域。通常,需要避免这种悬突,以免产生钳位损耗。为了减少钳位点周围的悬突,在 EBL 仿真工具的帮助下对一些非常规的钳状结构进行了建模和测试。设计和测试非常规的钳状结构提供了比简单邻近效应校正(PEC)方法更大的灵活性,这些方法通常用于在制造涉及多个长度尺度的复杂结构时的剂量优化。

图 2.26 和图 2.27 展示了两个最成功的设计。第一种设计方案(图 2.26(a))是在板块状结构与谐振器线条之间预设一个间隙,从而使得钳位点处更加尖锐。该设计利用显影环节的抗蚀剂-显影液界面(溶解前端)的移动,使得板块状结构和谐振器恰好连接,产生尖锐的夹持点,使得板块状结构-谐振器间隙被优化。如图 2.26(b)所示,通过建模获得了 170nm 优化间隙,并在实验中进行了验证,实验结果如图 2.26(c)所示。在释放刻蚀之后,与图 2.26(c)中的抗蚀剂层中看到的更尖锐的拐角相比,器件层中仍然存在一些圆角(图 2.26(d)),但是其效果要好于图 2.25(e)。可以假设仍保留的圆角是由于在释放刻蚀阶段的刻蚀剂接触角和表面积最小化效应。第二种设计方案(图 2.27(a))将谐振器从钳位点的悬突区域中分离出来,从而克服钳位点圆角的问题。该设计允许调整两侧的长度,使得在电子束周围获得空白区域。两侧之间的关系为 $y=1.618x$。如图 2.26(b)所示,在 EBL 模拟器的帮助下,获得了 $x=165$nm 的优化值,制备出来的样品如图 2.26(d)所示。在这种情况下,在释放刻蚀之后,悬突区域(图 2.26(d)中的较高对比度和较亮部分)明显与桥式谐振器断开。

可以得出结论,采用基于 PMMA 低曝光电压、低温显影的 EBL 工艺,再辅以计算机辅助设计优化,对于制作超高分辨器件非常有效。

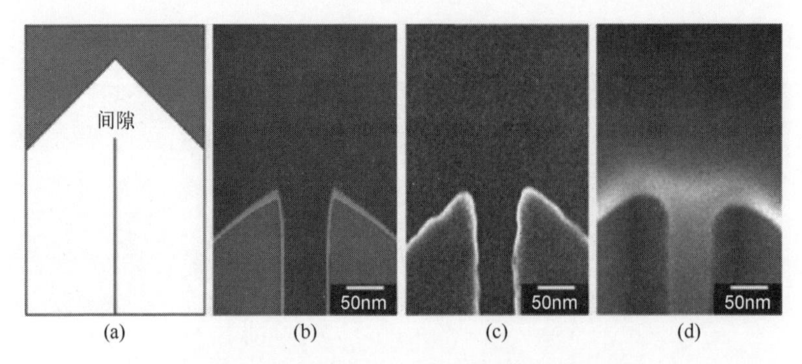

图 2.26　成功的设计——第一种方案(见彩图)

(a) 在谐振器和板块状结构之间具有 170nm 优化间隙的替代钳位点设计图;(b) 最终溶解的结构轮廓;(c) 显影后的 PMMA 抗蚀剂 SEM 图像;(d) 释放后的 SiCN 谐振器钳位点 SEM 图像[53]。

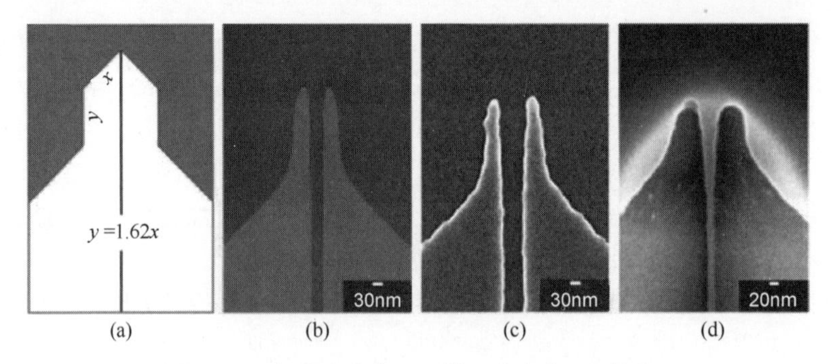

图 2.27　成功的设计——第二种方案(见彩图)

(a) 经过优化的边缘宽度 $x=165$nm 的替代夹点设计图;(b) 最终溶解的结构轮廓;(c)显影的 PMMA 抗蚀剂 SEM 图像;(d) 释放后的 SiCN 谐振器钳位点 SEM 图像[53]。

2.3.3　HSQ 亚 10nm 工艺

尽管原则上采用诸如 PMMA 的聚合物抗蚀剂可以制备出接近分子尺寸极限的结构,但用其制造亚 10nm 尺度的密集阵列,在均匀性和重复性方面仍是巨大的挑战。在过去的 10 年中,人们对使用无机氢倍半硅氧烷(HSQ)EBL 抗蚀剂产生了浓厚的兴趣,其在制备 10nm 尺度的结构上展现出相当大的潜力(实例参见参考文献[59])。HSQ 是负性抗蚀剂,其交联形成不溶的类氧化硅结构,尽管其所需曝光剂量明显高于曝光正性 PMMA 抗蚀剂所需的剂量。

目前已经有多种 HSQ 显影液,如 TMAH-$(CH_3)_4NOH$[60-66]、NaOH[62,66,67]、KOH[66,68]和 LiOH[66]。上述所有显影溶液都是氢氧化物,即它们是碱性溶液。一些优化策略包括:将显影液浓度从 2.38%的 TMAH 提高到 25%的 TMAH;将显影时间增加到 1min[60];将 TMAH 显影液温度提高到 50℃[63];向 NaOH 中加入 NaCl 溶液[62,67,69];向上述显影液添加各种盐溶液;等等[66]。上述所有优化策略都能提高对比度。

显然,基于 TMAH 的显影在提供最高分辨率的同时也提供了最多的可度量优化策略。表 2.2 列出了基于 TMAH 的 3 种显影工艺配方。工艺配方 A 是标准的 HSQ 显影配方,即室温 25%的 TMAH 水溶液;工艺配方 B 为在 50℃下使用 25%的 TMAH 显影液[61-65];工艺配方 C 是改进的三步显影方案[70],将在两个高温 TMAH 显影阶段之间使用稀释的氢氟酸浸润样品。后面将更详细地描述配方 C。

图 2.28 比较了使用两种不同曝光和显影工艺制备出来的 50nm 间距 HSQ 光栅。图 2.28(a)所示的光栅使用 10keV 电压曝光,剂量为 1.25nC/cm,并在室温下显影。图 2.28(b)所示的光栅使用 30keV 电压曝光,使用的曝光剂量为 4.2nC/cm,并在 50℃下显影。图 2.28(a)显示其线分辨率优于 2.3.1 节所示的 PMMA 分辨率。图 2.28(b)说明使用更高的电压和高温显影能够获得低于 10nm 的分辨率,其代价是灵敏度显著降低。可以得出结论,利用更高电压(30keV)的曝光和高温(50℃)显影,可以使 HSQ 实现亚 10nm 的分辨率[71]。

表 2.2 用于 HSQ 显影方案的举例

配方	显影参数
A	25%的 TMAH 中浸泡 75s
B	50℃温度下 25%的 TMAH 中浸泡 75s
C	50℃温度下 25%的 TMAH 中浸泡 75s
	在 H_2O :BOE 为 2000:1 的溶液中浸泡+30~60s
	50℃温度下 25%的 TMAH 中浸泡+75s

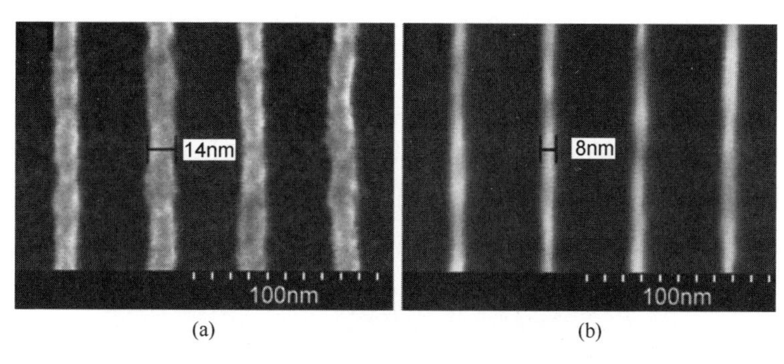

(a) (b)

图 2.28 在室温下以及在 50℃下用 25%的 TMAH 水溶液显影所制备的 50nm 周期 HSQ 光栅对比

(a) 在室温下显影;(b) 在 50℃下显影。

在优化 HSQ 工艺的同时,必须注意曝光和显影阶段的许多条件。在曝光阶段,曝光步距很重要。由于分辨率 HSQ 优于 PMMA,因此单像素线(Single Pixel Line,SPL)和扫描步距必须小于 PMMA。图 2.29(a)展示了使用扫描步距为 20nm 的 Raith 150^{TWO} EBL 系统编写的任意图形。如图 2.29(b)中提供的放大图像所示,阵列中纳米点直径约为 10nm。通过减小扫描步距至 2~10nm 可以实现连续曝光。

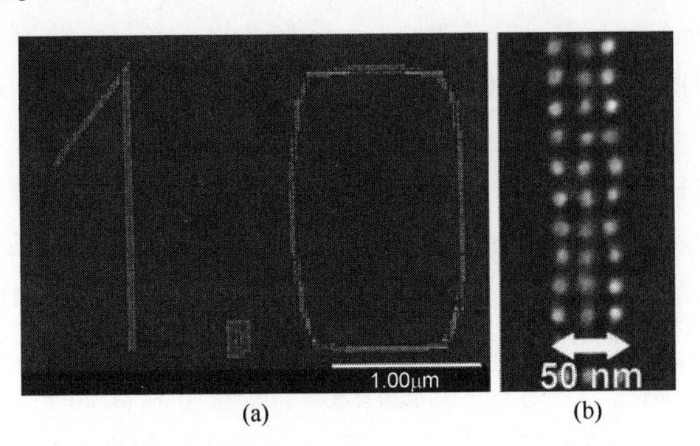

图 2.29 EBL 制备的图形及其放大图

(a) EBL 制备的任意图形;(b) 放大图像显示直径为 10nm 的点阵列。

选择足够小的扫描步距后,下一步就是选择曝光剂量。图 2.30 展示了在连续增加剂量下利用正方形测试面曝光剂量,其中每个方块上方的数字为剂量因子。在极端情况下,剂量太低不能做出图形,而剂量太高又会使图形严重失真。中间为适用的剂量窗口。与正性抗蚀剂相反,如果图形旨在用作后续刻蚀的掩膜层,一般将不使用最小交联剂量进行曝光。因为在该种情况下,交联密度可能不足以作为合适的刻蚀掩膜。因此,对于负性抗蚀剂,优选的剂量通常是在图形失真之前最大的交联剂量,与正性抗蚀剂选择最小剂量刚好相反。

然而,选择最大交联剂量也有缺点,即对二次和背向散射电子的曝光变得极其敏感。这些邻近效应可能会导致图形侧壁和密集特征周围出现不需要的部分曝光的硅氧烷浮渣[70-72],如图 2.31(a)所示。由于硅氧烷类浮渣由氧化物 $HSiO_x$ 组成,因此可以使用稀释 HF 冲洗[70]将其刻蚀掉,这也有利于抗蚀剂对比度,因为它可以防止显影饱和[70]并修剪图形,从而进一步提高分辨率[72]。

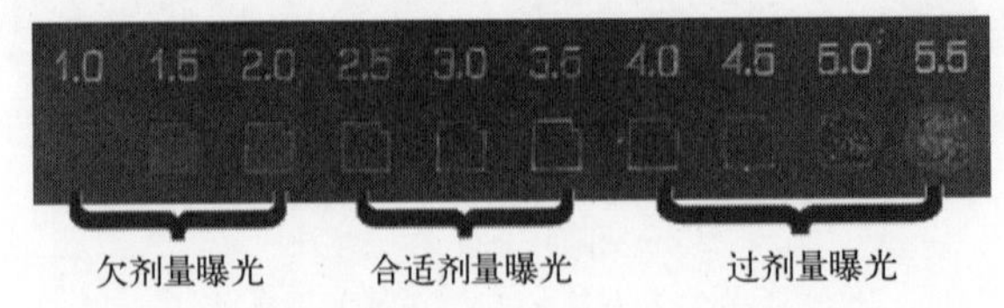

图 2.30 HSQ 曝光剂量测试(不同位置展示了不同曝光剂量的效果)

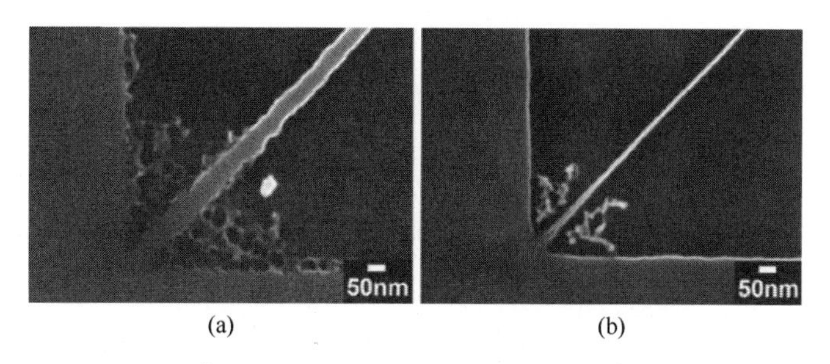

图 2.31　未释放的 SiCN 掩膜层 Pad 谐振器表面 SEM 图

(a) 利用标准 TMAH 显影配方 A,中心宽度为 48nm±5nm;(b) 利用改良的高温 TMAH-BOE-TMAH 显影配方 C,中心宽度为 15nm±2nm[71]。

此外,高温显影也会消除这些部分交联的结构[63]。为解决上述问题,最近开发了另一种显影方案[71],见表 2.2 中的配方 C。在这个配方中,高温显影与 HF 修整或多步骤 TMAH-HF-TMAH 显影相结合。这种组合有助于清除不需要的硅氧烷浮渣,并提供图形修剪,如图 2.31(b)所示。修整速率预计高达 20nm/min。

2.3.4　HSQ 抗蚀剂作为刻蚀掩膜:8nm 宽桥结构

利用 2.3.3 节中讨论的优化的基于 HSQ 纳米图形化技术,可进一步改进 2.3.2 节中讨论的 SiCN 谐振器制造工艺[71]。将 HSQ 同时用作 SiCN 的 RIE 过程的抗蚀剂层和掩膜层,因避免使用 Cr 金属层,简化了该谐振器制造工艺,并且其分辨率已经提高至可以实现制备亚 10nm 宽、微米级长度的桥。高度优化的 SiCN 谐振器制造工艺如图 2.32 所示[71]。

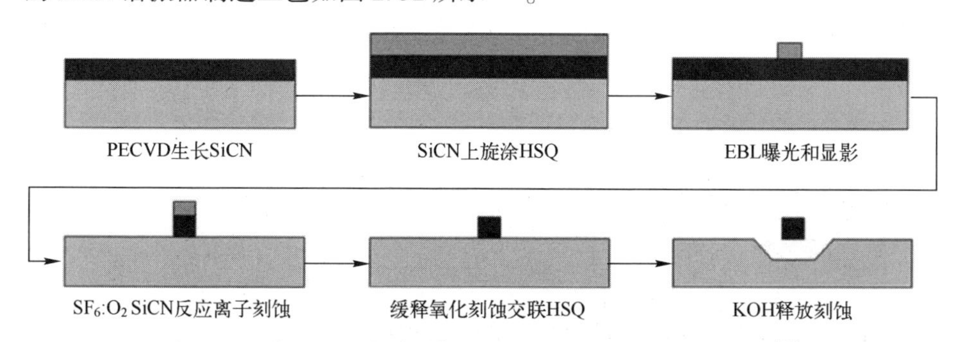

图 2.32　利用 HSQ 掩膜制备双钳 SiCN 谐振器的流程示意图[71]

在 Si 上沉积并退火 50nm 厚的 SiCN 层之后,在顶部旋涂 25~30nm 厚的 HSQ 层。用 30kV 的电压曝光 HSQ 层,并如 2.3.3 节所讲,使用表 2.2 所述的多步高温 TMAH-HF-TMAH 配方 C 进行显影。交联的 HSQ 层用作 SiCN

的 RIE 刻蚀掩模,然后使用 30s BOE 剥离。最后,谐振器在用 IPA 饱和的 75℃的 28.3%KOH 溶液中释放,刻蚀持续时间为 30~45s。更多细节可参见参考文献[71]。

图 2.33(a)展示了典型的亚 10nm 宽、5μm 长的双钳位 SiCN 谐振器的 SEM 图像,SiCN 层厚度为 50nm。使用的曝光面剂量和线剂量分别为 2.5mC/cm^{2}和 9nC/cm。图 2.33(b)是桥的放大俯视 SEM 图像。SEM 图像取自图 2.33(a)所示的谐振器的中心。测量的桥宽度为 9nm±1nm。使用单步室温配方 A 或高温显影配方 B 也可获得相似分辨率的桥;然而,这样效果较差,因为需要更多的剂量,桥更不均匀,并且在钳位区域中存在硅氧烷浮渣。

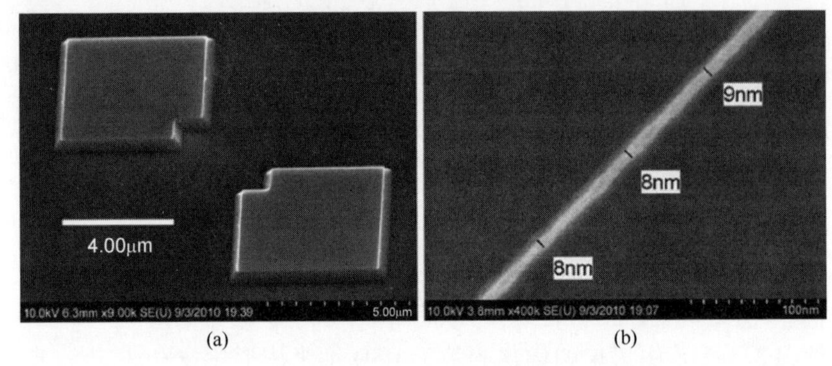

图 2.33 亚 10nm 宽、5μm 长的双钳 SiCN 谐振器

(a) 概览图;(b) 桥部分放大图。

图 2.34(a)、(b)给出了使用表 2.2 中的配方 C 制造的谐振器钳位点的放大 SEM 图像。两个图都显示在钳位点处仅有很少的或没有残余浮渣,并且表面和边缘非常干净。钳位点周围的区域仅显示出轻微的悬垂。桥在硅表面上方悬浮 400~600nm。最后,图 2.33(b)和 2.34(b)表明桥的宽度是均匀的,其最

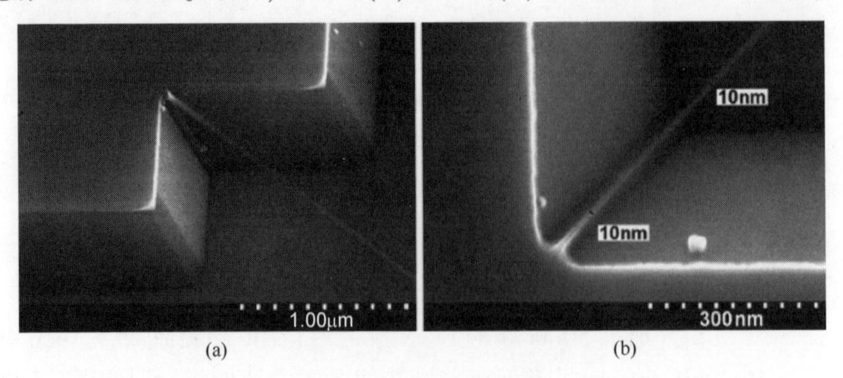

图 2.34 钳位点 SEM 图

(a) 斜视图展示了钳位特征以及释放;(b) 俯视图展示了间隙的均匀性。

宽处宽度小于 10nm。这表明,通过共同优化曝光和显影条件,可以避免或补偿邻近效应,而无需使用复杂的校正算法。

2.4 绝缘衬底

在诸如光子学、纳米电子学和生物纳米机电系统(生物 NEMS)应用领域,通常需要制造大面积的、宏观尺度的纳米级特征阵列。纳米压印光刻技术是一种高效、低成本的解决方案[73]。涉及光学曝光的紫外纳米压印光刻(UV-NIL)需要制造透明的纳米结构母版。而介电材料恰好代表了运用电子束光刻加工纳米结构的挑战之一。与导电和半导体衬底不同,绝缘体顶部的聚合物抗蚀剂层如 PMMA 在 EBL 曝光期间会累积电荷,这会使电子束偏转并使图形失真[74-76]。

上述问题的解决方案主要是添加一层导电层。已经证明,当制造具有高达 150~200nm 间距的周期性光栅图形时,薄的(5nm)轻金属(如 Al、Cr 或 Cu)的覆盖层可以起到导电作用[77]。然而,这种涂层导致金属层中的电子束散射并随后使抗蚀剂中的曝光分布变宽,这限制了极限纳米尺度 EBL 的分辨率,也会降低工艺敏感性[77]。

图 2.35 给出了一个替代工艺的例子,即金属导电层位于抗蚀剂下面[78]。就是用溅射的 30nm Al 膜涂覆 UV 透明熔融石英(Fused Silica,FS)衬底,然后旋涂 60nm 的 PMMA 抗蚀剂层。在该 PMMA/Al/FS 方案中,Al 层在电子束曝光期间用作电荷导电层,并且随后作为硬掩模通过玻璃刻蚀将图形转移到 FS 衬底中。利用 Raith 150 EBL 系统在 10keV 电压下曝光 PMMA 并显影之后,进行反应离子刻蚀(RIE),从而将图形转移到下面的 Al 层。

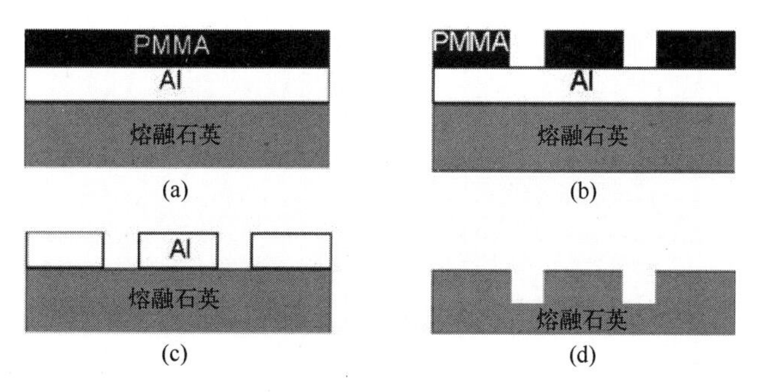

图 2.35 NIL 掩模制造方案

(a) 玻璃衬底上添加 Al 和 PMMA 层;(b) 在 PMMA 中用电子束曝光产生图形;
(c) 使用干法刻蚀将图形转移到 Al 层(其中 PMMA 用作刻蚀掩模);
(d) 通过玻璃刻蚀工艺将图形转移到玻璃衬底(其中 Al 层用作硬掩模)。

接下来,通过 RIE 工艺将 Al 层的 EBL 图形转移到熔融石英衬底,然后从衬底上除去 Al 掩模。图 2.36(a)、(b)分别展示了具有约 40nm 线宽和约 60nm 线间距离的 Al 光栅图形的示例,以及熔融石英中的对应光栅图形。边缘粗糙是由于 Al 溅射沉积过程中形成的纳米晶粒。虽然通过选择沉积条件和金属[79]可以减小晶粒尺寸,但在释放 FS 图形时,由金属晶粒导致的图形比较粗糙是这种方法普遍存在的挑战。

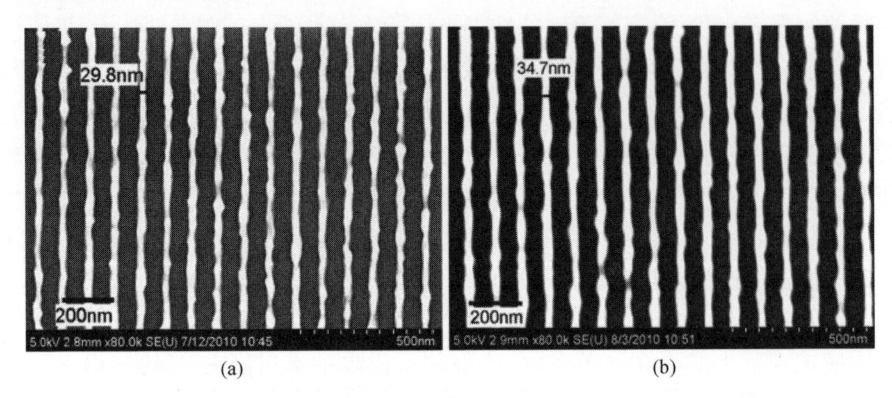

(a) (b)

图 2.36 具有 40nm 线宽、60nm 线间距离的 Al 光栅图形的示例

(a) 线宽低于 40nm、周期为 100nm 的铝光栅结构;(b)在石英衬底上刻蚀后的图形。

另一种解决方案是使用一层导电聚合物代替金属层,在这种情况下,聚合物通常沉积在 EBL 抗蚀剂的顶部[80]。图 2.37 给出了一个密集的约 30nm 宽、50nm 间距柱阵列在熔融石英中释放的示例[78]。在该过程中,用 70nm 的水溶性导电聚合物(来自 Mitsubishi Rayon[81]的 aquaSAVE)涂覆在 90nm 厚的 PMMA

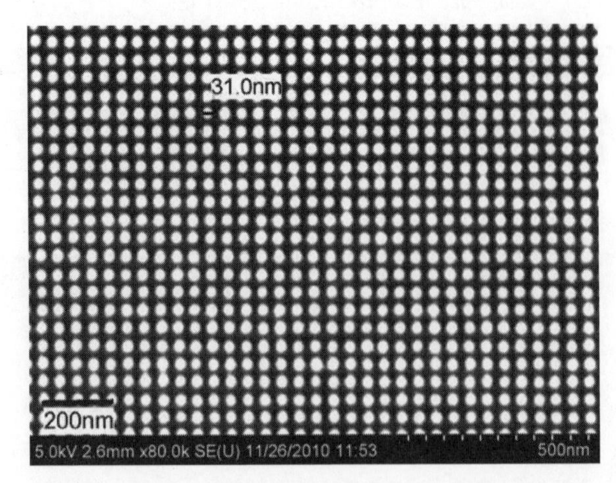

图 2.37 在石英衬底上利用 PMMA 抗蚀剂并在上面添加 aquaSAVE[81]作为导电聚合物层制备出的周期为 50nm×50nm 的柱阵列

膜上,并基于 Raith 150^{TWO}系统使用 30keV 电子束曝光产生图形。除去导电层并形成 PMMA 图形后,溅射沉积 8nm 的 Cr 膜,在超声波浴中将其剥离。然后通过 RIE 将在 Cr 中实现的图形转移到 FS 衬底。与沉积在抗蚀剂顶部的金属层相比,聚合物导致的电子束宽度更小,有助于提高极限纳米尺度下的分辨率。然而,剥离阶段对图形有些敏感,释放尺寸大小相同图形的质量取决于其几何形状[78]。显然,这项工艺需要进一步优化,包括数值模拟的研究,以充分发挥 EBL 在绝缘衬底上的潜力。

2.5 小结

EBL 是一个复杂的工艺,有许多相互作用的参数会影响到纳米结构制造质量和工艺的稳定性。PMMA 作为一种典型抗蚀剂,目前利用其可成功地制备很多结构及图形,而曝光和显影模型可作为辅助工具用于分析该过程。使用低压 EBL 可提高灵敏度并降低邻近效应,而低温显影已被证明可以改善工艺窗口和分辨率,特别是在低压曝光的情况下。这些工艺在制备独立的纳米级桥结构和致密的绝缘纳米压印光刻母版中已经展现出应用价值。

致谢:作者感谢加拿大自然科学和工程研究委员会,国家纳米技术研究所,Alberta Ingenuity 基金,Raith GmbH 和阿尔伯塔大学纳米加工中心的支持。

参考文献

[1] McCord MA, Rooks M. Electron beam lithography. In: Rai-Choudury P, editor. Handbook of microlithography, micromachining and microfabrication, vol. 1. Bellingham: SPIE; 1997. ISBN 978-081-942-378-8.
[2] Nabity J, Compbell LA, Zhu M, Zhou W. E-beam nanolithography integrated with scanning electron microscope. In: Zhou W, Wang ZhL, editors. Scanning microscopy for nanotechnology: techniques and applications. 1st ed. New York: Springer; 2006. ISBN 978-144-192-209-0.
[3] Wu CS, Makiuchi Y, Chen CD, In: Wang M, editors. Lithography. High-energy electron beam lithography for nanoscale fabrication. Croatia: InTech; 2010, ISBN 978-953-307-064-3.
[4] Liddle JA, Berger SD. Proc SPIE. 2014;2014:66–76.
[5] Pfeiffer HC, Stickel W. Future Fab Intl. 2002;12:187.
[6] Mapper Lithography, Delft, www.mapperlithography.com
[7] Raith GmbH, Dortmund, www.raith.com
[8] Goldstein J, Newbury DE, Joy DC, Lyman CE, Echlin P, Lifshin E, Sawyer L, Michael JR. Scanning electron microscopy and X-ray microanalysis. 3rd ed. New York: Springer; 2003. ISBN 978-030-647-292-3.

[9] Jeol electron beam lithography, Tokyo, www.jeol.com/PRODUCTS/SemiconductorEquipment/ElectronBeamLithography/tabid/99/Default.aspx
[10] Vistec electron beam GmbH, Jena, www.vistec-semi.com
[11] Lee YH, Browing R, Maluf N, Owen G, Pease RFW. J Vac Sci Technol B. 1992;10:3094–8.
[12] Yang H, Fan L, Jin A, Luo Q, Gu C, Cui Z. In: Proc. 1st IEEE Intl. Conf. Nano/Micro Engg. & Molec. Sys. Jan 2006, Zhuhai, p. 391–4.
[13] Kyser DF, Viswanathan NS. J Vac Sci Technol. 1975;12:1305–8.
[14] Brewer G, editor. Electron-Beam Technology in Microelectronic Fabrication. New York: Academic; 1980. 978-012-133-550-2.
[15] Kamp M, Emmerling M, Kuhn S, Forchel A. J Vac Sci Technol B. 1999;17:86–9.
[16] Chang THP. J Vac Sci Technol. 1975;12:1271–5.
[17] Lo CW, Rooks MJ, Lo WK, Isaacson M, Craighead HG. J Vac Sci Technol B. 1995;13:812–20.
[18] Mun LK, Drouin D, Lavallée E, Beauvais J. Microsc Microanal. 2004;10:804–9.
[19] Wu B, Neureuther AR. J Vac Sci Technol B. 2001;19:2508–11.
[20] Showa Denko ESPACER, www.showadenko.us
[21] Hatzakis M. J Electrochem Soc. 1969;116:1033–7.
[22] ZEONREX electronic chemicals, Japan http://www.zeon.co.jp/index_e.html
[23] Nishida T, Notomi M, Iga R, Tamamura T. Jpn J Appl Phys. 1992;31:4508–14.
[24] Olynick DL, Cord B, Schipotinin A, Ogletree DF, Schuck PJ. J Vac Sci Technol B. 2010;28:581–7.
[25] Bilenberg B, Schøler M, Shi P, Schmidt MS, Bøggild P, Fink M, Schuster C, Reuther F, Gruetzner C, Kristensen A. J Vac Sci Technol B. 2006;24:1776–9.
[26] Aktary M, Stepanova M, Dew SK. J Vac Sci Technol B. 2006;24:768–79.
[27] Masaro L, Zhu XX. Prog Polym Sci. 1999;24:731–75.
[28] Miller-Chou BA, Koenig JL. Prog Polym Sci. 2003;28:1223–70.
[29] Mohammad MA, Fito T, Chen J, Aktary M, Stepanova M, Dew SK. J Vac Sci Technol B. 2010;28:L1–4.
[30] Tanaka T, Morigami M, Atoda N. Jpn J Appl Phys. 1993;32:6059–64.
[31] Mohammad MA, Fito T, Chen J, Buswell S, Aktary M, Stepanova M, Dew SK. Micr Eng. 2010;87:1104–7.
[32] Lee K, Bucchignano J, Gelorme J, Viswanathan R. J Vac Sci Technol B. 1997;15:2621–6.
[33] Yasin S, Hasko D, Ahmed H. J Vac Sci Technol B. 1999;17:3390–3.
[34] Kupper D, Kupper D, Wahlbrink T, Bolten J, Lemme M, Georgiev Y, Kurz H. J Vac Sci Technol B. 2006;24:1827–32.
[35] Namatsu H, Yamazaki K, Kurihara K. J Vac Sci Technol B. 2000;18:780–4.
[36] Goldfarb D, de Pablo J, Nealey P, Simons J, Moreau W, Angelpoulos M. J Vac Sci Technol B. 2000;18:3313–7.
[37] Wahlbrink T, Kupper D, Georgiev Y, Bolten J, Moller M, Kupper D, Lemme M, Kurz H. Microelectron Eng. 2006;83:1124–7.
[38] Mohammad MA, Fito T, Chen J, Buswell S, Aktary M, Dew SK, Stepanova M. In Wang M editors, Lithography. The interdependence of exposure and development conditions when optimizing low-energy EBL for nano-scale resolution. Croatia: InTech; 2010, ISBN 978-953-307-064-3.
[39] Ocola LE, Stein A. J Vac Sci Technol B. 2006;24:3061–5.
[40] Häffner M, Heeren A, Fleischer M, Kern DP, Schmidt G, Molenkamp LW. Microelectron Eng. 2007;84:937–9.
[41] Cord B, Lutkenhaus J, Berggren KK. J Vac Sci Technol B. 2007;25:2013–6.
[42] Yan M, Choi S, Subramanian KRV, Adesida I. J Vac Sci Technol B. 2008;26:2306–10.
[43] Mohammad MA, Dew SK, Westra K, Li P, Aktary M, Lauw Y, Kovalenko A, Stepanova M. J Vac Sci Technol B. 2007;25:745–53.

[44] Cord B, Yang J, Duan H, Joy DC, Klingfus J, Berggren KK. J Vac Sci Technol B. 2009;27:2616–21.
[45] Hasko DG, Yasin S, Mumatz A. J Vac Sci Technol B. 2000;18:3441–4.
[46] Yasin S, Hasko DG, Khalid MN, Weaver DJ, Ahmed H. J Vac Sci Technol B. 2004;22:574–8.
[47] Stepanova M, Fito T, Szabó Zs, Alti K, Adeyenuwo AP, Koshelev K, Aktary M, Dew SK. J Vac Sci Technol B. 2010;28:C6C48–57.
[48] Schock K-D, Prins FE, Strähle FES, Kern DP. J Vac Sci Technol B. 1997;15:2323–6.
[49] Brünger W, Kley EB, Schnabel B, Stolberg I, Zierbock M, Plontke M. Microelectron Eng. 1995;27:135–8.
[50] An L, Zheng Y, Li K, Luo P, Wu Y. J Vac Sci Technol B. 2005;23:1603–6.
[51] Cord B, Dames C, Berggren KK, Aumentado J. J Vac Sci Technol B. 2006;24:3139–43.
[52] Yang H, Jin A, Luo Q, Li J, Gu C, Cui Z. Microelectron Eng. 2008;85:814–7.
[53] Mohammad MA, Guthy C, Evoy S, Dew SK, Stepanova M. J Vac Sci Technol B. 2010;28: C6P36–41.
[54] Anbumony K, Lee S. J Vac Sci Technol B. 2006;24:3115–20.
[55] Leunissen L, Jonckheere R, Hofmann U, Unal N, Kalus C. J Vac Sci Technol B. 2004;22:2943–7.
[56] Ogino K, Hoshino H, Machida Y, Osawa M, Arimoto H, Maruyama T, Kawamura E. Jpn J Appl Phys. 2004;43:3762–6.
[57] Fischer LM, Wilding LMN, Gel M, Evoy S. J Vac Sci Technol B. 2007;25:33–7.
[58] Fischer LM, Wright VA, Guthy Cz, Yang N, McDermott MT, Buriak JM, Evoy S. Sens Actuators B. 2008;134:613–7.
[59] Grigorescu AE, Hagen CW. Nanotechnology. 2009;20:292001.
[60] Fruleux-Cornu F, Penaud J, Dubois E, Francois M, Muller M. Mater Sci Eng C. 2005;26:893–7.
[61] Chen Y, Yang H, Cui Z. Microelectron Eng. 2006;83:1119–23.
[62] Yang H, Jin A, Luo O, Gu C, Cui Z. Microelectron Eng. 2007;84:1109–12.
[63] Haffner M, Haug A, Heeren A, Fleischer M, Peisert H, Chasse T, Kern DP. J Vac Sci Technol B. 2007;25:2045–8.
[64] Choi S, Jin N, Kumar V, Adesida I, Shannon M. J Vac Sci Technol B. 2007;25:2085–8.
[65] Ocola LE, Tirumala VR. J Vac Sci Technol B. 2008;26:2632–5.
[66] Kim J, Chao W, Griedel B, Liang X, Lewis M, Hilken D, Olynick D. J Vac Sci Technol B. 2009;27:2628–34.
[67] Yan M, Lee J, Ofuonye B, Choi S, Jang JH, Adesida I. J Vac Sci Technol B. 2020;28:C6S23–7.
[68] Lauvernier D, Vilcot J-P, Francois M, Decoster D. Microelectron Eng. 2004;75:177–82.
[69] Yang JKW, Berggren KK. J Vac Sci Technol B. 2007;25:2025–9.
[70] Lee H-S, Wi J-S, Nam S-W, Kim H-M, Kim K-B. Vac Sci Technol B. 2009;25:188–92.
[71] Mohammad MA, Dew SK, Evoy S, Stepanova M. Microelectron Eng. 2011;88:2338–41.
[72] Tiron R, Mollard L, Louveau O, Lajoinie E. J Vac Sci Technol B. 2007;25:1147–51.
[73] Schift H. J Vac Sci Technol B. 2008;26:458–80.
[74] Liu W, Ingino J, Pease RF. J Vac Sci Technol B. 1995;13:1979–83.
[75] Satyalakshmi KM, Olkhovets A, Metzler MG, Harnett CK, Tanenbaum DM, Craighead HG. J Vac Sci Technol B. 2000;18:3122–5.
[76] Joo J, Jun K, Jacobson JM. J Vac Sci Technol B. 2007;5:2407–11.
[77] Samantaray CB, Hastings JT. J Vac Sci Technol B. 2008;26:2300–5.
[78] Muhammad M, Buswell SC, Dew SK, Stepanova M. J Vac Sci Technol B. 2011;29:06F304.
[79] Bhuiyan A, Dew SK, Stepanova M. Comput Commun Phys. 2011;9:49–67.
[80] Dylevwicz R, Lis S, De La Rue RM, Rahman F. J Vac Sci Technol B. 2010;28:817–22.
[81] aquaSAVE Electronic Conductor, Mitsubishi Rayon America Inc., New York, http://www.mrany.com/data/HTML/20.htm

第3章　电子束曝光与抗蚀剂工艺的模拟仿真

摘要

电子束曝光模拟仿真可用来预估抗蚀剂经过一个完整的光刻流程后的形貌,并可优化面向极限分辨和更高维度的工艺,是电子束曝光体系中不可或缺的重要工具。本章不仅介绍了电子束模拟仿真工具的主要构架,而且对所有核心模块与由其发展出来的主要仿真方法一并做了详细的解释。在本章的最后,给出了两个亚100nm尺度复杂图形的仿真实例,并附带实验数据证实了现代化的电子束曝光模拟仿真工具的精度与优化能力。

3.1　引言

作为一种强大的光刻技术,电子束曝光能够可靠、重复地实现大面积亚10nm图形的加工。即使其他微纳加工方法也能展现出同一水平的加工能力,电子束曝光仍然是光刻掩模制作和原型开发等应用的优先选择。电子束曝光可用于生产一些特殊元件,如硬盘读写磁头;同时,它也被认为是替代光学曝光的下一代专用集成电路及多项目晶圆的潜在技术之一。从20世纪70年代IBM研发出第一台矢量扫描的电子束曝光系统开始,电子束曝光经历了数十年发展。目前,电子束曝光系统仍然十分昂贵,而且它在加工精细、复杂、高密度结构时依旧比较缓慢。由于上述原因,在电子束设备机时有巨大需求的情况下,可以通过工艺优化使加工时长最小化来达到降低整体加工成本等目的。电子束曝光是一个十分复杂的过程,涉及多种物理与化学过程,包括电子束与物质相互作用、(化学放大胶中的)热处理、抗蚀剂显影等。为了缩短工艺优化时间和降低成本,十分有必要基于精确的物理、化学模型开发出快速、精确的可描述各工艺步骤中所发生现象的整体仿真器。这种模拟仿真的结果应该包含详细精确的三维抗蚀剂轮廓信息和实际加工出来的特征尺寸及线边缘粗糙度(Line Edge Roughness,LER)。而图形尺寸及线边缘粗糙度在很大程度上决定了器件的电学性质及芯片的整体大小。上述仿真特征对所有的光刻技术都是通用的。

而在电子束曝光工艺中，邻近效应成为实现高精度、高密度图形加工的主要障碍。邻近效应是指点状电子束与抗蚀剂及衬底原子相互作用时导致的宽达几微米的背向散射电子对抗蚀剂进行并不期望的再曝光效应。该效应是限制电子束曝光加工高分辨率密集图形的主要因素之一。此外，光刻仿真应该能够对原始版图进行图形尺度及曝光剂量优化，从而达到产生预计抗蚀剂图形的效果。在研发电子束曝光仿真之初，其应用主要受到计算机微处理器性能及版图中关键结构尺度及复杂度的限制。然而，现在的电子束曝光版图通常具有高密度、高复杂度且布满了纳米级关键尺寸的特征结构。因此，电子束曝光仿真应在合理的运算时间内提供足够高的计算精度。

自 20 世纪 80 年代末至今，光刻模拟仿真已取得了长足的发展。当前，对于即将到来的技术节点，光刻仿真对工艺优化、器件制造和下一代光刻技术的应用具有极高的重要性。如图 3.1 所示，光刻模拟仿真软件应能够预测显影后的抗蚀剂形貌，并能提供精确的维度信息和边缘粗糙度信息。此外，完整的仿真软件应具有将仿真数据与实验结果（自上而下的和截面的 SEM 照片）进行对比的能力，并可以自动评估仿真结果。

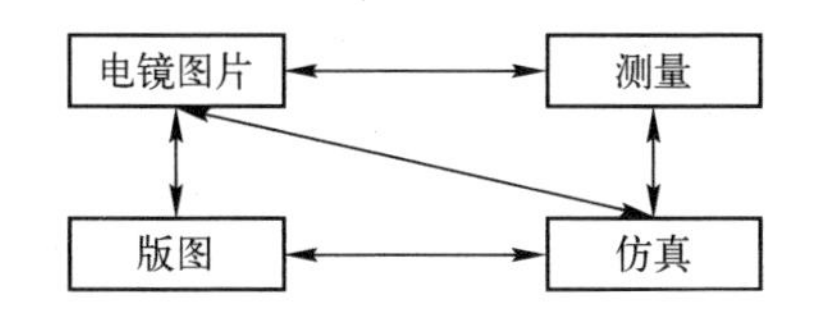

图 3.1　一个完整的光刻仿真器中的核心模块

电子束曝光的模拟仿真包括多个部分，每部分都侧重一个特定的任务。主要的模拟组件如下。

（1）计算点状电子束散射后的能量分布及其与束斑大小/类型和整体版图进行卷积计算后的能量分布。

（2）对于化学放大胶，需仿真热处理效应的影响。

（3）综合考虑先前工艺步骤及抗蚀剂显影算法等因素，对显影后抗蚀剂形貌进行仿真。

（4）与实验数据进行对比。

对于仿真的需求，应当由用户提供一系列的模拟信息，如版图（GDS 或 CIF 格式）、电子束能量、束斑大小与类型、曝光剂量、图层堆叠信息及抗蚀剂的溶解特性。

总体而言，这个光刻仿真器应该能够满足以下两点。

（1）合理运用 CPU 计算资源，预估抗蚀剂的三维形貌。

（2）通过图形分割，调节曝光剂量和对版图进行适当的调整，从而实现邻近效应校正。

3.2 仿真流程图

由于电子束曝光的设备价格及运行成本等十分高昂,因此需要通过工艺优化在尽可能短的曝光时间内实现最高的分辨率及工艺自由度。这个极具挑战性的目标,特别是在纳米尺度下,唯有通过快速、精确且方便的仿真工具来实现。在过去几十年里,研究机构已开发出多款光刻仿真工具,其中有些已经商用化或者即将上市。总体而言,模拟软件由一系列模块构建而成,这些模块允许调用一些特定中间结果。利用这种方法,模块对计算中所需的高强度 CPU 运算可以进行拆分,且结果可以反复调用。第一款可完整模拟电子束曝光及显影等步骤的软件是 U. C. Berkeley 开发的 SAMPLE 软件,该软件最初编写出来主要用于二维形貌模拟,随后扩展到三维形貌及光学曝光仿真中。近些年,该仿真工具已通过 LAVA(Lithography Analysis through Virtual Access)平台在网络上开源共享[1]。图 3.2 所示为 SAMPLE 的仿真流程图。

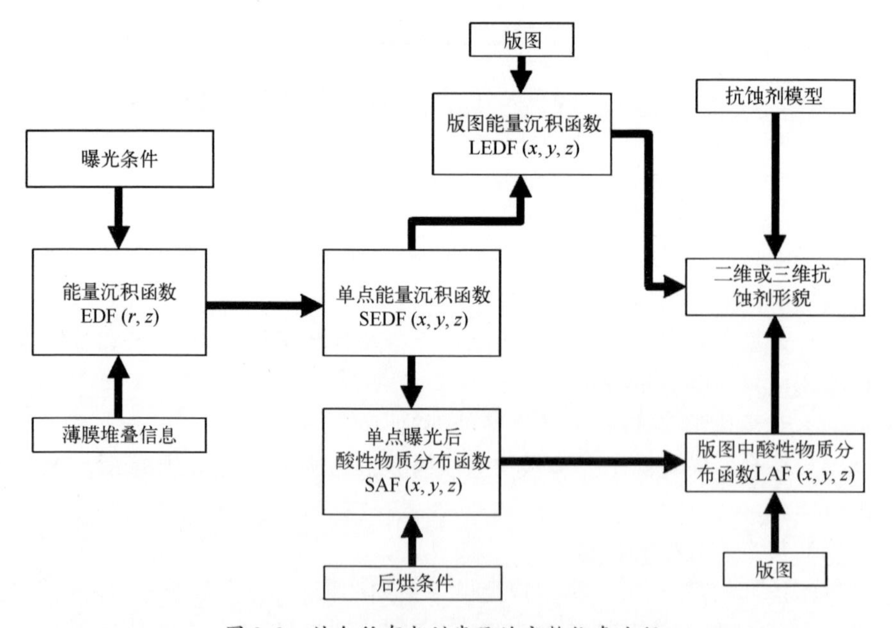

图 3.2 结合所有光刻步骤的完整仿真流程

在第一个模块(能量沉积)中,计算了来源于理想的点状束(可忽略束斑大小,Delta 函数)的能量沉积(能量沉积函数,Energy Deposition Function,EDF)。尽管电子的轨迹是三维(x,y,z)的,但由于其圆柱对称性,计算可降维为二维运算(r,z),即二维分布的能量沉积函数 EDF(r,z)。该模块的输入量包括:薄膜堆叠信息,即每一层薄膜的密度、平均原子序数、平均原子质量和薄膜厚度;电子束能量。有意思的是,能量沉积函数 EDF(r,z)与电子束斑的形状、束斑大小及直写方式、版图等因素无关。因此,该模块输出量可用于后续仿真步骤中直接调用的薄膜堆叠信息及电子束能量,并且适用于任何版图及任何形状和大小的束斑。应当注意的是,该模块的精度是影响显影后抗蚀剂形貌预测精度的主要参数。而能量沉积模块的精度主要取决于所采用的模拟电子轨迹的物理模型。从某种程度上说,实验结果的反馈可显著提升预估精度。但是,确定该模块的曝光性质,如样品的电荷积累或加热是难以模拟的,同时,这些因素并未被考虑到该模块内,而是由后续的模块进行模拟仿真。

在第二个模块(束斑能量沉积)中,能量沉积函数与电子束型及束斑尺寸一并作为输入量,来计算束斑中能量沉积函数 SEDF(x,y,z)。虽然高斯束是圆柱对称的,束斑能量沉积函数也能用半径与深度表达,但束斑能量沉积函数 SEDF(x,y,z)常会选用笛卡儿坐标系来表达,以便与版图布局和后续的仿真步骤进行耦联。一般来说,束斑中能量沉积函数 SEDF(x,y,z)的计算是通过能量沉积函数 EDF(r,z)与束型 B(r)进行卷积运算。在大多数研究中,抗蚀剂与衬底界面处的束斑能量沉积函数 SEDF(x,y,z)是最方便与实验数据进行对比的量[2,3]。在该模块中,应考虑与电子束质量相关的白噪声效应(Shot Noise Effect)[4],以便可靠地扩展到版图级别的仿真。但是,某些电子束形的因素,如抗蚀剂的热处理、电子束中电子之间的相互作用、电荷积累造成的电子排斥等,是难以纳入该模块仿真之内的。这种现象需要通过一些特定软件进行处理,如 Abeam Technologies[6]研发的 TEMPTATION[5]软件。

在上述这一点上,因为抗蚀剂类型不同,传统的抗蚀剂(如 PMMA)与化学放大胶(Chemically Amplified Resist,CAR)在仿真计算方法上是有区别的。这种区别是源于两种抗蚀剂对能量吸收效应的不同。

对于常规抗蚀剂而言,能量沉积模块以束斑能量沉积函数 SEDF(x,y,z)与设计版图作为该模块计算的输入量,再计算版图能量沉积函数 LEDF(x,y,z),即每个像素点在 3 个方向$(x、y、z)$上的能量吸收。要想达成这个目标,需要考量版图中设计图形的尺寸,使束斑能量沉积函数 SEDF(x,y,z)和版图能量沉积函数 LEDF(x,y,z)的网格相匹配。在这种方法中,版图能量沉积函数 LEDF(x,y,z)是完全取决于所设计的版图。也就是说,在薄膜堆叠信息、束能、束形完全相同的情况下,对于 0.2μm 密集线条与 0.1μm 孤立矩形版图可使用相同的束斑能量沉积函数 SEDF(x,y,z)。在精细栅格与复杂版图的情况下,该模块会消耗巨大的 CPU 算力。

对常规抗蚀剂而言,接下来是抗蚀剂溶解的仿真。该步骤需要综合考虑版图能量沉积函数 LEDF(x,y,z)与抗蚀剂溶解率函数 $R(E)$(E 为局部被吸收的能量),该步骤不仅可在二维环境下运行,更适合在三维环境下运行。运用该程序,已经可以将包含纳米级关键尺寸结构复杂版图的仿真结果处理得与实验结果十分吻合[7]。该仿真模块对预测显影后抗蚀剂的形貌具有十分重要的作用。因此,建立非常精确的抗蚀剂显影行为模型是十分必要的,但是这样的模型往往较难获得,且该模型与吸收能量的关系也难以构建。

对于化学放大胶而言,处理方式会更为复杂。在化学放大胶的处理中,主要是后烘会导致曝光中所释放的光酸分子的扩散问题。这些光酸分子可使得周围的抗蚀剂在显影时溶解。单个光酸分子可催生出脱保护基团,故在曝光时只需要少量的光子或电子。光酸分子的扩散不仅对于提高抗蚀剂灵敏度和曝光效率很重要,而且对限制由白噪声所导致的线边缘粗糙度也十分关键。然而,光酸分子扩散长度也会限制分辨率的进一步提高。此外,光酸分子过度扩散将会降低显影对比度,导致更大的粗糙度。用电子束曝光化学放大胶,会发生以下反应[8],即

$$e^- + \text{光生酸引发剂} \rightarrow e^- + \text{酸性阳离子} + \text{磺酸盐阴离子}$$

式中:e^-表示与溶液中其他成分反应的电子,在被束缚之前,游离电子运动距离大约是数十纳米量级。这种寄生曝光会降低抗蚀剂的分辨率。

对于这一附加且十分关键的处理步骤,仿真也变得更加复杂,而且这一步骤也难以通过抗蚀剂溶解模块进行实验表征。另外,该步骤对仿真模拟的整体精度有极大的影响。对于化学放大胶而言,后烘处理对图形尺寸及抗蚀剂形貌的影响可以通过实验计算[9]或者对显影时的化学反应和光酸分子扩散的两个非线性方程系统进行仿真而获得[10]。对这个方程系统进行求解需要知道化学反应中的活化能、反应级数和光酸的扩散系数等参数[11]。这些参数需要通过许多种不同的实验方法获得,包括后光刻测量(单像素[3]、线条)或者物理、化学和光学测量等。为了降低对 CPU 功率的需求,光酸浓度的计算首先通过束斑能量沉积函数 SEDF(x,y,z)运算得来,而不是版图能量沉积函数 LEDF(x,y,z);然后通过考虑版图设计,按栅格的每个像素计算版图全局的光酸分子浓度,表示为 LAF(x,y,z)。该函数将用于后续抗蚀剂显影模块中,连同显影模型一起预测抗蚀剂实际的二维或三维形貌。

3.3 电子束曝光仿真模块

对电子束曝光结果进行精确预估的关键模块之一就是模拟曝光这一工艺

步骤。在曝光时,聚焦的电子束不仅与抗蚀剂薄膜相互作用,而且同时与抗蚀剂下的多层材料相互作用。如图 3.3 所示,在模拟曝光时,需要计算对最终特征尺寸起决定性作用的电子-物质相互作用范围。

由于入射电子束-物质相互作用在众多应用中的重要性,早在 20 世纪 70 年代第一台电子束曝光工具发明时,科研人员就已开始研究这一共性问题。与此同时,扫描电子显微镜也用到了相同能量的电子束,因此电子束与物质的相互作用的仿真也可以在该技术中得到应用。

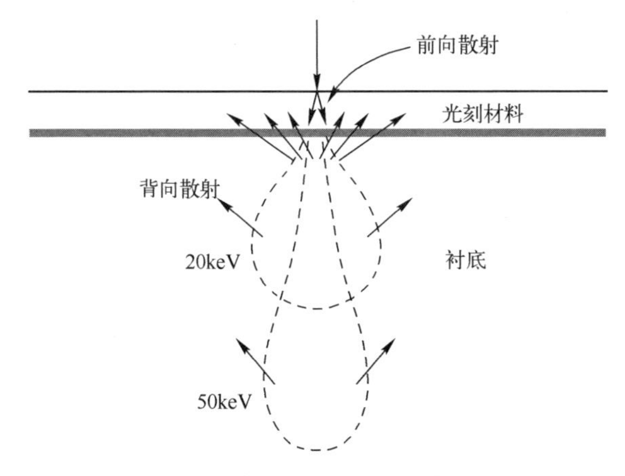

图 3.3　电子束-物质相互作用截面示意图

电子束-物质相互作用是所有电子束曝光仿真器中的核心模块。在该模块中,计算抗蚀剂薄膜中所吸收的能量需要充分考虑与样品及实际电子束等相关的所有必要信息。电子束的束斑形状是多种多样的,使用最多的是高斯束形,高斯束形主要用于研发,而量产则会选择可变束形。在仿真计算时,所有的电子束都被看作一个理想点状电子束与实际束斑形状卷积[12]后的结果,即任何电子束-物质相互作用可以简化分解为:首先,计算一个点状电子束与物质相互作用所得到的二维或三维能量分布,然后与实际电子束形及电子束的特性,如噪声、半高宽等进行卷积运算。

电子束曝光中的样品主要由涂覆在衬底上的抗蚀剂组成。最简单的情况即硅晶圆作为衬底;但是,在许多实际应用中,会有以下情况:①抗蚀剂薄膜层与衬底之间还会存在多层薄膜;②抗蚀剂膜层由 2~3 层溶解性质不同的抗蚀剂组成。此外,在某些情况下,为了提高图形化的分辨率,衬底是一层悬空薄膜,而非块体衬底。

3.3.1 建模方法

在过去几十年间,科研人员发表了大量的模拟单点电子束与衬底相互作用的论文。在这些论文中,样品主要是旋涂了 PMMA 薄膜的块体衬底,而电子束能选择在 10~50keV 范围[13-22]。这样的参数配置主要是因为 PMMA 抗蚀剂是高分辨图形化的首选,而 10~50keV 能量范围则是大多数电子束加工设备所能提供的能量范围。在近 20 年里,电子束曝光仿真已拓展到 100keV 或更高的电子能量以及多层膜衬底[7,23-26]。

对电子穿行中能量耗散进行建模的仿真方法是基于以下两个原理:①蒙特卡罗方法;②解析方法。其中绝大部分仿真工具都是基于蒙特卡罗方法,只有极少数的仿真工具使用解析方法。

1. 蒙特卡罗方法

蒙特卡罗方法是第一种用于构建电子在物质中路径的方法。主导电子轨迹的力是电子与样品中各种粒子相互作用的库仑力。电子偏离原来运行轨迹的主要原因是与原子核相互作用的弹性散射和多种机制的损失能量(如电离、康普顿散射、韧致辐射等)[27]。

在大多数方法中,电子散射轨迹的处理主要运用以下两种假设[28]。

① 电子偏转轨迹是由弹性散射决定的(散射角度为 5°~180°),即使非弹性散射也会造成电子小角度偏转(小于 2°)。

② 电子能量损失通过连续减速近似模型进行模拟。单位长度的能量损失是电子能量、原子序数及偏转角度的函数,通过对散射截面求微分计算而来。

蒙特卡罗模拟的核心内容是对电子散射的描述。电子散射轨迹模拟所使用的坐标系如图 3.4 所示。电子运动由两个角度参量(θ_n,φ_n)及电子动能 T_n 描述。当发生弹性散射时,电子被散射形成新的角度(θ_{n+1},φ_{n+1})。同时,电子将穿过正在电离的目标原子,并损失能量,直到发生新的弹性散射。电子发生相邻两次弹性散射的距离由电子的平均自由程(λ)或者这个距离的指数分布所确定,有

$$s = -\lambda \ln(\mathrm{RND}) \tag{3.1}$$

这里的 RND 是一个 0~1 的随机数。平均自由程 λ 的计算公式为

$$\lambda = \frac{1.02\beta(1+\beta)AT^2}{Z(Z+1)\rho} \quad \mu\mathrm{m} \tag{3.2}$$

式中:Z 为原子序数;A 为原子质量数;ρ 为密度。

Bethe 给出下列的表达式[29],即电子动能的损失被描述成一个非相对论性运动电子在物质中走过 ds 的距离所损失的能量:

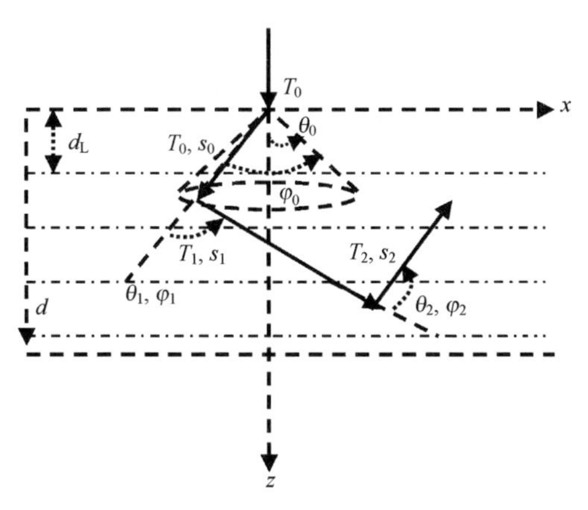

图 3.4　模拟电子轨迹所使用的坐标系（在连续的散射事件之间，
通过连续减速近似来计算能量损失）

$$\frac{\mathrm{d}T}{\mathrm{d}s}=-7.83\left(\frac{\rho Z}{AT}\right)\ln\left(\frac{174T}{Z}\right)\quad\frac{\mathrm{keV}}{\mu\mathrm{m}} \tag{3.3}$$

式中：T(keV)为电子动能；ρ(g/cm^3)为目标材料密度；A(g)为原子质量；Z为原子序数。

进入材料内的电子会形成一个屏蔽库伦电势，即

$$\begin{cases}U(r)=\dfrac{Z\,q^2}{r}\mathrm{e}^{-r/a}\\[2ex] a=\dfrac{a_0}{Z^{1/3}}\end{cases} \tag{3.4}$$

式中：q为电子电量；r为碰撞电子与原子核之间的距离；a_0为氢原子波尔半径。

在指数因子中的a近似代表原子核受到核外轨道电子的屏蔽。这就引出受屏蔽的卢瑟福散射截面，即

$$\begin{cases}\dfrac{\mathrm{d}\sigma}{\mathrm{d}\Omega}=\dfrac{Z(Z+1)\mathrm{e}^4}{p^2v^2}\dfrac{1}{(1-\cos\theta+2\beta)^2}\\[2ex] \beta=0.25\left(\dfrac{1.12Z^{1/3}h}{0.885pa_0}\right)^2\end{cases} \tag{3.5}$$

式中：$p=mv$为电子动量；θ为散射角。通过将上述表达式对所有散射角度进行积分可以得到总散射截面σ_T。

单个电子的运动轨迹都遵循其在目标固体中的散射轨迹，直到能量低于平均电离能J。平均电离能J是以eV为单位的，计算公式为

$$J=\left(9.76+\frac{58.8}{Z^{1.19}}\right)Z \tag{3.6}$$

上述所给出的表达式都是蒙特卡罗模拟中的基础部分。图 3.5 所示为蒙特卡罗模拟的基本流程框图。

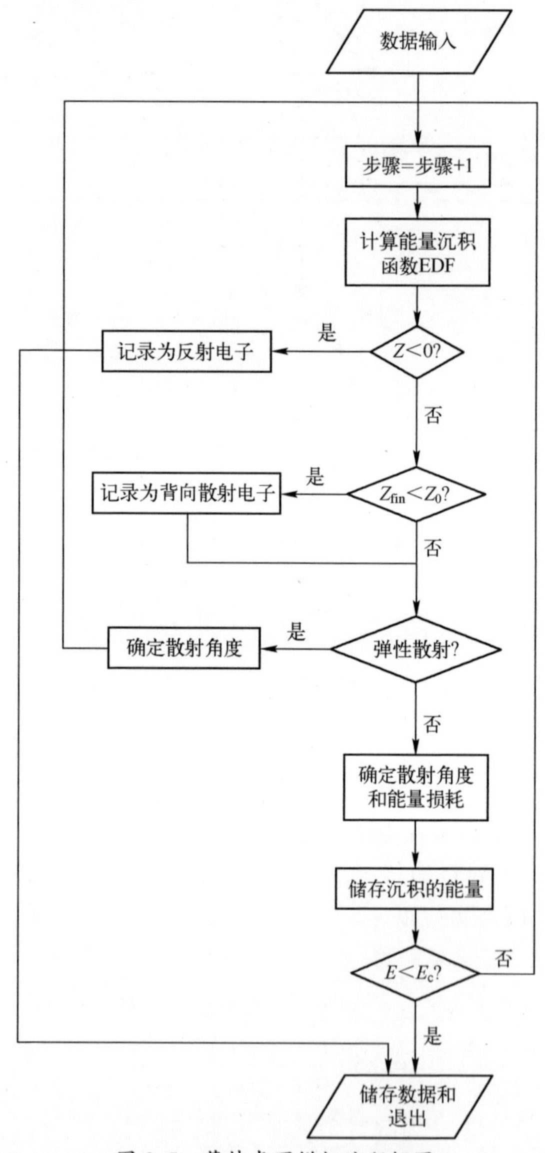

图 3.5　蒙特卡罗模拟流程框图

如图 3.6 所示，运用蒙特卡罗模拟计算得到的 20keV 入射电子曝光旋涂在晶圆上 200nm 厚 PMMA 的电子轨迹。可以看到，无论是发生了弹性散射的多数电子，还是发生小角度非弹性散射的小部分电子，最后都会存在一部分背向散射而造成抗蚀剂薄膜的二次曝光。背向散射的比例是蒙特卡罗模拟精度的标准。图 3.7 所示为在两种不同条件下背向散射系数的对比情况[30]。图 3.7(a)所示为不同原子序数的衬底,图 3.7(b)所示为在衬底上沉积一层较厚的 Ag 和 Mo 薄膜。对于所有的对比条件,模拟的背向散射系数与实验结果十分吻合,这也反映了蒙特卡罗模拟的精度。

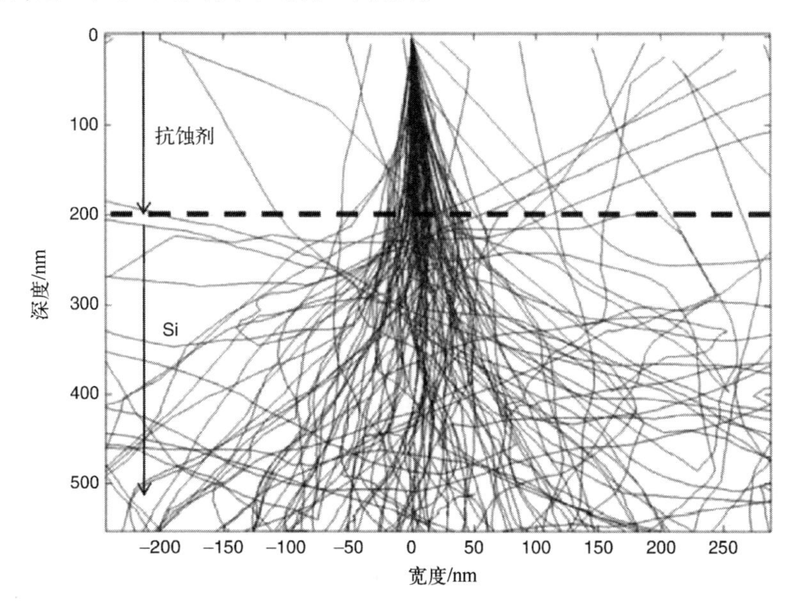

图 3.6 涂覆在硅衬底上 200nm PMMA 中的电子轨迹

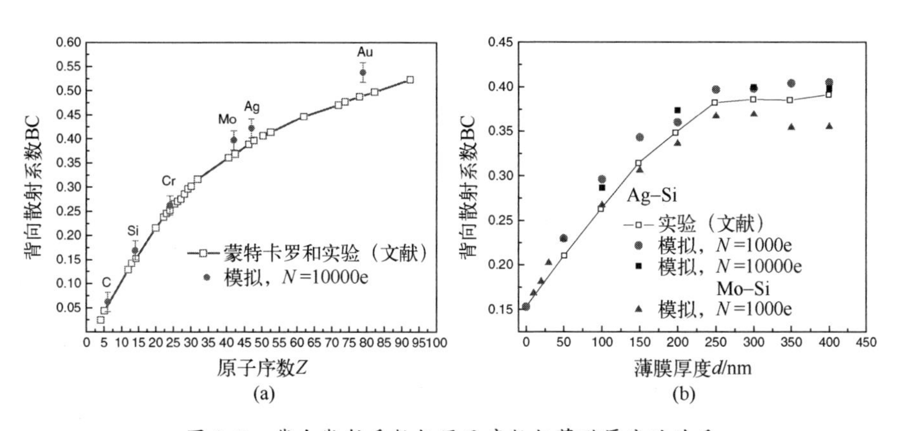

图 3.7 背向散射系数与原子序数与薄膜厚度的关系

(a) 电子束背向散射系数与目标材料原子序数的函数关系(直线相连的数据点均来源于实验数据与蒙特卡罗模拟数据[28],其中电子束动能为 10keV。样本容量 N 为 10^5 和 10^4 所模拟出的结果与先前发表的数据相吻合;背向散射系数是以电子碰撞目标材料的原子序数为自变量的函数);
(b) 背向散射系数与在块体 Si 衬底上 Ag 和 Mo 薄膜厚度的函数关系(其中电子束动能为 20keV。即使样本容量 N 为 10^5 甚至 10^3,模拟统计出来的电子轨迹同样与先前发表的数据保持一致)。

一般来说,蒙特卡罗模拟的不足主要在于它需要花费更多计算时间去获得一个统计误差足够小的模拟结果(一般会模拟 50000~100000 个入射电子)。为了解决这个问题,可以运用一些小技巧(如选用不同的运算单元尺寸)。此外,蒙特卡罗模拟在处理多边界条件及表面形貌不连续性的多层衬底时会更加耗时。

2. 解析求解方法

除了蒙特卡罗算法外,还有一种模拟电子轨迹的方法,即解析求解方法。在这些模型中,都将用到解析方程进行求解,而且这些计算是没有统计误差的。这种方法并非不能处理表面形貌不连续的问题,但是处理起来非常困难。在这些解析求解的方法中,最著名的是由 Glezos 团队[31-33]、Paul 团队[34]以及 Stepanova 团队[22,35]等提出的方法。

在解析求解模型中,基本的量是电子密度函数 $\rho(\boldsymbol{r},z,E)$。函数中,z 表示表面向内的法向方向,$\boldsymbol{r}$ 代表以向量 z 为轴的径向距离。该函数 $\rho(\boldsymbol{r},z,E)$ 联合 Bethe 能量损失函数,对能量沉积函数进行计算。对于电子密度函数的计算,需求解 Boltzmann 输运方程。但是,对于多层膜衬底的情况,解析方法是无法求解的,这主要涉及一些复杂的层间界面边界条件。因此,在计算过程中,电子密度作为深度与能量的函数 $\rho(z,E)$,与电子的横向分布是独立进行计算的。总体的电子密度函数可以写为

$$\rho(\boldsymbol{r},z,E)=\rho(z,E)\left[\rho_{\mathrm{f}}(\boldsymbol{r}|z,E)+\rho_{\mathrm{bd}}(\boldsymbol{r}|z,E)+\right]+\rho_{\mathrm{bs}}(\boldsymbol{r},z,E) \tag{3.7}$$

式中:竖线运算符|代表相关性;下标 f 代表前向散射;bd 表示小角度的背向散射;bs 代表大角度的背向散射。

因此,抗蚀剂薄膜中的能量沉积是由前向散射 I_{f}、弹性背向散射 I_{bd} 和非弹性背向散射 I_{bs} 这 3 个量组成,这里的下标与电子密度函数方程中的意义相同。如图 3.8(a)所示,计算的是 50keV 电子能量曝光旋涂在块体硅衬底上 0.5μm 厚的 PMMA 抗蚀剂时,三类散射在电子能量分布中各自所占的比例,图 3.8(b)所示为 10keV 条件下的对比结果。之所以选择这两种能量的电子,是由于这两种能量的电子在光刻模板制造(10keV)及直写应用(50keV)中的重要性。如图 3.8所示,前向散射部分 I_{f} 是能量横向展宽幅度最小的,这部分能量是服从标准方差为近似参数 α 的高斯分布。而弹性背向散射 I_{bd} 所引起的能量展宽的范围非常大,其能量服从以 β 为标准差的高斯分布。第三部分能量(非弹性背向散射 I_{bs})并不服从高斯分布,但可通过一些简单的函数对其进行拟合。

值得注意的是,同时研究曝光与抗蚀剂溶解的论文非常少。只在近些年来,Stepanova 及合作者发表过关于纳米尺度的 PMMA 的曝光与显影模拟的工作[22]。在这些工作中,曝光模型是运用动态输运理论来确定前向散射、背向散射及二次电子。首先,一个点源电子束沿着给定的方向入射所产生的二次电子

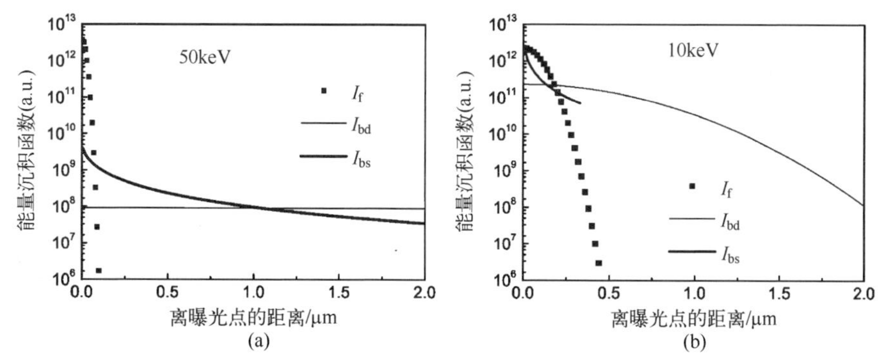

图 3.8 在 50keV 和 10keV 电子束能量下曝光旋涂在块体硅衬底上 400nm 厚 PMMA 抗蚀剂中的部分沉积能量分布

(a) 50keV；(b) 10keV。

或更高能的电子的产生及输运可用 Boltzmann 输运方程进行描述。然后迭代求解 Boltzmann 输运方程可得到二次电子能量 E 与作用半径 ρ 的分布函数 $f(E_p,\rho,E)$。整个模型包含了主电子束与二次电子,其分布函数为

$$f(E_n,\rho,E)=f_n\delta(\rho)\delta(E-E_p)+f_s(E_n,\rho,E) \tag{3.8}$$

式中:f_s 为磁通量常数;δ 为 Dirac delta 函数。最后一个方程是用于计算 PMMA 的主碳链中 C—C 键断裂的比率,即

$$Y(E_p,\rho)=\int f(E_p,\rho,E)\,v\,\mu_{C-C}^{tot}(E)\,dE \tag{3.9}$$

式中:v 为电子速度;μ_{C-C}^{tot} 为 PMMA 主碳链中 C—C 键的价电子发生非弹性碰撞截面。

入射电子的传播可分为以下方式,非弹性碰撞会根据阻力形式降低一次电子的能量,而弹性碰撞只会改变电子的运动方向,并不损失能量。入射电子束的展宽可以通过经典的扩散近似算法进行描述[33,34]。对于一个点状电子束沿着入射方向运动了 z 的距离,其横向展宽可用下式表达,即

$$P_P(\rho,z)\rho dp=\frac{3\lambda}{(z_{max}-z)^3}\exp\left(-\frac{3\lambda\rho^2}{2(z_{max}-z)^3}\right)\rho d\rho \tag{3.10}$$

式中:z 为深度(规定抗蚀剂与衬底的界面为 $z=0$);z_{max} 为抗蚀剂的厚度;λ 为随深度变化的电子弹性散射的平均自由程。

所得到的深度分布函数 $P_P(\rho,z)$ 与函数 $w(E_p,\rho)$ 做卷积,就可以得到受单点电子束曝光后,在垂直方向上某一截面上 PMMA 断链比率的径向分布函数 $w_P(\rho,z)$。采用余弦计算因子 $\cos\theta$ 得到所有散射角度为 θ 下的背向散射电子分布的模拟结果与实验结果也有较好的一致性。

将前向散射和背向散射产生的断链率相加就可得到在抗蚀剂中某一个深度平面内的 PMMA 总体断链率 $w(\rho,z)=w_P(\rho,z)+w_B(\rho,z)$。该分布取代了传

统的能量沉积函数(EDF)。相对应的断链截面大小与所涉及的分子机理密切相关,可以更为清楚地解释并优化这种模型。与直接通过蒙特卡罗模拟求解相比,运用动态求解的方法效率更高,特别是可以同时计算作用范围相差巨大的背向散射电子与前向散射的曝光贡献。

3.3.2 能量沉积函数

上述介绍的两种模拟方法都能够计算沉积在抗蚀剂薄膜中的能量。由于电子轨迹具有圆柱对称的特点,能量沉积可以用圆柱坐标系的能量沉积函数 EDF(r,z)而非三维笛卡儿坐标系下的 EDF(x,y,z)来表达。EDF(r,z)依赖于许多参数,如电子能量、衬底原子序数、原子质量及所有薄膜层的密度。在图 3.9 中,展示了用 3 种不同电子能量曝光涂覆在硅衬底上的一层 PMMA 抗蚀剂薄膜的能量沉积函数 EDF(r,z)。更低的电子束能量在入射电子束周围的小范围内所沉积的能量更高。这种展宽的能量沉积对高分辨密集图形加工是致命的,因此,非常有必要采用邻近效应校正算法。另外,距离曝光位置较远的能量沉积会随着入射电子能量的降低而降低。对于 100keV 能量的入射电子,背向散射对于能量展宽的影响是一个扁平状的分布,其作用范围可以达到数十微米。而这种均匀的背向散射作用反而更加容易加工高密度图形结构,但是需要耗费更多的曝光时间。在图 3.10 中,参数 α 表示在 10keV 与 50keV 两种入射电子能量下不同深度的前向散射分布函数的标准差。可以清晰地看到,在 10keV 的能量下,随着深度变深,前向散射展宽得更快。在使用低电子能量曝光时,抗蚀剂的厚度应该尽量薄,以避免最终的抗蚀剂图形侧壁不陡直。

图 3.11 所示为模拟与实验的电子能量沉积对比。实验数据是通过单点电子束曝光涂覆在硅衬底上的 PMMA 得来。然而,显影后的图形则是每个曝光点出现一个圆孔,而圆孔的直径取决于电子剂量,剂量越高,直径越大。在 0.1~8.0μm 的范围内,两条曲线相差非常小。为了进行当前及后续的模拟与实验结果的对比,束斑直径应该考虑在内;否则,当束斑直径与前向散射标准差参数 α 相当时,在距离曝光点的小范围内(小于 0.5μm),实验与模拟结果的差异性就会比较明显。

如图 3.12 所示,实验数据通过单点曝光位于多层膜衬底(100nm Au/40nm Cr/Si 衬底)上的 PMMA 得到,并且进行了相应情况的模拟。很明显,模拟与实验结果相差极小,而且同时获得了束斑能量沉积函数 SEDF(r)。从图 3.11 和图 3.12 可以看出,对于曝光上述多层薄膜衬底样品,背向散射能量分布的标准差 β 有所降低,而弹性背向散射 I_{bs} 对电子束能量展宽的影响变大了。对比在 0.1μm Au/40nm Cr 薄膜上的能量沉积函数 EDF(r)可以看到在 0.2~8μm 的径向距离范围内,实验结果与仿真结果的差异非常小。由于在 SEM 表征及测量

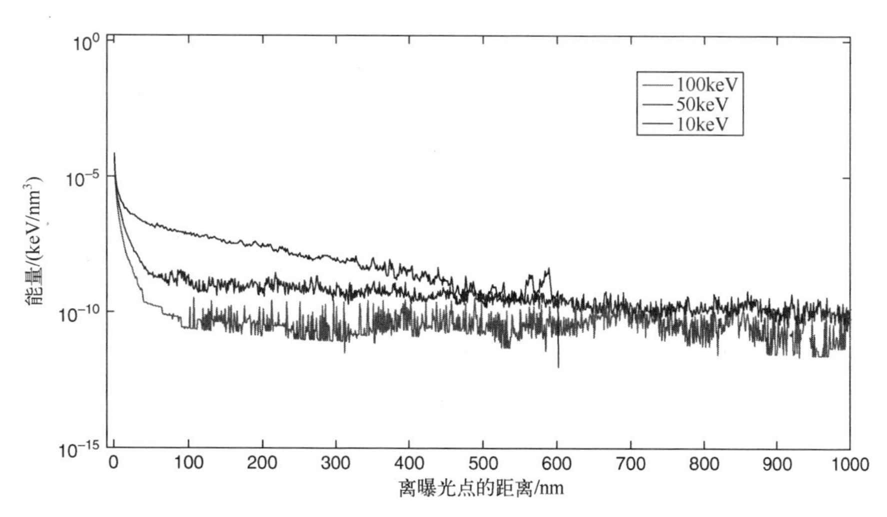

图 3.9　电子束能量为 10keV、50keV 和 100keV 时在抗蚀剂与衬底界面处的能量沉积函数 EDF(r)(衬底为块体 Si)(见彩图)

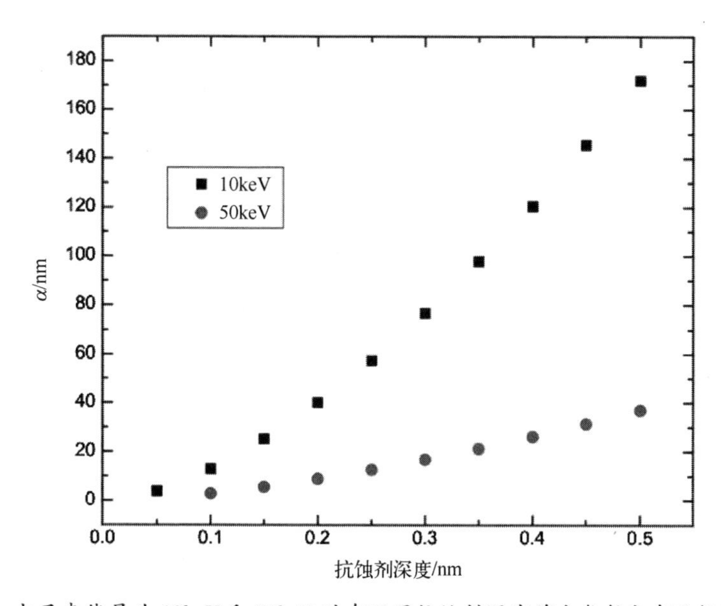

图 3.10　电子束能量为 10keV 和 50keV 时在不同抗蚀剂深度前向散射分布函数的标准差(抗蚀剂为 500nm 厚的 PMMA。对两种电子束能量下仿真所得的数据分别进行了幂函数拟合)

时电子束对结构的过度加热会造成抗蚀剂变形,使得不能准确测量出过小结构的尺寸。

单点曝光测试也用在高分辨负性化学放大胶(EPR)上[36]。图 3.13 所示为 EPR 涂覆在沉积了不同金属(Au 或 Ag)薄膜的硅衬底上进行单点曝光所测得

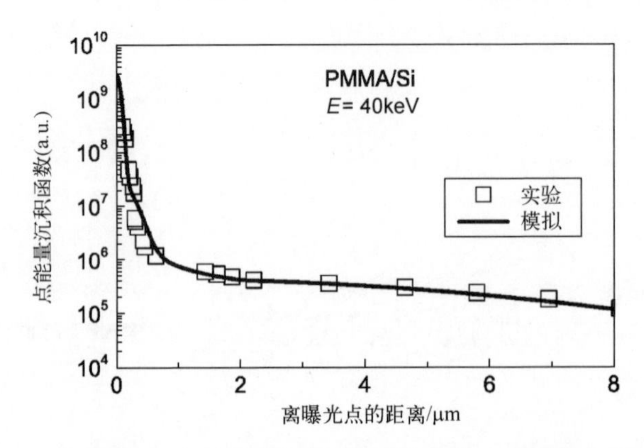

图 3.11　对比 40keV 电子束曝光在硅衬底上 PMMA 的模拟与实验结果
（实验数据涵盖了 0.1~8μm 的径向距离范围）

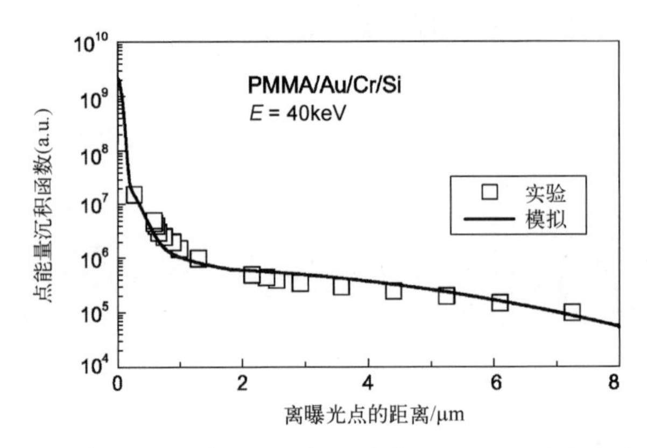

图 3.12　单点曝光于多层膜衬底上得到 PMMA 的仿真与实验对比

的能量沉积函数的实验数据。由于 EPR 是化学放大胶，后烘过程中光酸的扩散效应在模拟时是需要考虑在内的。从图 3.13 所示的结果可以看出，模拟结果与实验结果一致。特别是，模拟仿真中的前向散射分布函数的标准差 α（EPR 是化学放大胶，α 中包括光酸扩散的影响）与实验结果几乎无差别。此外，对于作用范围大、散射角度小的背向散射，实验与模拟结果同样符合得非常好。在这么大的作用范围里，光酸扩散是非常小的，这是因为光酸浓度低而且浓度梯度小。

总体来说，在衬底是硅的情况下，能量沉积函数 EDF(r) 近似等于高斯函数的和，在绝大多数情况下，运用双高斯点或三高斯函数拟合的精度已经非常高了。若衬底是一些原子序数较大的块体材料，或者衬底与抗蚀剂之间有多层膜结构，用多个高斯函数相加拟合是不够的，可能会用到指数函数作进一步的修正[17]。

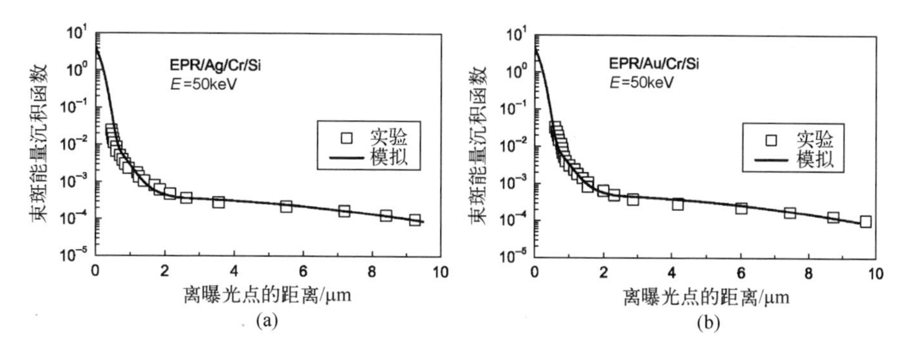

图 3.13 在 EPR 抗蚀剂(一种负性化学放大胶)上进行单点曝光,并考虑了后烘效应的仿真结果与实验结果的对比

(a) 硅衬底上沉积了 180nm Ag/40nm Cr 薄膜;(b) 硅衬底上沉积了 100nm Au/40nm Cr。

3.3.3 电子束形效应

由于真实的电子束并非是一个点源,所以电子束的强度可表示为:如果是高斯束,就可以表示为 $B(r)$;如果是其他形状的电子束,也可写为 $B(x,y)$。那么,束斑能量沉积函数 $\mathrm{SEDF}(x,y,z)$ 则等于能量沉积函数 $\mathrm{EDF}(x,y,z)$ 与电子束强度 $B(r)$ 的卷积,即

$$\mathrm{SEDF}(x,y,z)=B(r)\otimes\mathrm{EDF}(r,z) \tag{3.11}$$

在大多数情况下,该计算是通过傅里叶变换实现的。但是,$B(r)$ 是用来表述实际电子束强度的。在低束流及高灵敏度抗蚀剂的情况下,统计误差就显得十分关键了。因此,对于每种情况(束流、剂量)的计算,可以根据实际半高宽的高斯束形去优化电子束形 $B(r)$。图 3.14 所示为半高宽为 50nm 的理想情况下高斯束与对应的具有相同半高宽的 2000 个入射电子随机分布。

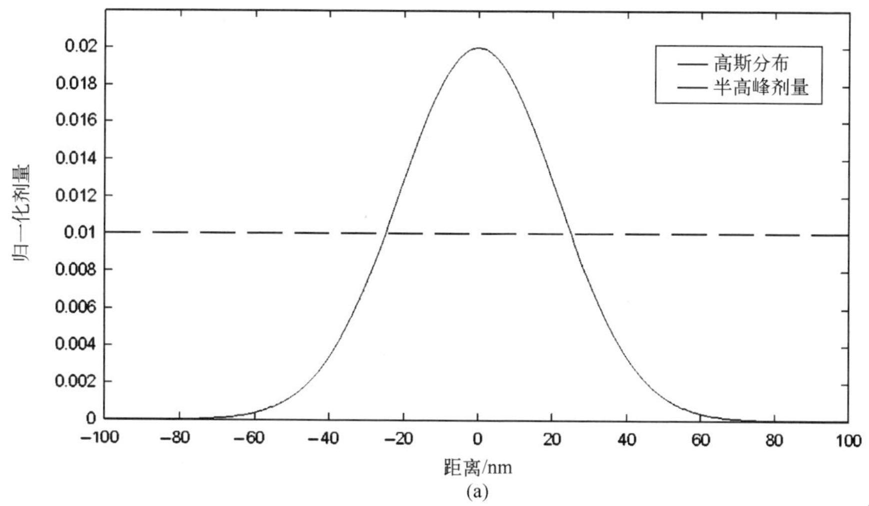

(a)

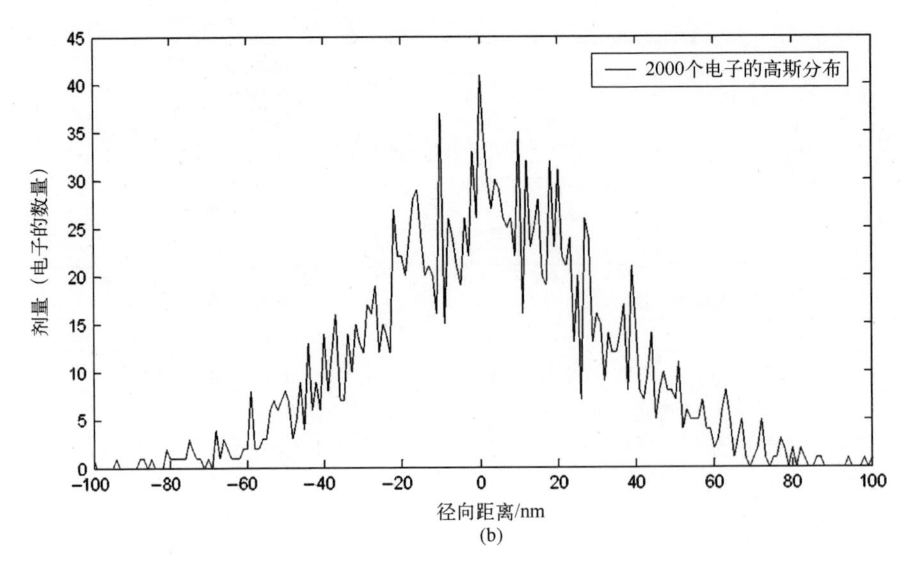

图 3.14 半高宽为 50nm 的理想情况下高斯束与对应的具有相同半高宽的 2000 个入射电子随机分布

(a) 线宽为 50nm 的理想高斯束;(b) 通过统计 2000 个电子(约 12.8μC/cm^2)获得的实际高斯束。

3.3.4 模拟版图中的能量分布

在计算实际设计中的电子能量分布函数时,需要用到电子束斑的能量分布函数以及实际设计的版图。在版图文件格式的通用性方面,可以支持标准的格式,如 CIF 或 GDS 格式。图 3.15(a)所示为 3 个高为 300nm、宽为 100nm、周期为 150nm 的矩形组成的版图。如图 3.15(b)所示,在曝光给定的版图时,电子束以步距为 s(现有研究中 $s=10$nm 较为常见)对 X、Y 两个方向进行扫描直写。因此,模拟版图中的能量分布 LEDF(x,y,z)应是电子束斑的能量分布 SEDF(x,y)与版图 $L(x,y)$的卷积,而版图则用一个逻辑函数表示,逻辑值 1 代表电子束曝光的点,逻辑 0 为其他类型的点。

$$\mathrm{LEDF}(x,y,z)=\mathrm{SEDF}(x,y,z)\otimes L(x,y) \tag{3.12}$$

由于需要计算整个版图随着抗蚀剂深度变化的能量分布,该模拟步骤是最为消耗 CPU 算力和内存空间的步骤。因此在计算时可运用一些技巧优化运算时间:①仅计算版图中尺寸较小或图形最密集的区域;②采用不同尺寸的计算网格;③在厚度方向,可以增大计算网格尺寸;④缩小能量分布函数 EDF(r,z)的作用范围。

一般来说,计算网格的大小决定了计算精度。增大网格尺寸可以减少计算资源的消耗,但是会损失计算精度。图 3.15(c)所示为在抗蚀剂与衬底界面处的能量分布灰度图，从中可以清晰地看到背向散射电子造成的曝光区域展宽。

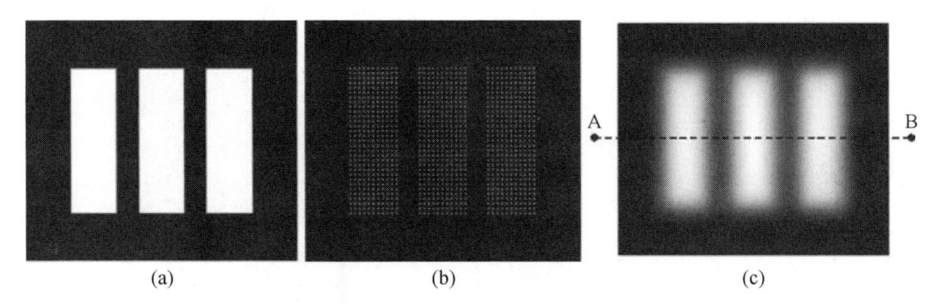

图 3.15　模拟版图中的能量分布

(a) 由 3 个矩形构成的版图；(b) 实际曝光的像素点阵、步距为 10nm；

(c) 在抗蚀剂与衬底界面处 100keV 电子束曝光该版图的能量分布。

3.3.5　邻近效应校正

邻近效应(Proximity Effect)，即背向散射电子造成非曝光区域被曝光的现象。邻近效应是限制电子束曝光分辨率的主要因素，也是可持续研究的问题。造成非曝光区域被曝光有两条途径：①图形之间的能量分布变化，称为图形间的邻近效应；②图形内的能量分布变化，称为图形内的邻近效应，即单个图形边缘的剂量会比图形中心的剂量低。

由于邻近效应的存在，尺寸较小的结构比尺寸较大的结构实际剂量低。同时，孤立图形比密集图形的实际剂量低。由于上述两类邻近效应的影响，显影后的实际结构与设计的版图会有较大的出入。这种现象在加工更为密集、尺寸更小的图形时会更为显著。因此，很多用于图形保真化处理的软件包才得以开发。

图 3.16 展示了包含独立结构特征、密集图形和大面积块状结构的复杂图形所遭遇的邻近效应。图 3.16(a)所示为版图中设计的结构，图 3.16(b)所示为相应的能量分布灰度图。图 3.16(c)所示为等能量线分布图，通过这张图，可以清晰地看到图形之间与图形内的邻近效应的影响。图 3.17 所示为在邻近效应的影响下使用 50keV 电子束在 PMMA 薄膜上曝光上述设计图形的实验验证结果。由于邻近效应的影响，版图中心区域结构的实际曝光剂量偏高。因此，可以完全显影掉被曝光的 PMMA，而出现图形。然而，在版图边缘区域的结构，尽管其实际曝光剂量偏低，但是显影后仍然可以分辨出宽度更窄的沟道。

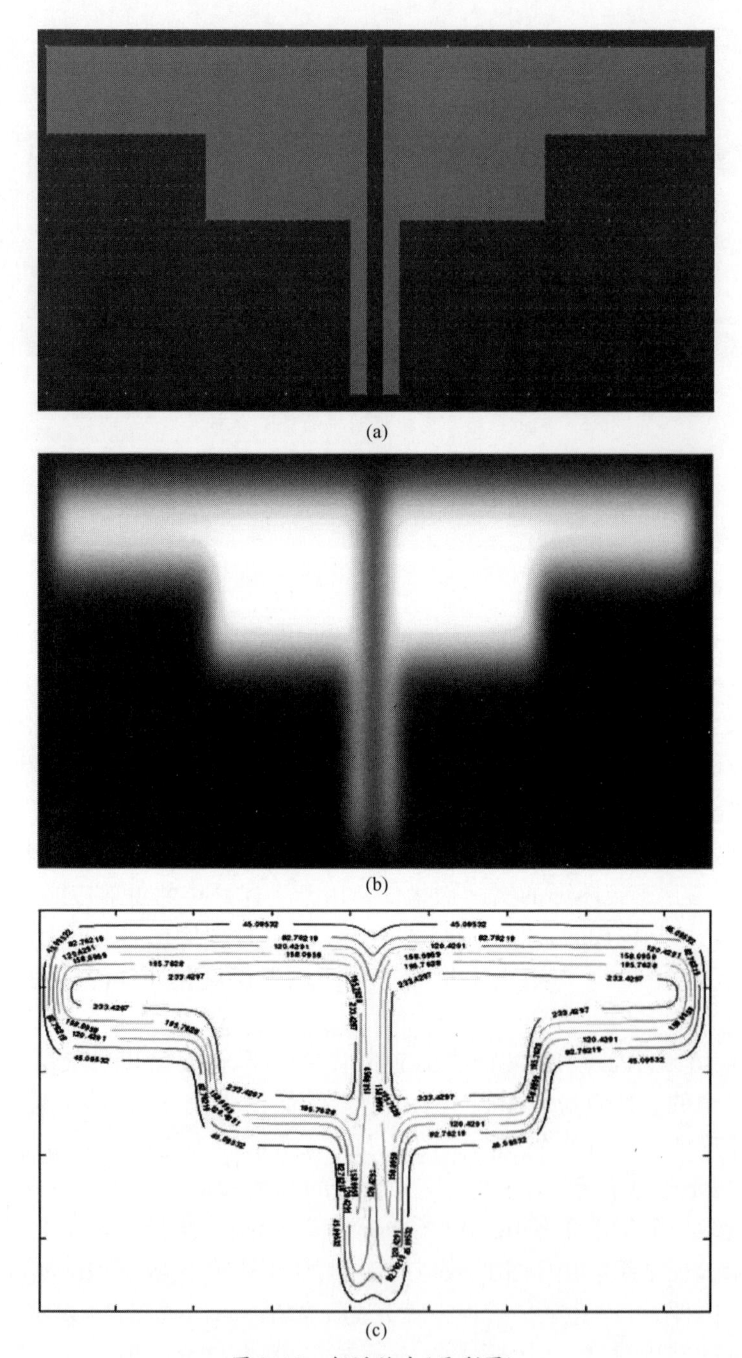

图 3.16　邻近效应(见彩图)

(a) 由大面积块状结构、密集精细结构以及靠近大面积块状结构的精细结构组成的版图;
(b) 在抗蚀剂与衬底界面处的能量分布灰度图;(c) 等能量线分布。

图 3.17 用 50keV 电子束在 PMMA 胶上进行的图形内邻近效应实验验证
(版图为 500nm 周期的密集线条结构、曝光剂量为 550μC/cm^2)

由于邻近效应对具有较小关键尺寸的复杂版图结构的影响巨大,因此在 20 世纪 70 年代,科研人员发表了大量有关此问题的工作。其中,第一个深入研究该现象并给出解决方案的工作可追溯到 20 世纪 70 年代末由 M. Parikh 发表的系列工作[38-40]。

为了校正邻近效应,其中一种解决方案是每个像素都设定相同的曝光剂量[41,42]。这样就能够通过局部改变版图的设计,即局部改变图形的形状及尺寸,或者改变图形中特定区域的剂量进行邻近效应的校正。对于修改剂量的这种方法,主要是通过将原图形分解成多个小块,分别设计每个小块的剂量来实现的。在实际情况下,两种邻近效应校正的方式均被采用[43],尤其是在关键尺寸更小、结构更密的情况下,更应该将两种方法相结合。值得注意的是,大量邻近效应校正的研究目标主要集中在抗蚀剂与衬底的界面上。但是,在前面的内容曾经指出,曝光能量分布是抗蚀剂厚度的函数,抗蚀剂越厚,这种函数相关性越显著。正是这种原因,三维的曝光能量分布研究就显得十分有意义[44]。由于邻近效应校正计算需要消耗很大计算资源,利用神经网络算法也受到推崇[45]。图 3.18 所示为邻近效应校正在加工光子晶体中的应用[46]。

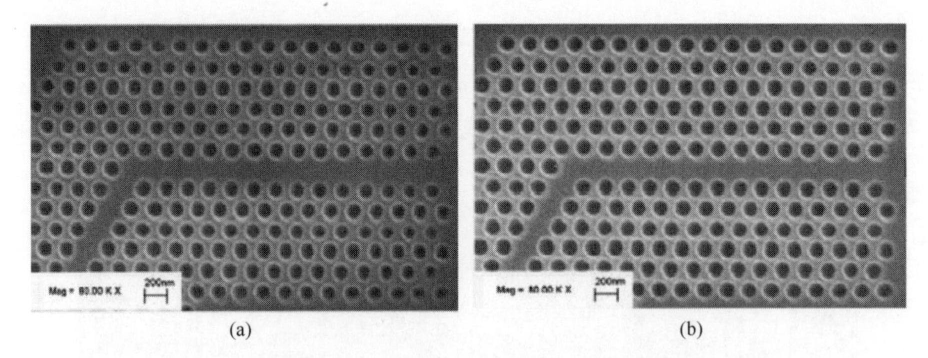

(a)　　　　(b)

图 3.18　邻近效应校正光子晶体波导弯折处的细节 SEM 照片
(该结构加工在 220nm 的 PMMA 抗蚀剂上)[46]
(a) 邻近效应校正前;(b) 邻近效应校正后。

3.4　抗蚀剂模拟模块

光敏聚合物的属性是用一系列与曝光吸收密切相关的物理参数(如 Dill 参数[47])和与烘烤步骤相关的多种参数(如玻璃转化温度)描述的。在大部分商业化模拟软件中,将光敏聚合物作为块体材料处理,在解析求解模型网格划分时,假设在离散化过程中每个网格空间里的材料成分不变。

在光刻建模方法中,通常会对所描述的物理世界作一个连续近似基本假设。这种方法对现有曝光模型非常有效,而这种曝光模型的确十分具有优势,并且能减少对未优化图形曝光进行精确描述所需要的巨大负担。与此同时,与之相对应的抗蚀剂溶解算法则是模拟抗蚀剂材料溶解过程,而这个过程的计算时间及抗蚀剂的溶解速率则是通过假设和标定材料溶解过程中每个离散单元中可溶解转变为不可溶解的平均数目来确定的。通过这种方法,可以从光刻光源的性质及掩模上的几何图形预测抗蚀剂结构的轮廓。尽管电子能、光子能及化学浓度均是量子化的,但是目前对于未曝光的抗蚀剂光场图形和曝光后的抗蚀剂光场图形的物理描述早已忽略了这些基本单元内秉的离散性质,而改用连续的数学函数进行描述。一般情况下,模拟计算域的空间要足够大,这样做的目的是避免在探索纳米尺度下光刻模型时连续近似假设失效而引入误差。

图 3.19 定性地展示了对化学放大胶进行连续处理(图 3.19(a)~(d))及随机处理(图 3.19(e)~(h))的结果。首先计算的是抗蚀剂吸收来自光子或电子的能量,显影时溶解掉被曝光的抗蚀剂聚合物是在进行刻蚀等图形化转移工艺之前最后的图形化步骤。抗蚀剂溶解的解析模型[48-52]则无法捕捉到抗蚀剂表面的一些微观细节,也不能描述当前抗蚀剂粗糙度的问题,而这个问题在

65nm 工艺节点的图形化技术中是极为重要的。越来越多有关抗蚀剂的化学构成及其在微环境中的过程都用到了连续或随机的方式进行建模。

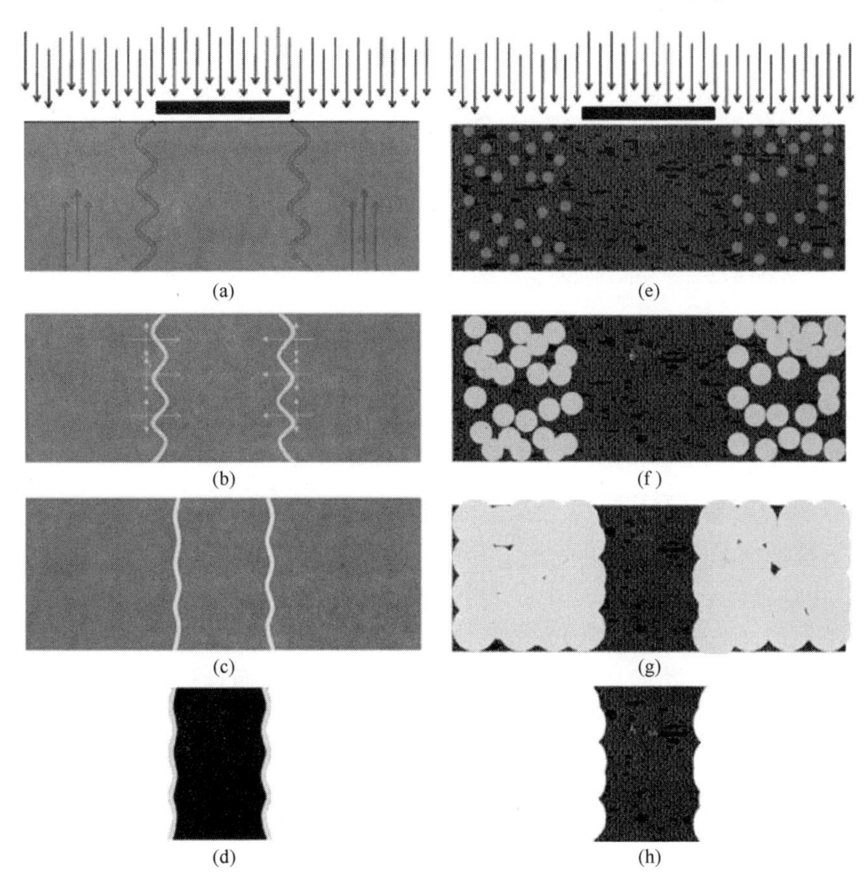

图 3.19 对化学放大胶光刻过程的连续性和随机性描述的定性阐述
(a)~(d)连续性建模;(e)~(h)随机性建模。

图 3.20 展示的是一组抗蚀剂的仿真实例,其中包括栅格化处理后的未曝光的抗蚀剂(图 3.20(a))、后烘及显影后的网格(图 3.20(b))以及放大的线条结构边缘的栅格形貌(图 3.20(c))。可以看到,在这种模型中,粗糙度量化都可以考虑在内。而线边缘粗糙度(Line Edge Roughness,LER)还需要考虑在工艺过程中的化学反应、抗蚀剂聚合物的尺寸、形状自身的随机性。在介观仿真模型中,则应考虑上述所有因素。目前,这些模型有许多应用,尤其是在抗蚀剂溶解过程的建模[53],以及作为渗透溶解的变量模型,即微粒去除溶解模型(Aggregates Extraction Dissolution Model)[54]。

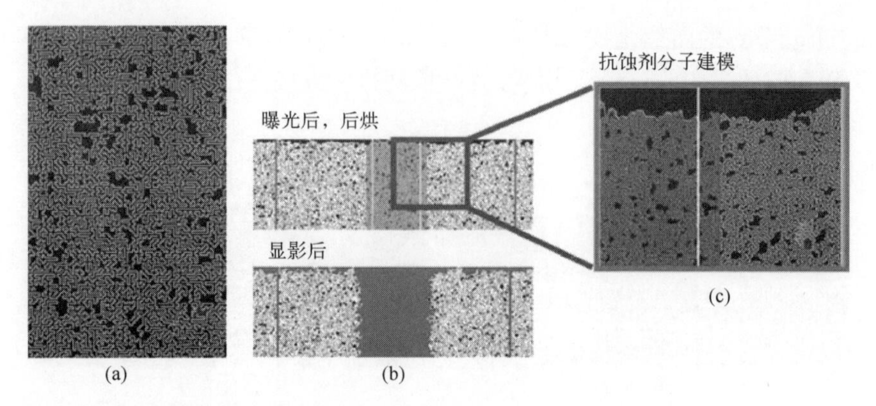

图 3.20　聚合物格点和显影过程的示例(能量沉积被用作一个“范本”。在聚合物链中连续的能量分布被离散化了,进而产生了线边缘粗糙度)

3.4.1　宏观尺度下的抗蚀剂建模

1. 曝光模型建模

对抗蚀剂曝光行为进行建模具有极大的不确定性,这是因为其中所涉及的物理、化学过程十分复杂。尤其是实际的化学成分及其成分比例导致抗蚀剂的性能不均匀,使模拟仿真对曝光结果进行预估十分困难。唯一可能在短时间内获得合理结果的方法就是用简单模型去拟合实际结果,而且集成电路代工企业里所用的拟合参数一直具有很高的可信度。

前面曾提到,在电子束曝光中所使用的抗蚀剂可被看作引起电子散射及抗蚀剂的化学组分连续分布的媒介物质,并可以假设抗蚀剂基体中的引发剂可被电子诱发产生光酸。上述反应中相关物质扩散应同时考虑在内。

2. 后烘处理建模

在 Ferguson 等人提出的后烘模型中,有两种物质参数需要考虑,分别是不受光酸影响的活性位点 $m(r;t)$ 和曝光过程中产生的光酸浓度 $h(r;t)$。活性位点的数量 $m(r;t)$ 随着本身的活性及光酸浓度的 n 次方变化而变化。同时,由于中和反应或可反应材料的匀化等衰减机理,其具有催化作用的光酸浓度 $h(r;t)$ 会随着时间的推移而减少。这两个反应是依靠光酸的扩散来实现的,可以写成两个偏微分方程,即

$$\frac{\partial m(\boldsymbol{r};t)}{\partial t}=-k_{\text{peb},1}m(\boldsymbol{r};t)h^{n}(\boldsymbol{r};t) \tag{3.13}$$

$$\frac{\partial h(\boldsymbol{r};t)}{\partial t}=-k_{\text{peb},2}h(\boldsymbol{r};t)+\nabla\cdot\left[D_{h}(\boldsymbol{r};t)\nabla h(\boldsymbol{r};t)\right] \tag{3.14}$$

反应级数 n 与第一项比率参数 $k_{\text{peb},1}$ 用来表征化学放大功能。然而,第二项

比率参数 $k_{peb,2}$ 用来描述潜在的光酸催化损失机理。光酸扩散系数 $D_h(r;t)$ 取决于已被消耗的活性位点数量 $x(r;t)=1-m(r;t)$。其中,已有不同的模型被提出用于描述这种关系。例如:

$$D_h(\boldsymbol{r};t)=D_{h,0}+D_{h,1}[1-m(\boldsymbol{r};t)] \tag{3.15}$$

$$D_h(\boldsymbol{r};t)=D_{h,0}\exp[-w_h(1-m(\boldsymbol{r};t))] \tag{3.16}$$

式(3.16)中的线性关系表达了不可溶解位点作为递归算子的用途和指数变化的空位比率[56]。所有的抗蚀剂参数都表现出 Arrhenius 型的温度变化行为。在烘烤开始时,无活性位点被激活,光酸分子的浓度完全来源于曝光。

求解上述方程要用到以下边界条件。

为了防止在模拟中光酸分子向衬底内扩散,假设抗蚀剂与衬底的界面是不可渗透的。

水平两个方向的边界条件或者使用周期性边界条件,或者使用相同的 Neumann 边界条件。在相同的 Neumann 边界条件下,规定计算域边界是能量的完美吸收体。

实际上,最重要的边界条件是抗蚀剂表面。在加工晶圆级的图形结构时,光酸分子会发生挥发的情况。这部分挥发的光酸分子数量是以光酸分子的尺寸及光酸分子与抗蚀剂聚合物相互作用程度为自变量的函数,可写成

$$\frac{\partial h(\boldsymbol{r}_s;t)}{\partial t}=-k_{evap}[h(\boldsymbol{r}_s;t)-h_{air}(\boldsymbol{r}_s;t)] \tag{3.17}$$

式中:$h_{air}(\boldsymbol{r}_s;t)$ 为邻近抗蚀剂表面 $\boldsymbol{r}_s$ 的空气中光酸分子的浓度。

后烘处理经常在一个开放且空气流动良好的环境下进行,这足以将挥发出的光酸分子排尽,所以空气中的光酸分子浓度 $h_{air}(\boldsymbol{r}_s;t)$ 可以忽略。如果挥发的光酸分子比率 k_{evap} 非常低,在模拟中可以看作光酸分子不挥发。另外,如果这个比率 k_{evap} 很高,则抗蚀剂表面的光酸分子浓度为零。

3. 显影模型建模

在模拟中,下一步就是对显影模型进行建模。从纯粹的经验拟合到物理基本方法来建立宽范围的溶解速率模型是非常常用的。

(1) Dill 提出的"E"溶解模型。与"ABC"模型描述曝光/漂白失效现象不同,F. Dill 同样介绍了一种溶解率模型。在该模型中,局部光敏化剂(Photo Active Compounds,PAC)浓度 m 归一化后的局域显影速率 $r(m)$ 可以写为

$$r(m)=\exp(E_1+E_2+E_3m^2) \tag{3.18}$$

参数 E_1、E_2、E_3 是通过最小平方拟合实验数据得到的。根据经验显示,在抑制剂浓度 m 比较高的条件下,式(3.18)才能够较好地拟合实验参数。但是,该公式不能准确表征在抑制剂浓度较低条件下的显影速率,这是由于在这种状态

下无法估量实际显影速率的最大值。因此,在抑制剂浓度 m 值很小时,显影速率可认为是无穷大[57],故可忽略。而 Dill 提出的“E”模型是在光刻模拟器 SAMPLE 中的默认模型。

(2) Kim 提出的“R”溶解模型。Kim 等指出了 Dill 所提出“E”模型的缺陷[50],他做了两个假设获得更接近实验的表达。首先,假设在抗蚀剂与显影液的界面上的显影速率是一个有限值,也反映了显影过程中质量迁移的动态过程,是一个扩散的过程,这一点被 Dill 提出的模型所忽略的;其次,溶解一层被微分处理的抗蚀剂所需的时间是由两个部分组成:①溶解所有层内的所有光敏化剂所需要的时间,②溶解光诱导的酸以及其他成分所需要的时间。基于这两部分假设,最终的显影速率可表示为

$$r(m)=\left[\frac{1-me^{-R_3(1-m)}}{R_1}+\frac{me^{-R_3(1-m)}}{R_2}\right]^{-1} \tag{3.19}$$

式中:R_1 为充分曝光的抗蚀剂的溶解速率;R_2 为未完全曝光的抗蚀剂的溶解速率;R_3 为灵敏度,用来描述光酸诱导溶解率的增量。

(3) Mack 提出的“a”溶解模型。上述两种模型是通过调整方程中的拟合参数,但是参数本身只赋予了少数或无物理含义。Mack 提出一种考虑动态因素的四参数模型,这些参数均具有物理含义[58]。其主要基于显影过程中的两种主要机理,即显影剂从溶液向抗蚀剂表面扩散以及显影剂与抗蚀剂的反应。使用基本动力学理论对这两个反应的速率进行建模,并使其相等,可得

$$r(m)=r_{\max}\frac{(a+1)(1-m)^n}{a(1-m)^n}+r_{\min} \quad a=\frac{(n+1)}{(n-1)}(1-m_{\mathrm{th}})^n \tag{3.20}$$

式中:$r_{\min}$ 为未曝光抗蚀剂的显影速率;$r_{\max}$ 为完全曝光的抗蚀剂的显影速率;n 为一个可选择参数,用来描述与显影剂接触的抗蚀剂表面动态反应阶数;m_{th} 为显影对比度曲线中拐点所对应的光敏化剂浓度阈值。这也阐明了光酸分子在快速及慢速显影状态下的浓度变化。

3.4.2 介观尺度下的抗蚀剂显影模型建模

在本节中,所用建模方法的重要特征就是精细化的抗蚀剂薄膜。在介观尺度下,会更加细致地考虑抗蚀剂薄膜中的分子结构。特别是,抗蚀剂薄膜被看作聚合物链,或分子尺度的抗蚀剂分子、光酸引发剂及引发剂淬灭基团位点的集合。在光刻模拟的所有阶段中,这个集合中每种元素都是独立的实体。这种方法体现了抗蚀剂分子结构效应,并建立了材料特性与所测量的线边缘粗糙度的联系。

通过蒙特卡罗模拟结合详细微观过程的分子模型,对于描述抗蚀剂在随机

光刻模拟中的 LER 定量分析是十分必要的。显影剂分子的渗透[61-65]及临界离化[66-70]方法都属于上述策略。

为了获得其中细节,模拟中的数据流会存储和调用在“临时栅格”中的数据,并进行实时写入和刷新。首先,建立聚合物链的网格,在这个网格中,聚合物链是自限制的并且相互限制移动;然后,光酸诱导基团会被逐一放入每个单独的栅格中。模拟曝光中所划分的栅格数据可以作为模板激活抗蚀剂栅格中的引发剂。光酸分子的反应或扩散均以栅格为单位被记录下来,同时也记录显影剂分子的扩散及抗蚀剂材料的离化或脱保护过程。所有的栅格都保持 1:1 的相互对应,这样做也便于模拟中栅格之间的信息交换。图 3.21 展示了构建每个栅格实体的层级。

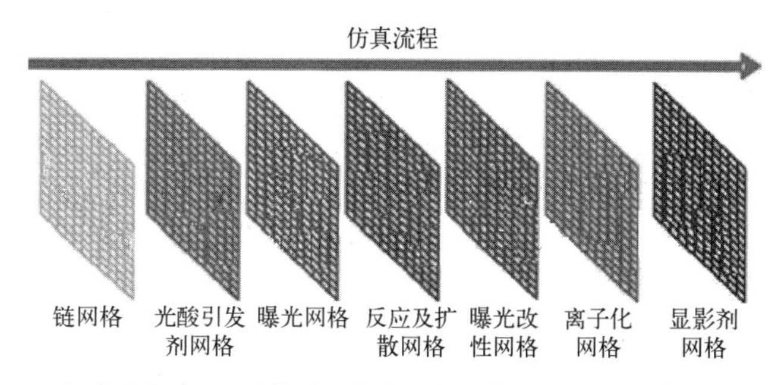

图 3.21　仿真流程在“临时格点”中进行数据存储或提取且在整个光刻仿真过程中这一操作会一直发生并更新(见彩图)

采用随机模型的框架结构能够有效地从材料及工艺参数方面对线边缘粗糙度进行量化。为了更好地观察整个仿真过程,图 3.22 展示了仿真的二维结果。设计的版图结构(图 3.22(a))与电子束曝光模块进行卷积运算,得到了版图中的能量分布(图 3.22(b)),用于激活引发剂的活性位点(图 3.22(c))。在光酸扩散后,被曝光的抗蚀剂逐渐变为可溶解,且这部分抗蚀剂在显影中会被去除(图 3.22(d))。

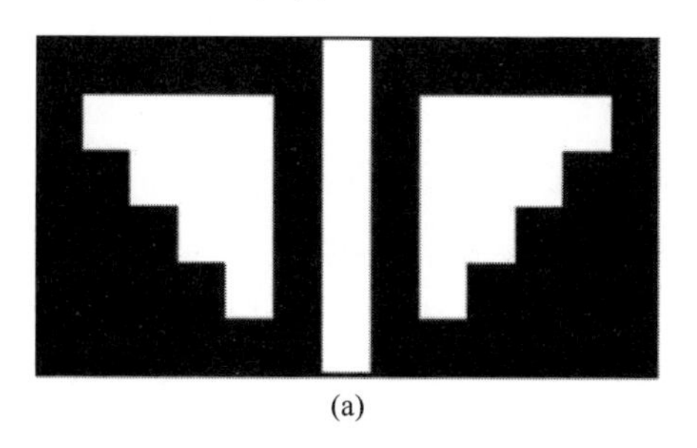

(a)

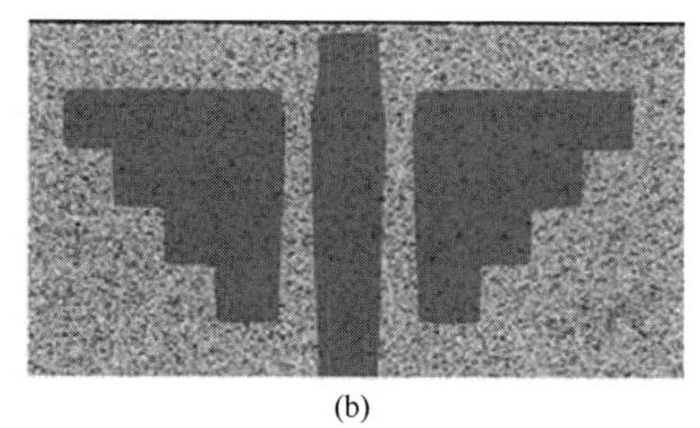

(b)

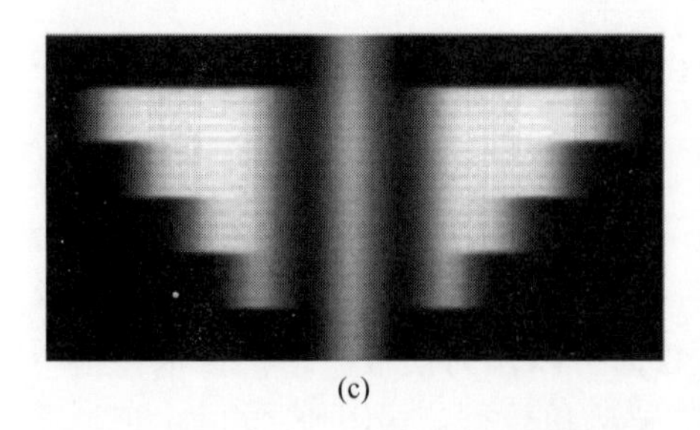

(c)

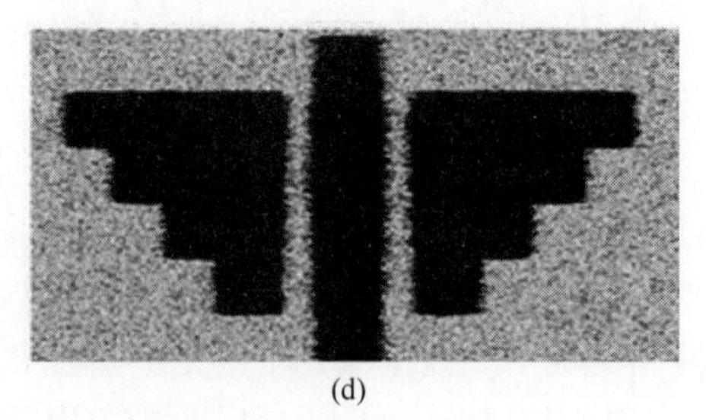

(d)

图 3.22　仿真的二维结果

(a) 绘制的版图结构;(b) 对应的电子束能量沉积分布;

(c) 活化位点分布;(d) 显影后抗蚀剂图形。

1. 随机模型中薄膜的表达

在介观模型中,抗蚀剂被离散化成规则排列的立方体网格。而介观尺度的仿真是通过每个元胞中离散的分子数描述局部抗蚀剂中的组分浓度。由一个连续性描述转向离散型描述,需要附加在宏观尺度下相对浓度值所对应的绝对分子数目信息。在未曝光时,抗蚀剂中的每种组分的分子数目是无梯度、随机分布在模拟网格中的。抗蚀剂中各组分的尺寸也是必须要考虑在模拟当中的。对于典型的抗蚀剂聚合物链,给定回转半径为 3~5nm,单个分子对最终的抗蚀剂结构特征有巨大的影响。而这些效应,即不考虑栅格尺寸,在一种连续性描述中被忽略了。图 3.23 展示了一个典型的二维栅格来表达抗蚀剂。每一个栅格点都对应一个有可能曝光的位点。栅格的密度代表曝光发生的可能性。因此,曝光剂量越大,栅格被占据使用的可能性就越大。栅格的概率计算是依据光子曝光抗蚀剂的泊松分布来计算的。如果是曝光化学放大胶,在光酸扩散长度内,吸收了两个光子并不会提升局部的溶解率,因为栅格的剂量已经达到饱和状态了。

目前,科研人员已经发表了许多关于描述聚合物链几何形状的论文。这些方法都是结合临界电离模型(Critical Ionization Model, CIM)发展而来的[66-68,70,72],用于分析聚合物链相互作用造成的抗蚀剂结构线边缘粗糙度。临界电离模型运用到显影模拟中应需要一种明确的聚合物链表达方式,用它们来表达溶解的单元。Patsis 等[73,74]已经提出了自回避随机漂移算法,以便添加一种单体单元到聚合物中,添加的位置是从那些尚未被聚合物链占据的相邻单元中随机选择。只有当周围的位点都被占据了,才有可能发生聚合物链的交叠。添加第一个聚合物单体的位点是随机选取一个未被占据的栅格单元,其余的单体单元会陆续放置在先前放置单体单元的相邻位点。通过自回避随机漂移及随机嫁接算法计算得到的聚合度分布,会更为真实地反映聚合物的实际分布情况。这两种算法在一定程度上考虑了体积约束,所以使得聚合物链分布情况只有一个聚合度比较低的单体单元重叠。

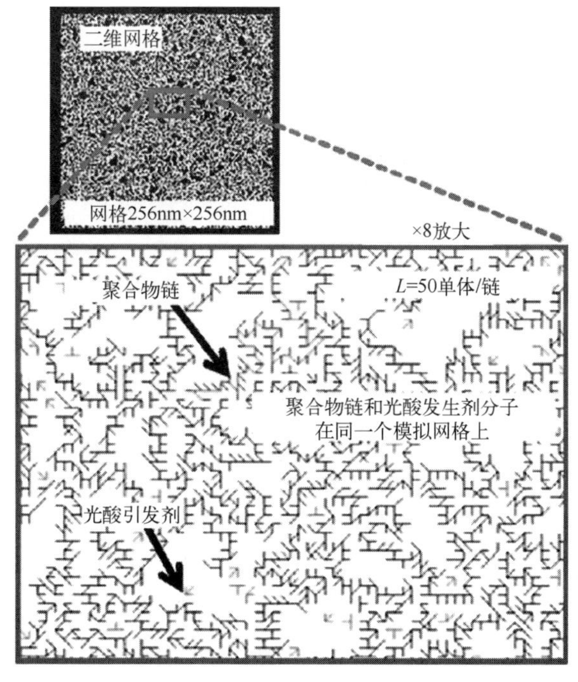

图 3.23　抗蚀剂聚合物分子及引发剂分子的分布(将一个典型的二维抗蚀剂格点阵列中的一小块区域进行放大。L 为抗蚀剂链的平均聚合度)(见彩图)

图 3.24(a)和图 3.24(b)中所展示的是一个面积为 $10000nm^2$ 方格化后的聚合物链,其中线性的聚合物链清晰可见。通过掩膜曝光和模拟溶解过程可以清楚地展示显影后抗蚀剂剖面的表面粗糙度(SR)及线边缘粗糙度(LER)。该种方法同样适用于三维建模(图 3.24(c))。

在模拟中,每个栅格位点对应的物理尺寸与材料上考虑的最小分子尺寸相当。例如,一条聚合物链是由尺寸为 1nm 的单体聚合而成,而 1nm 就作为聚合物链的单位长度。从算法上来看,材料可以看作结构化的节点,每一节点代表分子尺度下抗蚀剂中聚合物链的单体或者分子团簇。因此,如果一个单体是一个元胞,那么聚合物链可看作这些元胞的集合,而聚合物链条的栅格则是聚合物链的集合[62,73,74]。在构建聚合物链栅格时,需要考虑约 10%的自由空间,用来实现分子的自回避及方便将分子从栅格中剔除。不同的聚合物链条构架导致了不同的聚合物链栅格的织构方式。这种性质将会影响每种材料模型中所得到的线边缘粗糙度。

2. 曝光建模

为了激活引发剂和产生酸性物质,需要先得到相应的曝光数据。能量沉积的数据可以从曝光模拟中获得,如运用 PROLITH[www.kla-tencor.com]进行光

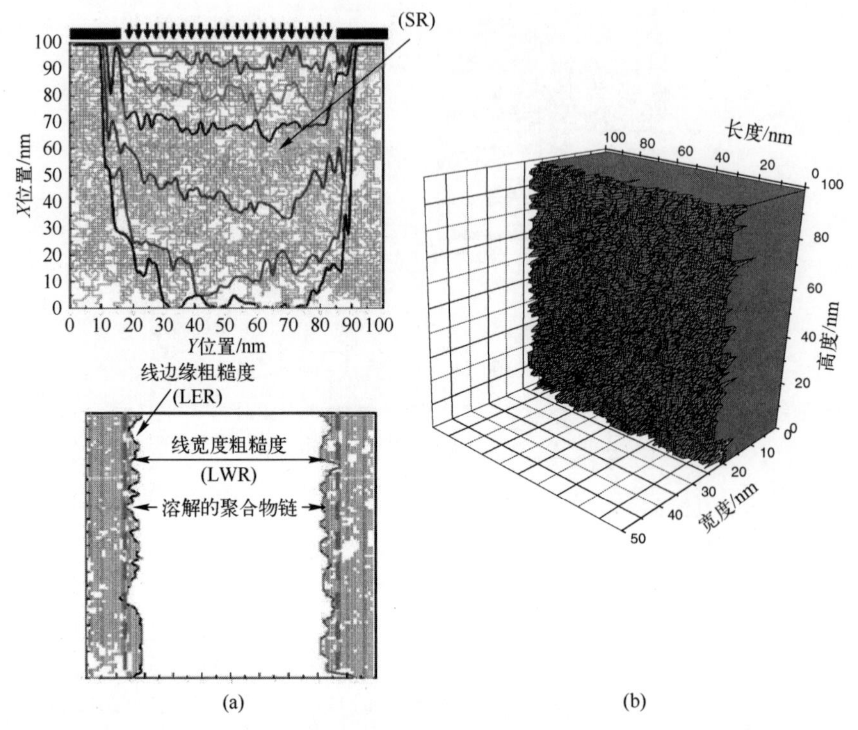

图 3.24　抗蚀剂溶解过程的随机仿真能够提取表面粗糙度和线边缘粗糙度具体形貌演化,可分析与抗蚀剂厚度的关系以及 LER 与边缘深度的变化(见彩图)
(a) 二维示例;(b) 三维示例。

学光刻模拟及电子束光刻中的蒙特卡罗模拟。在抗蚀剂上不同位置沉积的能量首先需要经过归一化,其目的是将其作为规范激活引发剂的栅格模板。当引发剂基团放入某个抗蚀剂栅格中时,设定一个随机数用来描述诱发的阈值。归一化后的能量沉积分布与这个阈值相近,如果高于阈值则代表引发剂产生了一个光酸基团。在后烘处理时,光酸基团可随意在栅格中游走,并且当光酸基团遭遇聚合物链上的未被曝光的隐性基团时,可将它们变成可在显影中去除的显性基团。这些信息对溶解模拟模块中的电离和最终溶解聚合物链具有重要作用。

3. 后烘处理建模

在后烘过程中,聚合物链被描述成链接了抑制剂的集合。在后烘模拟中,需考虑一定的分子数量,但可忽略分子的几何特性。这是因为聚合物链的尺寸只需要在显影模拟中考虑。宏观模型只是假设一个连续确定的后烘演变过程,而在分子尺寸水平的模型中,抗蚀剂中的各组分浓度值则变成离散变量。

在介观后烘模拟算法的初始化过程中,每个元胞中都会计算下一事件的类型及时间。而每个元胞中的这些信息都会被存储在下一事件的堆栈中,并根据下一事件的时间值进行分类。然后开始运行算法的主循环,从下一事件的堆栈中选出耗时最短的元胞,并模拟与之相对应的事件。如果是模拟一个反应发生,那么各组分的分子数是动态更新的。例如,在发生酸碱中和的情况下,酸性分子及碱性分子的数量均逐个减少。每个元胞中下一事件的类型与时间均基于上述可更新数据元胞结构进行计算。然后,该元胞被插入到下一事件的堆栈中,并将这一事件模拟的时间累加到当前已模拟的后烘时间中。如果是模拟扩散过程,与模拟化学反应一样,将扩展这一事件再次插入元胞中去模拟某种分子扩散。如果模拟的是化学反应,单个元胞中需更新下一反应事件所用的时间。如果是扩散,则需更新两个元胞中的数据,从下一事件堆栈中选择时间最短的元胞以及更新元胞中抗蚀剂成分分子数量的变化,这些操作都是在规定的模拟时间内进行迭代运算的。

4. 显影建模

在介观框架下模拟显影过程时,随着时间的推移,显影区域将会向未显影区域扩展。因此,显影过程始于去除正在被溶解的元胞,并以向前传播的方式继续进行。在显影过程中,聚合物链被看作溶解的基本单元且聚合物链的几何形状也用这种单元结构表达。无填充的空间是通过空置某些特定的栅格代替的,而所有离散的聚合物描述方法都是基于正方体结构的网格表达的。

我们可以从抗蚀剂聚合物的相对分子质量分布获得平均聚合程度(每条聚合物链上单体的数量)及其标准差的参数。相对分子质量的分布接近于高斯分布[68],可以通过体积排阻色谱测量出来[75]。由于计算域的大小是有限的,可以在 X、Y 方向上设置周期性边界条件来消除人为的影响。而在 Z 方向上,则设为反射式边界条件。

在宏观尺度下,显影过程呈现为显影速率对抑制剂平均浓度的依赖关系。这种描述既没有提供实际的化学反应过程,也没有提供聚合物链条的尺寸。所以,不同于曝光与后烘模型,宏观显影模型并不能将其一般化套用至介观显影模型中。在介观显影模型中,显影是一个二值的过程,聚合物分子留在抗蚀剂薄膜中,或者在特定的显影时间内被显影剂溶解[70]。正是基于这种离散型的抗蚀剂模型,介观尺度下的显影模拟需对每条聚合物链的溶解行为进行描述。聚合物的溶解性是受单体单元激活(即电离)程度决定的,而原始的抑制剂基团在后烘处理时被分解了。显影的主要反应过程包括以下几个步骤。

① 显影剂分子扩散至抗蚀剂薄膜表面。

② 显影剂分子与激活后的酚类聚合物基团发生去质子(电离)反应。

③ 被溶解及电离的聚合物向显影液中扩散。

聚合物的扩散是一个既涉及质量迁移阻塞又有化学反应的过程。所有描述酚醛类聚合物在水溶液中溶解的化学模型都假设上述过程中的某一过程速率是有限的，以及其他过程也是瞬发的[67]。

聚合物链溶解行为以及抗蚀剂溶解速率行为的主要机理，已经成为重要议题。不过，一个涵盖所有溶解现象的普遍性理论目前还不存在。而渗透模型[77]和临界电离模型(Critical Ionization Model，CIM)[66-70]编入教材中并已经成为两种主流数值模拟模型。

有许多研究组研究了这种模型的衍变及优化[73]，并致力于运用这种模型去预测线边缘粗糙度，且取得了良好的结果[77]。从计算的角度来看，临界电离模型和渗透模型均属于单参数模型(临界电离模型中的f_{crit}和渗透模型中的扩散概率)。但是，当未反应的聚合物比例(即未参与反应的 OH^- 占总 OH^- 的比例)增加时，临界电离模型就难以描述完全溶解这一现象。发生这种现象的原因是我们仅将聚合物溶解理解为一个表面发生的过程，而随着聚合物链长度的增加，计算难度增大。另外，实验结果显示，基于渗透模型预测的那一层在显影剂与抗蚀剂界面上的凝胶层要么非常薄，要么不存在[78]。

尽管其他的模型，如聚集模型等，也一直在讨论，但近些年渗透模型与临界电离模型逐渐引起了人们的关注[54]。运用临界电离模型模拟显影过程是基于离散型抗蚀剂聚合物链的一种描述，在这个过程中，需附加可电离基团(即单体单元)比例的聚合物信息。而这些信息可从用来预估抑制剂活化程度的曝光及后烘模拟中获得，而每个被分解的抑制剂分子代表一个无抑制效果而且可电离的基团。

综上所述，相比较渗透模型及其他值得推荐的模型，临界电离模型为显影过程提供了一种更为"化学"层面的解释。基于临界电离模型的溶解机理进行模拟仿真可用于定性评估新研发抗蚀剂的应用前景和局限性，或可优化现有抗蚀剂。自从临界电离模型在 1997 年首次提出以来，尽管对其模拟方法进行了一些改进，但尚未证明该方法适用于定量预估抗蚀剂几何轮廓的显影速率曲线。

3.5 电子束曝光模拟的商用化软件

作为全世界范围内在光刻模拟领域数十年努力的成果，几款相应的软件工具已经被研发出来。这些软件最初仅仅将注意力集中在光刻胶/衬底界面上的电子与物质相互作用，随后重心转移至邻近效应的模拟仿真。软件工具最新版本的功能变得十分强大，涵盖了电子束曝光工艺的所有方面，并朝着所谓的"计算光刻”迈进。

3.5.1 电子束-物质相互作用

大多数光刻模拟软件都是以研究机构开发的算法为基础来提供服务的。这些软件大多数都是基于电子-物质相互作用的蒙特卡罗模拟,并支持二维和三维模拟,其能够解决多层膜情况下的电子能量分布。在很多情况下,能量沉积模块与抗蚀剂显影模块是组合使用的,从而可以提供用于电子束曝光工艺深入研究的集成化软件。通过这些模拟工具,可以调节一些特定的参数,如薄膜堆叠、抗蚀剂厚度、邻近效应校正及加速电压等参数的影响。最熟知且使用最多的商用模拟软件包括以下几种。

(1) Sceleton。该软件起初是由德国 AISS 公司提供,目前已成为 Synopsys 公司的一款产品[79]。这款软件可让用户从材料数据库中自主选择抗蚀剂与衬底多层堆叠的组分,并可以设置入射电子数目。在材料中,电子散射轨迹是通过蒙特卡罗模拟算法获得的,对于弹性散射的描述则是运用简化后的 Rutherford 散射方程。背向散射的范围及相对于前向散射的比例是通过近似函数计算确定。具有能量耗散的非弹性散射则是依据连续减速的近似 Bethe 能量损失方程进行建模。在一台配置了 Xeon 处理器并安装了 LINUX 操作系统的计算机上运算 10^7个入射电子约需要 11h[80],所得到的能量分布可直接输入邻近效应校正模块中。

(2) ProBEAM 。该软件最先是由 Finle Technologies 公司于 20 世纪 90 年代末期开发。这款软件也是基于蒙特卡罗代码进行开发的,能够模拟抗蚀剂与衬底堆叠中三维电子散射轨迹。ProBEAM 软件最初的主要应用是光刻掩模的制作。蒙特卡罗模拟结合电子束的束斑形状可生成单像素中电子能量分布,在一个像素的栅格上,通过二维寻址逐点像素曝光,并控制每个像素的剂量曝光图形[81]。运用该公司在光刻中发展出的匹配抗蚀剂显影算法,所得到的剂量分布可用于模拟曝光及显影,最终模拟出三维抗蚀剂图形。直到今天,KLA-Tencor[82]提供的 ProBEAM 软件已经可以涵盖 100keV 电子束曝光的工艺仿真[5]。

(3) LITHOS 。这是由希腊国家科学研究院(NCSR,Demokritos)微电子研究所于 20 世纪 90 年代初期开发的[83],并由 Sigma-C LITHOS 通过一种不同的处理方法大幅度缩短了蒙特卡罗模拟的时间而走向商用。LITHOS 中是运用玻耳兹曼输运方程计算二维的电子散射轨迹,可进行数值求解,在方程中会同时考虑弹性散射与非弹性散射,能量分布的计算耗时比蒙特卡罗模拟降低了一个数量级。同时,在 LITHOS 中运用传统的抗蚀剂显影模块,可对抗蚀剂结构的二维形貌进行预测。

(4) SELID 。LITHOS 中的能量沉积算法后来集成到 Sigma-C 公司的 SELID 软件中,这款软件对常规抗蚀剂和化学放大胶显影有十分精确的计算效果,也可在较短时间内对任意形状结构进行三维模拟[7,84]。

3.5.2 邻近效应校正

电子束光刻仿真的关键应用是邻近效应校正策略的开发和评估,这不仅降低了对光刻硬件性能的依赖,同时也缩短了研发周期。

电子束的邻近效应校正是一种可以十分有效地对线端的缩短、关键尺寸的线性度以及密集与稀疏线条的线边缘变化进行校正的方法。已有多款针对邻近效应校正开发的软件,可用于扫描电子显微镜改装的电子束光刻系统和高端的电子束光刻系统。对于高端的电子束光刻系统而言,邻近效应校正包括对不同电子束光刻系统的数据格式转换的预处理软件。其中已商用化的软件包括以下几种。

(1) PROXECCO 。它是由 Fraunhofer 固态技术研究所(位于德国慕尼黑)和 AISS 公司联合开发[85],并由 AISS 实行商用化。常规的邻近效应校正是通过去卷积的方法实现的,尽管其精确度很高,但是需要耗费大量的计算资源,而且对于大面积版图需要运行数据并简化算法。在 PROXECCO 软件中,计算步骤分为与邻近效应校正相关的及与图形相关的两部分。在这种方式下的网格大小由 CPU 计算时间而定,是与图形完全独立分开的。因此,其栅格尺寸可以被粗化,故图形尺度可以保持不变且不需要数据简化。PROXECCO 软件运用多高斯函数或点扩散函数及其修正形式进行邻近效应校正,主要分为两种:对于支持基于形状的剂量调控系统,则通过剂量调节进行邻近效应校正;对于不支持基于形状的剂量调控系统,则通过多次曝光或图形补偿实现邻近效应校正。现在的 PROXECCO 软件由 Synopsys 公司提供支持,并且集成了数据预处理软件 CATS[86]。

(2) BEAMER 。这款软件[87]使用上述方法,已经可以运用邻近效应校正模块对未经过校正的版图进行预处理。经过处理之后,可以对 3 个维度进行校正。与二维求解相比,三维的邻近效应校正比较复杂但更具应用价值。即便是三维结构应用,如 T 形栅或桥接结构,仍然专注于关键尺寸的控制,而其他结构,如三维的 Zone Plate 或全息元件,则需要精准控制抗蚀剂的厚度。这些不同的应用需要不同的邻近效应校正算法,这是因为在不同的应用中,关键尺寸及厚度控制的校正目的不尽相同,甚至在某些情况下是相互冲突的[88]。

3.5.3 现代化的软件工具

这些年来,TCAD 工具软件集成了多种模块,称为计算光刻,即可以精确预测包含纳米尺度关键尺寸的任意版图加工后的形貌,这主要得益于在普通计算机中可以以很低的成本实现较高的计算性能。

在这个方向上,Sentaurus 光刻[89]涵盖了光学、浸没式、极紫外光刻和电子束曝光等多种应用,允许建立预估模型对光刻工艺中的基础效应进行透彻分析。

Sentaurus 光刻中的电子束模块支持晶圆直写及掩模直写两种应用的模拟。抗蚀剂和晶圆或光刻掩模中的电子散射决定了相应的能量沉积函数;所涉及的模块支持小于 10keV 的低能量电子的模拟,同时也支持 20~50keV 的高能量电子的模拟。从沉积在抗蚀剂薄膜中的总能量来看,该物理模型决定了最终抗蚀剂的形貌。

3.6 实例

电子束曝光模拟已经应用到许多实例中。下面将选取两个实例,讨论在多层薄膜衬底上的复杂图形和白噪声效应。

3.6.1 电子束图形化模拟及其在多层膜衬底上复杂版图的测量

复杂版图的模拟一直是电子束曝光模拟中最为困难的情形,尤其当衬底不是单纯的硅衬底,而是由多层膜组成时,该种情况更为复杂。在 EUV 光刻掩模空板上进行电子束光刻就是最典型的例子之一,因为 EUV 光刻掩模空板是由 40 个循环 Si-Mo 交替沉积的多层膜衬底。针对这种应用,对测试图形中小于 100nm 关键尺寸的实验结果与蒙特卡罗模拟结果进行了对比[26]。

对实验与模拟结果的测量,需要运用一种专门的图形匹配算法来识别版图的测试图形及实际加工出来与之相对应的图形[71,83]。这种多层膜的 EBL 加工样品是在重复堆叠了 40 层 Si-Mo(Si:4.1nm; Mo:2.8nm)双层膜的块体硅衬底上旋涂了 200nm 厚的 PMMA(图 3.25(a))上进行的。由于多次出现 Si-Mo 交替薄膜结构,为了准确确定电子束轨迹的平均自由程,该方法结合了 Horiguchi 等提出的方法[90]。

在发生连续电子散射时,电子能量损失是通过连续减速近似进行计算,而电子则被看作是具有动能 T 的点状颗粒与原子发生弹性散射。θ 和 φ 分别表示与入射电子轴线的极角和位于入射电子轴线平面内的方位角,s 表

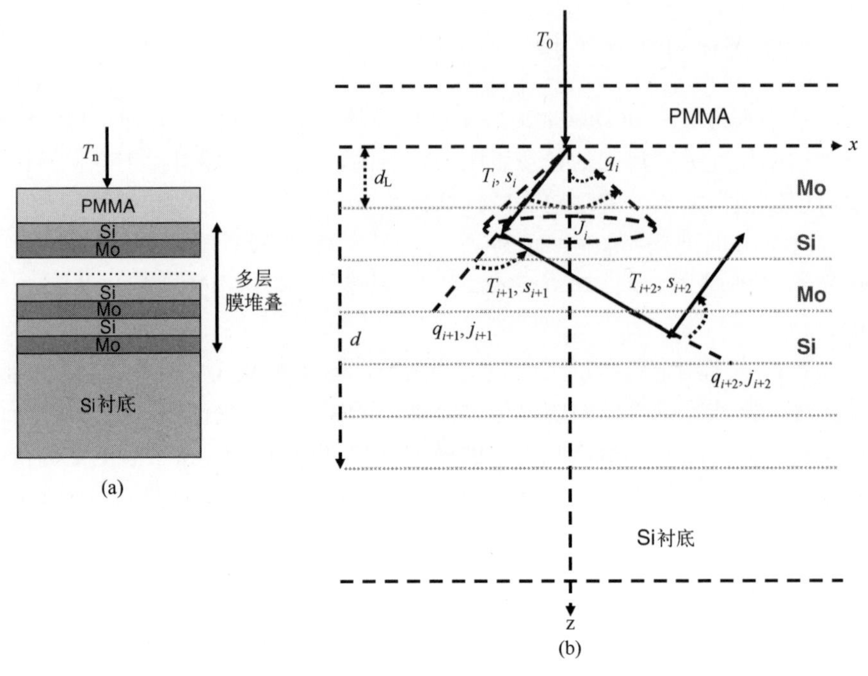

图 3.25　多层膜的 EBL 加工样品

(a) 多层膜堆叠模型;(b) 用于描述电子轨迹仿真的坐标系。

示电子发生相邻两次碰撞的自由程。d 表示以抗蚀剂/衬底界面为基准的深度(d 大约为 280nm),而d_L 为每层薄膜的厚度(如 Si 的厚度为 4.1nm 而 Mo 层为 2.8nm)[26]。

对于电子在多层 Si-Mo 衬底中的散射建模,需要采用 Salvat 和 Parellada[91] 开发的蒙特卡罗模拟程序。而能量沉积函数 EDF(r,z)计算了抗蚀剂所有深度上的能量分布。模拟中使用了 40000 个入射电子。图 3.26 中显示了 2000 个电子穿透抗蚀剂与 Mo-Si 多层膜层的散射轨迹。

图 3.27 展示了在 100keV 电子能量下抗蚀剂与不同衬底的能量沉积函数 EDF(r)。包括以下几种情况:①PMMA/Mo-Si 多层膜/Si 衬底;②PMMA/Si 衬底;③PMMA/70nm Cr 吸收层/70nm SiO_2缓冲层/Mo-Si 多层膜/Si 衬底。最后一种就是典型 EUV 光刻掩模[93]。

由于入射电子能量较高,即使衬底中有高密度的金属 Mo 材料,背向散射系数也主要是受衬底材料 Si 的影响。特别地,对于多层堆叠的 Mo-Si 衬底,其背向散射系数(背向散射电子占入射电子数目的比例)是 0.11。在其他材料堆叠情况的研究中也应该获得相同的数值。这个数值通过 CASINO 电子束曝光模拟软件进行模拟也得到了证实[94]。这也在图 3.27 中的能量分布得到验证,结

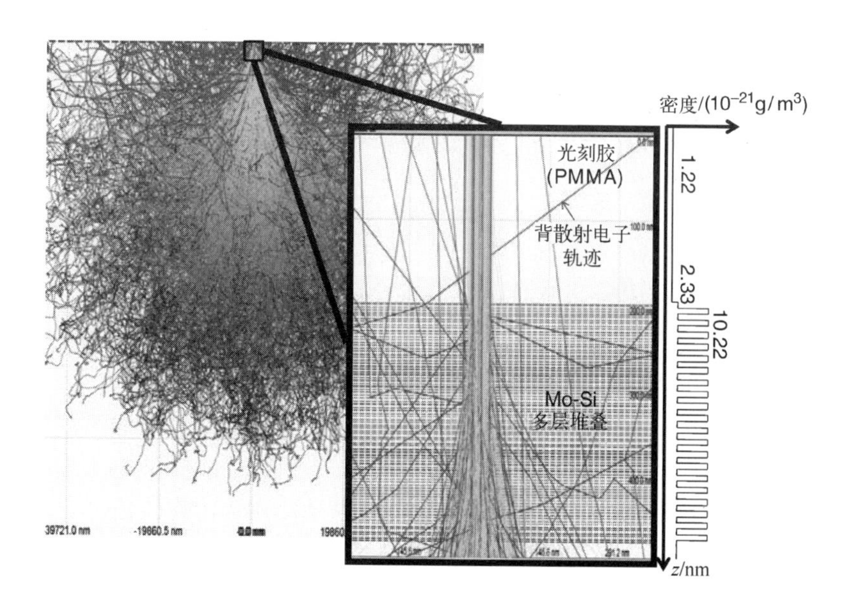

图 3.26 100keV 电子与 200nm PMMA/40 层 Mo-Si 多层膜堆叠衬底发生碰撞后的电子轨迹(见彩图)

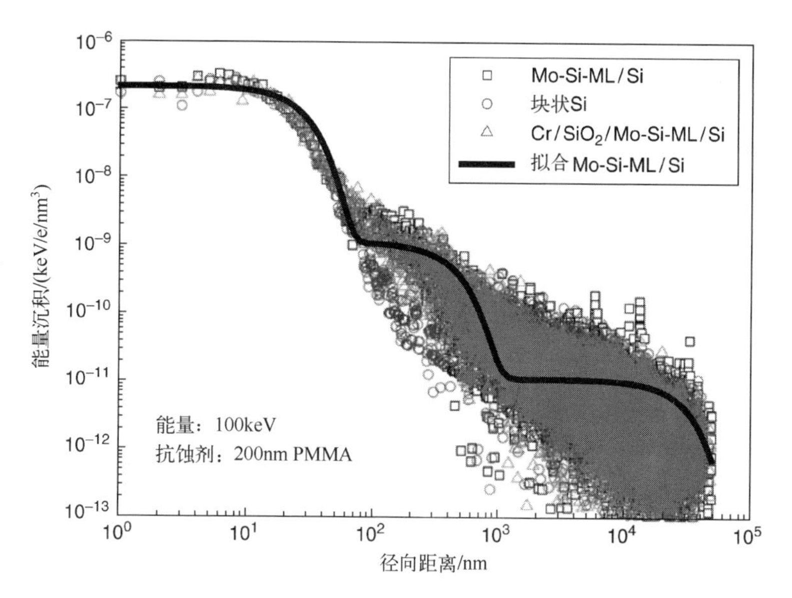

图 3.27 当衬底为 Mo-Si 多层膜、块体 Si 及完整的 EUV 掩模时抗蚀剂中的 EDF(对 PMMA/Mo-Si 多层膜作为衬底时的能量沉积函数进行高斯拟合[26])(见彩图)

果仅有细微的差异。由于所有的实验数据都是针对在块体 Si 衬底上的 Mo-Si 多层膜结构,因此,接下来的讨论都仅限于这种类型(图 3.25(a))。

能量沉积函数是通过三高斯函数进行拟合,即

$$f(r)=\eta_1\exp\left(-\frac{r^2}{a^2}\right)+\eta_2\exp\left(-\frac{r^2}{b^2}\right)+\eta_3\exp\left(-\frac{r^2}{c^2}\right) \quad (3.21)$$

在每个高斯函数中,a、b、c 代表宽度参数;η_1、η_2、η_3表示权重参数。计算所得到的宽度参数分别是 $a=28\text{nm}$、$b=450\text{nm}$、$c=30\ \mu\text{m}$,对应的权重参数为 $\eta_1=2.2\times10^{-7}$、$\eta_2=1.1\times10^{-9}$、$\eta_3=1.1\times10^{-11}\text{keV/nm}^3/\text{electron}$。

对于理论结果的评估,设置合适的实验参数是非常重要的。通过离子束溅射在块体 Si 衬底上周期性堆叠沉积的 Mo-Si 多层膜是通过掠射的 X 射线的反射率检验的。在这种多层堆叠的衬底上的曝光是使用 VISTEC EBPG 5HR 在 100keV 电子能量下进行的。束流为 0.4 nA,剂量以 100 $\mu C/cm^2$ 为步长从 200$\mu C/cm^2$增加到 1600 $\mu C/cm^2$。抗蚀剂为 250nm 厚的 PMMA,然后在 IPA∶H_2O=7∶3 的混合溶液中显影 1min。

对于版图矩阵中每个单元能量沉积的计算,单点曝光的能量沉积函数 EDF(r)与电子束形(高斯束斑)的卷积就可得到每个像素内的能量沉积函数。每个像素中的能量分布与欲曝光的版图进行卷积计算,就可从三维角度确定整体的电子能量分布。模拟抗蚀剂的显影,需要运用阈值显影,即设置一个能量阈值区分可溶解和不可溶解的元胞。虽然这种算法非常简化,但是适用于 PMMA 的显影[96]。结合显影所需的能量阈值,可获得三维的抗蚀剂图像,进一步通过图像处理,对初始设计与模拟所得进行匹配,并测量和计算尺寸上的差异。通过测试多个能量阈值,直至找到符合实验测量数值的最优值(密集周期性线条,线宽间距为 100nm)。然后,将这个能量阈值用于 100keV 下曝光的所有 PMMA 图形模拟中。

图 3.28 展示了沉积多层 Mo-Si 薄膜的 Si 衬底上的实验与仿真结果。测试结构是线宽为 100nm、周期为 300nm 的线条或空隙,或者周期为 300nm、直径为 100nm 的孔在 X、Y 方向的阵列。在检验孔的曝光剂量时,实验与仿真结果一致。在仿真这些结构时,所有的曝光条件,如束斑直径、步距、剂量等参数均会被考虑,所选用的仿真元胞尺寸为 2nm×2nm。此外,值得注意的是(图中未展示),在 Si 衬底上沟槽的宽度及圆孔的直径随剂量增加的变化,与 Mo-Si 多层薄膜衬底上十分类似。如图 3.27 所示,实验结果验证了能量沉积函数 EDF(r)所体现出的一定差异。

通过特定的图像处理算法对实验结果(自上而下视角的 SEM 图像)与仿真

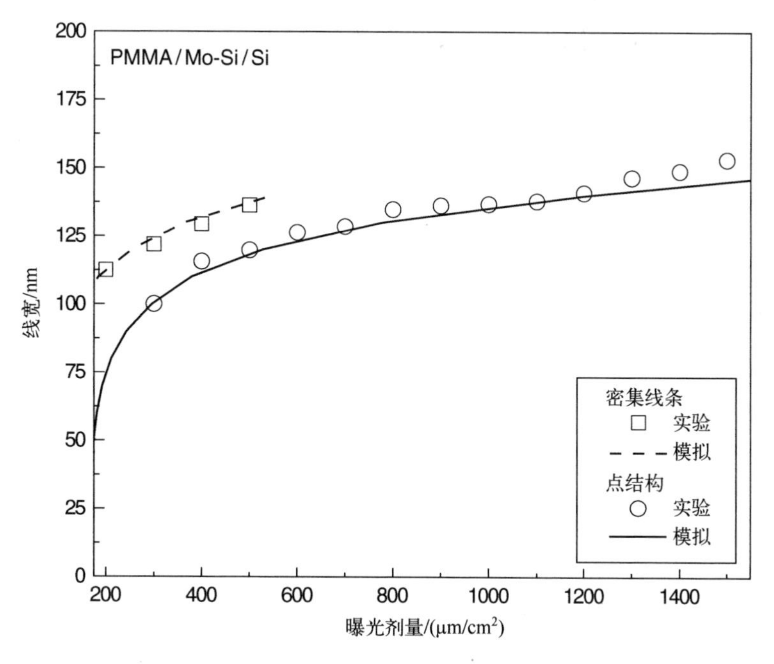

图 3.28 实验数据与模拟数据对比
(方块代表占空比为 1∶1 的 100nm 密集线条的结果,圆代表
100nm 直径的点状结构的结果[26])

结果进行详细对比,图形匹配及测量都应采用自动分析的方法。图形匹配算法能识别版图并可以测量曝光后的复杂结构,对模拟生成的图像和扫描电镜图像进行匹配。灰度图像需转化为只有 0 和 1 的二值图像。仿真结果是通过阈值处理的结果。对于 SEM 图像,在采用阈值处理前,需要进行直方图均衡化,这样的处理是为了增强对比度。在仿真所获得的图片分辨率与相应的 SEM 图像相同的情况下,曝光版图被转化为一幅二值图像。两幅图片(二元仿真图像和二元的 SEM 图像)通过交叉相关的方法匹配,这种匹配算法以像素为单位返回到版图中图形边缘的坐标。在能够识别复杂图形的基础上,测量都是自动进行的。

为了研究实验(图 3.29(a))与仿真(图 3.29(b))结果的差异,需要进行自动计量。对结构特征的测量结果反映了模拟仿真所得到的图形有较好的重复性。因此,电子束曝光仿真能让我们对 EUV 掩模制作工艺有比较详细的理解。

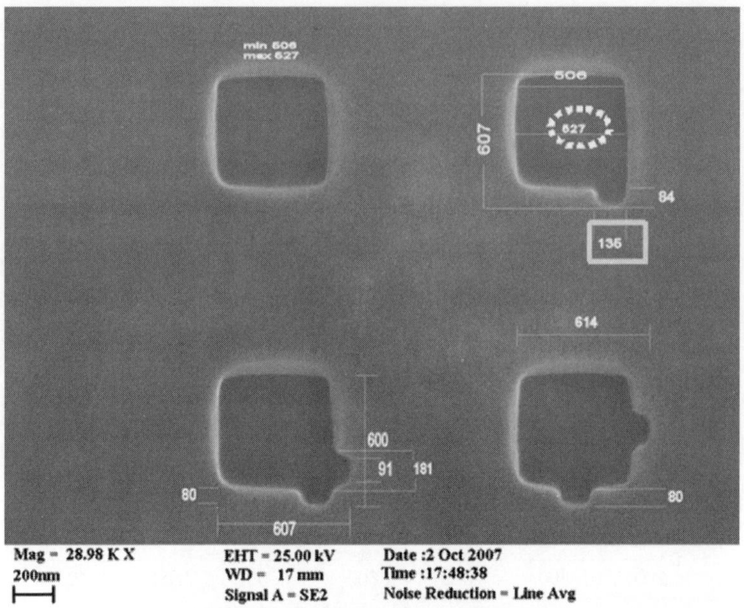

(a)

(b)

图 3.29　实验与仿真对比

(a) 在 SEM 图像上测量的结果;(b) 在对应模拟结构上测量的结果。

3.6.2 模拟电子束曝光中白噪声对32nm节点CD及LER的影响

受辐照、离散抗蚀剂性质及工艺的影响,微电子器件制造比较关注加工结构几何特征不均匀性问题。在不考虑相关性的情况下,关键尺寸的总方差等于上述所有因素变化所引起的关键尺寸变化的平方和[97]。对于电子束曝光,白噪声的波动源自于电子束中电子数目的离散分布,这需要精确的建模,尤其是使用低剂量去曝光精细结构的情况,这是电子束曝光在量产中急需改进的。已经有一些工作对白噪声进行分析,并且可以推断使白噪声与线边缘粗糙度最小化需要加大剂量,且线边缘粗糙度与剂量的平方根成反比[98]。此外,抗蚀剂材料的离散化也是线边缘粗糙度的重要影响因素,也可以通过牺牲抗蚀剂的灵敏度及产率来提高线边缘粗糙度[99]。

为了曝光出小周期(64nm 或更小)的精细结构,电子束曝光的变动、抗蚀剂性质及工艺条件都应在一个相互耦合的体系中进行仿真。在这种导向下,需要将蒙特卡罗的电子束仿真软件[92]与离散抗蚀剂模型[100]和临界电离显影算法[101]相结合。Neureuther 等已发表了一篇与此相关且十分有意思的工作[102],在这项工作中,化学放大胶的曝光、放大及活化都被视为统计结果来确定白噪声的影响。这些关联过程说明了白噪声是由每一步中量子化数目的不确定性造成的。

图 3.30 所示为仿真流程图。首先,能量分布函数 EDF(r)与电子束斑形状(高斯束与矩形束)进行卷积计算,然后再与曝光图形进行卷积,可得到整个版图的能量分布函数 LEDF(r),再将 LEDF(r)与光刻仿真结合以重现显影图形。最后通过特定的软件对图形边界进行表征,可实现关键尺寸与线边缘粗糙度的量化测量。

图 3.31 展示了两束 32nm 半高宽电子束的概率密度函数实例。电子束能量分布属于高斯束或矩形束。在两种情况下,边缘锐度均被认为是相同的(10μC/nm)。而电子束形的不同会导致白噪声影响的不同。用 100keV 的单镜头写的(在大块 Si 衬底上电泳厚度为 100nm 曝光),并且包含 10 条 10μm 长、32nm 关键尺寸、64nm 周期线条的版图。曝光的像素为 1nm。所得到能量分布作为输入量导入到抗蚀剂的模拟中。为了确定每次曝光的分布,入射电子束的点扩散函数分别与高斯束与矩形束进行卷积运算。矩形束的边缘更加陡峭些,而高斯束更为平缓些。这种差异可通过曝光的自然统计进行修正。

在化学放大胶的抗蚀剂模型中,每条聚合物链上有 50 个单体,其中分别包含 10%的引发剂和 5%的抑制剂。而抗蚀剂是在 5%体积内自回避且相互排斥

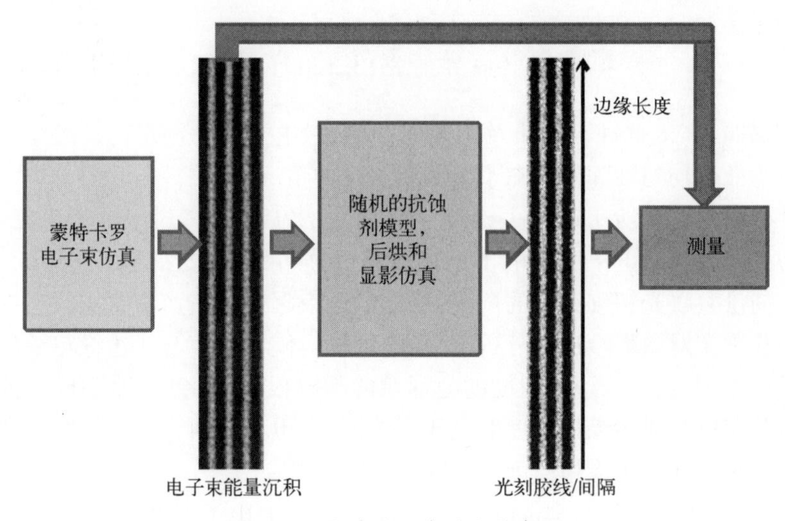

图 3.30　仿真流程中的主要步骤

（标记了结构边缘长度。表达曝光后及显影后在边长上线边缘粗糙度（LER）值[4]）

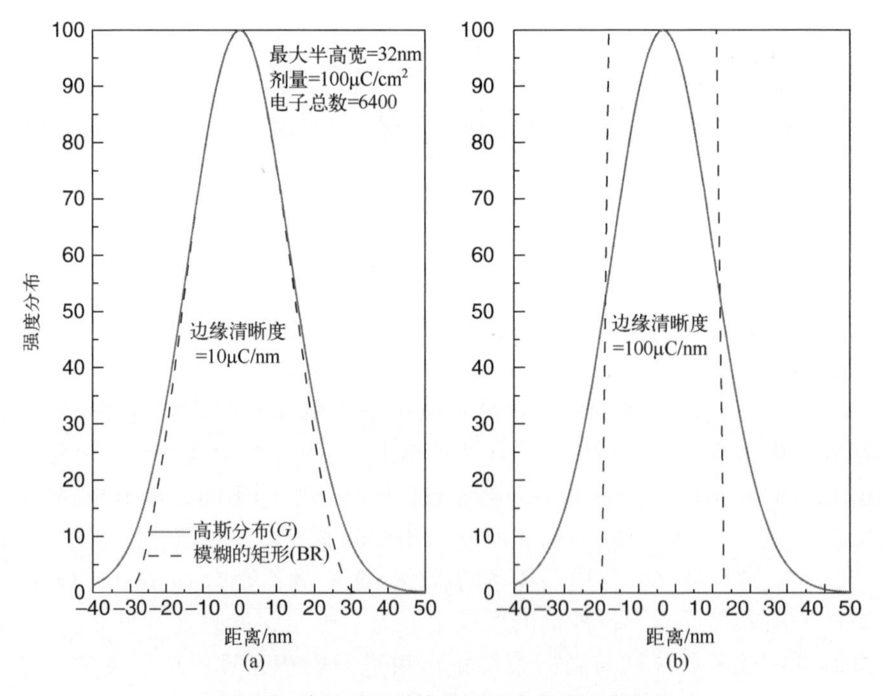

图 3.31　在当前工作中的电子束能量分布形貌

（a）中边缘锐度为 10μC/nm；（b）中边缘锐度为 100μC/nm

（分析是基于边缘锐度为 10μC/nm 进行的[4]）

游动的集群。在这里使用了抗蚀剂溶解的临界电离模型[102]。需要确定光酸扩散长度(约5nm),这是为了重现32nm关键尺寸。

在随机的材料模型中,抗蚀剂的灵敏度是激活引发剂产生光酸的概率阈值。实际阈值会随着平均剂量的增加而降低,这是因为有更多的引发剂被激活,进而产生了更多的光酸。所以,较大的剂量会导致较多的能量沉积,有较高的引发剂激活概率或较低的激活阈值,较多的光酸扩散,最终会引发更多的脱保护,使得抗蚀剂溶解变快,得到较宽的关键尺寸及更光滑的边缘和更小的线边缘粗糙度。

对于两种电子束形和任意的曝光剂量,都是在自上而下能量沉积的轮廓边缘以及相应显影的抗蚀剂图形的线边缘上进行测量。

图3.32所示为在3种剂量($10\mu C/cm^2$、$25\mu C/cm^2$、$100\ \mu C/cm^2$)下的线边缘粗糙度LER与边缘长度的函数关系。这种线边缘粗糙度要归结于白噪声的影响。可以看到,线边缘粗糙度随着剂量的增加而减小,并且使用矩形束曝光所得的LER比使用高斯束曝光的LER要低。图3.33展示了在脱保护及显影后相对应的LER数据。与图3.32所展示的LER相比,在两种电子束能量分布情况下,曝光后结构的LER值均有所上升。

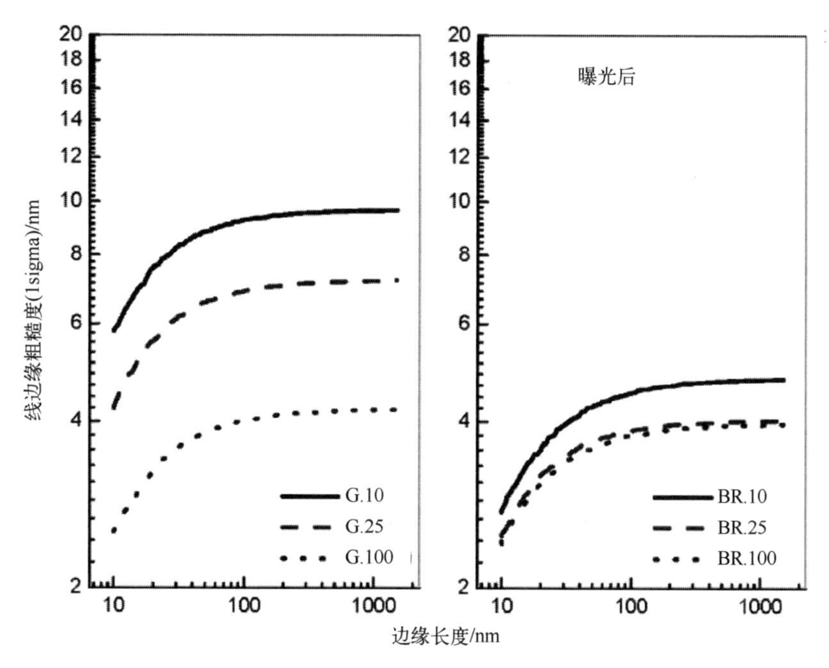

图3.32 测量两种电子束能量形貌分布及3种曝光剂量曝光后的LER值(即能量沉积分布的边缘)

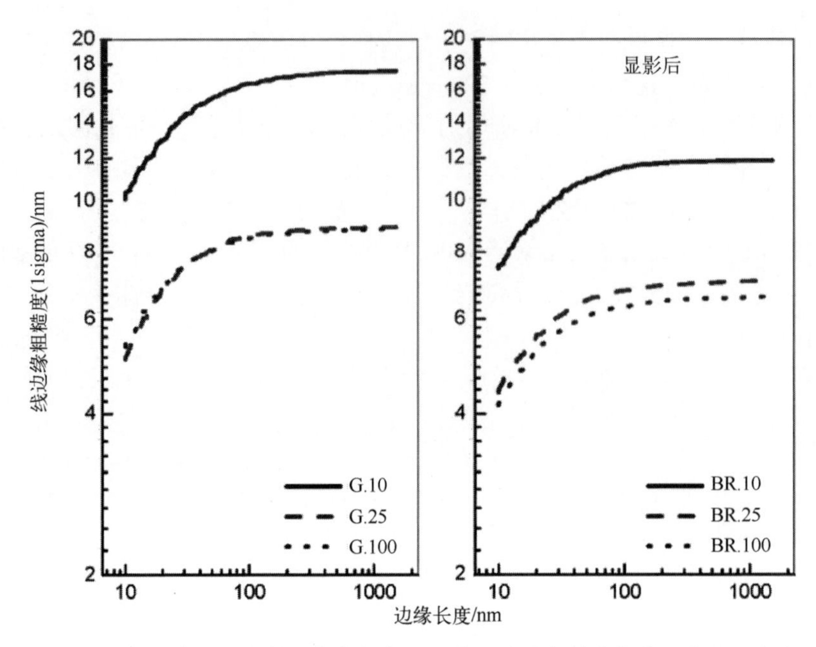

图 3.33　在两种不同的电子束能分布及 3 种不同曝光剂量条件下能量沉积分布及最终抗蚀剂图形边缘的测量结果

因此,将蒙特卡罗电子束模拟与光刻进行关联可以对曝光后由白噪声引起的 LER 和由于抗蚀剂脱保护和显影过程引入的 LER 分别进行单独量化。对两种曝光图形进行检测,由于高斯束与矩形束具有相同的边缘锐度,因此,可以看出抗蚀剂和工艺条件对 LER 的影响更为明显,虽然其中也包含了白噪声的影响。在这种情况下,LER 的影响是可以用抗蚀剂中聚合物的回转半径与光酸扩散长度的函数表示。可以推测出,即便抗蚀剂材料及其工艺被优化到最佳状态,由白噪声引起的 LER 会降低到最小,但仍不会被消除。

3.7　小结

电子束曝光作为一种十分强大的极限纳米尺度图形化工具,广泛用于新型结构、器件及高端光刻掩模的制造中。但是,与 IC 制造的主流技术——光学曝光相比,电子束曝光的加工速度仍然十分缓慢。基于这个原因,在实际曝光之前,应对电子束曝光的工艺进行优化。此外,由于电子束图形化加工的本身属性,一些消极的效应始终无法消除,如邻近效应及加热效应等。正是由于这些缺陷,电子束曝光的工艺要求必须在合理的时间内完成高精度的仿真。这个领域的研究始于 20 世纪 70 年代,到现在有了突飞猛进的发展且实现了软件的商用化,但是如何实现大面积、小尺寸、密集型结构的制造仍然是一个悬而未决的问题。

参考文献

[1] http://cuervo.eecs.berkeley.edu/Volcano/.
[2] Rishton SA, Kern DP. J Vac Sci Technol. 1987;5:135–41.
[3] Raptis Jpn I. J Appl Phys I. 1997;36:6562–71.
[4] Patsis GP, Tsikrikas N, Drygiannakis D, Raptis I. Microelectron Eng. 2010;87:1575–8.
[5] Babin S, Kuzmin IY, Sergeev G. Microelectron Eng. 1998;41–42:191–4.
[6] http://www.abeamtech.com/?dir=products/TEMPTATION&pg=about.
[7] Raptis I, Nowotny B, Glezos N, Gentili M, Meneghini G. Jpn J Appl Phys I. 2000;39:635–44.
[8] Tagawa S, Nagahara S, Iwamoto T, Wakita M, Kozawa T, Yamamoto Y, Werst D, Trifunac AD. Proc SPIE. 2000;3999:204–15.
[9] Raptis I, Grella L, Argits P, Gentili M, Glezos N, Petrocco G. Microelectron Eng. 1996;30:295–9.
[10] Glezos N, Patsis G, Raptis I, Argitis P, Gentili M, Grella L, Hatzakis M. J Vac Sci Technol B. 1996;14:4252–6.
[11] Sha J, Lee J, Kang S, Prabhu VM, Soles CL, Bonnesen PV, Ober CK. Chem Mater. 2010;22:3093–8.
[12] Augur RA, Jones GAC, Ahmed H. J Vac Sci Technol. 1984;3:429–33.
[13] Phang JCH, Ahmed H. J Vac Sci Technol. 1979;16:1754–8.
[14] Adesida JC, Everhart TE, Shimizu R. J Vac Sci Technol. 1979;16:1743–8.
[15] Glezos N, Raptis I, Tsoukalas D, Hatzakis M. J Vac Sci Technol B. 1992;10:2606–9.
[16] Hawryluk RJ. J Vac Sci Technol. 1981;19:1–17.
[17] Gueorguiev YM, Vutova KG, Mladenov GM. Physica C. 1995;249:187–95.
[18] Ivin VV, Silakov MV, Vorotnikova NV, Resnick DJ, Nordquist KN, Siragusa L. Microelectron Eng. 2001;57–58:355–60.
[19] Mao-xin W, Jian-kun Q, and Yi-Zeng, Microelectron Eng 1985;3:99–102.
[20] Fretwell TA, Jones PL. Microelectron Eng. 1994;23:97–9.
[21] Kyser DF, Pyle R. IBM J Res Develop. 1980;24:426–37.
[22] Stepanova M, Fito T, Szabó Zs, Alti K, Adeyenuwo AP, Koshelev K, Aktary M, Dew SK. J Vac Sci Technol B. 2010;28:C6C48–57.
[23] Ivin VV, Silakov MV, Kozlov DS, Nordquist KJ, Lu B, Resnick DJ. Microelectron Eng. 2002;61-62:343–9.
[24] Zhou J, Yang X. J Vac Sci Technol B. 2006;24:1202–9.
[25] Kyser DF. J Vac Sci Technol. 1983;1:1391–7.
[26] Tsikrikas N, Patsis GP, Raptis I, Gerardino A, Quesnel E. Jpn J Appl Phys. 2008;47:4909–12.
[27] Williamson Jr W, Duncan GC. Am J Phys. 1986;54:262–7.
[28] Joy DC. Inst Phys Conf Ser. 1988;93:23–32.
[29] Bethe HA. Selected works of Hans A Bethe with commentary, World scientific series in 20th century physics, vol. 18. Singapore: World Scientific; 1997. p. 80–154. ISBN 9810228767.
[30] Dapor M. Phys Rev B. 1992;46:618–25.
[31] Raptis I, Glezos N, Hatzakis M. Microelectron Eng. 1993;21:289–92.
[32] Raptis I, Glezos N, Hatzakis M. J Vac Sci Technol. 1993;B 11:2754–8.

[33] Glezos N, Raptis I. IEEE Trans CAD. 1996;15:92–102.
[34] Paul BK. Microelectron Eng. 1999;49:233–44.
[35] Mohammad MA, Guthy C, Evoy S, Dew SK, Stepanova M. J Vac Sci Technol B. 2010;28: C6P36–41.
[36] Argitis P, Raptis I, Aidinis CJ, Glezos N, Baciocchi M, Everett J, Hatzakis M. J Vac Sci Technol B. 1995;13:3030–4.
[37] Chang THP. J Vac Sci Technol. 1975;12:1271–5.
[38] Parikh M. J Appl Phys. 1979;50:4371–7.
[39] Parikh M. J Appl Phys. 1979;50:4378–82.
[40] Parikh M. J Appl Phys. 1979;50:4383–7.
[41] Wind SJ, Gerber PD, Rothuizen H. J Vac Sci Technol B. 1998;16:3158–63.
[42] Grella L, Di Fabrizio E, Gentili M, Baciocchi M, Maggiora R. Microelectron Eng. 1997;35:495–8.
[43] Takahashi K, Osawa M, Sato M, Arimoto H, Ogino K, Hoshino H, Machida Y. J Vac Sci Technol B. 2000;18:3150–7.
[44] Lee SY, Anbumony K. Microelectron Eng. 2006;83:336–44.
[45] Lee SY, Laddha J. Microelectron Eng. 2000;53:345–8.
[46] Wüest R, Strasser P, Jungo M, Robin F, Erni D, Jäckel H. Microelectron Eng. 2003;67–68:182–8.
[47] Dill FH. IEEE Trans Electron Dev. 1975;ED-22:440–4.
[48] Dill FH, Hornberger WP, Hauge PS, Shaw JM. IEEE Trans Electron Dev. 1975; ED-22:445–52.
[49] Meyerhofer D. IEEE Trans Electron Dev. 1980;ED-27:921–7.
[50] Kim DJ, Oldham WG, Neureuther AR. IEEE Trans Electron Dev. 1984;ED-31:1730–5.
[51] Papanu JS, Soane DS, Bell AT, Hess DW. J Appl Polym Sci. 1989;38:859–85.
[52] Hasko DG, Yasin S, Mumtaz A. J Vac Sci Technol B. 2000;18:3441–4.
[53] Brainard RL, Trefonas P, Lammers JH, Cutler CA, Mackevich JF, Robertson SA. Proc SPIE. 2004;5374:74–89.
[54] Yamaguchi T, Namatsu H, Nagase M, Yamazaki K, Kurihara K. Appl Phys Lett. 1997;71:2388–90.
[55] Ferguson RA, Spence CA, Reichmanis E, Thompson LF. Proc SPIE. 1990;1262:412–24.
[56] Zuniga M, Wallraff G, Neureuther AR. Proc SPIE. 1995;2438:113–24.
[57] Crisalle OD, Keifling SR, Seborg DE, Mellichamp DA. IEEE Trans Semicond Manufact. 1992;5:14–26.
[58] Mack CA. J Electrochem Soc. 1987;134:148–52.
[59] Ushirogouchi T, Onishi Y, Tada T. J Vac Sci Technol B. 1990;8:1418–22.
[60] Namatsu H, Nagase M, Yamaguchi T, Yamazaki K, Kurihara K. J Vac Sci Technol B. 1998;16:3315–21.
[61] Ma Y, Shin J, Cerrina F. J Vac Sci Technol B. 2003;21:112–7.
[62] Patsis GP, Tserepi A, Raptis I, Glezos N, Gogolides E, Valamontes ES. J Vac Sci Technol B. 2000;18:3292–6.
[63] Ocola LE, Orphanos PA, Li WY, Waskeiwicz W, Novembre AE, Sato M. J Vac Sci Technol B. 2000;18:3435–40.
[64] Arcus RA. Proc SPIE. 1986;631:124–34.
[65] Shih HY, Zhuang H, Reiser A, Teraoka I, Goodman J, Gallagher-Wetmore PM. Macromolecules. 1998;31:1208–13.
[66] Tsiartas PC, Flanagin LW, Henderson CL, Hinsberg WD, Sanchez IC, Bonnecaze RT, Willson CG. Macromolecules. 1997;30:4656–64.
[67] Flanagin LW, McAdams CL, Hinsberg WD, Sanchez IC, Willson CG. Macromolecules. 1999;32:5337–43.
[68] Flanagin LW, Singh VK, Willson CG. J Vac Sci Technol B. 1999;17:1371–9.

[69] Burns SD, Schmid GM, Tsiartas PC, Willson CG, Flanagin L. J Vac Sci Technol B. 2002;20:537–43.
[70] Schmid GM, Stewart MD, Singh VK, Willson CG. J Vac Sci Technol B. 2002;20:185–90.
[71] Tsikrikas N, Drygiannakis D, Patsis GP, Raptis I, Gerardino A, Stavroulakis S, Voyiatzis E. J Vac Sci Technol B. 2007;25:2307–11.
[72] Schmid G, Stewart MD, Burns S, Willson CG. J Electrochem Soc. 2004;151:G155–61.
[73] Patsis GP, Constantoudis V, Gogolides E. Microelectron Eng. 2004;75:297–308.
[74] Patsis GP, Gogolides E. J Vac Sci Technol B. 2005;23:1371–5.
[75] Schmid GM, Smith MD, Mack CA, Singh VK, Burns SD, Willson CG. Proc SPIE. 2001;4345:1037–47.
[76] Mack CA. J Electrochem Soc. 1987;134:148–52.
[77] Yeh TF, Shih HY, Reiser A. Macromolecules. 1992;25:5345–52.
[78] Burns D, Schmid GM, Trinque BC, Willson J, Wunderlich J, Tsiartas PC, Taylor JC, Burns RL, Wilson CG. Proc SPIE. 2003;5039:1063–74.
[79] http://www.synopsys.com/Tools/Manufacturing/MaskSynthesis/CATS/Pages/ProximityEffectCorrection.aspx#Scelton.
[80] DeRose GA, Zhu L, Choi JM, Poon JKS, Yariv A, Scherer A. J Vac Sci Technol B. 2006;24:2926–30.
[81] Mack CA. Microelectron Eng. 1999;46:283–6.
[82] http://www.kla-tencor.com/lithography-modeling/probeam.html.
[83] Glezos N, Raptis I, Hatzakis M. Microelectron Eng. 1994;23:417–20.
[84] Rosenbusch A, Cui Z, DiFabrizio E, Gentili M, Glezos N, Meneghini G, Nowotny B, Patsis G, Prewett P, Raptis I. Microelectron Eng. 1999;46:379–82.
[85] Eisenmann H, Waas Th, Hartmann H. J Vac Sci Technol B. 1993;11:2741–5.
[86] http://www.synopsys.com/Tools/Manufacturing/MaskSynthesis/CATS/Pages/ProximityEffectCorrection.aspx#PROXECCO.
[87] Unal N, Mahalu D, Raslin O, Ritter D, Sambale Ch, Hofmann U. Microelectron Eng. 2010;87:940–2.
[88] Tsikrikas N, Drygiannakis D, Patsis GP, Raptis I, Stavroulakis S, Voyiatzis E. Jpn J Appl Phys B. 2007;46:6191–7.
[89] http://www.synopsys.com/TOOLS/TCAD/PROCESSSIMULATION/Pages/SentaurusLithography.aspx.
[90] Horiguchi S, Suzuki M, Kobayashi T, Yoshino H, Sakakibara Y. Appl Phys Lett. 1981;39:512–4.
[91] Salvat F, Parellada J. J Phys D. 1984;17:185–202.
[92] Patsis GP, Tsikrikas N, Raptis I, Glezos N. Microelectron Eng. 2006;83:1148–51.
[93] Rizvi S, Handbook of photomask manufacturing technology. Boca Raton, FL: CRC Press; 2005, Chap. 11.
[94] Drouin D, Couture AR, Joly D, Tastet X, Aimez V, Gauvin R. Scanning. 2007;29:92–101.
[95] Quesnel E, Hue J, Muffato V, Pellé C, Lamy P. J Vac Sci Technol B. 2004;22:2353–8.
[96] Deshmukh PR, Khokle WS. Solid-State Electron. 1989;32:261–8.
[97] Kruit P, Steenbrink S. J Vac Sci Technol B. 2005;23:3033–6.
[98] Kotera M, Yagura K, Niu H. J Vac Sci Technol B. 2005;23:2775–9.
[99] Van Steenwinckel D, Lammers JH, Koehler T, Brainard RL, Trefonas P. J Vac Sci Technol B. 2006;24:316–20.
[100] Drygiannakis D, Patsis GP, Raptis I, Niakoula D, Vidali V, Couladouros E, Argitis P, Gogolides E. Microelectron Eng. 2007;84:1062–5.
[101] Patsis GP. Polymer. 2005;46:2404–17.
[102] Neureuther AR, Pease RFW, Yuan L, Parizi KB, Esfandyarpour H, Poppe WJ, Liddle JA, Anderson EH. J Vac Sci Technol B. 2006;24:1902–8.
[103] Constantoudis V, Patsis GP, Leunissen LHA, Gogolides E. J Vac Sci Technol B. 2004;22:1974–81.

第 4 章 氦离子光刻的原理及性能

摘要

最近的研究表明,具有亚纳米束斑的扫描氦离子束光刻(Scanning Helium Ion Beam Lithography,SHIBL)是一种可制备高分辨率及高密度图形结构的制造技术,具有广阔的前景。本章首先阐释了这种技术的核心原理和关键条件,并基于现有数据分析了将灵敏度提高 1~2 个数量级的基本原因,以及 SHIBL 在高分辨率高密度图形结构加工方面的前景;然后,通过 HSQ 和 PMMA 抗蚀剂的实验成果展示了该技术的卓越性能;最后,基于氧化铝抗蚀剂的 SHIBL 探索性工作提出了一种新颖的方法,克服图形化过程中潜在的白噪声效应,以及提升后续图形转移过程中的掩膜抗刻蚀能力。

4.1 引言

Zeiss/Alis 推出的氦离子显微镜[1]开辟了纳米成像及纳米制造两个领域的新篇章,而这一技术发展的关键在于亚纳米束斑的氦离子束技术。就氦离子显微镜成像功能而言,新型氦离子显微镜(Helium Ion Microscope,HIM)的分辨率已经发展到约 0.35nm 的水平[2]。基于此,它很好地填补了扫描电子显微镜和透射电子显微镜成像分辨率之间的空白。对于氦离子显微镜用于加工制造而言,迄今为止,使用亚纳米探针设备的研究较少,相关的研究方向包括氦离子束铣削[3]、氦离子束诱导生长[4]及氦离子束光刻[5,6]等。氦离子束铣削和氦离子束诱导生长纳米结构加工的能力将在第 11 章中详细阐述。本章将重点关注 SHIBL 的发展前景。如图 4.1 所示,与电子束光刻(EBL)相比,SHIBL 除了曝光时的灵敏度高1~2个数量级外,最先进的 SHIBL 性能也可以与最优的 EBL 相媲美[7]。

与电子束相比,SHIBL 的优势是氦离子在物质中的散射方向性较好,且背向散射可忽略不计。图 4.2 显示了在 30keV 相同的束能下,模拟计算氦离子束和电子束在硅中不同深处(1000nm、100nm 和 20nm)的轨迹[8]。图 4.2(a)显示 30keV 电子束在约 6μm 的范围内具有明显的前向、横向和背向散射,而对于入射的大多

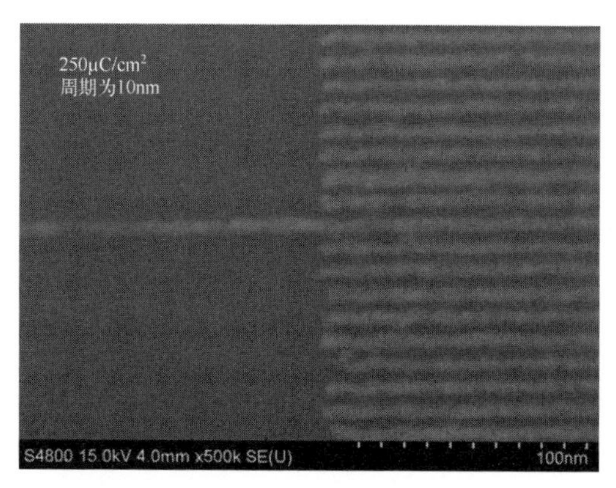

图 4.1　聚焦氦离子束光刻在 5nm 厚 HSQ 抗蚀剂上加工出的线阵列的 SEM 图像（其周期为 10nm、线宽为 5nm。所有结构的曝光剂量相同，且未经过邻近效应校正。图形与空隙的宽度均匀表明了聚焦氦离子束光刻的邻近效应影响可忽略）

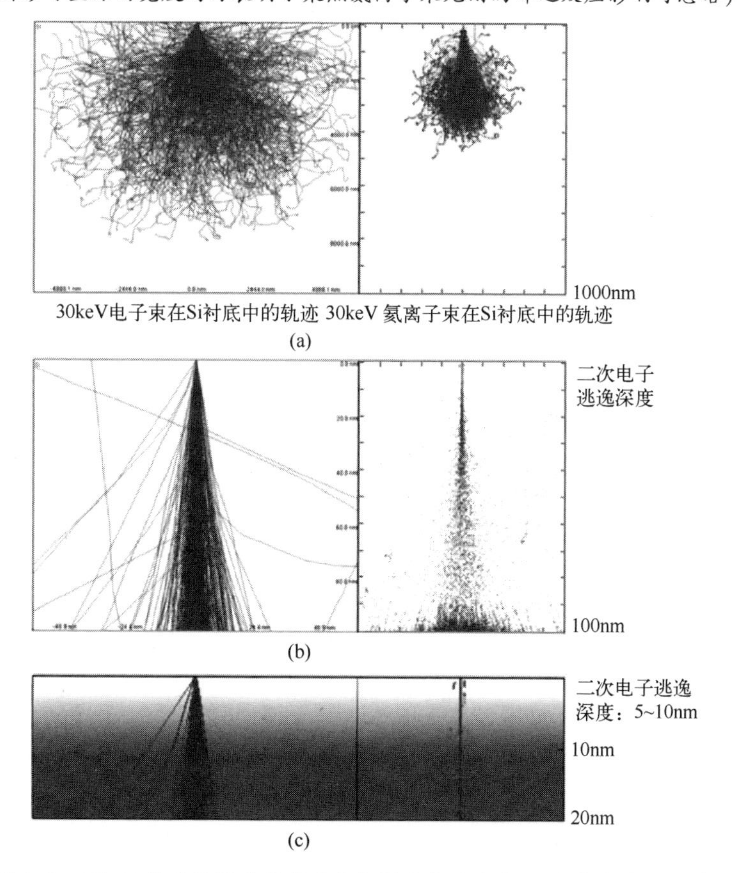

图 4.2　30keV 能量的聚焦氦离子束与聚焦电子束在 Si 中散射结果的对比（说明氦离子的相互作用区域更小（由 Postek 等提供[8]））

数氦离子仅发生前向散射，主要分布在顶角30°的圆锥形区域内，并只穿透400nm的深度。与EBL相比，这说明SHIBL具有两个突出优势。一方面，氦离子的能量沉积轨迹比电子约短15倍，因此具有更高的曝光灵敏度；另一方面，可忽略的背向散射使得在曝光时受邻近效应影响大幅度降低。这样就可以突破图形密度的加工极限。对EBL而言，极宽的背向散射阻碍了高密度图形的加工[7]。图4.2(b)中显示了在抗蚀剂中100nm深处，氦离子束与电子束散射造成相互作用区域都扩大了20~30nm。图4.2(c)的两图展示在抗蚀剂0~20nm深度范围内，聚焦电子束和聚焦氦离子束的束斑分别扩大了约5nm和1nm。显然，在该厚度范围内，聚焦氦离子束的亚纳米束斑直径在实现高分辨率图案曝光中具有明显的优势。

带电荷粒子束光刻的另一个重要影响因素是二次电子(SE)的产生，在EBL中，这是实际曝光反应发生的原因。图4.2的底部两图展示了运用30keV能量的聚焦电子束和聚焦氦离子束进行曝光，分别计算出在5~10nm的范围内SE的逃逸深度。这也就确立了SE与抗蚀剂分子之间潜在的相互作用范围。在相关文献中，可以实验测量的SE定量信息主要是在电子显微镜领域中所采用的逃逸深度这一个参数。这些研究表明，与电子束曝光中所产生的SE相比，氦离子束曝光会产生更多的SE，而产生的SE能量更低[9]。需要特别指出的是，在带电荷粒子束光刻中，(能量依赖的)SE非弹性碰撞截面及所涉及的化学键键能决定了实际的曝光反应。由于SE的产生，在主粒子束的散射轨迹周围将形成数纳米的横向模糊区域。

离子束光刻已经发展了数十年之久，包括像氢离子和氦离子等质量较轻的离子束光刻。Melngailis[10]发表了一篇十分有帮助的综述，总结了离子束与电子束加工的优缺点。实验研究表明，与EBL相比，离子束光刻的灵敏度通常可提升约两个数量级，且邻近效应可忽略不计。然而，在过去的20年中，研究者对离子束光刻的兴趣却有所降低，可能的原因是在此期间离子束的最小束斑尺寸一直停滞在8nm左右，因此，最小特征尺寸被限制在约12nm[11]。与之相对应的是，电子束斑尺寸已缩小至1nm甚至更低，并且加工出的最小特征尺寸已接近5nm。当然，与电子束光刻相比，离子束光刻另一劣势是离子轰击会造成材料的潜在损伤。例如，在等离子体刻蚀实验中的氦离子曝光结果表明，导电量子线结构中的侧壁损耗区增大了250nm[12]。最近，能量达到兆电子伏特量级的质子束作为用于三维制造和高深宽比结构加工的有效技术(如LIGA工艺)也已问世。通过质子束加工，可在氢倍半硅氧烷(HSQ)抗蚀剂上获得最小尺寸30nm的图形特征[13]。近期，有两篇关于在HSQ抗蚀剂上进行氦离子束光刻研究，进一步报道了亚10nm分辨率的突破[5,6]，HIM中的亚纳米束斑是其中的关键。基于这项最新工作和相关研究[14]，本章将其列为最为重要的光刻成果进行重点介绍。

本章的结构如下:4.2 节描述了基本的氦离子束系统,尤其是亚纳米束斑的部件,并简要介绍了如图形发生器、抗振动及抗电磁干扰等重要的外设配置。在 4.3 节中,详细地讲述了氦离子与物质的相互作用机理,主要包括氦离子的散射行为、二次电子产率、离子轰击引起的损伤。4.4 节中详细阐述了氦离子束光刻的性能,重点介绍 3 种抗蚀剂体系,包括最新的有机高分辨材料氢倍半硅氧烷(HSQ)、聚甲基丙烯酸甲酯(PMMA)及通过原子层沉积(ALD)生长的纯无机氧化铝抗蚀剂。最后,4.5 节对本章内容进行了总结归纳。

4.2 氦离子束系统

2006 年,Carl Zeiss SMT 公司推出装备了首台具有亚纳米尺寸离子源的氦离子显微镜(HIM)。该离子源是单根钨丝末端作为单原子发射体,如图 4.3 所示。钨丝的末端呈锥形,具有原子级的尖端和边缘,实际的尖端是由 3 个钨原子组成的“三聚体”结构。当温度冷却到 77K 以下时,尖端就像处于氦气氛围中的一根冷指针,只有在距离尖端几个原子范围内的氦气分子才会被强电场电离,从而产生氦离子束(图 4.3 中的插图)。只有从单原子发射出的氦离子才能进入到离子光学柱中,进而形成一个近乎理想且具有极窄能量分布的点发射源。实验测量的能量展宽结果表明[15,16]:氦离子源周围存在厚度约为 0.3Å 的电离区,而估算的虚拟氦离子源大小约在 2.5Å 这个量级。离子束流可通过离子束电流与氦离子源真空中的氦气压成正比的关系进行调控。单离子源发射的氦离子束流大约在10pA量级,加速电压可在 10~30kV 范围内任意设置。与其他离子源相比,单离子发射体可获得尺寸更小、亮度更高及能量分布更窄的离子源,而且能够让离子光学柱在较小的缩放倍数下进行操作,以获得较小的离子束会聚角,从而使得成像焦距更长,并具有更大的焦深。

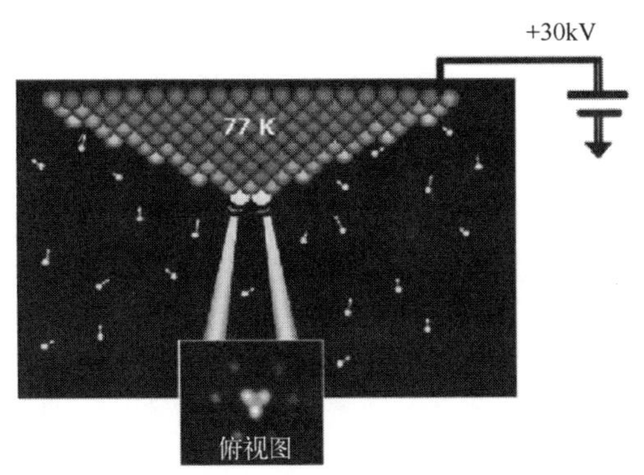

图 4.3 三聚体氦离子源示意图(由 L. Scipioni 博士/卡尔蔡司 SMT 公司提供)

离子光学柱属于一种传统的双静电透镜结构,可在前置透镜偏转的交叉模式下工作[17]。氦离子显微镜配备了用于高分辨表面成像的二次电子探测器。

图 4.4(a)所示为位于 TNO-Delft 的 HIM 设备,在设备升级后,可用于三维纳米加工。该设备配备了图形发生器(Raith Elphy Plus)和气体注入系统(Omniprobe,OmniGIS),这些扩展模块使 HIM 系统可用于直写、光刻及诱导刻蚀、沉积加工[18](见第 11 章)。为获得纳米加工的最小特征尺寸,除了需要极小的离子束斑外,还要能够准确地控制束斑在待加工样品表面的运动。振动是导致聚焦氦离子束的焦点脱离样品表面的主要原因之一,从而造成散焦。氦离子源悬挂在显微镜顶部的离子枪区,当设备运行时,需将其冷却到 70~75K 之间,但这种离子枪结构使得离子源对振动十分敏感。出于这个原因,氦离子源通常采用固氮冷却器对其进行冷却。另一种方法是使用液氮冷却,但通过这种冷却方式的离子源对振动更为敏感。固态 N_2 冷却的另一个优势是数小时内离子源的温度波动不超过 1K。为了将氦离子显微镜与外部噪声隔离,如室内空调、操作员和其他噪声源,Zeiss 和 TNO 开发了 HIM 的抗噪声外壳,可以将声音荷载降低至 12dB (图 4.4(b))。近年来,上述的改进使得氦离子纳米加工具有更高的加工精度。

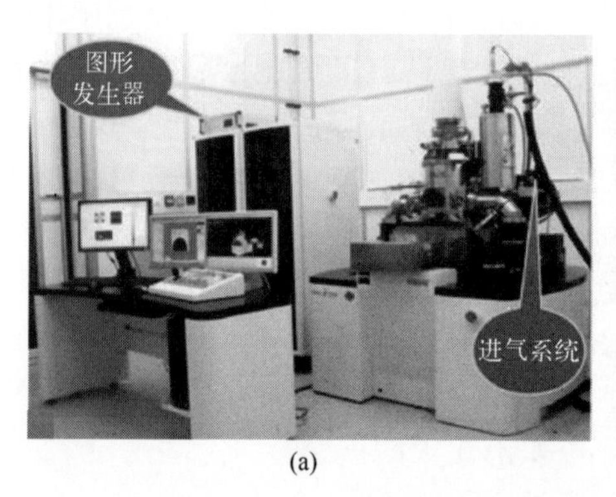

(a)

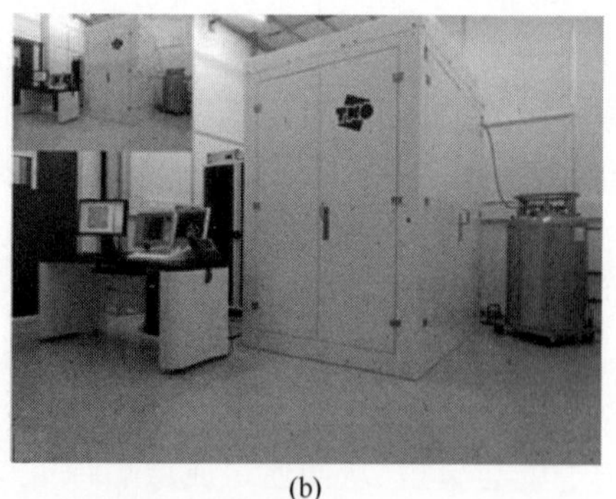
(b)

图 4.4 位于 TNO Delft 的 HIM 设备
(a) 无抗噪声外壳;(b) 有抗噪声外壳。
(纳米加工主要是通过运用 HIM 上配备的图形发生器和气体注入系统实现的。)

4.3 氦离子与物质的相互作用

利用单氦离子束的束斑进行区域曝光会产生两个附加影响:①前向散射造成氦离子束曝光作用区域展宽;②受 SE 的影响会导致曝光反应区进一步横向展宽。事实上,这些现象与初始入射粒子在物质中的散射行为密切相关。本节将通过与 EBL 相比较来讨论 SHIBL 的工作原理。在抗蚀剂分子方面,虽然抗蚀剂分子链长、曝光后抗蚀剂分子片段的扩散等因素也可能对分辨率有一定影响,但在这里不予考虑。

4.3.1 初始离子束发散

首先,考虑由入射离子在材料发生弹性碰撞造成的前向散射。图 4.2 清晰地表明了,在 Si 衬底中 20nm 的深度处,聚焦氦离子束的发散程度比电子束小了约 5 倍。Sijbrandij 等[19]运用 SRIM 软件对氦离子穿过金属 Ti 的过程进行计算,给出了更为定量的离子束展宽结果,如图 4.5 所示。在氦离子束进入材料初始的 5nm 深度内,平均径向展宽约为 0.085nm。通过 SRIM 软件计算的结果还表明,对于碳基材料(与 PMMA 等有机抗蚀剂的成分类似)而言,氦离子束与电子束的展宽程度并无太大差异。将这种散射特性扩展到常用的 20nm 厚抗蚀剂,可以预估其离子束展宽量约为 1nm 量级。基于这点可以得出以下结论:为了充分发挥亚纳米束斑尺寸的优势,抗蚀剂层厚度应控制在亚 10nm 范围内。从下文中将认识到氦离子与物质其他相互作用效应更显著,从而在某种程度上弱化了抗蚀剂厚度这一条件的影响。

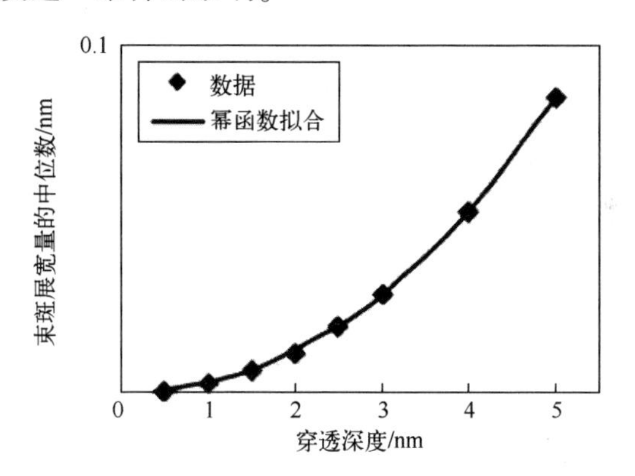

图 4.5 30keV 的氦离子束穿过 Ti 金属层后的束斑平均径向展宽量(相对于离子束回转轴)与穿透深度的关系(实线是模拟数据的幂函数拟合)

4.3.2 二次电子的产生

除了分子受激和分子间电子相互作用过程的可能性贡献外,SE 常被认为是与抗蚀剂分子发生曝光反应最为重要的驱动因素。SE 是由氦离子束与抗蚀剂分子发生非弹性碰撞产生的。4.1 节已经提到了氦离子曝光中单位长度的离子轨迹上能量沉积比电子曝光高 15 倍。此外,另外两个很重要的因素是:①SE

的产生数目;②所产生的 SE 的能量分布。图 4.6 所示为在氦离子束、氢离子束和电子束曝光过程中归一化的 SE 产率及束能归一化后的“普遍性”关系曲线[20]。E_{max}是某种给定曝光材料的 SE 最大产率δ_{max}所对应的离子束能量,虚线表示 30keV 氦离子的对应值。例如,当 $E_{max}=600$keV 时,碳是一种代表性的抗蚀剂材料。对于电子束曝光而言[21],在碳抗蚀剂中,$E_{max}=0.4$keV,EBL 最常用的两种电子束能量(30keV 和 100keV)超出了 X 轴刻度范围(E/E_{max}分别为 75 和 250)。根据 lnE/E 关系类推,可从图 4.6 中估算出在 30keV 能量时电子束曝光的 SE 产率,通过计算可得知电子束曝光 SE 的归一化产率要比氦离子束曝光低 5 倍。氦离子束[20]和电子束[21]曝光的δ_{max}值分别为 4.1 和 1.06,30keV 能量的氦离子束曝光的 SE 产率比相同能量下电子束曝光的 SE 产率约高 20 倍。

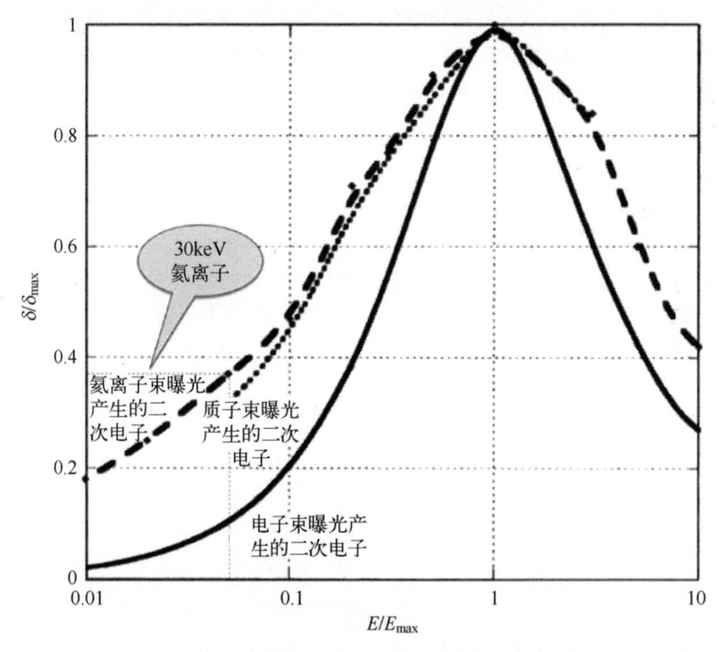

图 4.6 在氦离子束、电子束和质子束曝光中 SE 的归一化产率与入射带电荷粒子能量归一化的“一般性”关系曲线的对比[20]

4.3.3 二次电子的能量分布

在曝光过程中,SE 的贡献是高度依赖其自身能量的,如 SE 对曝光起作用的最低能量即破坏化学键所需的能量。因此,参考了来自 Vyvenko[22]和 Joy[23]的研究并得出结论,即在氦离子束曝光和电子束曝光中从 Si 材料中逃逸出的 SE 能谱。这些来源于不同实验的能量谱提供了与产率无关的 SE 能量分布信息。然而,SE 的相对总量可以通过计算能量谱线与横轴围成的面积来获得。如图 4.7所示,氦离子束曝光的 SE 产率比 EBL 约高 20 倍,可以得到 SE 能谱的强度对比信息。为了便于比较,电子曝光的 SE 能量谱按比例放大 4 倍。显然,氦离子束曝光中所产生的 SE 能量谱远低于 10eV,最大产率约在 2eV 处。电子束曝光中所产生的 SE 最大产率在 7eV 左右,而且当能量增大到数十电子伏特时,仍未出现明显的截止趋势。

从图 4.7 中可归纳出几个特点。首先,SE 能谱展示了在 Si 上进行曝光时氦离子束和电子束中的 SE 特性的对比。尽管只是定性的对比,相较于其他材料(如抗蚀剂)而言,这种对比是非常有价值的。其次,实验测得的能谱代表从材料中逸出的自由电子的能量。由于 PMMA[24] 或 SiO_2[25] 的电子亲和势的关系,抗蚀剂中实际产生的 SE 能量比测量得到的约高 1eV。将化学键断裂能作为能量阈值,可以很容易地计算出参与曝光反应的 SE 比例。能谱的数值积分表明,当阈值为 4eV 时,氦离子束曝光中 SE 造成的断键效率是电子束曝光的 8 倍;当阈值为 9eV 时,该倍率降低至 2 左右。综合考虑氦离子束曝光中单位长度的离子轨迹上能量沉积比电子束曝光高约 15 倍(参见图 4.2),氦离子束曝光的整体灵敏度提高得十分明显。最后需要指出的是,由于受光刻胶性能的时效性及样品制备过程的影响,实验测量得到的 SE 能谱也对样品的表面状况十分敏感。由图 4.7 可知,SE 能谱的两条曲线的相对位置存在几电子伏特的波动,因此,在对比电子束和氦离子束曝光中影响 SE 产量的因素时,同样存在一定的不确定性。

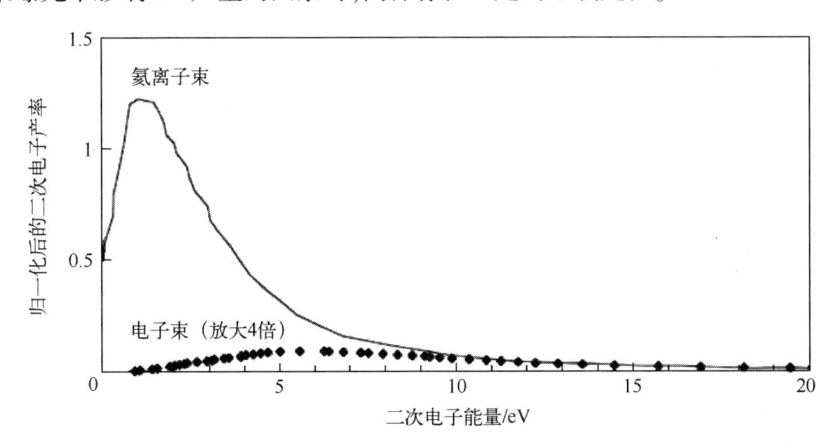

图 4.7 在 Si 材料上运用 30keV 能量电子束和氦离子束曝光的二次电子产率与其能量的关系(将 Scipioni[9] 研究成果中数据图进行缩放得到该图,并考虑了氦离子束曝光高出 20 倍的 SE 产量。在带电荷粒子束光刻技术中,只有能量足够高且能够破坏键的 SE 才是有效的。典型的抗蚀剂中化学键断裂能量需要超过 4eV。氦离子束和电子束曝光的原始数据由 Vyvenko[22] 和 Joy[23] 提供。)

4.3.4 二次电子的曝光贡献

在曝光过程中，SE 的能量依赖关系可表达为化学键断裂反应中的有效碰撞截面。目前，尚没有抗蚀剂中电子（感兴趣的范围在 0～100eV 之间）碰撞截面的数据。电子或离子束诱导沉积加工中的电子碰撞截面数据在文献[26,27]中可找到。在诱导沉积加工中，吸附的前驱体分子在 SE 作用下发生裂解。另一种有效的获取电子截面的方法是考虑物质中电子的非弹性散射长度 λ_n。图 4.8 汇总了各种元素材料的 λ_n实验值与电子能量的关系[28]。实线是用最小二乘法拟合的具有普遍性的 SE 能量依赖关系曲线：$\lambda_n = \alpha E^{-2} + bE^{1/2}$。最近，Kieft 和 Bosch[29]对 SEM 的低压成像进行了全面的研究，结果证实了上述测量方法是可行的，即单位路径长度上的电子非弹性散射的数量与 λ_n成反比。因此，$1/\lambda_n(E)$ 可看作曝光过程中 SE 能量效应的一个定性量。$1/\lambda_n(E)$ 的变化规律与 WF_6的电子电离横截面数据表现为性质上的一一对应关系[27]，其阈值为 6.5eV，最大值为 25～40eV。有趣的是，WF_6中的 W—F 键强度约为 5eV[30]，比电子电离反应中的阈值约低 1.5eV。$\lambda_n^{-1}(E)$ 与图 4.7 中 SE 能谱进行卷积可得到 SE 对曝光的贡献值，即在相应 SE 能量范围内进行积分运算。对于 4eV 的断键阈值，氦离子束曝光中 SE 贡献比例约是电子束曝光的 2.8 倍。结合氦离子束曝光中单位轨迹长度的能量沉积比电子曝光大 15 倍，则总体灵敏度提高了约 42 倍。当阈值提升到 9eV 时，该灵敏度提升倍率降低至 34。目前，在进行相关计算时，通常假设在氦离子或电子轨迹上的能量沉积是均匀的。然而，二者的一个重要区别是氦离子的能量损失主要发生在轨迹的初始部分，而电子的能量损失主要集中在材料深处，有关不同的减速条件的能量损失谱如图 4.6 所示。尤其是在薄抗蚀剂层中，这种差异对曝光灵敏度的提升是有利的。

图 4.8 提供了一些更为有用的信息，如曝光反应的横向展宽范围。氦离子束和电子束曝光中相应的 SE 能量范围（图 4.7）跨度通常为 4～40eV。利用图 4.8 中 $\lambda_n(E)$ 的变化规律可以计算获得的非弹性散射长度高达 4nm，而非弹性散射长度较长的低能量 SE 的曝光效果较差。实际上，在 HSQ 抗蚀剂上加工出的最小图形特征尺寸约为 5nm。氦离子曝光反应范围会呈现 2～3nm 的径向展宽，这一结论在氦离子束和电子束曝光中均成立。显然，精调显影参数（显影强度与显影时间）是进一步提升加工分辨率较为直接的方法，但也存在物理极限。

总之，在氦离子束曝光中，当抗蚀剂厚度达到约 20nm 时，由 SE 造成的几纳米宽曝光模糊区大小超过了前向散射造成氦离子束纳米级的展宽量。与 EBL

相比,SHIBL 的灵敏度高 1~2 个量级归为以下几个因素:首先,单位长度的离子轨迹上能量沉积高了约 15 倍。对于氦离子束曝光而言,其优势在于在散射轨迹的初始部分就达到了能量沉积最大值;对于电子束曝光而言,最大能量沉积位于材料的深处。在氦离子束曝光过程中,SE 对曝光的整体贡献比单个入射氦离子高了2~3倍。在这方面,氦离子束产生的 SE 数量大约是电子所产生的20 倍,但是,由于 SE 能量范围较低(0~10eV),断键截面也随之减小。综合以上因素,就很容易解释氦离子曝光灵敏度提升超过 40 倍这一优势。

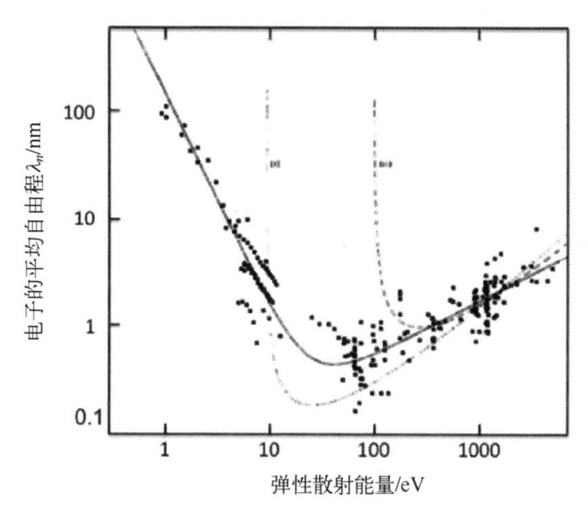

图 4.8　非弹性散射情况下电子的平均自由程与能量的关系

4.3.5　曝光损伤

在离子束曝光中,一个主要副作用就是高能离子会对衬底造成潜在损伤。在离子束光刻过程中,这种损伤可能发生在抗蚀剂下的半导体材料中,如 Si、Si-Ge或 GaAs 等。30keV 能量的氦离子束穿透深度通常可达到数百纳米(图 4.2),而抗蚀剂的常规厚度仅为几十纳米。因此,大多数氦离子不会停留在抗蚀剂中,而是停留在抗蚀剂的下层材料中,并对材料造成损伤。影响曝光损伤最关键的参数是区域曝光剂量。图 4.9 揭示了由离子碰撞所造成的物理损伤效应与离子剂量的函数关系[31]。在离子光刻中,常用剂量约为 10μC/cm^2,对应图 4.9 中 7×10^{13}cm^{-2}处的箭头所指剂量值。因此,曝光造成的损伤似乎很有限。然而,需要指出的是,当缺陷密度极低时,可能已经出现耗尽和囚禁效应类型的电损伤,如在栅氧化物中的缺陷密度为 10^{10}~10^{11}cm^{-2}[32]。

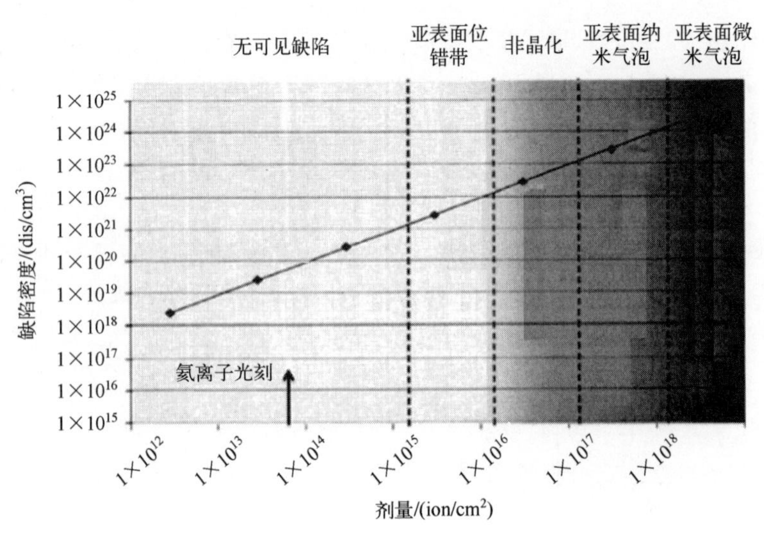

图 4.9 用 SRIM 软件模拟的测定体积缺陷密度与离子曝光剂量的关系（7×10^{13} cm^{-2} 处的箭头表示在氦离子光刻中的常用剂量值[31]）

4.4 氦离子束光刻

对比氦离子束和电子束曝光的光刻性能研究，主要包括灵敏度、对比度和分辨率 3 个方面。此外，这里用到的 3 种抗蚀剂材料，即氢倍半硅氧烷（HSQ）、聚甲基丙烯酸甲酯（PMMA）和 Al_2O_3。HSQ 和 PMMA 是 EBL 中的分辨率最高的抗蚀剂，可加工出的最小特征尺寸分别为 6nm[33] 和 10nm[34]。HSQ 和 PMMA 两种抗蚀剂可用于电子束曝光的机理是局部改性。有趣的是，氦离子束与这些抗蚀剂分子发生碰撞及相互作用对灵敏度、对比度和分辨率的影响是完全不同的，而且当用一个亚纳米级束斑的氦离子束就变得更有趣了。

研究用于氦离子束曝光的氧化铝抗蚀剂则有不同的初衷。不断提高分辨率需要像素尺寸的不断缩小。由于固有白噪声（与 $\sqrt{N}$ 成比例）的存在，单个更小像素中的曝光粒子数目 N 更低，这会对曝光均匀性产生严重负面影响。另外，更高的分辨率则需要更薄的抗蚀剂厚度，这使得随后的图形转移将愈发困难。一个基本的解决方案就是无机抗蚀剂，其灵敏度较低（需要较高的 N），并且在运用等离子体进行图形转移时，具有更好的刻蚀选择性。在电子束曝光中，已研究了金属卤化物[35] 和 Al_2O_3[36,37] 等无机抗蚀剂材料。无机抗蚀剂展现了可低至 1~2nm 的极高分辨率的关键在于局部材料损伤和去除机制，在这种情况下 SE 对分辨率的影响可忽略。这种曝光机理通常理解为损伤控制而不是传统的局部化学改性。这种损伤可控的曝光机制存在巨大缺陷，即需要极高的电子剂量($10^4C/cm^2$)。然而，对 Ga^+ 束曝光机理研究[38]表明，在 mC/cm^2 量级的剂量范围内，Ga^+ 束曝光比相应的电子曝光灵敏度提高了 7~8 个数量级。与 Ga^+ 束曝光相比，氦离子曝光的优势是在曝光过程中物理溅射效应大幅度减少，因此可有效保证掩模完整性。

本节重点介绍运用亚纳米级束斑氦离子束曝光加工的结果。参考了 Winston 等[5]和 Sidorkin 等[6,14]原创工作中的实验方法和实验条件。

4.4.1 灵敏度和对比度

图 4.10 展示了在 30keV 能量的氦离子束曝光条件下，显影后的剩余 HSQ 归一化厚度与曝光剂量的关系。为了便于比较，将 100keV 电子束曝光的结果也作为对照组。为在相同能量(30keV)条件下对比氦离子束和电子束曝光，将 100keV 电子束能的曝光剂量按 100/30 比例缩小。该比例因子是通过对比先前 100keV 和 30keV 两种能量的电子束曝光实验结果获得的，也证明了在不同电子束能量(keV)条件下 PMMA 的曝光结果是一致的[39]。当氦离子束和电子束曝光能量均为 30keV 时，显影后抗蚀剂剩余厚度为原始厚度的 50%时所对应的剂量 D_{50}分别是(1.7±0.1)$\mu C/cm^2$和(94±2)$\mu C/cm^2$。该结果说明了氦离子束曝光的灵敏度是电子束曝光的 55 倍。在相同实验误差情况下，根据 Thompson[40]定义的半高切线法，测量的对比度分别为 2.0±0.5 (电子束)和 2.3±0.5(氦离子束)。

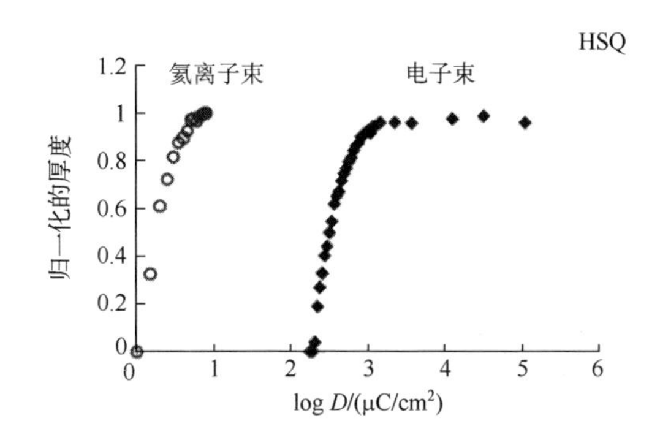

图 4.10 30keV 能量的氦离子束和 100keV 电子束曝光 HSQ 抗蚀剂的显影对比度曲线

图 4.11 展示了 30keV 能量的氦离子束和电子束在平均相对分子质量为 950000 的 PMMA 抗蚀剂上的曝光结果。图中的电子曝光数据源于能量为 100keV 时的测量值，并按 100/30 比例缩小。PMMA(950000)的对比度曲线展

示了 PMMA 在低剂量时表现为正性抗蚀剂,在高剂量时表现为负性抗蚀剂,这与文献[34,41]中所报道的结果一致。但需要注意的是,与正性曝光相比,负性曝光中的 PMMA 厚度大约减少了 1/2。最终得到的负性 PMMA 结构很可能经过高曝光剂量变得高度致密化。在 100~10000μC/cm^{2}的剂量范围内,抗蚀剂厚度进一步降低。当初始 PMMA 厚度为 70nm 时,降幅约为 10nm,这种现象不能通过溅射理论来解释,因为其估计的影响值小于 1nm[42]。显然,在这个剂量范围内 PMMA 会进一步致密化。在 30keV 能量的氦离子束曝光时,在表现为正性抗蚀剂情况下,D_{50}值为 2.0μC/cm^2;表现为负性抗蚀剂时,D_{50}值为 68μC/cm^2;而在电子束曝光中对应的 D_{50}值分别为 138μC/cm^2(正性)和 7890μC/cm^2(负性),由此可知,实验得到的 D_{50}剂量精度约为 2%。总之,该结果展示了氦离子束曝光的灵敏度提升倍率分别约为 69(正性)和 116(负性)。对于不同类型的曝光和能量束类型,对比度值介于 3.7±0.5 和 4.7±0.5 之间。

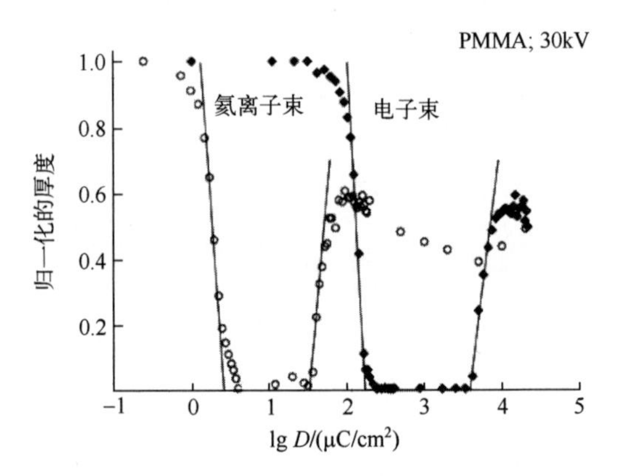

图 4.11 30keV 能量的氦离子束和电子束曝光 PMMA 的显影对比度曲线(电子束曝光剂量数据是将实验测得的 100keV 电子曝光数据按 100/30 比例缩小获得的)

HSQ 和 PMMA 的灵敏度和对比度数据如表 4.1 所列。氦离子曝光 PMMA(正性)实验测得的灵敏度及对比度提升倍数与之前报道的结果一致[43,44],而 HSQ 实验所测提升倍数则有所不同。提升效果主要归因于在氦离子束曝光中二次电子对曝光影响更大及单位长度的离子轨迹上有更高的能量沉积(见第 4.3 节)。HSQ 和正性 PMMA 曝光机理是化学键的交联和断裂,对 HSQ 的曝光机理而言,一开始就发生交联,对于 PMMA 而言,则产生低相对分子质量产物。在 HSQ 的曝光中,Si—H 键[45]的断裂是最关键的,并且可能还发生了 Si—O 键断裂[46]。对于 PMMA,C—C 键断裂是最核心的。氦离子束在 HSQ 上进行曝光,获得较低的灵敏度及对比度提升效果可归因于在氦离子束曝光 HSQ 时,相对键能较强的Si—O键(约 9eV)发生断键的比例比键能较弱的 Si—H 和 C—C

键(4eV)低。这与氦离子束曝光所获得的 SE 能谱是一致的,该能谱包含了小部分大于 Si-O 键能的能量(图 4.7)。

表 4.1 HSQ 和 950k 的 PMMA 在 30keV 的氦离子和电子束曝光下的灵敏度和对比度

抗 蚀 剂	HSQ		PMMA-Pos		PMMA-Neg	
带电荷粒子束类型	e^-	He^+	e^-	He^+	e^-	He^+
灵敏度/($\mu C/cm^2$)	94	1.7	138	2	7891	68
对比度	2	2.3	4.2	3.7	3.9	4.7
增益	—	55	—	69	—	116

注:精度:剂量 2%;对比度±0.5。

在高曝光剂量下,PMMA 中的负性是因为发生了交联。当化学键断裂后产生可反应的分子片段比例极高,导致可反应分子片段相互之间容易发生偶联反应,有利于形成分子网络。因此,负性 PMMA 曝光包括(至少部分地)二阶反应,其与化学键断裂比例存在二次方关系。这与发生正性 PMMA 曝光时的分子片段化(正性)形成对比,因为分子片段化与化学键断裂产物的比例呈线性相关。与正性 PMMA 曝光相比,这解释了负性曝光中 PMMA 的灵敏度提升倍率明显更高的原因。在两种类型曝光情况下,氦离子束和电子束曝光具有相似对比度值,表明了在曝光区域存在一定相似度的相对分子质量分布,只有当氦离子束对 PMMA 进行负性曝光时,曝光产物才会在一定程度上转变成溶解度更低的交联态,所以表现为略高的对比度。

图 4.12 显示了 10~30keV 能量范围的氦离子束对 950000 的 PMMA 进行正性曝光和负性曝光时的灵敏度(前者按比例放大 5 倍,以便在图中更好地进行比较)。实线表示灵敏度与氦离子[47]的 S^{-1}(S^{-1}为截止能量 S 的倒数)拟合函数关系。结果清楚地表明,所需的氦离子束曝光剂量 D_{50}与截止能量成反比,与 4.3 节及参考文献[43]所得出的结论一致。对于 10~30keV 能量的氦离子束曝光而言,反映出更高束能量有更高的灵敏度。这与电子束曝光不同,在 10~100keV 能量范围内,截止能量与电子束能量的函数关系呈现下降趋势,所以更高的电子束能量需要更大的曝光剂量。另外,从图 4.6 的计算结果显示,在氦离子束曝光和电子束曝光中,30keV 的氦离子束和电子束能量分别低于和高于对应最大 SE 产率的所需能量。只要已知抗蚀剂的 D_{50}和对比度值,就可以通过实验确定电子束和氦离子束曝光下的分辨率。

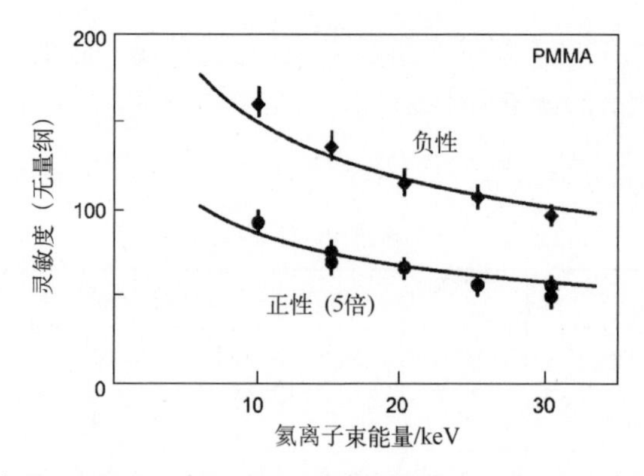

图 4.12　氦离子束曝光 PMMA 的灵敏度和离子束能量的关系(实线表示 S^{-1} 的函数变化，S 表示氦离子束的截止能量。由于束流测量未经校准，故剂量可以是任意单位)

4.4.2　分辨率

抗蚀剂的厚度是高分辨率光刻中的关键参数。为说明其重要性，在图 4.13 中展示了厚度分别为在 5nm 和 55nm 的 HSQ 膜上，运用氦离子束曝光加工得到的周期为 98nm 点阵的 SEM 图像。图 4.13(a)和(b)测得的点平均直径分别为(6±1) nm 和(14±1) nm。在两种厚度抗蚀剂薄膜上进行氦离子束光刻的曝光剂量(每个像素在 1pA 束电流下停留时间为 100ms)和显影时间(5min)保持相同。然而，在较厚的 HSQ 上，曝光后得到的单点结构尺寸大约是在较薄 HSQ 上得到的两倍。其可能的原因与氦离子的前向散射(见第 4.3 节)和 SE 曝光[48]均有关。基于蒙特卡罗计算，在较厚抗蚀剂薄膜中，对定点位置的 SE 造成曝光也会受到来自相邻区域的影响，但对于较薄的抗蚀剂来说，邻近效应的影响大幅度减少。其原因可能为：在厚度比逃逸深度更小的抗蚀剂层中，小部分 SE 可能在真空中或在衬底中被消耗掉。Winston[5]报道了采用高对比度的盐显影剂在 31nm 厚的 HSQ 上加工出直径最小为 7.5nm 且大小均一的点阵结构。

接下来则是在 5nm 厚的 HSQ 上测试纳米点阵列和纳米线阵列结构，其结果分别如图 4.14(点阵列)和图 4.15(线阵列)所示。图 4.14(a)~(c)所示的 SEM 图像展示周期分别为 48nm、24nm 和 14nm 的点阵结构，插图是局部放大的 SEM 图像。所有点阵的曝光剂量相同，即在 1pA 的束流条件下，单像素的驻留时间为 100ms，这意味着每个点含有 625 个带电荷粒子。在 25 个粒子(4%)的白噪声条件下，其对比度曲线如图 4.10 所示，结果表明影响并不显著。图 4.14(d)所示为不同周期的点阵中点直径随周期变化的关系，由图可知，所有周期的阵列点直径均在(6±1) nm 范围内。

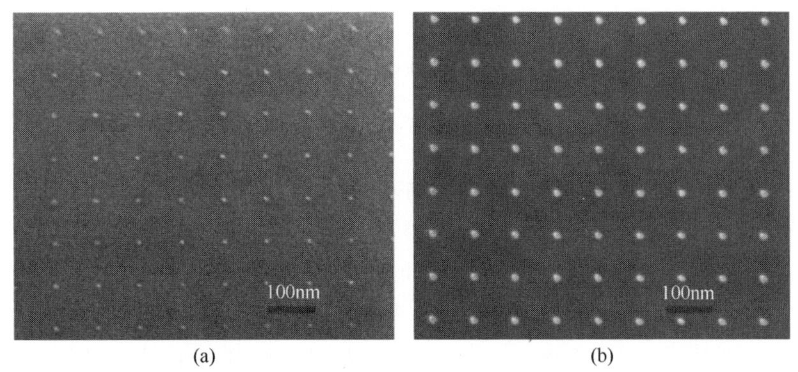

图 4.13　使用扫描氦离子束光刻在 5nm 和 55nm 厚的 HSQ 上加工的 98nm 周期点阵结构的 SEM 图像(在 20kV 加速电压及 SE 成像模式下,扫面区域为 900nm[14])

(a) 点平均直径为(6±1)nm;(b) 点平均直径为(14±1)nm。

如图 4.14(d)所示,线阵列中的周期分别为 100nm、50nm、25nm 和 15nm。所有线结构的面曝光剂量均为 500μC/cm²,线宽为 6nm±1nm。这些结果至少可以与电子束曝光最高分辨率相媲美。目前,电子束曝光 HSQ 的最佳结果是在

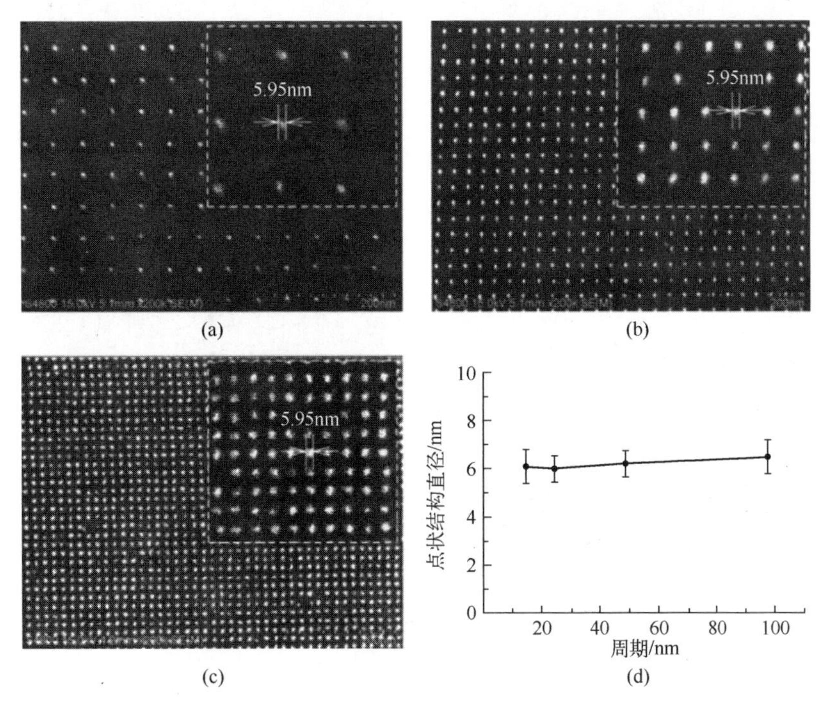

图 4.14　采用 30keV 能量的氦离子束在 5nm 厚的 HSQ 上加工的点阵列的 SEM 图像(插图为局部放大的 SEM 图像,在所有周期的点阵中点平均尺寸均为(6±1)nm[6])

(a) 48nm 周期;(b) 24nm 周期;(c) 14nm 周期;(d) 显示点平均尺寸与周期的关系。

100keV 能量下加工出周期为 20nm、宽度为 6nm 的线阵列[49]和在 30keV 条件下加工出周期为 9nm、宽度为 4. 5nm 的线阵列[50],后者是采用 NaOH 与 4%浓度的 NaCl 混合而成的高对比度盐显影剂获得的。Winston[5]采用氦离子束对 HSQ 曝光,获得 20nm 周期、10nm 线宽的嵌套线结构。对于不同的图形密度,却能在相同剂量条件下获得均一的特征尺寸,这说明氦离子束光刻的邻近效应几乎可以忽略。

图 4. 16 展示了运用能量为 30keV 的氦离子束在 20nm 厚的 PMMA 进行正性和负性曝光加工出的纳米结构,对应的剂量分别为 250μC/cm^2 和 2500μC/cm^2。与图 4. 11 对比可知,高分辨率加工实验中采用的剂量与敏感度对照实验中使用的大面积曝光剂量有很大不同。其原因在于高分辨率加工实验中需要束斑尺寸非常小,排除了来自相邻像素曝光时邻近效应造成的剂量叠加。就图 4. 16 所示的整个图形而言,单线和交叉线图形的特征尺寸均为 15nm±1nm,这种均一的特征尺寸证明氦离子束曝光的确具有极小的邻近效应。

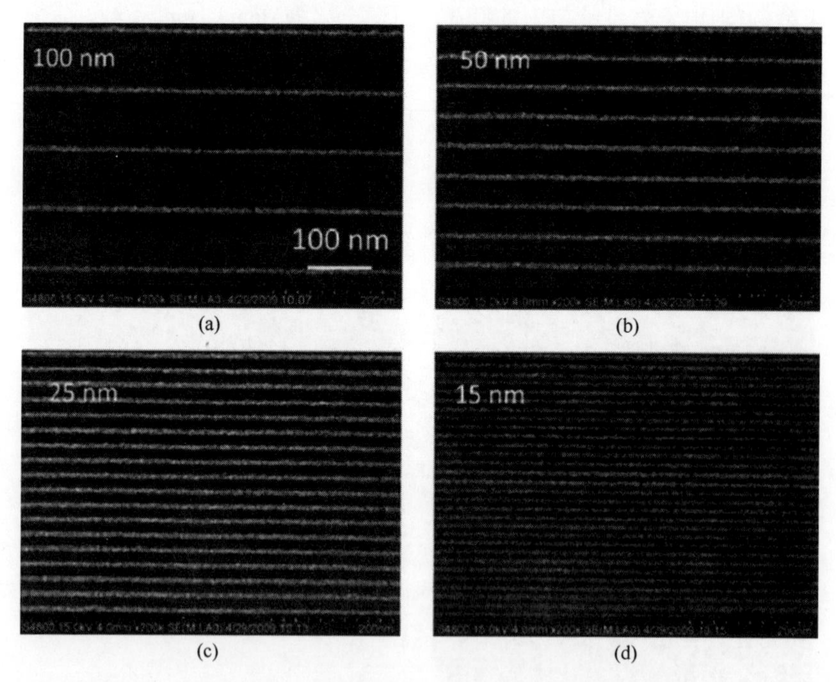

图 4. 15 采用 30keV 能量的氦离子束在 5nm 厚的 HSQ 上曝光加工的线阵列 SEM 图像
(在所有周期线阵列结构中,线宽均为 6. 5nm±1nm[14])
(a) 周期为 100nm;(b) 周期为 50nm;(c) 周期为 25nm;(d) 周期为 15nm。

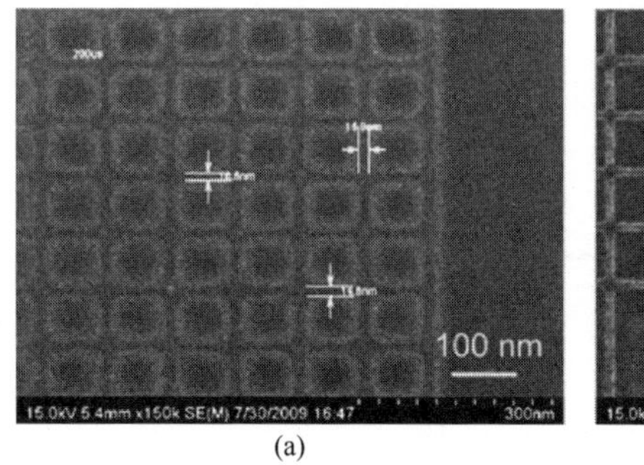

(a)

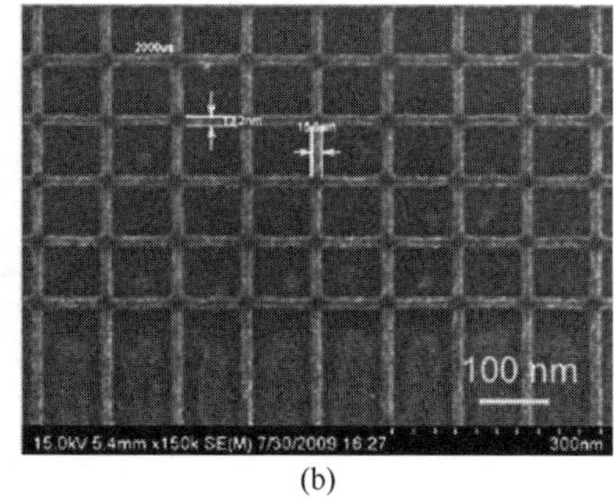

(b)

图 4.16 在 20nm 厚的 PMMA 上加工的网格图形 SEM 图像

(a) 面曝光剂量为 250μC/cm^2，正性曝光；(b) 面曝光剂量为 2.5mC/cm^2，负性曝光。

4.4.3 邻近效应

邻近效应可定义为在曝光某像素时对相邻像素会产生叠加曝光，这是 EBL 中的一种普遍现象[39]。其直接原因是从衬底散射回的初始入射粒子对抗蚀剂进行再曝光。总曝光量 $f(r)$ 与初始曝光点距离 r 的函数关系可以描述为两个高斯项的相加，即

$$f(r)=A\left[\frac{1}{\alpha^2}\exp\left(\frac{r^2}{\alpha^2}\right)+\frac{\eta}{\beta^2}\exp\left(\frac{r^2}{\beta^2}\right)\right]$$

式中：等号右侧第一项描述的是入射曝光；第二项是指背向散射产生的影响；系数 α 和 β 分别为前向散射和背向散射宽度；η 为背向散射系数，与所涉及材料的性质有关；A 为常数。

对于电子来说，背向散射范围 β 取决于材料，而且遵循与初始入射电子能量 E 的 $E^{1.7}$ 的依赖关系[51]。通常，在 100keV 电子束能量下，β 在 Si 中的宽度可高达 33μm。

测量背向散射的实验方法包括在大剂量范围内进行单点曝光[52]和曝光“甜甜圈”结构[53]。对于氦离子曝光而言，Winston 等[5]已采用单点曝光的实验方法测量了背向散射分布。他们的实验结果及分析如图 4.17 所示。其中，测量的前向散射和背向散射范围分别为 4.1nm 和 14nm，背向散射系数 η 为 0.15。该结果符合散射行为的规律（见 4.3 节），而且前向散射造成的氦离子束展宽量接近在 Si 中 30nm 深度处的计算展宽值 2.5～3nm（图 4.1 中间图），较低的背向散射与 Ramachandra 等[20]得到的结果一致。

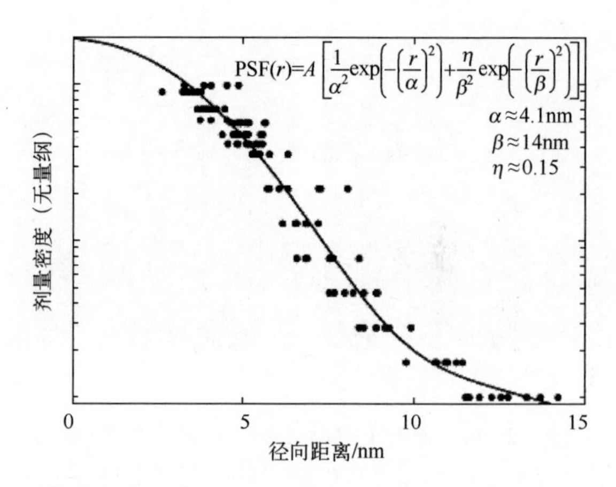

图 4.17　通过聚焦氦离子束对 31nm 厚的 HSQ 抗蚀剂进行曝光的点扩散函数(PSF)的实验测量结果[5]

4.4.4　Al_2O_3 抗蚀剂

如图 4.18 所示，AFM 表征的结构为分别以 1mC/cm^{2}和 20mC/cm^{2}的剂量对 ALD 生长的 Al_2O_3进行氦离子束曝光及用显影剂 MF351 显影 10min 后的方块图形，其中插图表示加工结构的截面轮廓形状。位置 1、2 和 3 分别代表进行 EDX 分析（未展示）的位点，结果表明均是 Al_2O_3 材料，但是信号强度差别很大。在 1mC/cm^{2}剂量时，加工出的结构是约 10nm 深的方形浅凹槽；但在 20mC/cm^{2}剂量时，中心出现了约为 50nm 高的方形凸起，并被非对称的浅沟槽环绕。在两组剂量条件下，结构截面深度远远超过剂量为 20mC/cm^{2}时溅射去除的厚度 1.2nm[42]。因此，在低离子曝光剂量时，Al_2O_3 抗蚀剂表现为正性抗蚀剂，而在较高剂量曝光时，则表现为负性抗蚀剂。由此可知，正方形凸起形貌周围的沟槽区域归因于散焦状态的氦离子束尾部进行的正性曝光。由于表面的不规则性比较严重，尚无法获得可靠的曝光响应曲线确定 Al_2O_3 抗蚀剂的对比度和灵敏度，而且造成表面不规则的原因目前尚不清楚。

图 4.19 显示了利用 ALD 生长 5nm 厚的 Al_2O_3表面加工出的线结构的 SEM 图像，其中图 4.19(a)和图 4.19(b)分别对应未显影及在显影剂 MF351 中显影 5min 的结果，对应的曝光剂量分别为 4mC/cm^2 和 14mC/cm^2。对应的 AFM 轮廓形状如图 4.19(c)和图 4.19(d)所示。显影前后测得的线宽分别为 6.8nm±1nm 和 5.1nm±1nm，高度分别为 0.75nm±0.2nm 和 3.55nm±0.3nm。由此可知，显影之后，加工出的线结构高度几乎等于原始膜厚度，这就是负性抗蚀剂的

特性，曝光较大区域所观察到现象也是如此。

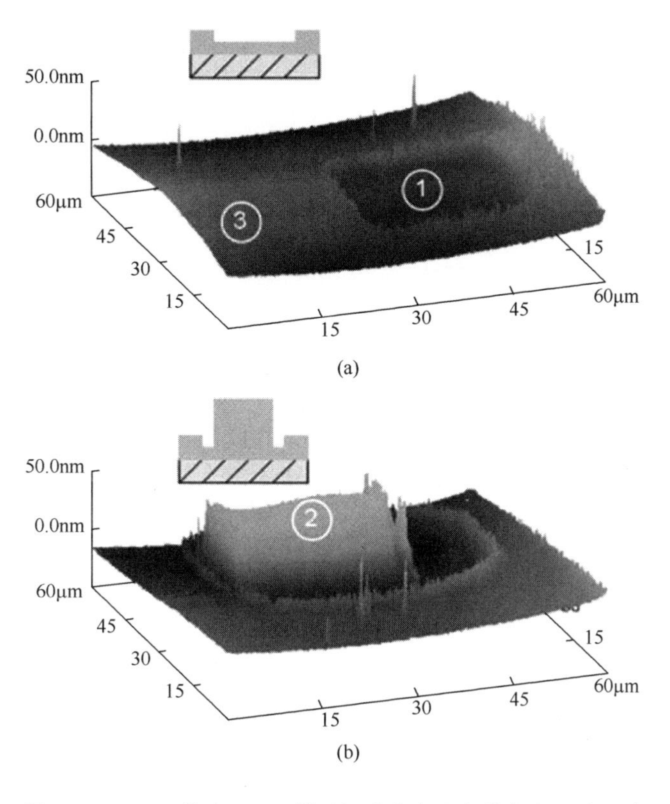

图 4.18　70nm 厚的 Al_2O_3 薄膜经过氦离子束曝光方形图形并显影后得的 AFM 三维形貌，（扫描面积为 25μm×25μm。图像标记数字 1、2 和 3 表示是进行 EDX 采样 3 个位点）

然而，与此工作中报道的氦离子束曝光所表现出的正负双性曝光不同的是，Al_2O_3在用镓离子束[38]和电子束[36,37]曝光时仅表现为正性抗蚀剂。一种关于氦离子束曝光 Al_2O_3机制的假说是这可能与低剂量条件下氦离子作用产生的结构缺陷有关，如 Frenkel 对（空位-间隙原子），其会导致显影速度加快。在更高的曝光剂量下，缺陷的数量增加到它们彼此之间产生相互作用的程度，进一步发生融合并导致材料结构重新排序，最终表现为曝光后难溶的负性抗蚀剂。根据 Ohta 等[38]的研究，通过增强溅射离子能量和升高沉积温度，可以将 RF 溅射制备 Al_2O_3在 80℃的 H_3PO_4中的溶解度从可溶调至不可溶状态。

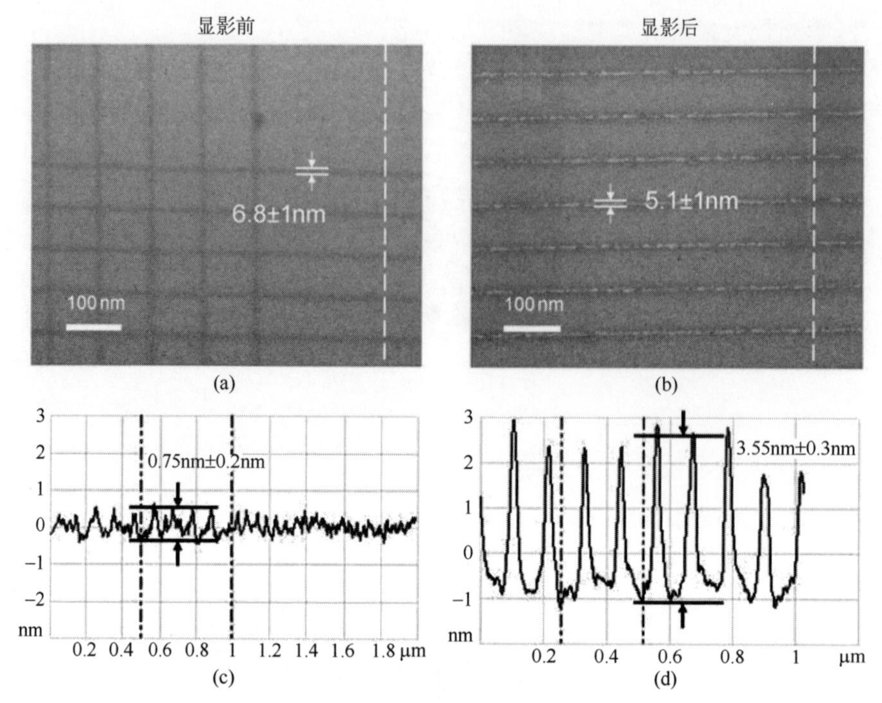

图 4.19 采用氦离子束曝光 Al_2O_3抗蚀剂获得的高分辨率结构的 SEM 图像及其 AFM 表征的轮廓图(显影前和显影后结构的曝光剂量分别为 $4mC/cm^2$和 $14mC/cm^2$。SEM 图像中的虚线是 AFM 截面测量的位置)

(a) 显影前曝光图形的 SEM 图像;(b) 显影后曝光图形的 SEM 图像;
(c) 图为图(a)对应的 AFM 截面轮廓;(d) 图为图(b)对应的 AFM 截面轮廓。

4.5 结论和展望

拥有亚纳米束斑的新型氦离子束技术在亚 10nm 高密度、高分辨率光刻中展现出极大的应用前景。该技术在 HSQ 抗蚀剂上可加工出 10nm 周期阵列结构及 6nm 特征尺寸的单一结构。与电子束光刻相比,这种加工方法能够实现如此高分辨率关键在于氦离子束光刻可以忽略的背向散射影响,因此,邻近效应影响极低。一般情况下,抗蚀剂的厚度应控制在几十纳米以内,以避免前向散射导致结构过度展宽;曝光时,曝光区域会出现 2~3nm 的横向展宽,该值接近其理论极限。采用更先进的显影工艺,如“盐”显影剂,通过显影过程中附带的横向修剪可获得更小特征尺寸的结构。

与电子束光刻相比,氦离子束曝光的灵敏度提升增加了 1~2 个数量级,这归因于多种因素的综合作用。与电子束曝光相比，在氦离子束曝光中，单位长度的离子轨迹上能量沉积大了约 15 倍；氦离子束的能量沉积主要发生在其轨迹的初始部分，这进一步增强了薄抗蚀剂的灵敏度；在氦离子束曝光中，SE 对曝光的贡献比电子束曝光高出 2～3 倍。其中，氦离子曝光产生的 SE 数量比电子束曝光增加了约 20 倍，然而因其产生的 SE 能量范围较低（0～10eV），其键断裂截面也随之减小。在加工直径为 6nm 的周期性纳米点阵时，每个点是进行单像素曝光得到的，单个像素剂量是 625 个离子，如此高的剂量足可忽略白噪声的影响。Al_2O_3 作为氦离子曝光的新型硬掩模抗蚀剂，进行探索性研究是极具前景的，氦离子的灵敏度可以控制在 $10mC/cm^2$ 的范围内，并且已经加工出 5nm 特征尺寸的结构。

尽管 SHIBL 比 EBL 具有更高的灵敏度，但极小束流（10pA）严重限制了 SHIBL 的加工速度。若想大幅度增大氦离子束流，则需要离子源在较高的氦气压下工作。另一个不利因素是前向散射，它会造成当抗蚀剂厚度超过 20nm 时分辨率下降，但也可以通过提高离子束能量来抑制前向散射。采用其他轻质气体，如氢气，则可能会进一步提升曝光灵敏度。

致谢：本章的研究是由荷兰财政部资助的国家纳米技术研究项目 NanoNed 的一部分。在此，非常感谢我们的同事 Ing A. K. van Langen - Suurling、V. A. Sidorkin 博士、P. F. A. Alkemade 博士，以及代尔夫特理工大学的 H. W. M. Salemink 教授和 TNO 的 E. van Veldhoven 博士在实验方面的贡献和讨论。同时，也致谢 D. Joy 教授、L. Scipioni 博士、S. Sijbrandij 博士、Postek 博士，Livengood 博士、Vyvenko 博士和 D. Winston 博士授权使用他们研究成果中的数据及图表。

参考文献

[1] Morgan J, Notte J, Hill R, Ward B. Microscopy Today. 2006;14:24–31.
[2] Hill R, Faridur Rahman FHM, Nucl Instr Meth A. 2010; in press. doi:10.1016/j.nima.2010.12.123.
[3] Scipioni L, Ferranti DC, Smentkowski VS, Potyrailo RA. J Vac Sci Technol B. 2010;28:C6P18–23.
[4] Sanford CA, Stern L, Barriss L, Farkas L, DiManna M, Mello R, Maas DJ, Alkemade PFA. J Vac Sci Technol B. 2009;27:2660–7.
[5] Winston D, Cord BM, Ming B, Bell DC, DiNatale WF, Stern LA, Vladar AE, Postek MT, Mondol MK, Yang JKW, Berggren KK. J Vac Sci Technol B. 2009;27:2702–6.
[6] Sidorkin V, van Veldhoven E, van der Drift E, Alkemade P, Salemink H, Maas D. J Vac Sci Technol B. 2009;27:L18–20.

[7] Wang JKW, Cord B, Duan HG, Berggren KK, Klingfus JK, Nam SW, Kim KB, Rooks MJ. J Vac Sci Technol B. 2009;2:2622–7.
[8] Postek M, Vladár A, Archie C, Ming B. Meas Sci Technol. 2011;22:1–14.
[9] Scipioni L, Sanford C, Notte J, Thompson B, McVey S. J Vac Sci Technol B. 2009;27:3250–5.
[10] Melngailis J. Nucl Instr Meth B. 1993;80:1271–80.
[11] Atkinson GM, Stratton FP, Kubena RL, Wolfe SC. J Vac Sci Technol B. 1992;10:3104–8.
[12] Cheung R, Zijlstra T, van der Drift E, Geerligs LJ, Verbruggen AH, Werner K, Radelaar S. J Vac Sci Technol B. 1993;11:2224–8.
[13] van Kan JA, Zhang F, Zhang C, Bettiol AA, Watt F. Nucl Instr Meth B. 2008;266:1676–9.
[14] Sidorkin VA, Ph.D. Thesis, Delft University of Technology, Delft, 2010.
[15] Ward B, Notte J, Economou NP. J Vac Sci Technol B. 2006;24:2871–4.
[16] Hill R, Notte J, Ward B. Phys Proc. 2008;1:135–41.
[17] Bell DC. Microsc Microanal. 2009;15:147–53.
[18] Maas D, van Veldhoven E, Chen P, Sidorkin V, Salemink H, van der Drift E, Alkemade P. Proc SPIE. 2010;7638:14–23.
[19] Sijbrandij S, Notte J, Sanford C, Hill R. J Vac Sci Technol B. 2010;28:C6F6–9.
[20] Ramachandra R, Griffin B, Joy D. Ultramicroscopy. 2009;109:748–57.
[21] Lin Y, Joy DC. Surf Interface Anal. 2005;27:895–900.
[22] Vyvenko O, Petrov YV. Workshop “helium ion microscopy and its application” Forschungszentrum Dresden Rossendorf, 09 Dec 2009.
[23] Joy D, Prasad M, Meyer III H. J Microsc. 2004;215:77–85.
[24] Sayyah SM, Khaliel AB, Moustafa H. Int J Polym Mat. 2005;54:505–18.
[25] Goodman A, O’Neill Jr J. J Appl Phys. 1966;37:3580–3.
[26] van Dorp WF, Wnuk JD, Gorham JM, Fairbrother DH, Madey TE, Hagen CW. J Appl Phys. 2009;106:074903.
[27] Randolph SJ, Fowlkes JD, Rack PD. Crit Rev Solid State Mat Sci. 2006;31:55–89.
[28] Seah MP, Dench WA. Surf Interface Anal. 1979;1:2–11.
[29] Kieft E, Bosch E. J Phys D: Appl Phys. 2008;41:215310.
[30] Craciun R, Picone D, Long RT, Li S, Dixon DA, Peterson KA, Christe KO. Inorg Chem. 2010;49:1056–70.
[31] Livengood R, Tan S, Greenzweig Y, Notte J, McVey S. J Vac Sci Technol B. 2009;27:3244–9.
[32] Balk P. The Si–SiO_2 system. Amsterdam: Elsevier; 1988.
[33] Grigorescu AE, Hagen CW. Nanotechnology. 2009;20:292001.
[34] Duan H, Winston D, Yang JKW, Cord BM, Manfrinato VR, Berggren KK. J Vac Sci Technol B. 2010;28:C6C58–62.
[35] Muray A, Scheinfein M, Isaacson M, Adesida I. J Vac Sci Technol B. 1984;3:367–72.
[36] Hollenbeck JL, Buchanan RC. J Mat Res. 1990;5:1058–72.
[37] Saiffulah MSM, Kurihara K, Humphreys CJ. J Vac Sci Technol B. 2000;18:2737–44.
[38] Ohta T, Kanayama T, Tanoue H, Komuro M. J Vac Sci Technol B. 1989;7:89–92.
[39] MacCord MA, Rooks MJ. In: Rai-Choudhury P, editor. Microlithography, micromachining and microfabrication, vol. 1. USA: SPIE; 1997. p. 139–250.
[40] Thompson LF, Bowden MJ. In: Thompson LF, Wilson CG, Bowden, editors. Introduction to microlithography. Am. Chem. Soc., ACS Symp. Ser. 1983; 219: 161–214.
[41] Broers AN, Harper JME, Molzen WW. Appl Phys Lett. 1978;33:392–4.
[42] Behrish H, Eckstein W, editors. Topics in applied physics. Sputtering by particle bombardment. Heidelberg: Springer; 2007, vol 110.
[43] Ryssel H, Haberger K, Kranz H. J Vac Sci Technol B. 1981;19:1358–62.
[44] Hirscher S, Kaesmaier R, Domke W-D, Wolter A, Löschner H, Cekan E, Horner C, Zeininger M, Ochsenhirt J. Microelectron Eng. 2001;57–58:517–24.
[45] Namatsu H, Takihashi Y, Yamazaki K, Nagase M, Kurihara K. J Vac Sci Technol B. 1998;16:69–76.

[46] Sidorkin V, van der Drift E, Salemink HWM. J Vac Sci Technol. 2008;26:2049–53.
[47] Tesmer JR, Nastasi M, editors. Handbook of modern ion beam materials analysis. Pittburgh: MRS; 1995.
[48] Sidorkin V, Grigorescu A, Salemink H, van der Drift E. Microelectron Eng. 2009;86:749–51.
[49] Grigorescu AE, van der Krogt MC, Hagen CW. J Micro/Nanolith MEMS MOEMS. 2007;6:043006.
[50] Yang JKW, Berggren KK. J Vac Sci Technol B. 2007;25:2025–9.
[51] Jackel LD, Howard RE, Mankiewich PM, Craighead HG, Epworth RW. Appl Phys Lett. 1984;45:698–700.
[52] Rishton SA, Kern DP. J Vac Sci Technol B. 1987;5:135–41.
[53] Boere E, van der Drift E, Romijn J, Rousseeuw BAC. Microelectron Eng. 1990;11:351–4.

第5章　纳米压印技术

摘要

纳米科学和微纳技术的进步正在推动利用新型的光刻方法在各种材料上制备高精度微纳结构的研究与发展。对新兴技术的深入研究,包括自组装、扫描探针、微接触印刷和纳米压印光刻(Nano Imprint Lithography,NIL),一方面需要评估它们在多大程度上满足了半导体工业界对纳米结构极高精度和高密度的要求;另一方面需要对光子学、数据存储、传感和流体或生物应用零部件的成本效益进行表征。因为NIL技术可能是目前最成熟的新兴纳米制造方法之一,所以本章将重点介绍其最新进展。NIL技术在满足半导体集成电路制造商对覆盖精度、缺陷率和生产量的要求方面仍面临着一些挑战,但它已经满足了数据存储、光提取、流体和生物学应用方面的某些需求。当前,相关科研人员正在做出巨大的努力来开发大面积结构的并行印刷技术和步进重复技术。本章首先回顾NIL技术的原理,简述其如何通过并行压印、步进重复以及使用紫外固化胶的步进-闪光等技术大量复制纳米结构;然后,明确了不同种类NIL技术的技术现状,并提供了在无机溶胶-凝胶材料中制造三维结构和纳米结构的有关实例;最后,概述了NIL技术的广泛应用。

5.1　热纳米压印

NIL起初被报道为一种热纳米压印的热塑性成形技术[1],有时会被比作热压印光刻技术[2]。随着相关研究的不断深入,NIL被证实是一种方便、灵活且低成本的新兴技术,在聚合物薄膜上加工结构能获得的分辨率可达5nm[3]。NIL于2003年被列入国际半导体技术路线图(ITRS)中,被认为是一种可能实现2010年32nm节点和2013年22nm节点的光刻技术。2004年ITRS路线图更新后,NIL又进一步被作为一个可能实现16nm节点的光刻技术[4]。这些基于压印的技术优势主要在于具有实现低成本、高产量和高分辨率生产纳米结构的潜力,此部分内容将会在后面进行详细讨论。尽管基于压印的技术有了巨大的发展,但是为了满足工业需求,仍需要解决一些难题。因此,必须进一步深入探讨如产量、多功能、对准、设备和聚合物稳定性等一系列问题。

5.1.1 基本原理

热纳米压印是基于刚性模板下的聚合物薄膜形变(图 5.1(a))。热纳米压印使用如 Si 之类的硬模板来压印热塑性聚合物。其具体操作过程:当热塑性聚合物的温度高于聚合物玻璃化转变温度(T_g)时,在模板上施加相对较高的压力,再经过一段由模板上原始形貌决定的特定时间,将聚合物冷却至其玻璃化转变温度以下,然后将模板和衬底进行分离。在此过程中,为了减少压印胶与模

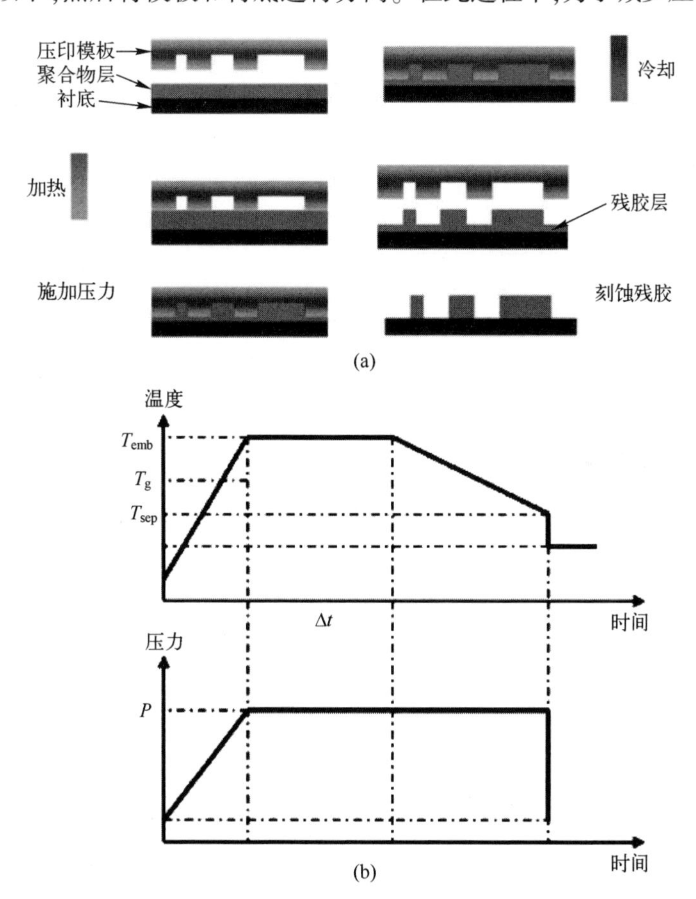

图 5.1 NIL 流程图及典型工艺

(a) NIL 流程示意图;(b) 典型工艺流程中施加的压力、加热线和冷却线与时间的关系。
(典型压力值范围为 10~100bar(1bar=10^5Pa),压印温度通常处在玻璃化转变温度(T_g)以上 30~70℃范围,压印时间为 1~30min)

板之间的黏附性，一般会在模板表面沉积氟化材料以起到抗黏层的作用[5]。具体的热纳米压印工艺流程如图 5.1(a)所示，加热聚合物或压印胶使其黏性降低，再通过压力使其流入模板空隙成形。当模板的空隙被填满后，保持压力不变，将热塑性材料的温度冷却至其玻璃化转变温度 T_g 以下。在释放压力后，将模板从压印衬底上分离，然后在下一次热纳米压印循环中重复使用。压印所得结构内部的残胶可以通过各向异性刻蚀工艺去除，然后该结构便可以再作为下一步工艺的掩模层使用。

5.1.2 薄膜挤压流动和 NIL 过程中遇到的问题

杨氏模量与聚合物温度的关系决定着 NIL 工艺的过程。例如，图 5.2(a)中给出了非晶聚合物的杨氏模量与温度之间的关系。当聚合物温度到达玻璃化转变温度时，材料中较长的大分子链能够独立移动，相应的模量值下降 3~4 个量级，同时范德华相互作用和链的缠绕大幅减少。热压印过程主要在聚合物温度高于玻璃化转变温度时进行，以允许聚合物分子构造发生变化。但是，玻璃化转变温度附近聚合物的转变在热力学上并不是很好定义。例如，压印温度对于聚合物永久成形、避免聚合物链内部松弛和重新排序至关重要，而在橡胶态区域中，模量相当低，较小的应力就可以产生较大的延伸率。

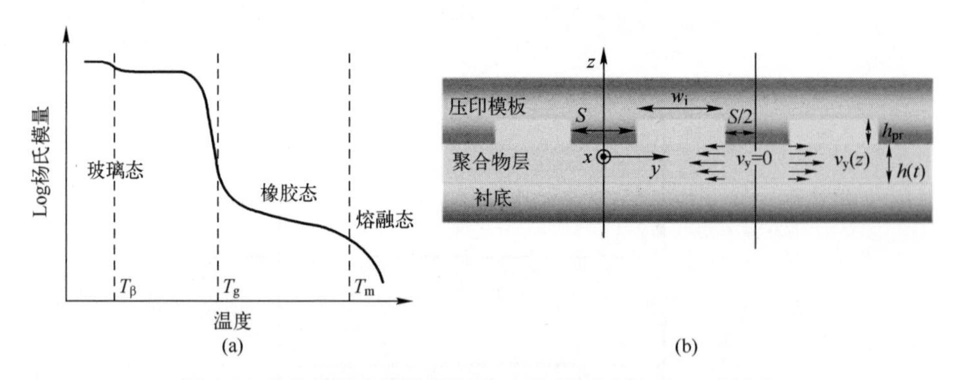

图 5.2 杨氏模量与聚合物温度的关系决定着 NIL 工艺过程
(a) 非晶聚合物的杨氏模量与温度之间的关系；(b) 牛顿流体流动过程中的速度分布示意图。

聚合物的玻璃化转变温度从块体到薄膜各不相同。例如，研究表明聚苯乙烯薄膜的玻璃化转变温度随着薄膜厚度的减小而降低[6,7]。另外，表面张力是控制聚合物薄膜玻璃化转变温度的关键参数[8]。聚合物薄膜与衬底表面的相互作用会影响聚合物薄膜的黏弹性和流变性，进而影响薄膜玻璃化转变温度。据报道，将薄膜旋涂在铝衬底上时，T_g 随着厚度的减小而降低，然而在 Si 或 SiO_2 表面可以观察到相反的现象[9,10]。尽管有时无法很好地定义聚

合物的 T_g，但是可以使用压模凸起下方挤压聚合物流动的简单模型来预测压印聚合物的最终高度和必要的压印时间。该模型适用于填充系数恒定的刚性模板。模板由 N 个平行且周期性排列的直线凸起组成，长度为 L，宽度为 s_i，距离为 w_i（图 5.2(b)）。

在压印前，初始旋涂聚合物薄膜的厚度为 h_0，模板凸起的深度为 h_{pr}。选择合适的初始高度 h_0，使得残留层的最终厚度 h_f 是开窗所需的厚度。初始高度 h_0 可以通过 $h_0 = h_f + \frac{h_{pr}}{\Lambda}\sum_{i=1}^{N} w_i$ 得出，其中 Λ 为直线凸起的周期，可以通过 $\Lambda \equiv \sum_{i=1}^{N}(s_i + w_i)$ 定义。

通过在压印模板和衬底表面求解无滑移边界条件的 Navier-Stokes 方程，并在假设聚合物熔体是不可压缩牛顿流体的情况下应用连续性方程，可以求出当施加恒定压力 F 时，模板被完全压到衬底上时其凸起的厚度 $h(t)$[11]，可得以下的 Stefan 方程，有

$$\frac{1}{h^2(t)} = \frac{1}{h_0^2} + \frac{2F}{\eta_0 L s^3} t \tag{5.1}$$

将残留层的最终厚度 $h_f = h(t_f)$ 代入式(5.1)，则压印时间可以通过

$$t_f = \frac{\eta_0 s^2}{2p}\left(\frac{1}{h_f^2} - \frac{1}{h_0^2}\right)$$

评估。其中 p 是每个模板凸起处的压力，$p = \frac{F}{sL}$。

从 Stefan 方程可以直接看出，小凸起比大凸起的下沉速度更快。另外，压印聚合物薄膜的处理时间可以通过增加初始层厚度减少到几秒钟，但增加初始层厚度导致的厚残留层可能会无法满足某些应用需求。高的压印温度可以显著降低聚合物的黏度（图 5.2(a)），其结果是随着模板腔体填充速度的加快，压印所需时间将缩短。通过优化所用压印胶的黏度可以实现上述类似行为。

5.1.3 模板的弯曲度和均匀性

在压印过程中，必须考虑到模板弯曲度导致的残留层的不均匀性。通常，在具有大面积非结构化区域的光栅边界处总会观察到弯曲现象。整个压印区域最终残留层厚度（Residual Layer Thickness，RLT）h_f 对具有高保真度的图形向衬底转移至关重要。基于压印胶是不可压缩黏性流体的假设，压印过程一般可以通过涉及原始变量速度-压力 (v,p) 的非稳态 Navier-Stokes 方程描述，即

$$Re\left[\frac{\partial v}{\partial t} + (v \cdot \nabla)v\right] = -\nabla P + \Delta v, \nabla \cdot v = 0, v = (v^x, v^y, v^z) \tag{5.2}$$

式中：$Re=(\rho v_0 L_0)/\eta$ 为雷诺数；$v_0=v(\text{stamp})$ 为模板速度；L_0 为模板的横向特征尺寸；ρ 和 η 分别为压印胶的密度和动态黏度。需要注意的是，式(5.2)是针对无量纲变量形式给出的，其中长度和速度分量分别由特征因子 L_0 和 v_0 控制其缩放，压力由 $p_0=(\eta v_0)/L_0$ 控制其缩放。

通过一系列近似，如粗粒度方法[12]和适当的边界条件，得出了一种适用于大尺度(100mm)晶圆模拟以预测其速度和压力之间关系的方法。该方法使分析 $10cm^2$ 的实际样品成为可能，并且可以定性地考虑弹性/非弹性模板和衬底的形变。测试结构尺寸为2mm×2mm，包含不同宽度和覆盖范围的凸起。粗糙晶胞的尺寸为1~50μm。图5.3(a)给出了通过显微镜物镜、CDD和模拟弯曲等值线获得的结构形貌图像，其表征对象为在190℃下利用微刻蚀技术压印在mr-I 8030压印胶上的啁啾光栅。压印获得的结构表明，RLT的不均匀性与模板的不均匀变形有关，同时RLT可以由图像中观察到的垂直划痕确定。

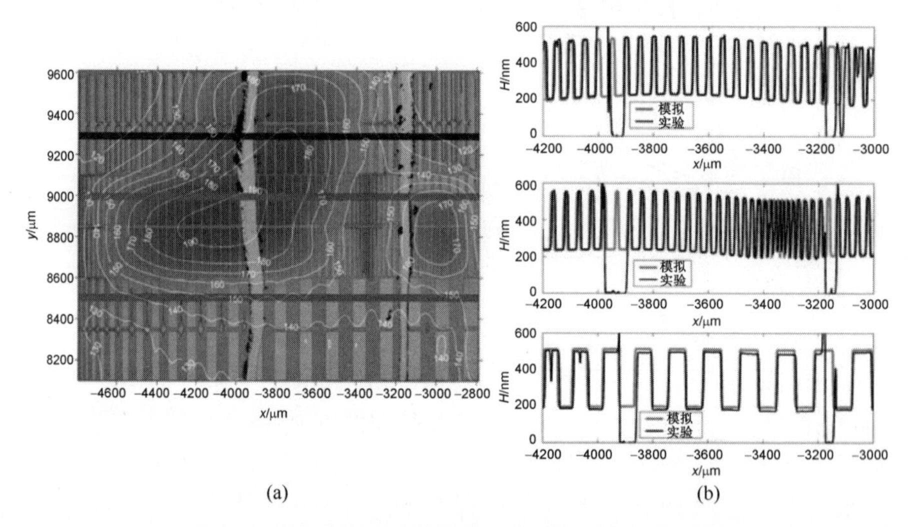

图5.3 压印中的不均匀形貌及其模拟分布(见彩图)

(a) 在180℃下压印胶中的结构光学显微镜图像[103](水平线(蓝色、红色、绿色)表示轮廓仪测量压印胶厚度的区域)；(b) 图(a)中蓝、红、绿线定义的同位置压印胶厚度的测量和模拟分布比较。

白色等值线指模板形变的计算分布，数字表示以纳米为单位的弹性位移。模板腔的深度为300nm，初始压印胶厚度为340nm。为了模型化，压印胶动态黏度取为 10^4Pa·s，模板速度假定为1nm/s。图5.3(b)给出了用轮廓仪测量的3个横截面的实验轮廓和通过粗粒度方法计算的弯曲轮廓的比较。这些结果表明，RLT的实验值和模拟值非常吻合，最大差异小于10%。因此可以看出，粗粒模拟软件可用于残胶厚度的定量预测，有潜力成为优化模板几何形状的有效工具。

5.1.4 模板抗黏处理和步进式压印过程中的自动脱模

在 NIL 中,模板必须涂有一层自组装的抗黏层以防止在脱模过程中树脂黏附到模板上。由于 NIL 中使用的大多数模板材料是 Si,因此主要利用烷基三氯硅烷或全氟烷基三氯硅烷进行模板表面处理。使用硅烷化处理对 Si 表面进行功能化是众所周知的过程。常用的分子为十三氟-(1,1,2,2)-四氢辛基-三氯硅烷(F_{13}-TCS)。已知在没有盐酸的情况下,氯硅烷会与羟基化的 Si 或 SiO_2 表面发生自发反应。由于水会与氯硅烷发生反应并使之聚合,因此在无水环境中进行反应非常重要[13]。结果表明,在任何体系中仅由-CF3 基团组成的表面具有最低的自由能,其值为 6.7mJ/m^2[14,15]。研究还表明,三氯(3,3,3 三氟丙基)硅烷(FPTS)和三氯(1H,1H,2H,2H 全氟辛基)硅烷(FOTS)自组装层表面能在低于 10mJ/m^2时,其值随着退火温度和浸入时间的增加而降低[16]。

通常实现大面积图形化有两种主要技术,即卷对卷[18]中的并行压印技术[17]和步进式纳米压印技术[19]。对 NIL 技术来说,模板与压印聚合物垂直分离时的脱模力很可能成为脱模这一关键步骤中出现结构损坏的重要原因。因此抗黏处理对于良好的脱模起着关键作用,抗黏层的寿命对于 NIL 实现高产量也是至关重要的。SET 公司的 NPS300 步进式压印设备可用于优化热压印过程,也可以显示出其具有扩大压印数量的能力。通常使用分子键将 1cm×1cm 石英模板附着在 5cm×5cm 石英玻璃上,用以保证整个模板表面具有良好的平面度。压印流程如图 5.4(a)所示,模板横截面如图 5.4(b)所示。

在传统压印过程中,会将涂覆压印胶的衬底加热到聚合物的玻璃化转变温度以上。当温度达到玻璃化转变温度时,在模板上施加力将其压在压印胶表面。保持模板与压印胶接触一定的时间以允许压印胶在模板下面充分流动。在冷却循环期间,模板一直处于受压状态,直至温度低于压印胶玻璃化转变温度 10~40℃为止。接下来便可以释放模板并移压到下一个要图形化的位置。脱模温度是压印成功和延长抗黏层寿命的关键参数。为了优化脱模温度,300nm 的 mr-I-PMMA(玻璃化转变温度约为 105℃)将被旋涂在硅衬底上。对于传统的压印设备,在衬底托盘和活塞温度相同的情况下,压印温度约为 170℃。对于 NPS 300,衬底托盘的温度必须低于聚合物的玻璃化转变温度,以避免结构成形后再次熔化压印所得的结构。因此,在模板支撑臂上需要保持较高的温度,而模板选择的温度为 25℃,衬底保持在 95℃。模板温度一般通过安装在键合臂中的卤素灯产生的红外辐射来控制,衬底温度由衬底托盘中的卤素灯控制。压印图形的质量取决于键合臂相对于衬底托盘的水平调节精度。键合臂的调平分辨率为 20mrad,可以使模板获得符合要求的调平精度。

图 5.4(c)和图 5.4(d)展示了在 210 次压印过程中前 20 个压印和最后 20 个压印在脱模时的受力曲线。其工作条件是当模板温度达到 250°C 时,施加 35kN 的力持续 180s,模板与衬底的分离速度为 20μm/s,采集样品速率为 100/s,脱模温度为 70~90℃,脱模力可以从所记录力的不连续性中推导得出(图 5.4(c))。

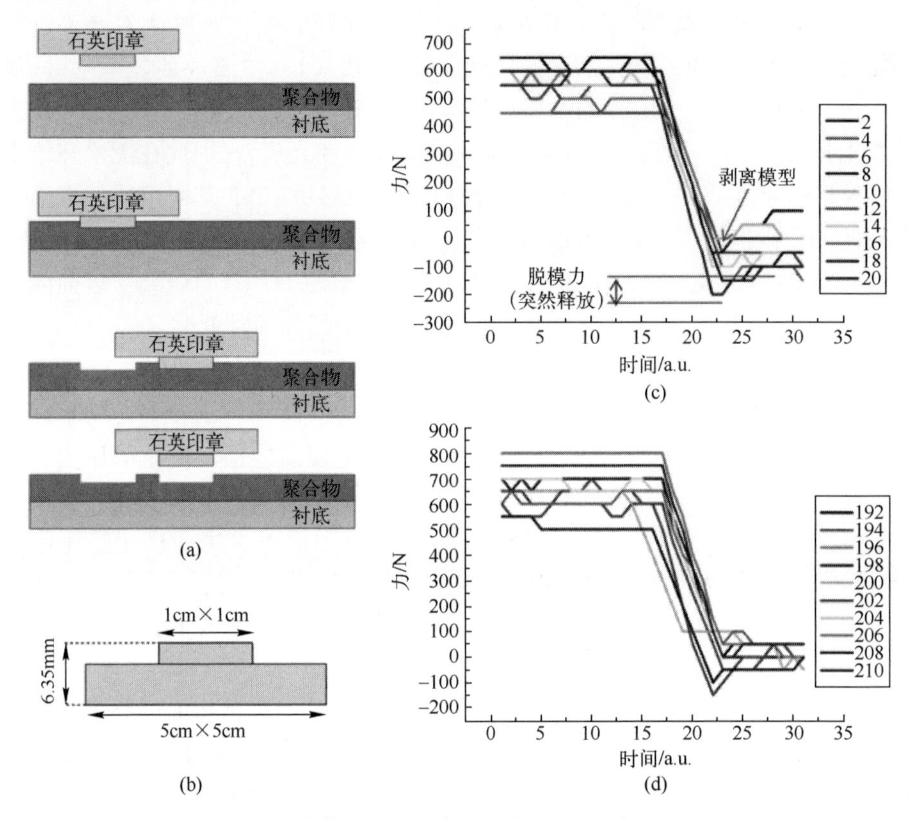

图 5.4　压印流程及其在脱模时的受力曲线(脱模温度为 80℃)(见彩图)

(a) 步进式纳米压印的流程示意图;(b) 模板的横截面;(c) 在 210 次压印脱模过程中前 20 次压印受力曲线;(d) 在 210 次压印脱模过程中最后 20 次压印受力曲线。

图 5.4 中的力曲线中的凸起(不连续性)主要是由模板从聚合物中突然释放导致的。没有凸起意味着脱模力太小而无法测量,这表明脱模是在剥离运动(非平行分离)中发生的,主要过程是衬底向上弯曲,然后缓慢地从边界向中心脱模。当瞬间平行脱模过程发生时,力曲线中可以观察到一个凸起,这是一种理想的情况。对 4 种不同脱模温度(70℃、80℃、90℃、100℃)下 210 次压印进行了脱模力计算,图 5.5 给出了脱模温度和脱模力值分布的关系,所看到的值为 210 次压印的平均值。研究表明,最佳的压印温度约为 85℃,而此处脱模温度明显高于或低于这一最佳温度。这种现象可以通过聚合物和 Si 之间的热膨

胀不匹配引起的摩擦力增加及聚合物变软时黏附力和摩擦力的增加予以解释。

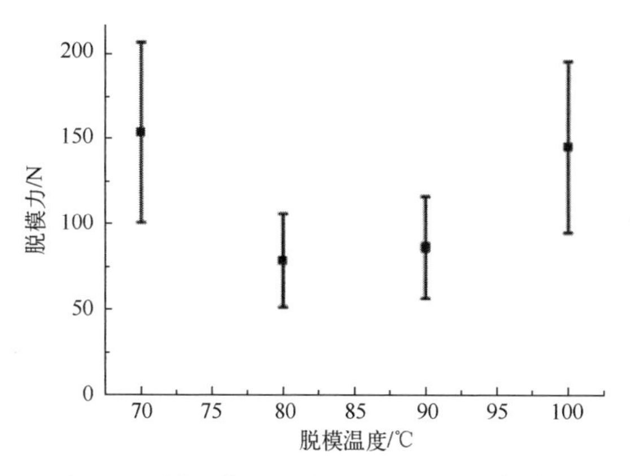

图 5.5 在不同脱模温度下测得的脱模力(以及相关的力方差)

5.2 紫外辅助纳米压印光刻

另一类纳米压印技术是在室温和低压下对液态光固化压印胶进行压印。这个过程通常称为紫外辅助纳米压印光刻(Ultra-Violet assisted Nano Imprint Lithography,UV-NIL)。UV-NIL 最初由 J. Haisma 于 1996 年提出[20],其原理是在结构化模板和压印胶薄膜接触期间,利用外部光源使压印胶交联,如图 5.6 所示。压印过程中模板腔的填充主要靠毛细作用力,并且压印压力 p_{imp} 通常低于 100N。在过去的 10 年中,UV-NIL 方法在产量和覆盖率[21,22]方面具有重要优势,并被应用于各种“传统应用”(如硬盘介质)的预生产阶段[23]。UV-NIL 工艺在环境温度下进行,可以消除热纳米压印中模板和压印胶之间固有的热失配。此外,UV-NIL 对图形密度变化相对不敏感。限制 UV-NIL 在某些应用中使用的关键问题主要包括具有高分辨率特征的高质量模板制造、压印结构下方的 RLT 控制以及与压印过程相关的缺陷数。

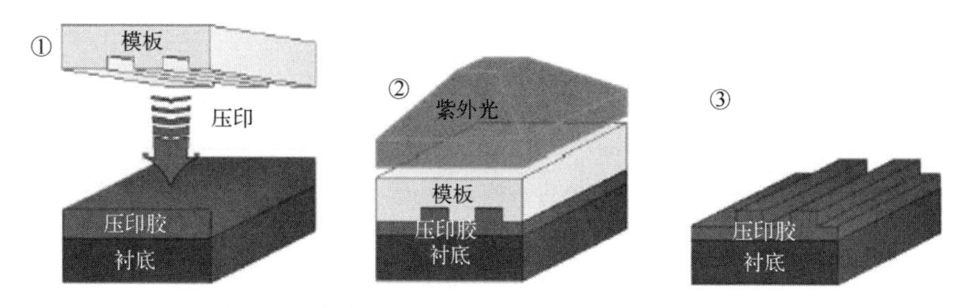

图 5.6 紫外光辅助纳米压印光刻(UV-NIL)原理

5.2.1 透明模板

使用 UV 光源来交联压印胶需要透明衬底或透明模板。最常见的方法是用硬质或软质材料制造透明的纳米结构模板。

1. 硬模板

硬模材料的选择取决于传统微/纳米加工工艺的兼容性、硬度、透明度和耐久性。最常见的模板衬底是石英衬底(熔融石英),这些衬底对紫外线具有很高的透明度,结合常规光刻掩模已经可以加工出 100nm 以下的图形。由于纳米压印是一种 1:1 复制技术,因此需要制造出基于硬质材料(如石英)的高分辨率模板。常见且最成熟的方法是用 EBL 和等离子体刻蚀制备石英模板。目前有大量的研究在努力将高分辨率微结构刻蚀到无机薄膜(如 SiO_2)上,由于有机压印胶相对于石英的刻蚀选择性差,因此通常使用 Cr 或 Ni 作为金属掩模[24]。这些金属薄膜还可以减少 EBL 过程中的电荷积累效应,从而提高图形分辨率和保真度。据报道,特征尺寸低至 20nm 的模板已被制造并通过 UV-NIL 成功复制(图 5.7(a))[25]。作为 EBL 的替代工艺,嵌段共聚物的自组装[26,27]最近已经被用来替代母模制造中的光刻步骤(图 5.7(b))[27]。这种方法的主要难点是如何减少缺陷数量和增加图形向硬质材料的转移。

另一种类型的模板是将硬质无机光刻胶直接图形化到透明衬底上。目前,正在开发基于无机溶胶-凝胶材料的各种 EBL 压印胶,并将由压印胶制造商和实验室把其作为 NIL 的硬掩模进行测试[28]。该方法可以简化模板制造工艺,减少引入影响图形分辨率和保真度的任何刻蚀步骤。具有小于 10nm 特征尺寸的纳米压印模板已在氢倍半硅氧烷(HSQ)压印胶上制成,并已应用于小面积压印[29](图 5.8)。高分辨率模板需要非常薄的 EBL 压印胶薄膜,这会降低工艺过程的自由度,并限制了将图形转移到功能材料中的能力。HSQ 模板的典型厚度范围在 20~50nm 之间,因此将可以剥离转移的金属薄膜厚度限制在 5~10nm。另一种提高硬模板上图形分辨率和深宽比的解决方案是先将模板加工在如 Si 之类的工艺成熟的材料上,再通过压印将图形转移到透明衬底上,在这种情况下,紫外线是反向照射并穿过衬底的。

2. 柔性模板

目前,硬模板仍存在一些不足,如成本高、接触衬底后保形度差和容易损坏等。一种可行的替代方案是利用从硬模板中复制出来弹性模板。柔性模板材料固有的特性大大降低了对母模板造成机械损坏,从而有效地提高了其寿命。利用硬模板复制柔性模板的简单方法如图 5.9 所示:首先将聚合物溶液倒在具有纳米结构的硬模板上,再通过退火交联聚合物,最后将模板剥离。聚二甲基

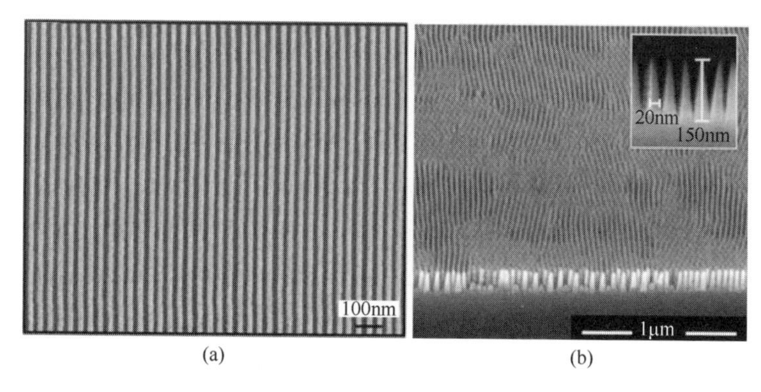

图 5.7 石英及 SiO_2 模板 SEM 图

(a) 用于 SR-NIL 的石英模板 SEM 图(最小特征尺寸约为 20nm[25],数据由 Molecular Imprints 公司提供);(b) 通过共聚物自组装和干法刻蚀制备的 SiO_2 模板截面的 SEM 图[27]。

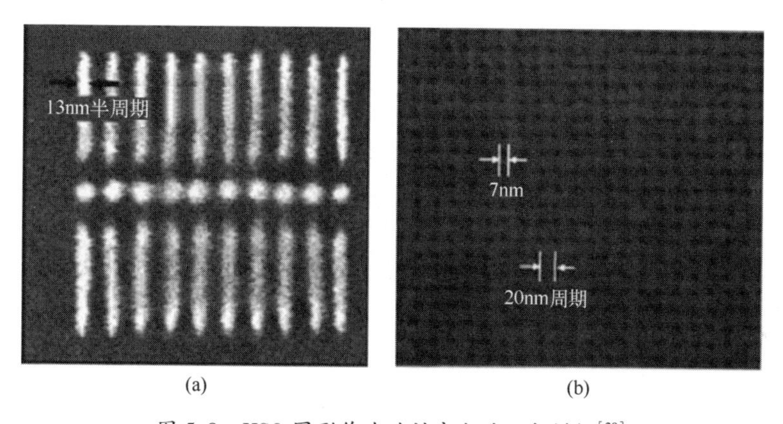

图 5.8 HSQ 图形作为硅衬底上的压印模板[29]

(a) HSQ 图形的 SEM 图像;(b) 用 HSQ 模板在石英衬底压印胶膜上压印的结构 SEM 图像。

硅氧烷(PDMS)是一种可以用作柔性模板的常用弹性材料[30]。使用弹性材料作柔性模板有多重优势,例如:较低的杨氏模量(300~900kPa)可以实现大面积的图形保形;较低的表面能(15~25mJ/m^2)有利于压印后模板的脱离。此外,柔性模板特别适用于完整的晶圆压印。其分辨率受到模板柔软度和纳米结构高深宽比的限制,如果材料太软,结构将会坍塌。目前设备制造商正在开发用于软 NIL 的设备和特定模板材料,并且已在一些应用(如 CMOS 微透镜图像传感器)中实现了产业化。然而,柔性模板在压印过程中通常耐久性和脱模率较差。结合软硬材料的混合双层模板已被开发出来用以克服上述缺点,其中软材料用于提高大面积压印一致性,覆盖的硬纳米结构材料用以提高局部刚度和结构分辨率。已经测试的几种方法包括双层软/硬 PDMS[31]、PDMS/UV 固化压印胶[32]或聚合物/SiO_2[33]。目前已经可以通过柔性模板成功压印出特征尺寸小于 15nm 的结构[34]。上述这些方法在降低成本和提高图形分辨率等方面具有很大的优势。

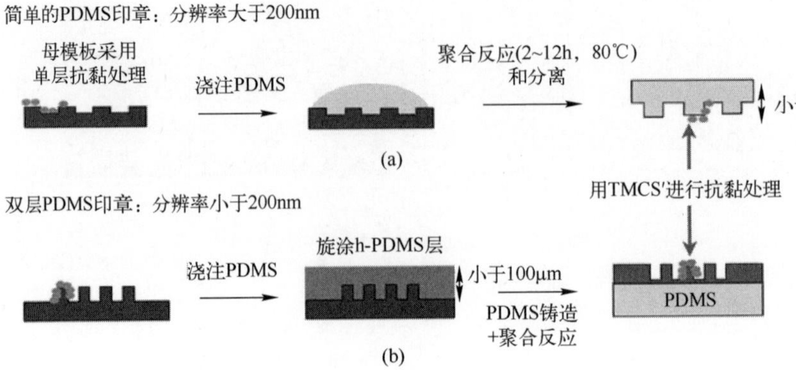

图 5.9 从母版上复制柔性模板的工艺流程
(a) 柔性 PDMS 模板；(b) 双层硬/软 PDMS 模板。

3. UV-NIL 压印胶

开发与压印工艺兼容的紫外固化压印胶是 NIL 的关键技术之一。NIL 设备制造商和压印胶制造商目前正在根据目标应用开发新的压印胶。UV-NIL 压印胶的目标性能如下：

(1) 低黏度，用于快速均匀地填充模板空腔；

(2) 压印后收缩小，用于确保高图形保真度；

(3) 紫外固化快速，用于实现高产率；

(4) 较高的等离子刻蚀选择性，易于图形转移；

(5) 聚合物分子尺寸小，用于实现压印图形的高分辨率；

(6) 空气中挥发性低，有利于对准。

对 NIL 压印胶的要求通常是相互矛盾的，因此通常会使用具有平衡特性的紫外固化压印胶。压印胶可看作含有光酸产生剂(光引发剂)、各种单体和某些抗黏材料的多分子聚合物。光引发剂用于压印胶的自由基聚合[35]，并决定 NIL 过程中的固化能量和时间。一般而言，固化所需的能量在几百 mJ/cm^2 内，固化所需的时间取决于紫外辐照系统的功率。光引发剂通常在压印胶溶液中只占百分之几[36]。UV-NIL 压印胶的主要成分是丙烯酸酯和乙烯基醚单体[37,38]，基于丙烯酸酯单体和 Si 组分的自由基光固化体系中的自由基可以快速聚合，同时整个体系对氧等离子体具有较高的耐刻蚀性[39]。乙烯基醚衍生物单体与压印胶的黏度降低有关[40]，并且可以降低丙烯酸酯单体光聚合引起的收缩。低相对分子质量和高相对分子质量聚合物之间的合理平衡可以将压印图形的收缩率限制在3%以下[41]。压印胶的黏度通常保持在50mPa·s以下,此时既可以保持良好的压印均匀性,又可以在图形下方获得超薄的残留层。压印胶的聚合物分子尺寸通常在1~2nm范围内,因此不会对亚10nm图形模板的NIL分辨率造成影响。在压印胶中添加氟基添加剂成分或其他抗黏剂分子,可以降低脱模期间的黏附力[42],其原因是抗黏附添加剂转移到压印胶表面(即压印胶与模板的界面处)时,能够降低压印胶的表面能,从而更利于脱模。

5.2.2 全晶圆压印工艺

最简单的UV-NIL技术是在低压下一步完成对整个晶圆的压印。由于软模板能够很好地贴合大面积的衬底和非平坦表面,所以它是全晶圆压印工艺的首选模板。压印胶的体积和位置偏移是影响压印工艺分辨率和缺陷数量的重要参数。这种方法适用于对缺陷具有高容忍度的小面积图形化和应用[43],如大多数的光子学应用。但是,其主要限制是在较大面积上很难控制压印的质量和RLT的均匀性。此外,高分辨率大面积模板的制造也存在很多问题且成本较高。为了克服这些问题,通常使用步进重复纳米压印技术对较小的母模板进行多次压印来制造所需的模板。近年来,这一方法引起了越来越多的关注。

5.2.3 步进重复纳米压印光刻

与光学曝光的步进式光刻机类似,步进重复压印(SR-NIL)是一种可以连续重复压印,从而实现大面积图形化的工艺。SR-NIL的一般原理如图5.10所示,SR-NIL能够通过限制压印步骤中的压印胶位置来减少缺陷数量,为压印大

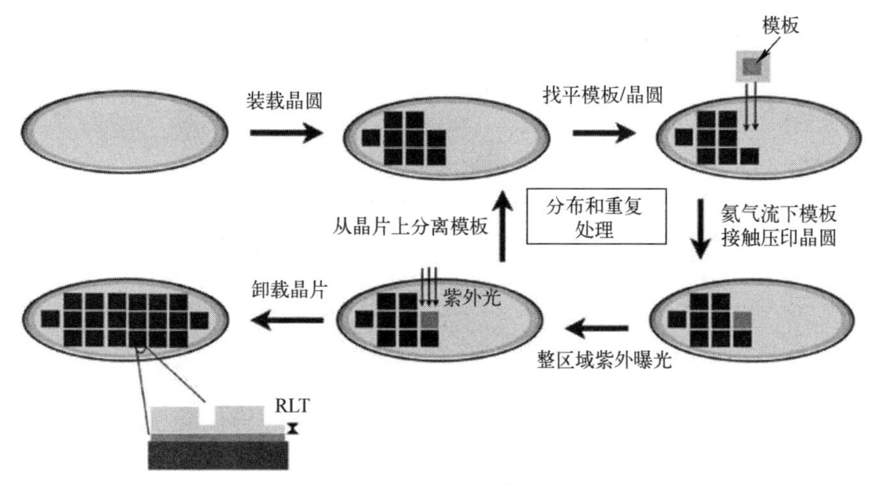

图5.10 步进重复纳米压印光刻的流程示意图

面积、高分辨率的图形提供了一种解决方案。所制造的模板也减小到更小尺寸,这简化了工艺并降低了成本。SR-NIL 工艺主要有两种类型,具体分类取决于 NIL 压印胶的配制方法。

最普遍的解决方案是在预定的模板上配制极低黏度(通常小于 5mPa·s)的压印胶液滴,并在室温低压下完成压印胶的压印。该方法首先由 Willson 研究组开发[44],通常称为步进快闪式压印光刻(S-FIL)。在该技术中,光致聚合有机硅压印胶的液滴阵列(图 5.11(a))通过毛细作用被一个小的石英模板压印[45]。NIL 压印胶以液滴的形式被分配到用以改善 NIL 压印胶黏附性的转移层薄膜上,同时用作进一步转移的硬刻蚀掩膜。目前,众多公司已经开发的 S-FIL 设备可以实现 300mm 的全晶圆加工(图 5.11(b)、图 5.12)。目前,S-FIL 工艺已经能够成熟应用于硅晶圆上,可以满足半导体行业中对 22nm 节点的要求,尤其对分辨率方面的要求[46]。缺陷数量和产量密切相关,它们也都是 S-FIL 在半导体行业中发展的主要障碍。对于 32nm 半周期器件,S-FIL 的当前最低缺陷率大于 100 个缺陷/cm^2,而传统光刻的要求是 0.1 个缺陷/cm^2[47]。另一个问题是从压印胶到功能层的图形转移,Molecular Imprints 公司开发的 S-FIL 设备已经展示了可以在 8 英寸晶圆上压印出分辨率高达 11nm 的单线条结构,但是在实际操作中,从压印胶转移到另一种材料的图形仅限于 28nm 半周期光栅[48]。可以压印的最小特征尺寸与可以真正转移到功能材料中的最小特征尺寸之间的差距取决于 RLT 的值和均匀性。

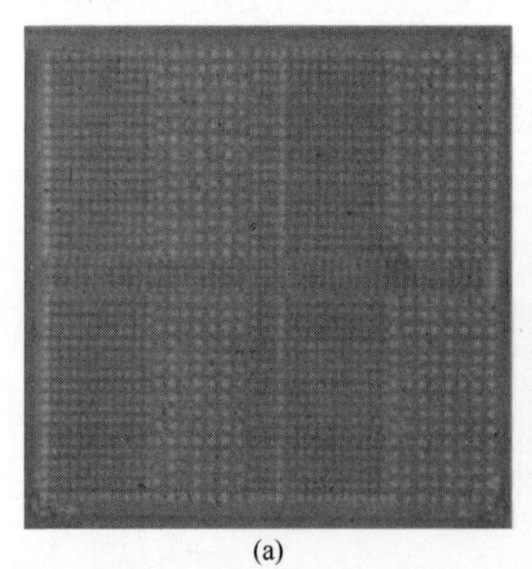

(a)

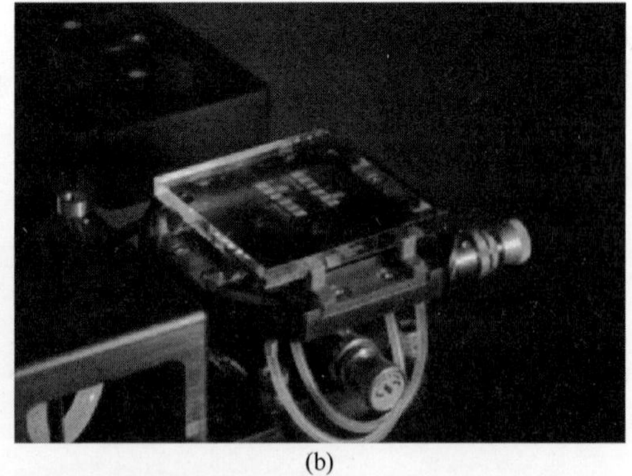

(b)

图 5.11　S-FIL 中的液滴阵列及其石英模板

(a) 压印前压印胶液滴图形的光学图像;(b) 在 S-FIL 设备样品台上具有纳米结构的石英模板(图片由 Molecular Imprints 公司提供)。

第二种方法是在装载和压印之前在整个晶圆上旋涂 NIL 压印胶[22,49-52]。这一方法与 S-FIL 的主要区别在于对压印胶性能的要求。因此,需要在压印

图 5.12　利用基于 EVG 770 Gen 第二代纳米压印步进器的 SR-NIL 压印的 200mm 晶圆（图片由 EVG group 提供。此处压印使用软模板完成(由 G. Kreindl 提供,EV-group))

胶、模板、设备和压印条件之间找到特定的折中方案。压印胶应具有足够高的黏度,以保证旋涂后至压印之前这段时间内压印胶在衬底上有很好的稳定性,但是它又必须足够低,用以保证压印胶能够有效、快速地填充模板中纳米尺度的空腔。一般 UV-NIL 压印胶的动态黏度为 30mPa·s 左右。压印之前压印胶的稳定性和润湿性也至关重要。为了使 RLT 值最小化,旋涂的压印胶膜厚度是预先确定的,另外该膜还起到缓冲层的作用。最近一项研究显示了这种方法用于超薄 RLT 压印的一些优势(图 5.13),该技术可适用于制造光学纳米器件[52]。

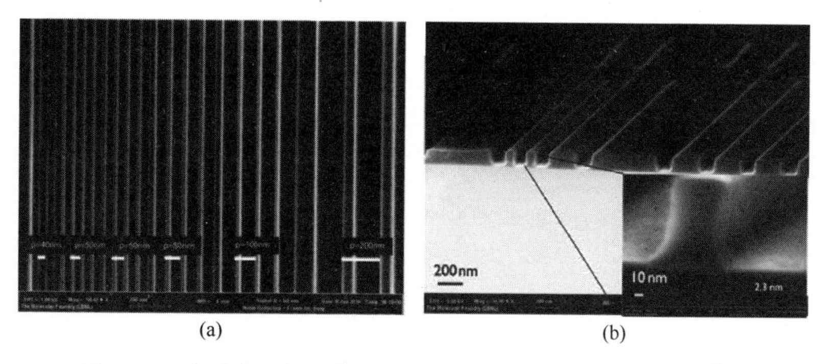

图 5.13　在旋涂压印胶薄膜上进行步进重复压印得到的图形[43]

(a) 不同周期(40~200nm)光栅的 SEM 俯视图;(b) RLT 低于 5nm 的光栅 SEM 截面图像。

5.3 其他压印技术

近年来,多种不同的热压印和紫外固化压印工艺已被开发出来。下面简要介绍两种其他压印技术。

5.3.1 反转压印技术

三维微/纳米结构的制造引起了研究者的广泛兴趣,其应用多见于光子器件[53]、生物传感器[54]、纳米流体器件[55]或纳米机电系统[56]。在微电子工业中,直接制备三维图形结构可以减少如 T 形栅极晶体管制造过程中的对准步骤。现有的几种三维光刻技术都具有各自的优缺点。目前,可用于制造三维结构的光刻技术可分为两类,即传统技术和非传统技术。高分辨率电子束曝光技术[58]和聚焦离子束加工技术[59,60]已被用于亚 100nm 三维结构的图形化加工。这些工艺的主要缺点是产量低、曝光深度小、曝光面积有限。此外,在较大平面上还可以利用 X 射线光刻[61,62]制造大面积的高深宽比和高产量三维结构,但其工艺过程复杂且成本高。采用双光子聚合技术可以实现具有高深宽比和任意形状特征的结构制造[63,64],但主要缺点是工艺复杂和产量较低。为了更高效地制造复杂结构,最近已经研究了将几种技术结合起来的其他方法。采用双光子光刻和相位掩模相结合的方法可以实现三维光子晶体结构[65]。同时,将纳米压印光刻技术与 X 射线光刻技术或湿法刻蚀工艺[66,67]相结合可以制备具有特殊应用的复杂形状结构,例如适用于衍射光学的结构。逆紫外固化纳米压印(RUVNIL)技术[68]是基于逆纳米压印的组合技术,该技术固有构建三维纳米结构的能力。这项新技术具有 3 个主要优点:首先,模板无需使用抗黏层处理;其次,压印后无残留层;最后,对每一层都使用相同的聚合物重复压印便可以获得类似三维器件的结构。这种方法具有构建多层结构的潜力,如制造具有特定缺陷的三维光子晶体、衍射光学元件以及用于生物应用的嵌入式纳米通道器件。

如图 5.14(a)和图 5.14(b)所示,在预图形化或平坦的表面上转移聚合物层至少有两种可行方法。这些方法根据最终压印结构中是否存在残留层可分为选择性和非选择性图形转移。图 5.14(a)中,在含有金属凸起的混合模板上旋涂聚合物(选择性图形转移模式),而图 5.14(b)中,无金属凸起的混合模板上具有预图形化的聚合物构型(非选择性图形转移模式)。

图 5.14(a)所示的逆紫外固化压印技术具有以下几个步骤。首先,在混合模板上旋涂一层薄的压印胶(步骤 2),如 Lift Off Resist (LOR)。该牺牲层主要用于增强黏附、平坦化及保护模板不受紫外固化压印胶的污染。其次,在第一

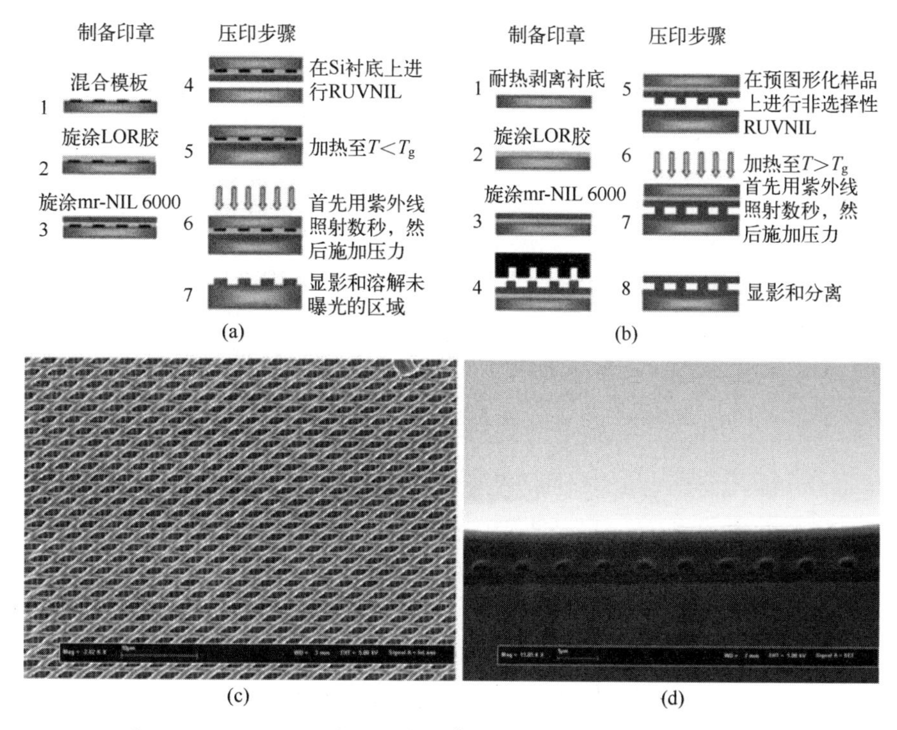

图 5.14　RUVNIL 技术的制备印章和压印步骤及其生成物 SEM 图

(a) 选择性逆紫外固化纳米压印(RUVNIL)转移的示意图(模板准备(步骤 1~3)和 RUVNIL 技术的压印(步骤 4~7));(b) 非选择性 RUVNIL 转移的示意图;(c) 三层堆积结构的 SEM 图像(压印温度为 90℃,UV 光曝光时间 3s,压强为 20bar);(d) 由相同 UV 可交联聚合物 mr-NIL 6000 包围的嵌入式纳米通道的横截面 SEM 图像。

层上旋涂一层紫外固化压印胶(mr-NIL 6000)薄膜(步骤 3),再将该双层聚合物反向压印到平坦或预图形化的表面上(步骤 4)。接着将模板和衬底加热到高于 mr-NIL 6000 的 T_g温度(步骤 5),并在紫外光下曝光。在烘烤(步骤 6)后,立即将模板和衬底分离,以确保聚合物和底层衬底之间有很好的黏附力。最后,去除未曝光区域的聚合物和牺牲层,留下原始模板的反结构(步骤 7)。该工艺无需用到通常在标准纳米压印光刻技术中必需的氧等离子体刻蚀步骤。在预图形化的聚合物表面上重复上述相同的步骤,通过施加压力和温度便可实现多层结构的相互黏附。以该方式可实现三维桥式(或悬空)聚合物结构。

使用选择性转移方式,可以在没有残留层的条件下,选择性地将特征结构转移至预图形化或平坦的表面上。因此,可以得到图 5.14(c)所示的类木桩式的三层结构,它既可以用作衍射光学元件,也可以用作光子晶体结构[71]。使用非选择性转移方式,可制备封闭式纳米通道(图 5.14(d)),这种由同种材料组成的纳米通道可用于生物应用。

5.3.2 压印无机溶胶-凝胶薄膜

无机溶胶-凝胶薄膜的直接压印对于将压印层用作可活动薄膜的众多应用都极具前景。溶胶-凝胶化学法可制备各种易于调节其性能的材料。溶胶-凝胶材料的压印使用热活化方法,主要是压印液态溶胶溶液同时加热与之接触的 NIL 模板。热能可使溶胶冷凝(交联)变成凝胶,其是否进一步变成固体膜取决于总热能。脱模过程通常在室温下进行[72]。在适当的退火条件下,这些材料可以作为完全无机和高抗性的涂层。调整退火条件还可调节压印薄膜的力学、光学和电学性质。但由于此工艺耗时长、流程复杂且需要高压和高温以及等离子体处理,所以关于该技术的工作报道较少[73-78]。例如,Marzolin 等[74]将涂层预干燥 60h 后在 20℃下压印 12h,而 Rizzo 等[78]在 80℃下压印了两天。最近,溶胶-凝胶薄膜的热流变性能得到了证实,这一特性可以推动无机溶胶-凝胶薄膜的快速低成本压印[72-79]。一些溶胶-凝胶薄膜的凝固阈值与材料相关,低于该阈值时,加热便可使得该材料达到流体状态,适用于低压压印。通过在压印过程中和/或压印结束时改变凝固(交联)条件,有可能进行多次压印,甚至可以调整材料的力学性能。这可以通过从简单光栅获得的各种图形来说明,如图 5.15 所示的调制幅值线状图形到点状图形。该方法开辟了一种制造三维纳米结构的途径。

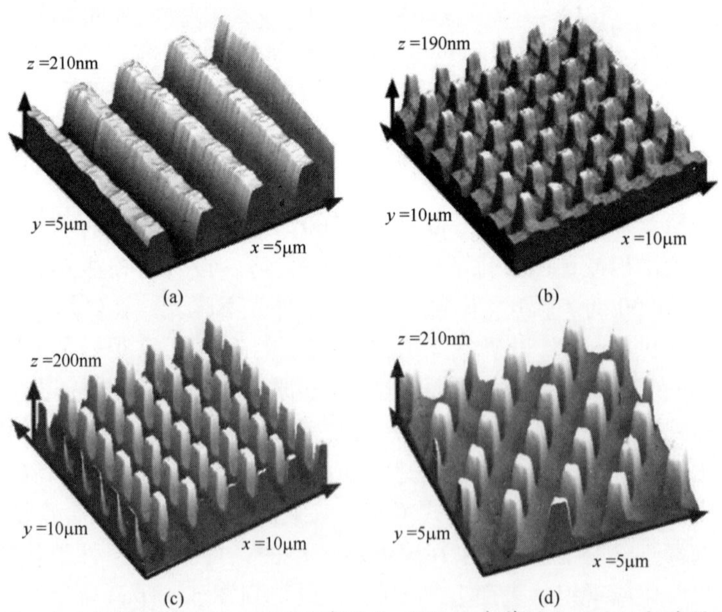

图 5.15 在不同的压印时间 t_1 下通过在溶胶-凝胶法在薄膜上双重压印获得的纳米结构的 AFM 图像[79](压印温度恒定 T_1 = 110℃,第一次压印结束时的相对冷凝时间 τ_{SiOH} 分别是(a)0.30、(b)0.32、(c)0.33 和(d)0.37。模板是线光栅,它在步骤 1 和步骤 2 之间旋转了 90°)

5.4 应用

目前,NIL 技术具有和其他光刻技术一样广泛的应用,这要归功于其具有制造大面积、高分辨率和高产量纳米结构的潜力。压印后的聚合物层可作为其他传统纳米加工步骤的刻蚀掩膜,或者由于聚合物层自身具有功能性而用于压印。

对于标准 NIL 技术,在将纳米结构转移到衬底上之前必须先刻蚀掉残留层。与下一代光学光刻技术(如深紫外或极紫外光刻)相比,这种纳米压印掩模转移的备选制造方法已被用于制造移动电话中的声表面波发生器和滤波器[80]、硬盘中的介质图形化[81]和显示器中的亚波长偏振器[82]。

作为 NIL 的终端产品,纳米压印聚合物结构已被用于制造塑料电子器件、OLED、自组装模板、聚合物印模、组织工程、芯片实验室或细胞研究等生物技术,以及三维聚合物表面和光学元件。近年来,运用 NIL 技术制造基于布拉格光栅的聚合物波导型滤波器[83,84]、波导[85]、微环谐振器[86]、马赫-扎德干涉仪[87]、激光器[88,89]、等离激元光学组件[90]和光子晶体[91,92]的潜力已经得到了证明。所制造模板的粗糙度对 NIL 的限制,可以通过控制聚合物的回流来降低[93]。

可压印的聚合物可以被掺杂或功能化,并通过 NIL 直接图形化[94]。通过 NIL 可以使得活性聚合物直接图形化用来制备有机发光器件[95,96]和使有机导电聚合物转变为高效益的有机电子器件[97]。例如,一系列 PhCs 直接在载有染料分子的可压印聚合物中制造,并可在不同的光子带隙频率下呈现出激光振荡,其最小阈值为 $3\mu J/mm^2$[98]。半导体纳米晶体也可掺入聚合物基质中并压印成光子晶体几何结构,而在通过 NIL 图形化之后,碳纳米管的光致发光强度并不会降低。实际上,对于晶格常数为 580nm 的结构,在室温下的发光增强因子能达到 2.4[99]。为了进一步增强光提取,可以将激子耦合到表面等离激元中以增加发光体的自发复合率[100,101],这种耦合可以通过将染料和金纳米粒子混合到可压印聚合物中实现[102]。

5.5 小结

纳米压印技术能制造满足各种应用的纳米图形,是最有可能替代传统光刻的技术之一。NIL 在分辨率和通用性等方面具有决定性优势,可对功能性材料(如导电聚合物或无机溶胶-凝胶薄膜)进行图形化。NIL 技术已经用于生产商用微透镜,并且正在大力开发下一代硬盘或柔性电子器件,但是仍缺乏其商业成本效益的证明。NIL 技术也为三维纳米图形和新应用的开发开辟了一条独特的道路。

致谢:作者感谢来自 Lawrence Berkeley 国家实验室的 The Molecular Foundry 的 S. Dhuey and E. Wood、来自 Molecular Imprints 公司的 D. Resnick 和来自 EVG 集团的 G. Kreindl。特别感谢欧共体资助项目 NaPaNIL(合同编号:NMP 214249)的支持。本书的内容由作者自行负责。

参考文献

[1] Chou SY, Krauss PR, Renstrom PJ. Appl Phys Lett. 1995;67:3114.
[2] Chou SY, Krauss PR, Renstrom PJ. J Vac Sci Technol B. 1996;14:4129.
[3] Austin MD, Ge H, Wu W, Li M, Yu Z, Wasserman D, Lyon SA, Chou SY. Appl Phys Lett. 2004;84:5299.
[4] International Technology Roadmap for Semiconductors 2004 Update, www.itrs.net/Common/2004Update/2004_07_Lithography.pdf
[5] Schift H, Saxer S, Park S, Padeste C, Pieles U, Gobrecht J. Nanotechnology. 2005;16:171.
[6] van Zanten JH, Wallace WE, Wu WL. Phys Rev E. 1995;52:R3329–R3332.
[7] Dalnoki-Veress K, Forrest JA, Murray C, Gigault C, Dutcher JR. Phys Rev E. 2001;63:031801.
[8] Kim EJ, Tomaszewski JE, de Pablo JJ, Nealey PF, White CC, Fryer DS, Peters RD, Wu WL. Macromolecules. 2001;34:5627.
[9] Sharp JS, Forrest JA. Phys Rev E. 2003;67:031805.
[10] Murray CA, Wubbenhorst M, Dutcher JR. Eur Phys J. 2003;12:S109.
[11] Heyderman LJ, Schift H, David C, Gobrecht J, Schweizer T. Microelectron Eng. 2000;54:229.
[12] Sirotkin V, Svintsov A, Zaitsev S, Schift H. Microelectron Eng. 2006;83:880.
[13] Beck M, Graczyk M, Maximov I, Sarwe E-L, Ling TGI, Keil M, Montelius L. Microelectron Eng. 2002;61–62:441.
[14] Nishino T, Meguro M, Nakamae K, Matsushita M, Ueda Y. Langmuir. 1999;15:4321.
[15] Shafrin EG, Zisman WA. J Phys Chem. 1960;64:519.
[16] Chen JK, Ko FH, Hsieh KF, Chou CT, Chang FC. J Vac Sci Technol B. 2004;22:3233.
[17] Heidari B, Maximov I, Sarwe E-L, Montelius L. J Vac Sci Technol B. 1996;14:2961.
[18] Mäkelä T, Haatainen T, Majander P, Ahopelto J, Lambertini V. Jpn J Appl Phys. 2008;47:5142.
[19] Haatainen T, Majander P, Makela T, Ahopelto J, Kawaguchi Y. Jpn J Appl Phys. 2008;47:5164.
[20] Haisma J, Verheijen M, Heuvel KD, Berg JD. J Vac Sci Technol B. 1996;14:4124.
[21] Stewart MD, Johnson SC, Sreenivasan SV. J Microlith Microfab Microsyst. 2005;4:011002.
[22] Bender M, Fuchs A, Plachetka U, Kurz H. Microelectron Eng. 2006;83:827.
[23] Yang XM, Xu Y, Lee K, Xiao S, Kuo D, Weller D. IEEE Trans Magn. 2009;45:833.

[24] Bailey TC, Resnick DJ, Mancini D, Nordquist KJ, Dauksher WJ, Ainley E, Talin A, Gehoski K, Baker JH, Choi BJ, Johnson S, Colburn M, Meissl M, Sreenivasan SV, Ekerdt JG, Willson CG. Microelectron Eng. 2002;61:461.
[25] www.molecularimprints.com
[26] Ruiz R, Kang H, Detcheverry F, Dobisz E, Kercher D, Albrecht T, de Pablo J, Neley P. Science. 2008;321:936.
[27] Park HJ, Kang MG, Guo LJ. ACS NANO. 2009;3:2601.
[28] Mancini DP, Gehoski KA, Ainley E, Nordquist KJ, Resnick DJ, Bailey TC, Sreenivasan SV, Ekerdt JG, Willson CG. J Vac Sci Technol B. 2002;20:2896.
[29] Morecroft D, Yang JKW, Schuster S, Berggren KK, Xia Q, Wu W, Williams RS. J Vac Sci Technol B. 2009;27:2837.
[30] Michel B, Bernard A, Bietsch A, Delamarche E, Geissler M, Winkel D, Stutz R, Wolf H. Chimia. 2002;56:527.
[31] Schmid H, Michel B. Macromolecules. 2000;33:3042.
[32] Li Z, Gu Y, Wang L, Ge H, Wu W, Xia Q, Yuan C, Chen Y, Cui B, Williams RS. Nano Lett. 2009;9:2306.
[33] Lee D, Cho EH, Kim HS, Lee BK, Lee MB, Sohn JS, Lee CH, Suh SJ. J Vac Sci Technol B. 2008;26:514.
[34] Muehlberger M, Boehm M, Bergmair I, Chouiki M, Schoeftner R, Kreindl G, Kast M, Treiblmayr D, Glinsner T, Miller R, Platzgummer E, Loeschner H, Joechl P, Eder-Kapl S, Narzt T, Lausecker E, Fromherz T. "Nanoimprint lithography from CHARPAN Tool exposed master stamps with 12.5 nm hp" Microelectron Eng. 2011;88:2070–2073.
[35] Studer K, Decker C, Beck E, Schwalm R. Prog Org Coat. 2003;48:92.
[36] Vogler M, Wiedenberg S, Mühlberger M, Bergmair I, Glinsner T, Schmidt H, Kley E-B, Grützner G. Microelectron Eng. 2007;84:984.
[37] Kim EK, Stacey NA, Smith BJ, Dickey MD, Johnson SC, Trinque BC, Willson CG. J Vac Sci Technol B. 2004;22:131.
[38] Kim EK, Stewart MD, Wu K, Palmieri FL, Dickey MD, Ekerdt JG, Willson CG. J Vac Sci Technol B. 2005;23:2967.
[39] Song S, Kim S-M, Choi B-Y, Jung G-Y, Lee H. J Vac Sci Technol B. 2009;27:1984.
[40] Decker C, Decker D. J Macromol Sci Pure Appl Chem A. 1997;34:605.
[41] Wu C-C, Hsu SL-C, Liao W-C. Microelectron Eng. 2009;86:325.
[42] Kim JY, Choi D-G, Jeong J-H, Lee E-S. Appl Surf Sci. 2008;254:4793.
[43] Byeon K-J, Hong EJ, Park H, Cho J-Y, Lee S-H, Jhin J, Baek JH, Lee H. Thin Films. 2011;519:2241.
[44] Michaelson T, Sreenivasan SV, Ekerdt J, Willson CG. Proc SPIE. 1999;3676:379.
[45] Bailey TC, Johnson SC, Sreenivasan SV, Ekerdt JG, Willson CG, Resnick DJ. J Photopolym Sci Technol. 2002;15:481.
[46] Malloy M, Litt LC. J Photopolym Sci Technol. 2010;23:749.
[47] Higashiki T. Challenges to next generation lithography. MNE 2009 Conference, Ghent – Belgium, 29 Sep. 2009.
[48] Resnick D. Oral presentation in EIPBN 2010 conference. Anchorage, 2010.
[49] Peroz C, Dhuey S, Volger M, Wu Y, Olynick D, Cabrini S. Nanotechnology. 2010;21:445301.
[50] Otto M, Bender M, Richter F, Hadam B, Kliem T, Jede R, Spangenberg B, Kurz H. Microelectron Eng. 2004;73:152.
[51] Otto M, Bender M, Zhang J, Fuchs A, Wahlbrink T, Bolten J, Spangenberg B, Kurz H. Microelectron Eng. 2007;84:980.
[52] Peroz C, Dhuey S, Goltsov A, Volger M, Harteneck B, Ivonin I, Bugrov A, Cabrini S, Babin S, Yankov V. Microelectron Eng. 2011;88:2092.
[53] Vlasov YA, Bo XZ, Sturm JC, Norris DJ. Nature. 2001;414:289.

[54] Khandurina J, Guttman A. J Chromatogr A. 2002;943:159.
[55] Wu H, Odom TW, Chiu DT, Whitesides GM. J Am Chem Soc. 2003;125:554.
[56] Yang Z, Yu Y, Li X, Bao H. Microelectron Reliab. 2006;46:805.
[57] Li M, Chen L, Chou SY. Appl Phys Lett. 2001;78:3322.
[58] Yamazaki K, Namatsu H. Microelectron Eng. 2004;73–74:85.
[59] Munnik F, Benninger F, Mikhailov S, Bertsch A, Renaud P, Lorenz H, Gmur M. Microelectron Eng. 2003;67–68:96.
[60] Freeman D, Madden S, Davies BL. Opt Express. 2005;13:3079.
[61] Romanato F, Businaro L, Vaccari L, Cabrini S, Candeloro P, De Vittorio M, Passaseo A, Todaro MT, Cingolani R, Cattaruzza E, Galli M, Andreani C, Di Fabrizio E. Microelectron Eng. 2003;67–68:479.
[62] Romanato F, Tormen M, Businaro L, Vaccari L, Stomeo T, Passaseo A, Di Fabrizio E. Microelectron Eng. 2004;73–74:870.
[63] Sun HB, Kawakami T, Xu Y, Ye JY, Matuso S, Misawa H, Miwa M, Kaneko R. Opt Lett. 2000;25:1110.
[64] Tormen M, Businaro L, Altissimo M, Romanato F, Cabrini S, Perennes F, Proietti R, Sun H-B, Kawata S, Di Fabrizio E. Microelectron Eng. 2004;73–74:535.
[65] Jeon S, Malyarchuk V, Rogers JA, Wiederrecht GP. Opt Express. 2006;14:2300.
[66] Tormen M, Businaro L, Altissimo M, Romanato F, Cabrini S, Perennes F, Proietti R, Sun H-B, Satoshi K, Di Fabrizio E. Microelectron Eng. 2004;73–74:535.
[67] Tormen M, Carpentiero A, Vaccari L, Altissimo M, Ferrari E, Cojoc D, Di Fabrizio E. J Vac Sci Technol B. 2005;23:2920.
[68] Kehagias N, Reboud V, Chansin G, Zelsmann M, Jeppesen C, Reuther F, Schuster C, Kubenz M, Gruetzner G, Sotomayor Torres CM. J Vac Sci Technol B. 2006;24:3002.
[69] Cheng X, Guo LJ. Microelectron Eng. 2004;71:277.
[70] Kehagias N, Chansin G, Reboud V, Zelsmann M, Schuster C, Kubenz M, Reuther F, Gruetzner G, Torres CMS. Microelectron Eng. 2007;84:921.
[71] Kehagias N, Reboud V, Chansin G, Zelsmann M, Jeppesen C, Schuster C, Kubenz M, Reuther F, Gruetzner G, Torres CMS. Nanotechnology. 2007;18:175303.
[72] Peroz C, Heitz C, Barthel E, Søndergård E, Goletto V. J Vac Sci Technol B. 2007;25:L27.
[73] Brendel R, Gier A, Menning M, Schmidt H, Werner JH. J Non-Cryst Solids. 1997;218:391.
[74] Marzolin C, Smith SP, Prentiss M, Whitesides GM. Adv Mater. 1998;10:571.
[75] Li M, Tan H, Chen L, Wang J, Chou SY. J Vac Sci Technol B. 2003;21:660.
[76] Harnagea C, Alexe M, Schilling J, Choi J, Wehrspohn RB, Hesse D, Gosele U. Appl Phys Lett. 2003;83:1827.
[77] Okinaka M, Tsukagoshi K, Aoyagi Y. J Vac Sci Technol B. 2006;24:1402.
[78] Rizzo G, Barila P, Galvagno S, Neri G, Arena A, Patane S, Saitta G. J Sol Gel Sci Technol. 2003;26:1017.
[79] Peroz C, Chauveau V, Barthel E, Søndergård E. Adv Mater. 2009;21:555.
[80] Cardinale GF, Skinner JL, Talin AA, Brocato RW, Palmer DW, Mancini DP, Dauksher WJ, Gehoski K, Le N, Nordquist KJ, Resnick DJ. J Vac Sci Technol B. 2004;22:3265.
[81] McClelland GM, Hart MW, Rettner CT, Best ME, Carter KR, Terri BD. Appl Phys Lett. 2002;81:1483.
[82] Ahn SW, Lee K-D, Kim JS, Kim SH, Lee SH, Park JD, Yoon PW. Microelectron Eng. 2005;78:314.
[83] Seekamp J, Zankovych S, Helfer AH, Maury P, Sotomayor Torres CM, Bottger G, Liguda C, Eich M, Heidari B, Montelius L, Ahopelto J. Nanotechnology. 2002;13:581.
[84] Ahn SW, Lee KD, Kim JS, Kim SH, Park JD, Lee SH, Yoon PW. Nanotechnology. 2005;16:1874.
[85] Kehagias N, Zankovych S, Goldschmidt A, Kian R, Zelsmann M, Sotomayor Torres CM, Pfeiffer K, Ahrens G, Gruetzner G. Superlattice Microst. 2004;36:201.

[86] Chao CY, Guo LJ. J Vac Sci Technol B. 2002;20:2862.
[87] Paloczi GT, Huang Y, Yariv A, Luo J, Jen AKY. Appl Phys Lett. 2004;85:1662.
[88] Peroz C, Galas JC, Shi J, Le Gratiet L, Chen Y. Appl Phys Lett. 2006;89:243109.
[89] Arango F, Christiansen MB, Gersborg-Hansen M, Kristensen A. Appl Phys Lett. 2007;91:223503.
[90] Reboud V, Kehagias N, Zelsmann M, Fink M, Reuther F, Gruetzner G, Torres CMS. Opt Express. 2007;15:7190.
[91] Belotti M, Torres J, Roy E, Pepin A, Chen Y, Gerace D, Andreani LC, Galli M. Microelectron Eng. 2006;83:1773.
[92] Tamborra M, Striccoli M, Curri ML, Alducin JA, Mecerreyes D, Pomposo JA, Kehagias N, Reboud V, Torres CMS, Agostian A. Small. 2007;3:822.
[93] Chao CY, Guo LJ. IEEE Photon Technol Lett. 2004;16:1498.
[94] Sotomayor Torres CM, Zankovych S, Seekamp J, Kam AP, Cedeno CC, Hoffmann T, Ahopelto J, Reuther F, Pfeiffer K, Bleidiessel G, Gruetzner G, Maximov MV, Heidari B. Mater Sci Eng C. 2003;23:23.
[95] Wang J, Sun X, Chen L, Chou SY. Appl Phys Lett. 1999;75:2767.
[96] Cheng X, Hong Y, Kanicki J, Guo LJ. J Vac Sci Technol B. 2002;20:2877.
[97] Cedeno CC, Seekamp J, Kam AP, Hoffmann T, Zankovych S, Torres CMS, Menozzi C, Cavallini M, Murgia M, Ruani G, Biscarini F, Behl M, Zentel R, Ahopelto J. Microelectron Eng. 2002;61:25.
[98] Reboud V, Lovera P, Kehagias N, Zelsmann M, Reuther F, Gruetzner G, Redmond G, Torres CMS. Appl Phys Lett. 2007;91:151101.
[99] Reboud V, Kehagias N, Zelsmann M, Striccoli M, Tamborra M, Curri ML, Agostiano A, Fink M, Reuther F, Gruetzner G, Sotomayor Torres CM. Appl Phys Lett. 2007;90:011114.
[100] Köck A, Gornik E, Hauser M, Beinstingl W. Appl Phys Lett. 1990;57:2327.
[101] Barnes WL. J Lightwave Technol. 1999;17:2170.
[102] Reboud V, Kehagias N, Striccoli M, Placido T, Panniello A, Curri ML, Zelsmann M, Reuther F, Gruetzner G, Sotomayor Torres CM. J Vac Sci Technol B. 2007;25:2642.
[103] Kehagias N, Reboud V, Sotomayor Torres CM, Sirotkin V, Svintsov A, Zaitsev S. Microelectron Eng. 2008;85:846.

第6章　原子层沉积纳米技术

摘要

原子层沉积(Atomic Layer Deposition,ALD)是一种能高度实现高保形、无针孔和纳米级厚度薄膜的化学气相沉积技术。ALD技术在显示技术、集成电路制造、太阳能电池和催化等纳米技术领域都有着极为广泛的应用。本章将讨论ALD技术的背景、基本原理及其在纳米技术中的应用,如纳米管、纳米颗粒及纳米级厚度薄膜的沉积。

6.1　引言

ALD是通过将两个连续反应的气相前驱体脉冲式交替地通入反应室的一种沉积技术。在每一个循环之后,单层原子层在衬底的表面上形成。ALD循环可以重复多次直到形成所需厚度的薄膜材料。ALD被认为是一种理想的超薄薄膜沉积技术,当需要在几何形状复杂的衬底上共形沉积纳米薄膜时,其优势尤为明显。

关于ALD的起源存在一些争议,部分学者认为其起源于以Aleskovskii教授为首的俄罗斯科学家们在20世纪60年代对TiO_2、GeO_2和其他一些氧化物薄膜的研究。1952年,Aleskovskii教授在他发表的博士论文中首次提出ALD工艺。其初步实验验证是在SiO_2表面进行的,后来也在单晶衬底上进行了实验验证。初步实验研究是在Aleskovskii教授指导下完成的,该研究结果由Kol'tsov及其合作者在1965—1967年以“Molecular Layering”为题予以发表。

更受普遍认可的关于ALD的起源是20世纪70年代由芬兰科学家Tuomo Suntola及其合作者所做的工作。他们将这项技术命名为“原子层外延”(Atomic Layer Epitaxy)并申请了专利。他们在专利中展示了交替反应元素Zn和S的使用可以形成ZnS原子层。相同的技术也运用在Sn/O和Ga/P中,通过沉积分别得到SnO_2和GaP。Suntola及其合作者随后证明该技术也可以运用在混合物反应中,只是将反应物替换为$TaCl_5/H_2O$和$AlCl_3/H_2O$以分别形成Ta_2O_5和

Al_2O_3。ALD的第一个商业应用是薄膜电致发光显示器件，最初用于1983—1998年Helsinki机场的大尺寸显示屏上。在20世纪90年代初，ALE被更正为ALD并被广泛使用至今[1]。

ALD在许多领域均有应用，如纳米电子学、微机电系统（MEMS）、光学涂层和催化剂。纳米电子学是当今ALD的一个主要应用领域。随着晶体管尺寸的逐渐减小，电子可以隧穿通过栅极氧化层，因此需要用具有高k值的介质材料来代替SiO_2（或者Si_3N_4），如HfO_2和Al_2O_3。随着氧化层厚度的减小、泄漏电流的增加，导致器件性能降低及能量的高功耗。而这些高k介质材料是可以用ALD来沉积的。

6.1.1 ALD基本原理

ALD循环的基本步骤如图6.1所示。首先，第一种反应前驱体脉冲交替式地进入反应腔体，并被化学吸附在衬底的表面，直至表面达到饱和（图6.1(a)）。一旦表面化学吸附达到饱和状态，便不会有进一步的反应前驱体分子被吸附。其次，惰性气体（通常为N_2或Ar）将过量的前驱体气体分子清扫出反应腔体（图6.1(b)）。随后，第二种反应前驱体脉冲交替式地进入反应腔体，与之前表面吸附的前驱体分子反应，直到表面饱和（图6.1(c)）。最后，过量的反应前驱体及反应副产物再一次被惰性载气带走并一同被泵抽出反应腔体（图6.1(d)）。经过以上4个步骤便可将所需材料的单原子层沉积在衬底上。通过多次重复图6.1(a)~(d)所示步骤，即可沉积具有指定厚度的薄膜[5]。

通常，每个ALD循环需要0.5s到几秒钟的时间，并且可以沉积厚度为0.01~0.3nm的薄膜[6]。ALD生长速率取决于前驱体分子的大小和衬底表面可参与化学吸附的位点数。由于分子间的空间位阻效应，前驱分子越大其生长速率越低[6]。

以三甲基铝（TMA）和H_2O为反应源沉积Al_2O_3是最为经典的ALD工艺，其具体的化学半反应过程如下，其中星号表示参与表面反应的基团，即

$$\text{Al-OH}^* + \text{Al(CH}_3)_3 \rightarrow \text{Al-O-Al-CH}_3^* + \text{CH}_4 \quad (6.1)$$

$$\text{Al-CH}_3^* + \text{H}_2\text{O} \rightarrow \text{Al-OH}^* + \text{CH}_4 \quad (6.2)$$

ALD是一种自限制反应过程，这意味着一旦在衬底表面上形成单分子层，将不再有更多的前驱体分子与衬底表面发生化学吸附。换言之，由于用于前驱体吸附的可用位点是饱和的，该过程限制其自身，并且直到引入下一种前驱体才可继续进行。这一特性使得ALD成为在复杂衬底上沉积均匀性好、具高保形性薄膜的理想方法。

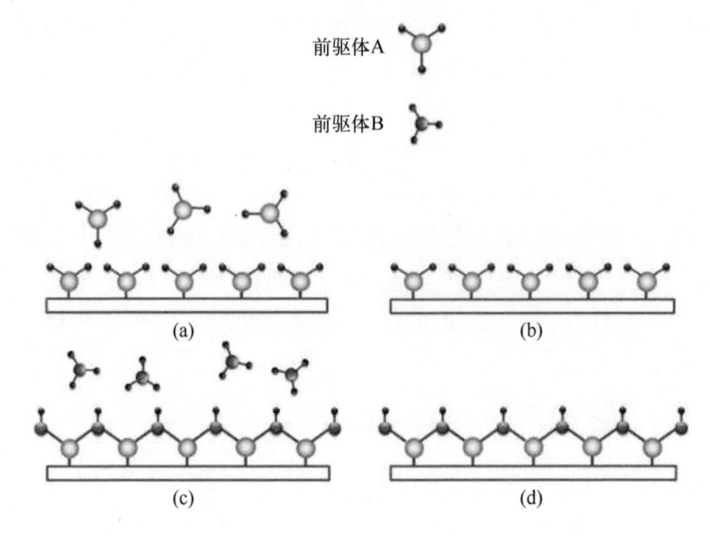

图 6.1　ALD 循环示意图(见彩图)

(a) 脉冲反应前驱体 A 直到表面饱和;(b) 清扫未吸附的反应物;(c) 脉冲反应前驱体 B,并与吸附的反应前驱体 A 分子反应;(d) 清扫过量的反应物和副产物。

6.1.2　等离子体增强 ALD

等离子体增强 ALD 的发展使得金属沉积及氮氧化物的低温沉积成为可能。在等离子体 ALD 中,金属分子脉冲是热沉积,而远程等离子体被用来作为与 Ar、O_2、H_2、N_2 等反应的其他前驱物。例如,对于 Al 的等离子体 ALD,TMA 被用来作为金属前驱物而等离子体氧则作为氧原子。ALD 等离子体反应器如图 6.2 所示。

模拟结果显示,ALD 反应过程(如 TMA 与水的 ALD 反应过程)中存在由活化势垒分离产生的瞬时中间亚稳态。克服这一势垒是 ALD 反应继续进行的首要条件。在加热型 ALD 过程中,所需的能量来自对衬底加热的热能。在等离子体增强 ALD 过程中,所需能量由热能和远程等离子体能量二者同时提供。高能等离子体用于气体裂解以产生高活性的原子自由基。具有活性的原子自由基一旦到达衬底表面,将加速其表面吸附反应同时降低反应温度。当使用等离子体增强 ALD 时,表面化学反应速率加快,前驱体分子的裂解增加,同时反应副产物更易于通过惰性气体的轰击清除。等离子体增强 ALD 的薄膜沉积速率,取决于等离子体源与反应衬底的分隔距离、等离子体脉冲时间、压力以及等离子体的功率等因素[9]。

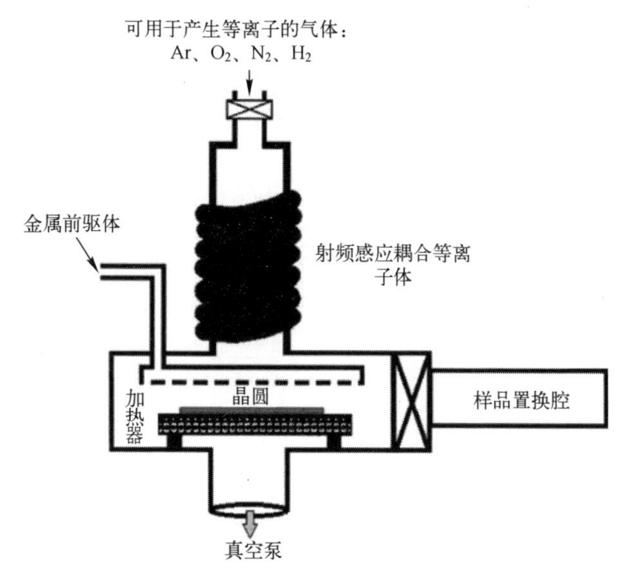

图 6.2　等离子体 ALD 反应器示意图

以 TMA 和等离子体氧为反应源沉积 Al_2O_3 薄膜是最具代表性的等离子体 ALD 工艺过程。与加热型 ALD 相比，不同的是等离子体 ALD 用氧等离子体代替水作为氧源。在等离子体的辅助下，可实现在热脆或热敏聚合物材料上沉积纳米薄膜，由于沉积温度低，可以保证不破坏衬底材料[10,11]。与热型 ALD 相比，等离子体增强 ALD 循环时间减少、沉积速率增加，从而提高其产能是等离子体 ALD 的另一个优势。图 6.3 展示了热型和等离子体增强 ALD 沉积 Al_2O_3 的不同生长速率，其中等离子体增强 ALD 的沉积速率明显高于热型 ALD 的沉积速率。由于水分子具有极性，在每次脉冲之后完全清除过量水分子要耗费较长

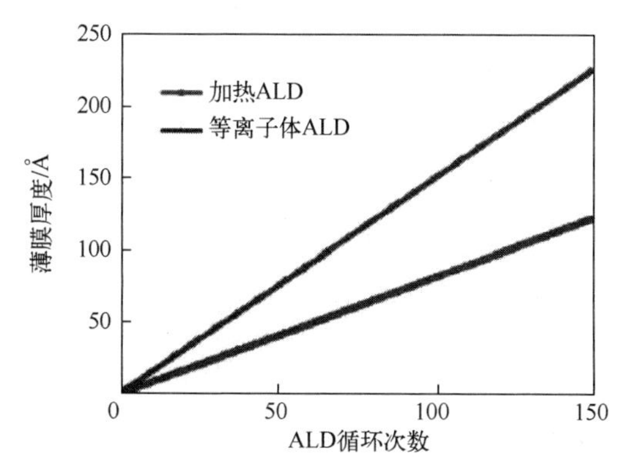

图 6.3　通过原位椭偏仪监测到的在 373K 下分别用加热沉积和等离子体 ALD 得到的 Al_2O_3 厚度在每个生长周期下的对比(见彩图)

时间,此为限制热型 ALD 沉积速率的主要原因之一。也正因为这一原因,使得低温沉积 Al_2O_3 极具挑战性。如果清洗不当,水残留在衬底表面,则所沉积薄膜可能含有大量的 H_2 或其他可能杂质。因此,在室温或更低的沉积温度下,加热型 ALD 沉积 Al_2O_3 是不切实际的。这正是等离子体增强 ALD 的优势所在,它能够将 ALD 工艺温度降低到室温,并且可以保证沉积薄膜的质量。

6.1.3 ALD 前驱体

在设计 ALD 工艺过程中,选择合适的反应前驱体至关重要。反应前驱体必须具备足够高的热稳定性,以确保气态反应前驱体分子能够到达被沉积衬底并且拥有足够的活性与衬底发生表面化学吸附反应。如果反应前驱体分子在到达衬底之前已分解,将破坏 ALD 工艺的自限制生长机制。再者,反应前驱体还必须具备足够的蒸气压,以便在加热过程中前驱体气体分子作为纯气体或作为与载气混合的蒸气转移到反应腔室中。在反应腔室中产生的反应副产物,应当不具备反应活性,以防止工艺缺陷的产生或发生过度的薄膜沉积[5]。反应前驱体可以是固态、液态或气态,这将影响到前驱体的运载系统的设计。

TMA 和水是理想 ALD 反应前驱体的代表。由于水分子的吸附作用,在反应衬底表面存在大量羟基团,一旦 TMA 分子暴露于衬底表面吸附的羟基团时,将发生表面化学吸附反应,形成 CH_4 分子,同时带有一个或两个甲基团的 Al 原子将与衬底表面化学结合。清洗完过量的 TMA 分子后,水分子加入到腔室里,羟基团将替代 Al 原子上未被替代的甲基团,进而恢复表面对 TMA 的反应活性,从而使得 ALD 循环可以重复[12]。其具体反应过程如图 6.4 所示,在图 6.4 的 1 中,首先水附着到衬底表面,形成羟基基团;其次惰性气体清洗去除腔体中过量水蒸气;然后 TMA 分子与羟基团发生反应并生成副产物 CH_4;最后过量的 TMA 分子和副反应产物通过惰性气体清洗去除。通过重复这个过程,如图 6.4 中 3 和 4 所示,即可以形成 Al_2O_3 层。

ALD HfO_2 在半导体工业中可以用作为高 k 栅极氧化物层,因此 ALD 反应前驱体至关重要。HfO_2 的前驱体通常是铪酰胺,如四(二乙氨基)铪($Hf(NMe_2)_4$)、四(乙基甲基氨基)铪($Hf(NEtMe)_4$),或更大分子尺寸的前驱体,如双(甲基环戊二烯基)二甲基铪(HfD-02)、双(甲基环戊二烯基)甲氧基甲基铪(HfD-04)。以上 4 种合适的前驱体具有宽范围的蒸汽压,如图 6.5 所示。

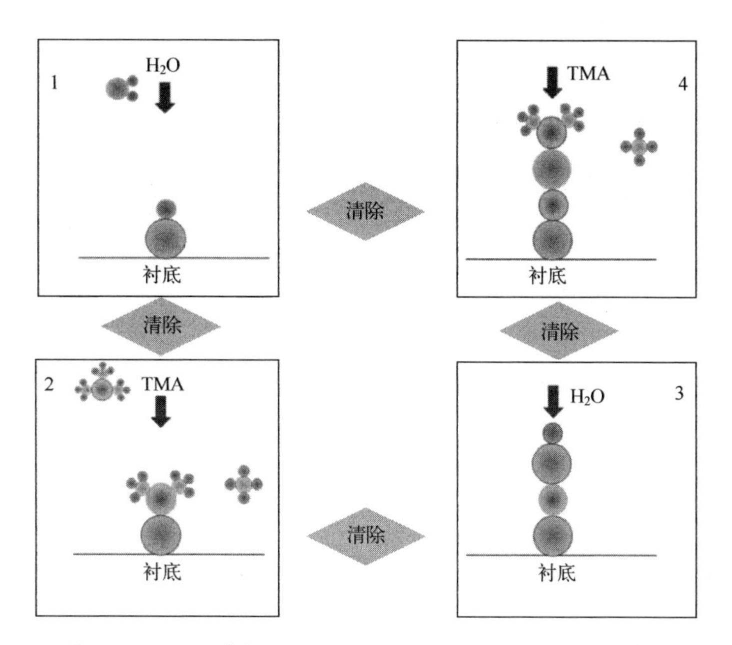

图 6.4　以三甲基铝(TMA)和水为反应源的 ALD 过程示意图

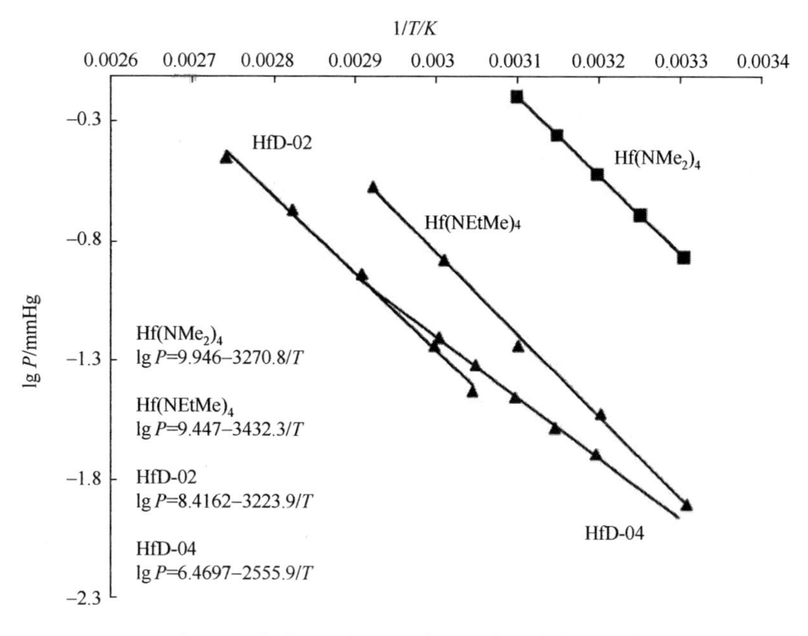

图 6.5　金属 Hf 的 ALD 前驱体饱和蒸汽压曲线

(数据来源:SAFC Hitech)[15]

例如,ALD 工艺过程要求前驱体蒸汽压为 0.25Torr(1Torr = 133.32Pa),则($Hf(NMe_2)_4$)的温度应当设定在 310.1K、$Hf(NEtMe)_4$的温度应设定在 346.1K、HfD-02 的温度应设定在 357.9K、HfD-04 的温度应设定在 361.4K。这个宽范围的反应前驱体蒸汽压使得 ALD 沉积具有更宽沉积温度区间和沉积速率,如图 6.6 所示。在表 6.1 中总结了 4 种前驱体的最佳 ALD 沉积温度区间。

ALD 前驱体一般按重量出售,通常以 25g 为一个单位。由于前驱体通常是具有大分子的有机金属化合物,所以实际金属含量可以是 50%或更少。一些昂贵的前驱体,如四(二甲氨基)铪,以 10g/安瓿出售。该前驱体含有 50.3% Hf,因此 10g/安瓿含有约 5g 金属 Hf。即使在室温下,前驱体也具有保质期,而在 ALD 工作温度下其寿命进一步缩短。例如,在前面讨论的 4 种金属 Hf 前驱体当中,热重分析(TGA)结果表明,其中 $Hf(NMe_2)_4$和 $Hf(NEtMe)_4$两种前驱体在典型前驱体温度范围内即开始分解,其分解温度分别为 336K 和 374K,如图 6.7 所示。

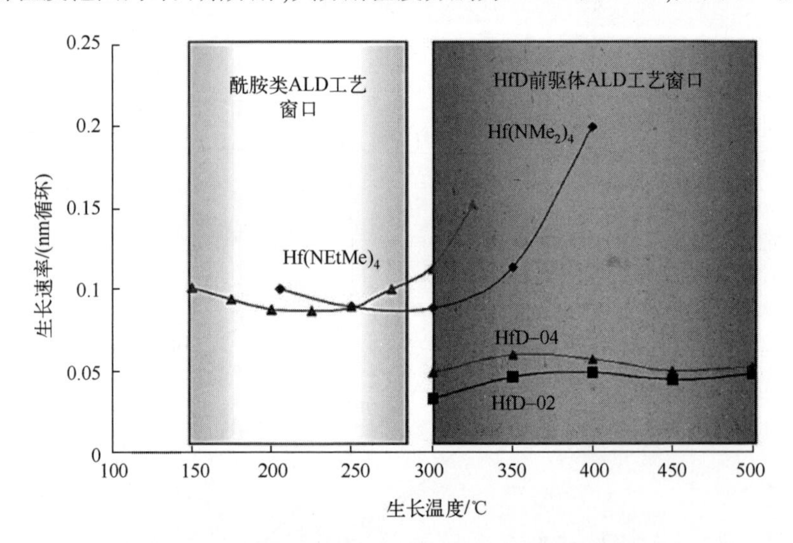

图 6.6 4 种 Hf 前驱体的 ALD 生长速率随温度的变化曲线
(数据来源:SAFC Hitech)[15]

表 6.1 Hf 前驱体的优化 ALD 沉积温度表[13-15]

Hf 前驱体	ALD 沉积温度范围/K①
$Hf(NMe_2)_4$	473~613
$Hf(NEtMe)_4$	323~548
HfD-02	583~773
HfD-04	573~773

① 稳定生长速率(±0.01nm/循环)。

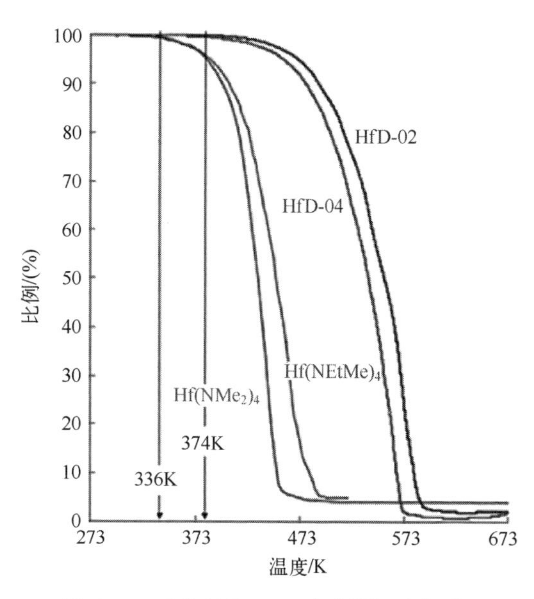

图 6.7 Hf 前驱体 TGA 曲线[15]（见彩图）

6.1.4 优势与局限

与其他沉积技术相比，ALD 具有显著的优势，尤其体现在超薄薄膜的沉积以及几何结构复杂衬底上的薄膜沉积。其中共形沉积是 ALD 的最大特性，它可以在形貌非常复杂的三维结构及高深宽比特征结构中沉积共形薄膜[16,17]。ALD 自限制生长机制使得所沉积薄膜具有大面积均匀性、可重复性高以及出色的附着力等特点。与 CVD 相比，ALD 工艺温度相对较低（一般小于 400℃），并且 ALD 没有气相成核，因此 ALD 沉积薄膜具有较低缺陷，这使得 ALD 在高科技产业中极具吸引力[18]。精确的厚度控制是 ALD 的另一有趣特点，这使得它优于其他薄膜沉积技术。ALD 薄膜厚度可以简单地由 ALD 循环次数实现精确控制。当材料性能强烈地依赖于厚度时，这一特性在超薄薄膜沉积中显得尤为重要。由于 ALD 薄膜是逐个堆叠原子层而形成的薄膜，因此 ALD 可沉积具有相对陡峭过渡的多层结构。这种特性在纳米混合叠层的生产中是必不可少的。

虽然许多材料已经可以成功地使用 ALD 沉积，但是 ALD 新材料的需求仍然日益增长，因此必须开发新的并且合适的前驱体。过慢的沉积速度也是限制 ALD 的一个重要因素[19]。一旦前驱体进入腔室，就倾向于几乎覆盖整个表面，所以区域选择性沉积也是 ALD 应关注的问题。

6.2 ALD在纳米科技中的应用

6.2.1 高深宽比特征结构的ALD

如上所述,由于ALD的高保形性,已证实ALD具有在深宽比(孔长度除以孔直径)超过1000的纳米孔内部均匀涂覆共形薄膜的能力。已有研究者利用ALD方法对制备多孔阳极Al_2O_3进行了研究[20],也有数篇关于使用ALD填充内部孔洞的报道[21-25]。因此,可以通过ALD技术制备任何可沉积材料的纳米多孔结构。然而,研究表明在阳极氧化过程中,阳极Al_2O_3微孔滤膜极易脱水成草酸铝,进而造成污染[26]。而草酸盐只能通过高温退火除去,或利用15nm Al_2O_3 ALD层包封,如图6.8(a)和图6.8(b)所示。

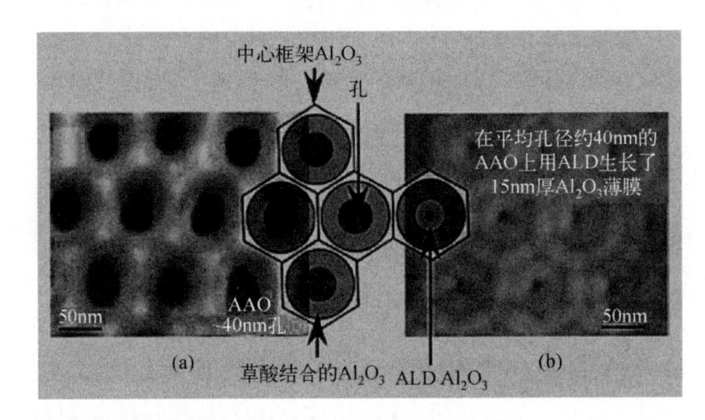

图6.8 高深宽比特征结构的ALD

(a) 多孔阳极Al_2O_3膜的SEM显微照片(由于孔洞周围草酸盐污染引起了变色);
(b) 15nm厚的ALD Al_2O_3包覆的阳极Al_2O_3膜SEM照片(显示孔直径为10nm。
图中插图的示意图说明了显微照片中的特征[26])。

关于深宽比达到5000:1的细孔涂层的详细研究在2003年已有发表[22]。在这项研究中,来自于二甲基锌(DMZ)和水的ZnO的热ALD,用于涂覆阳极Al_2O_3中不同大小的孔。ZnO的ALD半反应为

$$ZnOH^* + Zn(CH_2CH_3)_2 \rightarrow ZnOZn(CH_2CH_3)^* + C_2H_6 \quad (6.3)$$

$$Zn(CH_2CH_3)^* + H_2O \rightarrow ZnOH^* + C_2H_6 \quad (6.4)$$

ALD ZnO沉积在孔径长度L为120μm和孔径d为19nm、46nm和65nm的高深宽比的阳极氧化纳米孔中。研究者发现,通过该方法制备ZnO纳米管的均

匀性取决于前驱体的脉冲时间和孔径大小，分别如图6.9(a)、(b)所示。结果表明，ZnO涂层在纳米孔中的均匀性取决于前驱体脉冲宽度的平方根与孔径的线性关系。蒙特卡罗模拟结果表明，要获得均匀覆盖的纳米孔，涂覆孔的曝光时间 t 由下式给出，即

$$t=2.3\times10^{-7}P^{-1}\sqrt{m}\,\Gamma\left(\frac{L}{d}\right)^{2} \tag{6.5}$$

式中：P 为反应腔体的压力(Torr)；Γ 为ALD活性位点的密度($10^{19}\ \mathrm{m}^{-2}$)；m 为以amu为单位的反应物分子质量。

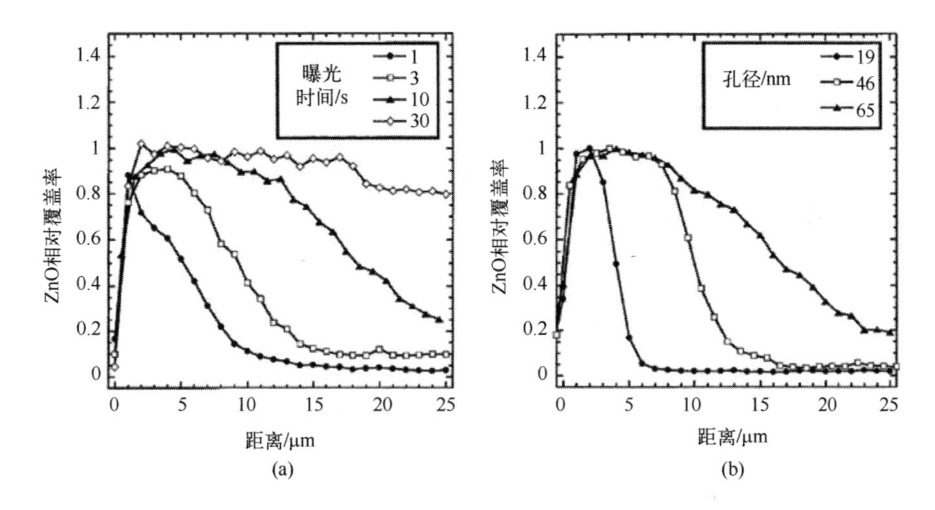

图6.9 对于64个ALD循环得到的ZnO覆盖均匀性与孔径大小和曝光时间的依赖关系[22]

(a) 孔径 d=65nm、L=50μm；(b) 曝光时间5s。

对于反应前驱体DMZ，Γ 为0.84，m 为123，反应腔体压力 p 为5Torr，孔径深宽比(L/d)为5000，由式(6.5)可以推算曝光时间为11s。这项工作的一个结论是，均匀的孔涂层会消耗大量的反应前驱体，因此必须使用相应的实验策略来减少前驱体的消耗。

最近的研究表明，可以通过ALD方法在多孔阳极 Al_2O_3 模板的空洞中沉积贵金属Pt和Ir[25]。图6.10所示的SEM俯视图显示了纳米孔洞直径随Pt的ALD循环数变化的关系。该结构被用来检测葡萄糖。ALD薄膜包覆的纳米管在催化领域(如环已烷氧化脱氢)、染料敏化太阳能电池以及储能等领域也引起了人们的极大兴趣。

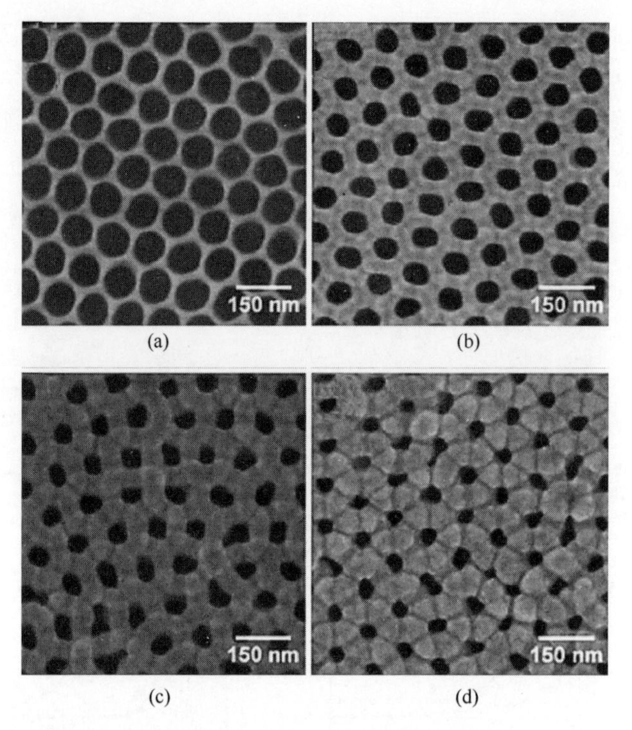

(a) (b) (c) (d)

图 6.10 多孔阳极化的 Al_2O_3 在 $Pt(MeCp)Me_3$ 和 O_2 中在不同个 ALD 循环后的自上而下的 SEM 图像（详见参考文献[25]）
(a)0;(b) 200;(c) 300;(d) 400。

6.2.2 ALD 薄膜在纳米电子学中的应用

ALD 的最大应用之一是纳米电子学，其可用于沉积栅氧化层和用于铜互连扩散阻挡层。本节将重点介绍 ALD 应用于栅氧化层。

金属氧化物半导体场效应晶体管（MOSFET）是集成电路中普遍存在的互补金属氧化物半导体器件（CMOS）的基本单元。在 MOSFET 中，通过调节栅氧化层偏置电压以控制沟道中载流子（电子或空穴）的流动，如图 6.11(a)所示。在过去 40 年，MOSFET 所使用的栅氧化层为热生长 SiO_2。随着器件尺寸的缩小，栅氧化层厚度从 1969 年的 100nm 减少至 2005 年的 2nm 左右，而泄漏电流呈指数增加（图 6.11(b)）。要找到问题的解决方案，弄懂产生问题的原因是至关重要的。集成电路已经变得无处不在，随着器件的缩小，在硅晶圆的同一个区域上可以以相同的成本放置更多的器件。这一关系的基础是以 Intel 公司创始人命名的著名定律——摩尔定律[29]。为更好地弄懂这一点，可以参考这样一个事实，第一个 CPU，Intel 4004，大约有 2000 个晶体管，而今天，一个 Intel 酷睿 i7®CPU 有接近 10 亿个晶体管，这一数字取决于高速缓存存储器的数量。这一突破主要归功于晶体管的最小特征尺寸从 1969 年的 10μm 缩小至 2007 年的 45nm。

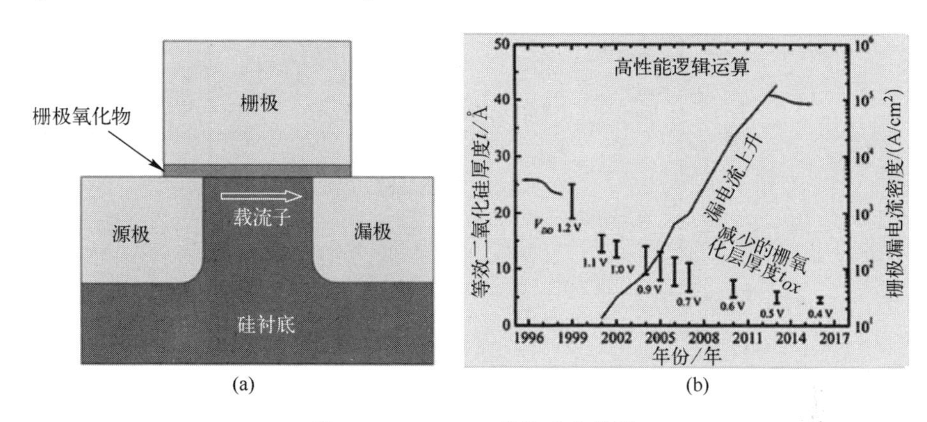

(a)　　(b)

图 6.11　MOSFET 结构及其特性

(a) MOSFET 的示意图；(b) SiO_2 栅极氧化物的泄漏电流随时间的变化[28]。

晶体管开关的速度是晶体管性能的一个重要指标。晶体管开关的速度与电压摆幅 U、驱动电流 I 及器件电容 C 相关，可以由 CU/I 推导而来。电压振幅和驱动电流是器件参数，而电容与栅氧化层的尺寸（面积 A 和厚度 t）以及材料特性相关，即

$$C=\frac{A\varepsilon_0\varepsilon_r}{t} \tag{6.6}$$

式中：ε_0 为真空的介电常数；ε_r（也称为 k）为栅极氧化物的相对介电常数。

随着尺寸的缩小，A 会变小，因此需要缩小 t 来保证 C 不会变小，器件工作不会变慢。然而，随着栅氧化层厚度接近 2nm，载流子通过氧化层的直接隧穿开始变得明显，并且泄漏电流迅速增加（图 6.11(b)）。隧穿电流大小取决于电场 E（$E=U/t$），它与栅氧化层厚度成反比。因此，减小泄漏电流的唯一方法是增加栅氧化层厚度。如果 t 增加，保持高电容的唯一方法即使用具有较高介电常数 ε_r 的栅氧化层。在图 6.12 中给出了各种氧化物的介电常数和带隙宽度。带宽是介电材料的一个重要特性，因为击穿电压与带隙宽度直接相关，并且栅氧化层需要承受非常大的电场，大约在 5×10^6V/cm 量级。

IC 公司选择 HfO_2 来代替 SiO_2 作为 45nm 结点的栅极电介质，主要原因是图 6.13(a)所示的几个性能优势。HfO_2 具有比 SiO_2 大 6 倍的介电常数，但是与 SiO_2 的 9eV 带隙相比，其带隙只有大约 6eV。45nm 高的晶体管横截面如图 6.13(b)所示。从图 6.11(b)和图 6.12 中可以清楚地看出，在没有成比例降低电源电压

的情况下,很难超过 HfO_2。

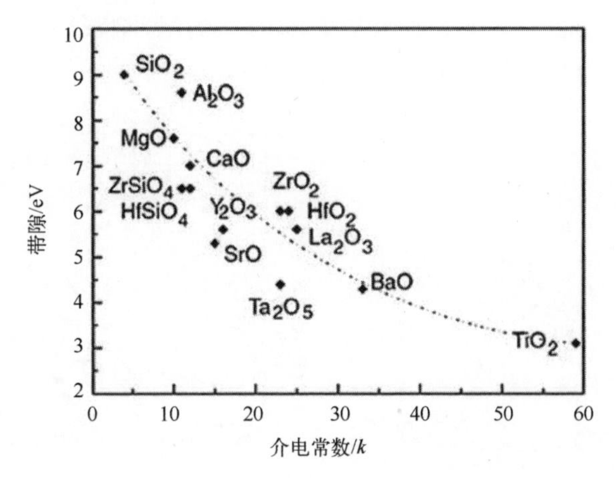

图 6.12 潜在栅极氧化物材料的介电常数与带隙的关系[31]

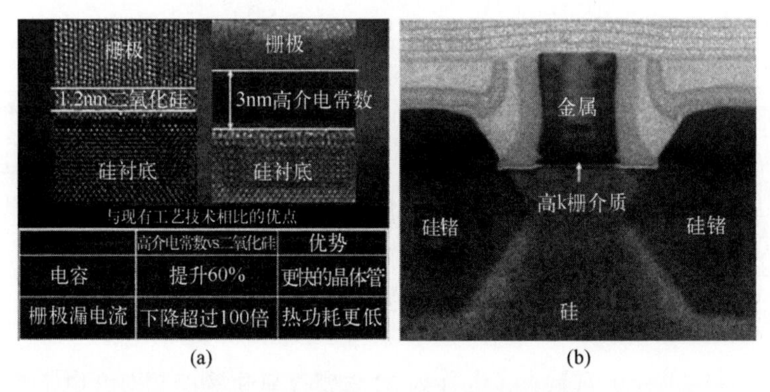

图 6.13 选择 HfO_2 代替 SiO_2 的原理

(a) 高 k 值 HfO_2 与 SiO_2 的比较;(b) 以 HfO_2 为栅介质的 45nm 晶体管。

选择 HfO_2 的因素有很多,有些因素超出了这里的讨论范围,但是选择 ALD 作为 HfO_2 的沉积方法的原因却是非常明确。从式(6.6)中可以清楚地看出,在晶粒间、晶圆内或晶圆与晶圆之间沉积的氧化物薄膜厚度的任何变化都可能导致晶体管性能产生不可接受的变化。ALD 是唯一能够提供均匀、无缺陷且厚度精确可控薄膜沉积的技术。前面已经讨论了 ALD 沉积 HfO_2 的反应前驱体。ALD 可以在足够低的温度下沉积 HfO_2,所沉积 HfO_2 薄膜具备非晶态,可与硅衬底形成特殊的界面[31]。

ALD 的共形沉积特性也使得其非常适合纳米电子学中的其他应用,如 Cu 互连扩散阻挡层的沉积。Cu 在 SiO_2 中的扩散速度非常快,极易在 Si 中形成深阱。因此,必须使用扩散阻挡层阻止 Cu 的扩散。扩散阻挡层的厚度必须大于减缓扩散所需的最小厚度,这样才不会影响器件的使用寿命。Cu 互连采用大马士革结构制造,这意味着在层间电介质上需制造沟槽,然后用阻挡层作内衬并填充铜。阻挡层通常为氮化物,其电阻率比 Cu 高 50~100 倍,因此为了达到总体电阻不会受到显著影响的目的,使沟槽中的阻挡材料数量应做到最小化。ALD 可以很好地实现这一点,因为它可以均匀地以最小厚度沉积阻挡层,从而允许互连具有最低的等效电阻。

ALD 氧化层多倾向于用作密封层,如可用于防止有机纳米线暴露于空气时的光致发光(PL)的降解。由三(8-羟基喹啉)镓(III)制成的 GaQ3 有机纳米线,有望应用于有机发光二极管,但是当其暴露在空气中时,发光强度迅速降低。利用 ALD 技术在 GaQ3 纳米线上沉积 Al_2O_3 保护层,沉积温度为 278K(略低于室温)、沉积速率为 0.068nm/循环、沉积 Al_2O_3 厚度为 3.4 ~13.6nm,与未涂覆的纳米线相比,对于所有 Al_2O_3 厚度,包覆密封层后的纳米线的 PL 发射光谱没有发生变化,并且暴露在空气中时均没有产生退化[33]。

6.2.3 纳米颗粒的沉积

在氧化物上 ALD 沉积金属时,如在 SiO_2上沉积 W 难以成核,其具体表现为 ALD 薄膜的生长延迟,如图 6.14(a)所示。为了与非理想 ALD 生长曲线进行比较,图中也展示了理想 ALD 生长曲线。在薄膜生长延迟期间,金属核在氧化物表面形成岛状结构,如在 Al_2O_3 表面沉积金属 Pd,如图 6.14(b)所示。随着 ALD 脉冲次数的增加,纳米颗粒生长得更大,最终颗粒凝聚成薄膜。形成连续膜所需的脉冲数取决于前驱体脉冲的宽度,脉冲越宽,所需的脉冲数越少。例

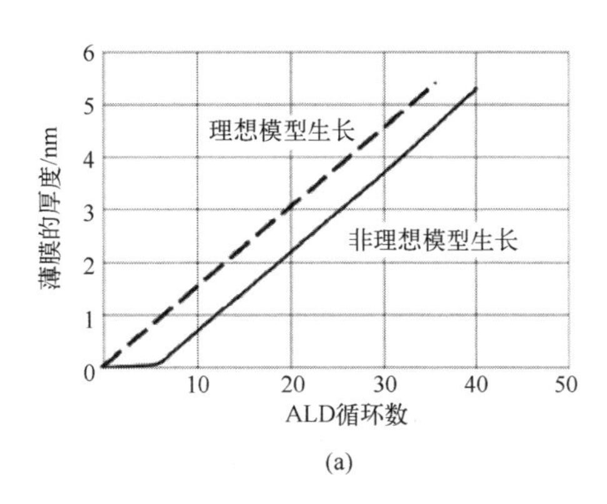

(a)

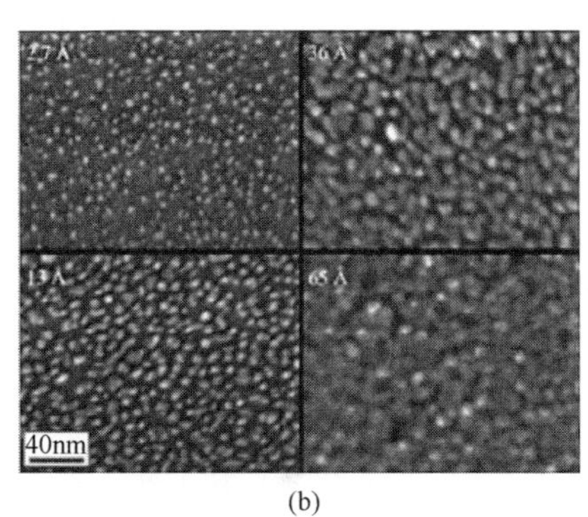

(b)

图 6.14 纳米颗粒的沉积

(a) 由于成核困难造成非理想 ALD 生长曲线及其与理想 ALD 生长曲线的比较;

(b) 不同等效 Pd 薄膜厚度下,Pd 纳米颗粒在 Al_2O_3 表面生长的成核过程[35]。

如,以六氟乙酰丙酮钯(Pd(II))和福尔马林为前驱体沉积金属 Pd 颗粒,当前驱体脉冲宽度为 1s 时大约需要 85 个脉冲数才能形成厚度约 0.24nm 的单层薄膜,而当前驱体脉冲为 10s 时只需要 40 个脉冲数[35]。

正是由于成核困难这一特性,研究在表面或其他纳米颗粒上沉积 ALD 纳米粒子以及其在催化方面的应用已发展成为一个重要的研究领域。Pt 和 Pd 是在催化应用方面的两种热门金属材料。早期关于 ALD 金属 Pt 的研究依赖于不稳定的前驱体,直到 2003 年[36,37] ALD 成功地沉积金属 Pt 薄膜工艺才被首次报道,使用的前驱体为(甲基环戊二烯基)三甲基铂[$CH_3C_5H_4Pt(CH_3)_3$]和氧,沉积温度范围为 573~623K,相对应的半反应是基于相应的 CVD 过程[37],即

$$Pt+O_2 \rightarrow Pt—O_x \tag{6.7}$$

$$CH_3C_5H_4Pt(CH_3)_3+Pt—O_x \rightarrow Pt+CO_2\uparrow+H_2O\uparrow+\text{片段} \tag{6.8}$$

其中,氧分子(或原子氧自由基或离子)在金属 Pt 表面上的吸附由反应方程式(6.7)给出,而 Pt 前驱体的氧化由反应方程式(6.8)给出,后一过程是 Pt 沉积中的速率限制过程[38]。

这些前驱体也被其他研究小组用于研究 Pt 薄膜沉积[39,40]。虽然在这些工作中,Pt 的 ALD 生长曲线(膜厚与脉冲数的关系)看起来是理想的,但是所沉积的 Pt 膜的密度直到膜厚达到 18.3nm 时才与 Pt 块体材料密度相匹配,这表明低于此厚度的 Pt 膜是不连续的[40]。然而,最近的工作表明,Pt 纳米颗粒的沉积是在沉积的早期阶段,并且可以沉积在氧等离子体[41]或酸[42]预处理过的碳材料上。图 6.15 展示了在 CNT 上沉积的分散 Pt 纳米颗粒。

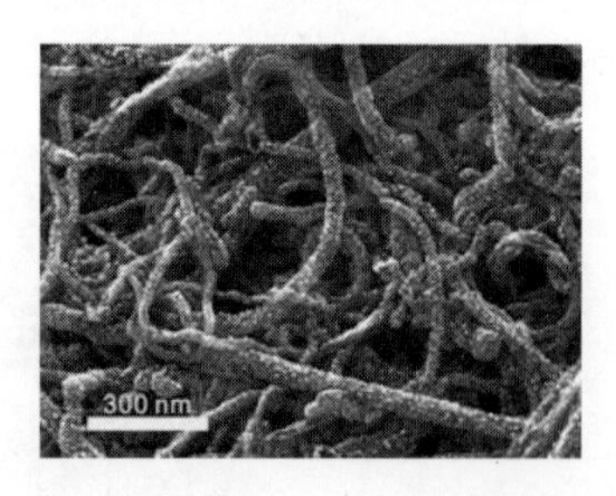

图 6.15 在碳纳米管上 ALD 得到的 Pt 纳米颗粒

在钛酸锶($SrTiO_3$)衬底上沉积 Pt,$SrTiO_3$ 似乎会催化 Pt 的生长[43]。在高表面积载体 $SrTiO_3$ 纳米颗粒上也可生长纳米级的 Pt 颗粒(直径约 0.7~3nm),如图 6.16 所示[44]。在这项研究中,使用了相同的 Pt 前驱体,正如前面所讨论的式(6.7)和式(6.8),但这项研究集中在沉积的早期阶段,而不是先前所研究调查的稳态沉积条件。Pt 的负载量约为 1μg/cm^2,而且分散均匀。沉积开始时,在 1~5 个 ALD 循环之间,Pt 的氧化率($Pt-O_x$)从 90%降为 43%。

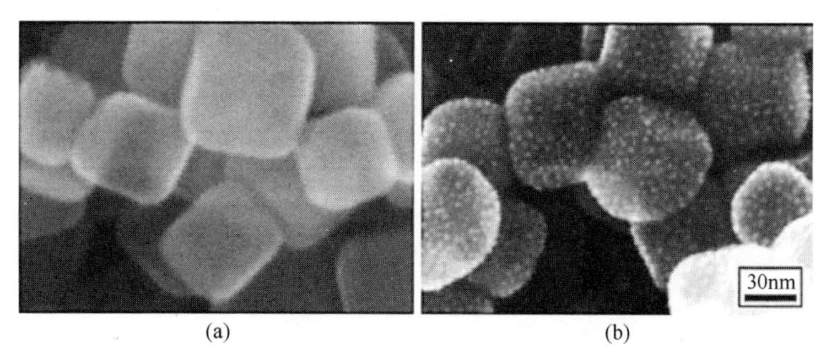

图 6.16　在 $SrTiO_3$ 纳米颗粒上生长纳米级的 Pt 颗粒

(a) $SrTiO_3$ 纳米颗粒(立方体)的高分辨率 SEM 图像;(b) 在 Pt 纳米颗粒沉积(3 个 ALD 循环)之后的高分辨率 SEM 图像[44]。

金属纳米颗粒最大问题之一为在高温下纳米颗粒间由于相互扩散,导致纳米颗粒尺寸增加、数量减少,进而降低催化活性。最新研究结果表明,对于 ALD 沉积的 1~2nm 直径 Pd 纳米颗粒,ALD 的 Al_2O_3薄膜包覆可使 Pd 颗粒尺寸及尺寸分布在 773K 高温下保持稳定,并且在某些情况下,甚至可提高其催化活性[45]。以硅胶(99.6m^2/g)为载体的催化剂可通过以下方法制备,先在硅胶载体上包覆一层 ALD 的 Al_2O_3,然后进行 ALD 纳米粒子涂覆,最后沉积不同厚度的 Al_2O_3涂层。图 6.17 展示了 773K 高温退火 6h 对未包覆和 ALD Al_2O_3 包覆的 Pd 纳米颗粒的影响。很显然,Al_2O_3包覆层的影响是显著的。进一步研究表明,ALD 的 Al_2O_3优先在 Pd 纳米粒子的边缘和尖角处成核,留下具备催化活性的 Pd(111)面。通过甲醇分解测试可表征 ALD 的 Al_2O_3 包覆 Pd 纳米颗粒的催化活性,在 543K 时,甲醇转化率在 1~16 个 Al_2O_3的 ALD 循环内从 70%跃升到 100%,超过 16 个循环时效率大幅度下降。

虽然金属难以在金属氧化物表面上成核,但是在金属衬底上的 ALD 金属生长却是理想的。这意味着 ALD 可以用来制造双金属纳米颗粒,首先沉积金属纳米颗粒,然后用另一种金属选择性地涂覆这些颗粒。通过在球状 Al_2O_3 粉末上进行 Ru 和 Pt 的 ALD 连续沉积来制备 Ru-Pt 双金属纳米颗粒[46]。Ru 循环由 2,4-(二甲基戊二烯基)(乙基环戊二烯基)Ru 前驱体和氧组成,而 Pt 循环与本节前面讨论的式(6.7)和式(6.8)相同。Ru 和 Pt 循环比为 1:1,Ru 沉积速率为 0.031nm/循环,而 Pt 沉积速率为 0.074nm/循环。Ru—Pt 的粒径为 0.9~1.3nm,Ru—Ru 键间距离比体相值小 3%,Ru—Pt 键间距离比体相值小 1.1%。该键间距的收缩与通常在金属纳米粒子中发现的收缩一致[47,48]。与 Ru 和 Pt 纳米催化剂的物理混合物相比,双金属纳米颗粒在 523K 下使甲醇转化率从 40%提高到 80%(图 6.18)。

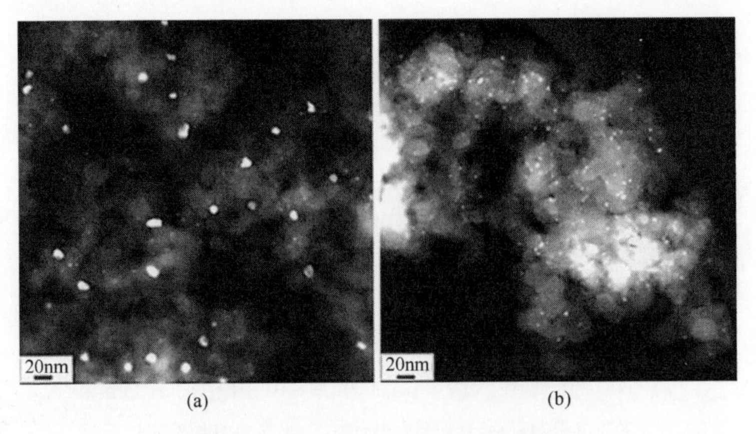

图 6.17　退火处理后的 Pd 纳米颗粒

(a) 未涂覆 Al_2O_3;(b) 16 个 ALD 循环的 Al_2O_3涂层[45]。

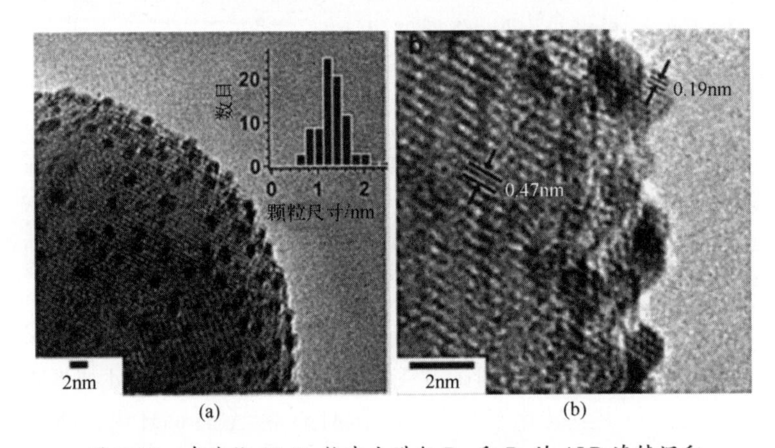

图 6.18　在球状 Al_2O_3 粉末上进行 Ru 和 Pt 的 ALD 连续沉积来制备 Ru—Pt 双金属纳米颗粒

(a) 生长在球形 Al_2O_3颗粒表面上的 Ru—Pt 纳米颗粒(平均直径为 1.2nm)的透射电镜图像;(b) 高分辨率 TEM 图像显示组成材料的晶格图像[46]。

6.3 小结

ALD 技术是当前和未来许多纳米技术中的一项非常重要的技术。本章已经证明了 ALD 对于任何要求具备极好一致性和均匀性薄膜的应用需求非常重要。此外,最近 ALD 沉积金属和双金属纳米颗粒能力的新发现为 ALD 应用的研究和发展开辟了新的领域。

参考文献

[1] Puurunen RL. J Appl Phys. 2005;97:121301.
[2] George SM. Chem Rev. 2010;110:111.
[3] Delabie A, Puurunen RL, Brijs B, Caymax M, Conard T, Onsia B, Richard O, Vandervorst W, Zhao C, Heyns MM, Meuris M, Viitanen MM, Brongersma HH, De Ridder M, Goncharova LV, Garfunkel E, Gustafsson T, Tsai W. J Appl Phys. 2005;97:064104.
[4] Deshpande A, Inman R, Jursich G, Takoudis C. J Vac Sci Technol A. 2004;22:2035.
[5] Lee F, Marcus S, Shero E, Wilk G, Swerts J, Maes JW, Blomberg T, Delabie A, Gros-Jean M, Deloffre E, 2007 IEEE/SEMI advanced semiconductor manufacturing conference (2007) 359.
[6] Leskelä M, Ritala M. Angew Chem Int Edit. 2003;42:5548.
[7] No SY, Eom D, Hwang CS, Kim HJ. J Electrochem Soc. 2006;153:87.
[8] Widjaja Y, Musgrave CB. Appl Phys Lett. 2002;80:3304.
[9] Ka¨a¨ria¨inen TO, Cameron DC. Plasma Process Polym. 2009;6:S237.
[10] Wilson CA, Grubbs RK, George SM. Chem Mater. 2005;17:5625.
[11] Niskanen A, Arstila K, Ritala M, Leskelä M. J Electrochem Soc. 2005;152:F90.
[12] Hausmann D, Ph.D. Thesis, Harvard University (2002).
[13] Kukli K, Pilvi T, Ritala M, Sajavaara T, Lu J, Leskelä M. Thin Solid Films. 2005;491:328.
[14] Kukli K, Ritala M, Sajavaara T, Keinonen J, Leskelä M. Chem Vap Depos. 2002;8:199–204.
[15] SAFC Hitech Technical Bulletin "New hafnium oxide ALD precursors", http://www. safcglobal.com/safc-hitech/en-us/home/overview/technical-library. html
[16] Kim H, McIntyre PC. J Korean Phys Soc. 2006;48:5.
[17] Seidel T, Dalton J, Karim Z, Lindner J, Daulesberg M, Zhang W, 8th International conference on solid-state and integrated circuit technology (2007) 436.
[18] Leskelä M, Ritala M. Thin Solid Films. 2002;409:138.
[19] Niinisto L, Paivasaari J, Niinisto J, Putkonen M, Nieminen M. Phys Status Solid A. 2004;201:1443.
[20] Martin CR. Science. 1994;266:1961.
[21] Ott AW, Klaus JW, Johnson JM, George SM, McCarley KC, Way JD. Chem Mater. 1997;9:707.
[22] Elam JW, Routkevitch D, Mardilovich PP, George SM. Chem Mater. 2003;15:3507.
[23] Pellin MJ, Stair PC, Xiong G, Elam JW, Birrell J, Curtiss L, George SM, Han CY, Iton L, Kung H, Kung M, Wang H-H. Catal Lett. 2005;102:127.
[24] Mertinson ABF, Elam JW, Hupp JT, Pellin MJ. Nano Lett. 2007;8:2183.
[25] Comstock DJ, Christensen ST, Elam JW, Pellin MJ, Hemson MC. Adv Funct Mat. 2010;20:3099.
[26] Xiong G, Elam JW, Feng H, Han CY, Wang H-H, Iton LE, Curtiss LA, Pellin MJ, Kung M, Kung H, Stair PC. J Phys Chem B. 2005;109:14059.
[27] Banerjee P, Perez I, Henn-Lecordier L, Lee SB, Rubloff GW. Nat Nanotechnol. 2009;4:292.
[28] Yeo Y-C, King T-J, Hu C. IEEE Trans Electr Dev. 2003;50:1027.
[29] Moore GE, Electronics (1965) 38/8, April 19.
[30] Taur Y, Ning T. Fundamentals of modern VLSI devices. New York: Cambridge University Press; 1998. ISBN 9780521559591.
[31] Robertson J. J Vac Sci Technol B. 2000;18:1785.

[32] Intel Corporation, High K metal gate press foils, Nov. 2003.
[33] Wang C-C, Kei C-C, Perng T-P. Electrochem Sol State Lett. 2009;12:K49.
[34] Elam JW, Nelson CE, Grubbs RK, George SM. Thin Solid Films. 2001;386:41.
[35] Elam JW, Zinovev A, Han CY, Wang HH, Welp U, Hryn JN, Pellin MJ. Thin Solid Films. 2006;515:1664.
[36] Aaltonen T, Ritala M, Sajavaara T, Keinonen J, Leskelä M. Chem Mater. 2003;15:1924.
[37] Aaltonen T, Ritala M, Tung YL, et al. J Mater Res. 2004;19:3353.
[38] Hiratani M, Nabatame T, Matsui Y, Imagawa K, Kimura S. J Electrochem Soc. 2001;148: C524.
[39] Zhu Y, Dunn KA, Kaloyeros AE. J Mater Res. 2007;22:1292.
[40] Jiang XR, Huang H, Prinz FB, Bent SF. Chem Mater. 2008;20:3897.
[41] Hsueh Y-C, Hu C-T, Wang C-C, Liu C, Perng T-P. ECS T. 2008;16:855.
[42] Liu C, Wang C-C, Kei C-C, Hsueh Y-C, Perng T-P. Small. 2009;5:1535.
[43] Christensen ST, Elam JW, Lee B, Feng Z, Bedzyk MJ, Hersam MC. Chem Mater. 2009;21:516.
[44] Christensen ST, Elam JW, Rabuffetti FA, Ma Q, Weigand SJ, Lee B, Seifert S, Stair PC, Poeppelmeier KR, Hersam MC, Bedzyk MJ. Small. 2009;5:750.
[45] Feng H, Lu J, Stair PC, Elam JW, Catal Lett, Published online 25 January 2011.
[46] Christensen ST, Feng H, Libera JL, Guo N, Miller JT, Stair PC, Elam JW. Nano Lett. 2010;10:3047.
[47] Miller JT, Kropf AJ, Zha Y, Regalbuto JR, Delannoy L, Louis C, Bus E, van Bokhoven JA. J Catal. 2006;240:222.
[48] Setthapun W, Williams WD, Kim SM, Feng H, Elam JW, Rabuffetti FA, Poeppelmeier KR, Stair PC, Stach EA, Ribeiro FH, Miller JT, Marshall CL. J Phys Chem C. 2010;114:9758.

第 7 章　纳米尺度下的表面功能化

摘要

本章主要讨论通过有机分子薄膜修饰材料表面来控制或改变表面性质。概述了在不同表面修饰单分子层薄膜的方法,这些方法也可作为获得多层纳米薄膜的手段。首先,介绍了有机薄膜改变表面性质和行为的机理,并讨论了修饰后表面的基本性质;其次,总结了各种有机薄膜(厚度小于10nm)包覆不同表面的方法;最后,探讨了一些能够获得较厚薄膜的方法。本章在用一些典型示例来展示薄膜结构的同时,也揭示了修饰层的特定化学组分影响和决定被修饰表面性质的深层原因。

7.1　引言

由几何知识可知,物体的表面/体积比随尺寸减小而逐渐增加。当今科学和技术在许多方面已经发展到纳米尺度领域,这自然而然地使得材料的表面特性在决定纳米器件的性质以及纳米尺度新现象等方面的作用日益凸显。当前微电子器件的特征尺寸减小到了几十纳米量级,因而微电子工业领域器件密度得到爆发式增长,其中表面效应在器件制备和器件性能中起重要作用。假如将"表面"简单地定义为包含激发电子逃逸深度(1~10nm)的区域,那么微电子器件特征尺寸从 65nm 到 32nm 再到更小尺寸的推进很快就接近了所谓的"全表面"器件的临界点。此外,对于小器件而言,除了在器件整体体积中占据更大比例外,其表面还为原子和分子的特殊排布创造了新的机遇。通过特定材料体结构在其表面的选择性断裂,可能在具有不同界面性质的不同材料之间实现定向分离和异质结合。

纳米加工过程包含众多的表面改性过程,这些表面改性过程在纳米技术的许多不同领域都发挥着重要的作用。本章将侧重于介绍利用化学方法实现在单分子层或者接近单分子层水平(在这里通常考虑薄膜厚度小于 10nm 的情形)的表面改性方法,尤其会特别关注块体衬底材料与表面改性剂在其界面处的相互作用。由于旋涂和气相沉积过程通常用于获得厚度大于单原子/分子层厚度的表面薄膜,因此不在本章的讨论范围。另外,原子层沉积是一种单原子层沉积技术,已在第 6 章中做了详细介绍;还有某些自组装技术,如嵌段共聚物的沉积与排序也能得到单分子层水平的结构,将在第 8 章进行讨论。本章将集中讨论在 Si、金属、C 和氧化物等固体表面定向排列和键合表面层的方法。这种界面处的相互作用通常分为两类:一类是物理吸附,涉及衬底和表面改性剂之间相对较弱的吸引作用(静电吸引);另一类是化学吸附,通常涉及共价键等较强表面化学键的作用。本章将特别关注由于不同表面改性过程导致的界面区的结构和取向问题,通常要将本章介绍的在衬底/改性剂界面有序修饰的方法与获得相对无序界面的旋涂和气相沉积等方法区分开来。

通常,人们会依据表面化学过程对表面改性技术进行分类。例如,Au/硫醇自组装单层(SAM)为一类,而 SiO_x 表面的硅烷修饰被划分为另一类。在本章中,将把重点放在功能而非化学反应上,通常来讲,在实际应用中,纳米结构的功能要比其化学结构和结合方式更重要。总之,我们希望本章内容可以成为一个表面改性方法的"工具箱",用来辅助纳米加工制备,并产生新的电学,提高环境耐受性和化学反应活性等特性。

7.2 从功能化视角理解表面改性

在考虑特定的表面改性技术之前,需要先总结这些方法背后的共同目标。下面讲述的几个要点只是说明性的介绍而且并不全面,不过这些内容也涵盖了很多纳米加工领域重要的研究成果。通过这些内容的介绍,将更清楚地看到表面修饰的最终性能是由修饰层和衬底表面之间相互作用强度决定的;而这些相互作用的强度又由表面化学键决定。

7.2.1 浸润性

生活中常见的一个能直观体现表面性质的例子就是液体(通常是水)与物体表面间的相互作用现象。对于"亲水性"表面,由于表面和水之间的相互作用要比液滴内部水分子之间的相互作用强,所以水滴会均匀地分布在表面。然而,对于"疏水性"表面,由于表面相互作用较弱,表面对水的吸引较小甚至会产生排斥,导致在表面形成液滴或者"水珠"。因此,材料表面的浸润性可以通过测量材料表面液滴与表面的接触角来定量描述。接触角的范围可以从 0°(完全浸润)到 150°(超疏水表面),这种表面性质的变化与表面自由能相关[1],将在下面的内容中展开讨论。图 7.1 展示了一个通过单分子层表面化学修饰显著改变表面浸润性的例子。其中,Au 表面覆盖了两种不同的单分子层材料:一侧含亲水性-OH 基团(左侧),另一侧含有疏水性-CH_3基团(右侧)[2]。图中两种改性剂材料的浓度从左(只含有-OH)到右(主要含有-CH_3)逐渐改变。图 7.1 的结果表明,表面化学性质对任何涉及水或者依赖表面自由能的纳米加工过程都有极其重要的影响。

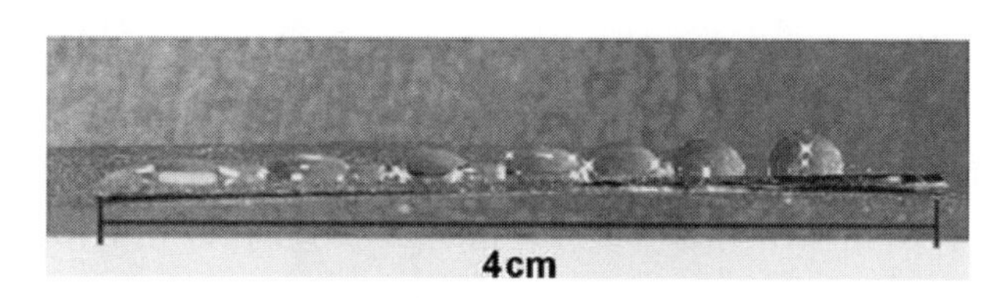

图 7.1 Au 样品表面的水滴(样品表面覆盖着纯的羟基十一烷硫醇(最左边的水滴接触角最小,因此上表面自由能较高)和浓度不断增加的含甲基的十二硫醇(从左到右,接触角逐渐增加,说明自由能减小)[2]。这幅图的结果说明材料的表面能(利用接触角进行测量)对其表面的化学基团十分敏感[2])

浸润性的这个概念可以拓展到除水之外的许多材料,也可以用来描述材料覆盖某种表面的趋势。例如,气相沉积金属能够在衬底表面形成非常均匀的薄膜,这是因为在气相沉积过程中,金属与衬底表面之间相互吸引,但若两者之间的吸引力弱于金属-金属的原子间力,就会形成珠状结构。由于溶剂本身既可以是亲水的也可以是疏水的,所以对于某种特定溶剂而言,其浸润性会随着表面自身特性的改变而发生很大的变化。这种有关水的浸润性的基本原理同样适用于其他情形:对于一种既定的固-液体系而言,改性剂与表面间相互吸引的"黏附力"与修饰层原子或者分子自身相互吸引的"内聚力"间的平衡决定了其浸润特性。这种平衡是表面能的基础,表面能体现了材料形成均匀表面而非分散为独立颗粒的趋势。由于破坏块体材料中化学键所需要的能量较大,因此,高表面能材料更倾向于形成颗粒。接触角定义为沿着固体表面的线与过固液接触点处液滴的切线之间的夹角(测量通常穿过液滴)。因此,对于浸润型表面,其接触角接近 0°,而如果接触角大于 90°,则说明其为相互作用较弱的疏水型表面。

7.2.2 均匀性和针孔

覆盖层的表面覆盖率和均匀性是在任意表面上沉积覆盖层的首要关注点,并在薄膜厚度小于 50nm 时显得尤为重要。这个问题可以通过考虑"深宽比"得到很好的解释,即在一个 100μm×100μm 的表面包覆 1μm 厚度的薄膜,相应的"深宽比"就为 1/100,然而,假设在相同大小的表面包覆厚度为 1nm 的单分子层薄膜,其"深宽比"就是 $1/10^5$。因此,为了确保高覆盖率和高均匀性,就必须要求单层薄膜在其表面铺开时的“深宽比”至少要超过 1/1000,这也充分说明了在相对较小的面积上成功制备高覆盖率和均匀性单层膜的必要性。比如:在制备单分子层电子器件中通常会碰到一些很棘手的问题,就是因为单分子层薄膜中会存在一些微小的针孔,这些针孔会导致电路中衬底和顶层导体的直接电接触形成短路[3-7]。此外,常用的轮廓测定法、椭圆偏振法和干涉谱技术可以测量厚度超过 10nm 薄膜的均匀性,但是这些技术都不适合单分子层薄膜的测量。纳米尺度下表面修饰的均匀性在很大程度上取决于表面键合的相对动力学、分子间的相互作用以及表面化学键的可逆性[7,8]。如果用黏附力和内聚力来描述改性剂表面相互作用的能量,改性剂的均匀性和针孔的形成就可以直接与相互作用的动力学过程关联起来。例如,考虑常用的“聚对二甲苯-N”包覆,通过聚合从固态前驱体中加热解附的二甲苯自由基以实现包覆[9,10]。活性二甲苯自由基不仅可以和许多材料表面成键,而且其自身也可以成键用来生成高度交联和疏水性保护膜。如果表面键的形成速度相对于二聚反应而言足够快,那么成核率就会很高,而且最初的黏附层将会组装成“麦田”状结构。未被改性的表面区域将会快速地被一层改性剂包覆,这种情况下针孔密度就很低;反之,如果二聚反应(最后聚合化)相较于表面反应要迅速得多,就会形成图 7.2 所示的“蘑菇”状的结构[8,11]。许多研究者都很熟悉这个问题,因为这是一个典型的“成核和生长”动力学过程,其在表面改性领域有非常广泛的影响。在聚对二甲苯这个示例中,通常包覆层足够厚(大于 100nm),因此薄膜的针孔被后续的分子层覆盖。但是对于厚度小于 10nm 的薄膜,特别是单分子层,很难产生无针孔的薄膜[3,12]。

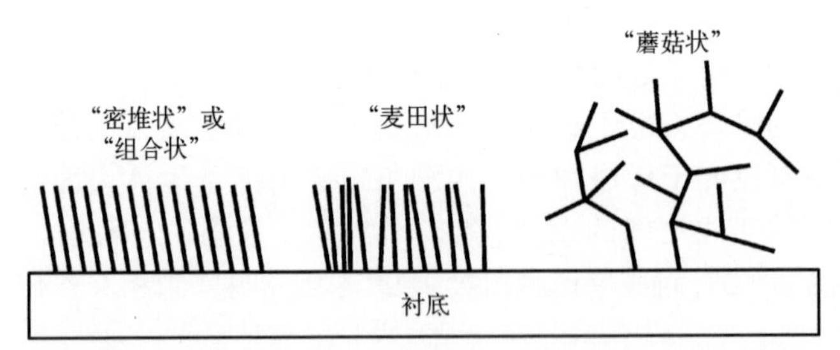

图 7.2 表面修饰层组装示例(紧密堆积结构构成的高度有序区域(左);定向排列但是有序度较低的麦田状结构(中);不可控生长导致的无序结构构成的蘑菇状的分子团簇(右))

一个关于表面改性问题是“自组装”过程,即通过平衡达到最小自由能结构从而形成有序分子层的过程。在本章接下来的内容中将要详细讨论 Au/硫醇(SAM)和 Langmuir-Blodgett 膜两个非常典型的例子。为了能够“组装”,表面改性剂的化学键至少是部分不稳定的,只有这样它才能被打断,然后重新形成高度有序结构。与之相反,尽管能够形成不可逆表面化学键的改性方法无法实现“组装”,但是这些表面具有相对较高的热稳定性。总之,实际应用决定了表面修饰工艺的选择,即在实际应用中要在稳定性和有序性之间做合理取舍。

7.2.3 化学反应活性

在 7.2.1 节讨论的浸润性问题是关于表面化学反应活性的一个比较宽泛的描述。文献中有很多为了实现特定表面与修饰材料的相互作用而专门设计表面改性剂,类似于在包覆层和固态表面之间的“引物”。例如,金属表面修饰的单层无机混合物会完全改变其表面化学特性,这种表面特性的改变主要依赖于有机改性剂末端基团的特性。修饰分子末端可以携带不同功能的化学基团,如亲水性的、酸性的、有螯合作用的或者其他一些具有与初始金属层完全不同性质的特定化学基团。当与修饰后的金属表面接触时,液体或气体将会首先“遇到”一层带有特定功能化基团的有机分子层,这时金属本身的性质(如高反应活性)就变得不太重要了(或者重要性至少次要于改性层的性质)。

半导体工业中一个代表性的例子就是与大马士革铜电镀工艺相关的“种子层”改性。为了能有效地形成铜镀层,待电镀衬底表面要有成核位点,这种成核位点通常是在真空条件下,通过在衬底表面溅射一层 Cu 薄膜实现的。最近,一种带有 Cu^{2+}结合位点的有机分子“引物”被用于在无法溅射的区域形成种子层,如图 7.3 所示。反应性重氮化合物会不可逆地键合到待电镀衬底表面,该化合物含有能够从电镀溶液中吸引 Cu^{2+}的功能化基团。重氮化合物表面修饰作用很强,在衬底表面形成了高密度的成核位点,应用于大马革士工艺中。基于有机修饰的导电和非导电表面引物层制备技术可商业化应用于在半导体制造中(如 www.alchimer.com/technology/index2、www.zettacore.com/molecularinterface.html)。

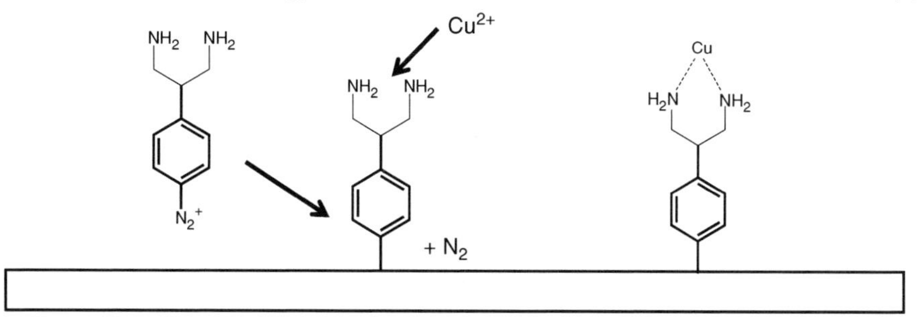

图 7.3 一层“种子层”通过螯合分子嫁接沉积到衬底表面的示意图(螯合剂的作用是与溶液中的 Cu^{2+} 结合形成种子层来促进 Cu 的均匀电镀。注意,图中分子结构仅为示意,实际过程中的分子结构可能与图示并不相符)

如上所述,“引物”除了用于 Cu 电镀以外,还能用于其他应用中的表面修饰。如用于 SnO_2 表面电聚合的噻吩前驱体发生的硅烷键合[13]、碳纤维上的环氧基团引发环氧树脂固化[14]、金属复合物的表面活性剂[15]及与芳香胺修饰的 Si 表面结合生物分子[16]都是很好的例子。在电化学中,已经有大量的文献提及了通过不同方法对表面进行修饰来赋予电化学电极特定反应活性的内容[17-22]。两种材料之间的黏附性是表面反应活性的一个特例,该黏附性主要受一些类似于浸润性的表面性质影响。材料间强的黏附力通常意味着两种材料之间具有较强的化学键结合力,如共价键作用通常要远远强于典型的静电作用或者偶极相互作用的物理吸附。

7.2.4 表面保护

Al 合金表面的 Si 和铬酸盐转换涂层的化学修饰过程,是一个通过合理地设计表面修饰过程来稳定表面,防止 Al 合金被直接暴露到环境中防腐蚀的典型例子。这种处理利用更稳定的材料使原有活性较高的固态表面发生钝化,其中,钝化层与表面通常形成共价键。这两种典型的反应如图 7.4 所示。在航天工业中,通过将 Cr 离子还原成惰性且绝缘的 Cr^{III} 氧化物保护航天合金材料是必要的处理步骤,这一方法可用于稳定高反应活性的 Al/Cu 合金[23-26]。众所周知,Si 表面很容易形成氧化层,在 Si 表面键合上甲基能够极大地增强其抗光化学诱导腐蚀的能力[27-29]。

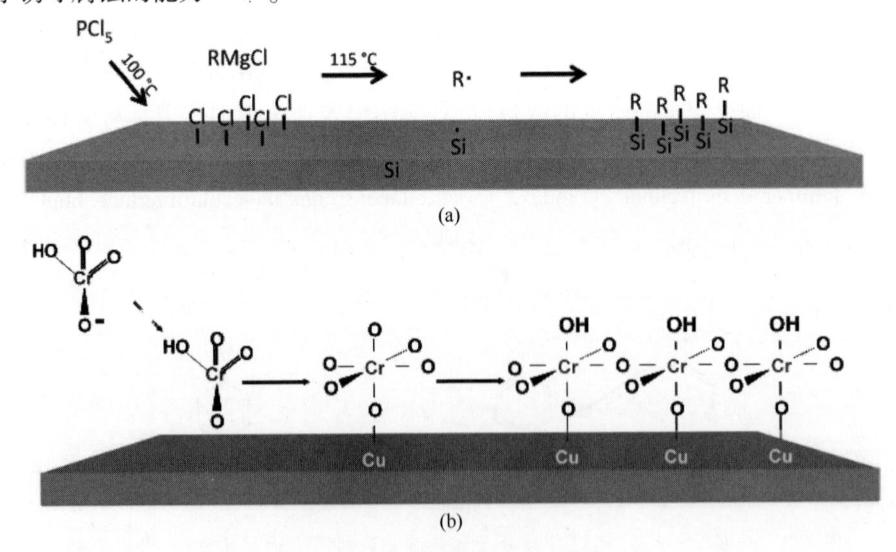

图 7.4　两种典型的反应

(a) 通过氯化以及随后与格氏(Grignard)试剂反应后在表面结合 R 自由基来钝化 Si 表面[29];(b) 通过铬酸盐转换涂覆实现 Cu 表面的钝化。

7.2.5 电子相互作用

在熟知的多种存在于固态结构和溶液中的电学现象中,需要特别关注几种直接和表面修饰相关的现象。在以下讨论中,将忽略介电常数、电导率和迁移率等体积性质,着重关注材料表面的电子效应,其中表面层的结构和取向对许多电子效应会有极大的影响。以表面偶极子对固态衬底功函数的影响为例,利用一种将偶极子相对于表面有序排布的方法,将含有有限偶极子的分子键合到表面后改变衬底/单分子层复合功函数,这一效应可以通过开尔文探针或紫外光电子能谱(UPS)进行验证[30]。目前,这一效应已经用于改变电子注入势垒[31-35]以及促进有机薄膜电子器件及单分子结的隧穿[36,37]中。图 7.5 就是一个示例,其中分子层覆盖在平整的石墨化碳上[34]。利用扫描开尔文探针可以得到样品表面功函数的面分布图,由图可见,整个样品被分成了 3 个区域。中间的"条带"是未修饰区域,而余下的两个"条带"区域是碳表面通过共价键分

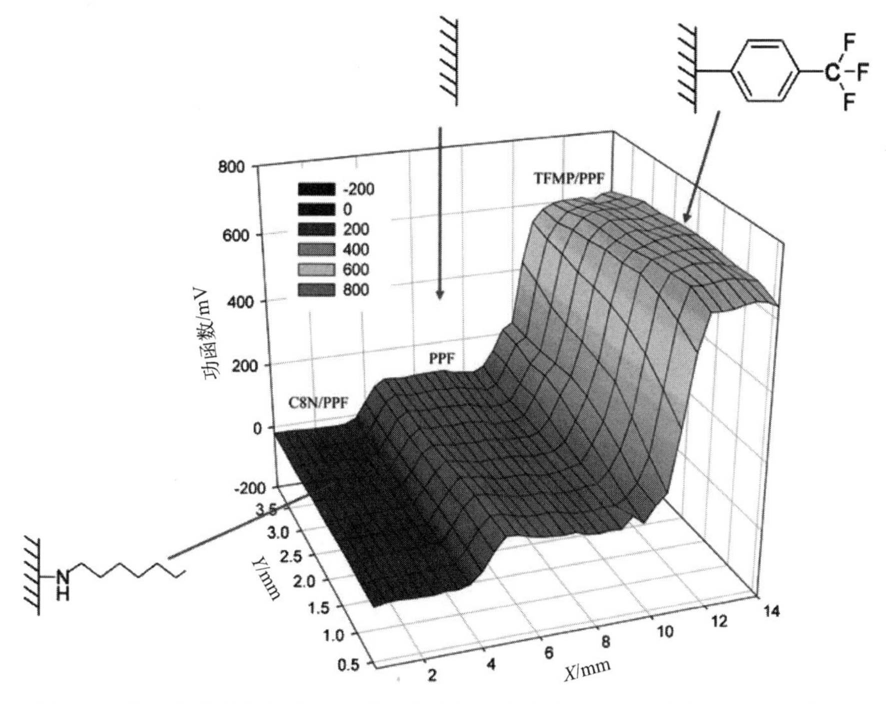

图 7.5 利用分子层偶极子的不同定向排布改变碳表面(PPF,热解的光刻胶薄膜,中心区域)的功函数(烷基胺偶极子的取向朝着表面,导致左边相对于未修饰碳表面区域功函数的降低。相对于未修饰碳薄膜右边的区域,由于三氟甲基苯硼酸层的偶极子取向背离碳表面,造成该区域功函数的增加[34])(见彩图)

别修饰了 $C_8H_{17}N$ 和三氟甲基苯硼酸(TFMP)单分子层。烷基胺偶极子沿着表面排列,而 TFMP 的取向与其正好相反。值得注意的是,由于表面改性剂的作用,材料的表面功函数的变化范围大于 600mV,并通过夺取 TFMP 中的电子获得比未改性表面低的界面能。

通常,在材料表面键合一个分子能够改变两者除表面功函数之外的许多其他电学性质。严格来讲,在导电表面通过共价键成键的分子可视为一种"新分子",因为在这种结合下,修饰分子和被修饰表面存在一定程度的电子轨道耦合。已有大量的理论和实验结果证实了这一结论,即修饰后的表面必须看作一个与未修饰表面具有完全不同性质的"系统"[38,39]。表面被束缚分子的轨道能量与结构随着表面化学键的变化而改变,此外,该分子轨道也有可能和表层石墨的分子轨道发生耦合[40]。

通过键合的方式在材料表面固定分子的取向会对修饰分子层的介电常数和极化特性产生影响[41-43]。尽管对于块体材料而言,通常认为其介电常数是各向同性的,但是介电常数的本质实际上是一个依赖于分子取向的张量。例如,蒽中的离域电子导致沿着较长 Z 轴的分子极化率要比沿着 X 或 Y 轴的更高。因此,分子的极化率和介电常数也会随共轭分子长度的增加而增加[42]。一个与电子转移有关的现象就是表面和衬底之间的电子耦合。在强电耦合限制下,可以认为电子离开了衬底和分子轨道所在的区域,与原有的衬底和修饰分子组合为一个新的电学系统[41]。

由于在微电子中的重要性,薄膜的电子迁移过程已经得到了广泛研究。SiO_2薄膜中的电子隧穿和场发射是场效应晶体管和浮栅"闪存"存储器中的主要考量因素。过去 10 年,"分子电子学"的发展带动了单分子和分子尺度单层膜体系中电子迁移的研究,在这类体系中,分子成为电路中的元件。由于绝大多数非聚合物分子的尺寸小于几纳米,所以量子隧穿对电荷转移起着主要作用,甚至通过表面改性层完全控制电荷的输运。

建立表面层电子迁移与薄膜厚度和输运机制之间的函数关系是十分重要的。块体导体材料中电子的典型输运过程伴随着一系列的散射,其中平均自由程较短,通常只有几十纳米,随后被散射并改变运动路径。通过导体的过程是扩散性的,带电荷的载流子沿着导体的净运动是由外加电场驱动的。对于较厚薄膜表面而言(如厚度大于 100nm),电子穿过薄膜的输运是由一系列细微的过程组成的,如散射或者"跳跃"。"跳跃"是一种相对形象的说法,这一过程通常涉及"位点",电子(或空穴)在穿过材料时可以临时占据这些位点[44-47]。对于有机半导体而言,通常由阴离子或阳离子自由基分别充当空穴或电子转移的位点。由于在输运过程中形成或者消除这些自由基位点是需要能量的,同时材料中电子或空穴的离域化有限，因此对于大多数有机半导体，其迁移率较低且抗温度影响的能力较差。另一种自由基位点间的输运方式是“氧化还原交换”，这一过程中的活化势垒等于“重组能”[48-50]。在导电聚合物中，掺杂形式包含离域化的自由基位点，通常称为“极子”，在10nm范围内展现出能带状的输运特性。除重掺杂聚合物外，电子仍需在极化子之间跳跃，从而导致电导率与温度成正相关。

当表面层的厚度为1~10nm时，有可能出现电子隧穿，这时电子的输运特性就会发生很大的改变。这种隧穿已经在电化学中得到了研究，其中，隧穿电子穿过表面层并与溶液中的分子发生反应。此外，在分子电子学中，两个固态导体由一层1~10nm厚的分子薄膜分离开。通常，电子隧穿率与薄膜结构和厚度的定量依赖关系很复杂，但是根据早期的Simmons模型可以做一些定性概括[41,51,52]，有

$$\begin{cases} J=\dfrac{q}{2\pi hd^2}\left(\bar{\phi}e^{-A\sqrt{\bar{\phi}}}-(\bar{\phi}+qU)e^{-A\sqrt{\bar{\phi}+qU}}\right) \\ A=\left(\dfrac{4\pi d}{h}\right)\sqrt{2m_e} \end{cases} \tag{7.1}$$

式中：m_e为电子质量；d为薄膜厚度；ϕ为隧穿势垒高度；q为电子电荷量；U为加载在薄膜上的电压。

首先，既然是隧穿率，也就是说需要通过薄膜进行电传导，因此与薄膜厚度d成指数依赖关系。对于欧姆（扩散）传导和跳跃机制，电流通常正比于d^{-1}。隧穿电流的指数依赖特性导致当$d>5\sim6$nm时，隧穿造成的输运几乎可以被忽略（在这种情形下，跳跃电流占主导[53,54]）。其次，隧穿率同时也与势垒高度ϕ成指数关系，势垒高度通常被定义为表面费米能与薄膜中单个轨道能级之间的带隙。一般来讲，由于两端轨道距离费米能级最近，通过电子隧穿的最低未被占据分子轨道（the Lowest Unoccupied Molecular Orbital，LUMO）或者空穴迁移的最高被占据分子轨道（the Highest Occupied Molecular Orbital，HOMO）就可以得到较合适的势垒高度近似。实际的势垒是常常被视为轨道能谱，并非单一轨道确定的势垒高低[55,56]，但是这需要更为复杂的处理方法。这里举例说明势垒高度与分子性质之间的关联，我们知道相比于烷烃，共轭的芳香烃分子的前沿轨道能更接近大多数接触材料的费米能级，说明芳香烃修饰层的电子隧穿效率更高且隧穿电流更大。由于Simmons模型给出了多种增强机制来解释电场强度、载流子有效质量、隧穿势垒形状等引起的效应，因此通常需要综合考虑理论和实验结果[41,57]。一个非常有用的经验参数就是衰减因子β（单位为nm^{-1}），定义为$\ln J$作为d的函数所得图像斜率的绝对值，其中J是隧穿电流密度，d是薄膜厚度。比如，$\beta=1.0/nm$的意思是每纳米薄膜厚度隧穿率的减小因子是$1/e$。

尽管 Simmons 关系预测 β 正比于 $\phi^{1/2}$,但是,实验结果还涉及另外一些因素,特别是载流子有效质量。图 7.6 比较了几种情形下根据 Simmons 模型预测的 $\ln J$ 与 d 的函数图,这些结果表明了薄膜材料可能出现的 β 范围。

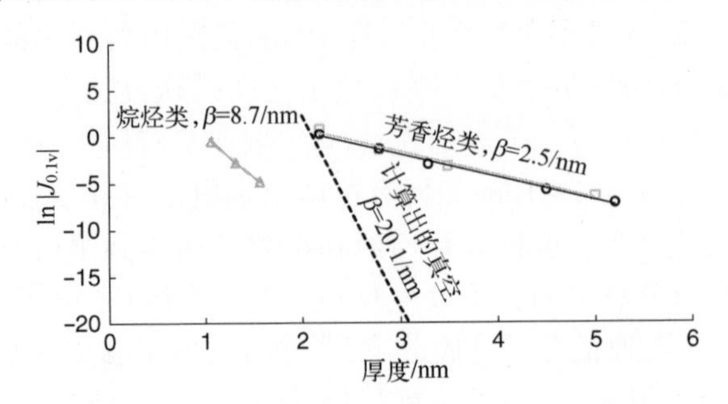

图 7.6 电压为 0.1V 时隧穿电流密度对应不同分子结构厚度与一个真空间隙的衰减关系(烷烃(三角[58])类分子层对应的 β 值为 8.7/nm,而两种芳香烃分子偶氮苯(矩形)和硝基偶氮苯(圆形)对应的 β 值较低,为 2.5/nm。最后,虚线所示为根据 Simmons 模型并考虑镜像电荷效应计算得到 4eV 势垒高度的真空间隙结构所对应的 β 值为 20.1/nm[41,45])

由式(7.1)和图 7.6 可以很容易看出,尽管隧穿与薄膜厚度和结构具有很强的函数依赖关系,但是,其通常与薄膜厚度成指数关系且对温度的依赖较弱。需要指出的是,这里的讨论仅仅适用于"非共振"隧穿,在非共振隧穿中,分子轨道和衬底的费米能级之间存在一个势垒。当轨道能量是费米能级的 KT 倍时,会产生"共振隧穿",这种输运情况下,β 值接近于 0[59-61]。

7.2.6 热稳定性

化学修饰后表面的热稳定性既是表面和修饰层化学键之间的函数,也是组成修饰层的分子自身稳定性的函数。然而,对于许多可实现的表面修饰来讲,分子的稳定性很可能在一个较大的范围内变化。因此,概括总结一些表面化学键种类对预测其稳定性就很有用了。如 7.2.2 小节所述,基于 Langmuir-Blodgett 和 Au/硫醇化学自组装技术需要相对较弱的表面化学键,以使修饰层"组装"成一种有序的、低能量的结构。大量研究表明,Au 表面吸附硫醇体系中 Au-S 键键能约为 1.6eV(约 40kcal/mol)。然而,衬底表面维持 L-B 结构的作用力却非常弱(小于 0.5eV)。而不可逆吸附作用却由更强的化学键 C—C、Si—C、Si—O 键控制,如图 7.7 所示。

至少在下列两种应用中需要关注修饰后表面的热稳定性:一是为修饰表面能与最终的系统有良好契合,通常需要后处理过程,处理温度可能高达几百摄氏度,这样的高温处理有可能破坏修饰层或者导致修饰层结构无序化;二是需要考虑到最终应用的器件有可能在一个相对于实验室或生产线而言较宽的温度范围内工作。分子电子器件中涉及热稳定性问题,如在50~100℃时Au/硫醇修饰表面的失效,这最终导致了整个器件失灵[62,63]。然而,类似的基于C—C表面键合的分子结在150℃下仍然可以工作40h,甚至短暂暴露在250℃的真空环境中时仍然能正常工作。

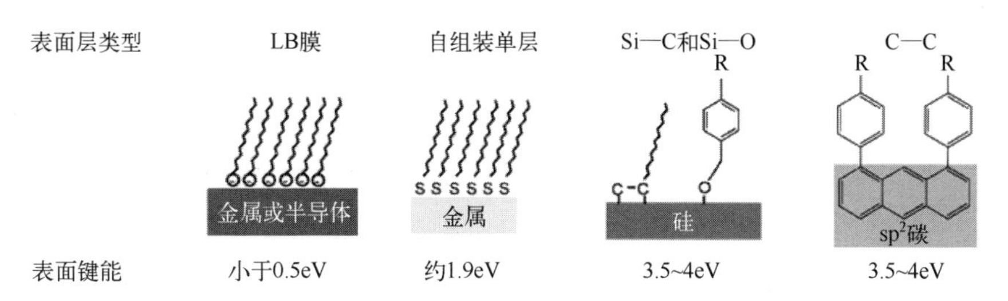

图7.7 不同化学修饰示例(图示为表面分子键强度的改变,说明表面化学性质会影响薄膜层的稳定性[8])

7.3 纳米分子层

如上所述,用一层纳米级的有机分子修饰表面能够可控地改变其界面性质。修饰层能赋予被修饰表面特定的化学或物理性质以满足特定的应用需求,或者用作基础研究。例如,用于医学领域的器件表面必须具有生物兼容性;可以系统地研究液相分子与特定衬底的电学/光学相互作用和修饰剂的疏水性和分子链长等参数之间的关系。如本章所述,存在许多不同的方法可以实现对衬底材料表面的修饰,但是具体方法的选择通常不仅取决于修饰剂自身的目标界面属性。例如,一个疏水表面应用于表面亲水性的金属时,那么有多种方法能够实现其表面的疏水层修饰。又如,某种方法可能操作过程复杂且耗时,但是能得到高稳定性的修饰层,而另一种方法虽然可以简便地得到疏水表面,但其稳定性较差。这种情况下,在选择具体的修饰方法时,就需要根据实际的应用需求综合考虑所有因素的影响,并对这些因素进行权衡。

本节所讨论的纳米厚度的薄膜,其总厚度小于10nm,而对更厚薄膜的讨论将在7.4节中进行。这样分类讨论的一部分原因是想揭示材料的性质是如何随分子链长变化的,当然从某种程度上讲,仅仅根据材料厚度的划分来进行区分讨论是有些欠妥。在前言部分也提到过,当物体的尺寸减小时,材料的表面性质变得愈发重要。我们知道,将大块的块体材料切割后,分割后的两部分材料性质完全相同。然而,当这种过程持续进行下去,直到分割后样品某一维度的尺寸达到纳米量级(通常定义为小于100nm)时,其性质开始变得对厚度特别敏感。也就是说,一个20nm厚薄片的性质与5nm厚薄片的性质完全不同,即使其具有完全相同的分子结构,这两个薄片的性质也与其对应的块体材料相差甚远。由于这些效应是纳米科学和纳米技术的基础,这里用“纳米分子层”特指厚度小于10nm的修饰层。

有许多种方法可以在材料表面修饰上一层有机分子薄膜。通常而言,可选择的修饰方法在很大程度上取决于待修饰衬底本身的特性。有很多特定的方法是基于衬底材料和修饰层之间的相互作用或键合方式,没有哪一种方法能够通用于所有衬底的修饰。这里给出了某些特定类型纳米分子层的结构、常规的合成过程及一些简单的应用示例。

7.3.1 Langmuir-Blodgett 膜

1934年,Katherine Blodgett在玻璃上实现了单层薄膜的沉积[65],并在1935年给出了在固态表面实现单分子薄膜多层沉积的相关描述[66]。尽管Katherine Blodgett的论文在发表后的几十年时间中几乎无人问津,但是这项75年前纳米技术领域的标志性工作仍然奠定了Langmuir-Blodgett膜(L-B膜)在众多领域中的应用基础[67]。该技术基于双亲分子和水之间相互作用,在液—气界面处产生一层有序的分子层[68]。用障片施加横向压力对定向分子进行挤压,使其有序性和堆积密度提高,最终在空气—水界面处形成了致密的分子层(L-B膜,图7.8(a))。如果想形成一层L-B膜,只要简单地将Langmuir薄膜转移到固态衬底上即可,具体做法是让衬底缓慢地穿过薄膜,如图7.8(b)、(c)所示。重复这一过程可以得到多层膜,如图7.8(d)所示。薄膜的取向最开始依赖于衬底表面的化学性质、铺散在水表面的分子种类、固体的取向以及衬底在穿过界面时是向下挤压还是向上提拉(扩展或收缩沉积)等因素。

很多分子都可以用作制备L-B膜,其唯一要求就是分子必须是双亲性的偶极子。然而,修饰层的有序化取决于分子之间的相互作用,其中大多数有序度较好的修饰层都是通过在分子末端修饰规则的重复性单元(如长链的烷烃)实现的,这些单元的一端带有合适功能团并能产生偶极特性。通常,以脂肪酸修饰的薄膜作为衡量薄膜质量和覆盖度的标准[67]。

作为一种单分子层,L-B膜已经被广泛应用于许多领域中。L-B膜结构的多样性以及层数控制的灵活性使得其在涉及分子级精度的应用中大受欢迎,已经报道的实例包括分子电子学[69,70]、生物传感[71]、扫面探针显微镜[72]、有机电子学[73]以及其他一些涉及电化学和非线性光学等领域[74]。

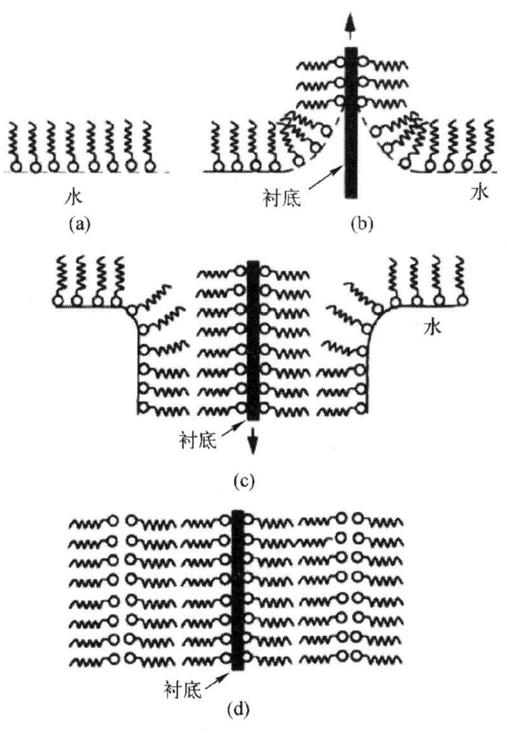

图 7.8　几种有代表性的产生 L-B 膜的方法示意图
(a) 在空气-水界面处形成 Langmuir 薄膜；(b) 让衬底穿过 Langmuir 薄膜以便在衬底表面形成 L-B 膜；(c) 连续重复以上步骤；(d) 得到多层膜[67]。

7.3.2　自组装单分子层

利用特定的化学相互作用，有机分子可以自发地组装成许多类型的表面。通常，在有机分子末端包含一种功能化的基团，该基团与被修饰表面具有良好的亲和性。这种亲和性使得功能基团和表面之间形成化学键，从而使得修饰分子吸附在衬底表面分子的末端从表面向外定向排列。由特定表面分子驱动的吸附限制了单分子层的覆盖度，而"自组装单层"(Self-Assembled Monolayer，SAM)这个术语被广泛用于描述这种吸附分子层。此外，在表面和修饰剂之间形成的化学键通常是不稳定的，即在吸附后会存在分子在表面的迁移。尽管这种迁移在某种程度上限制了吸附层的稳定性，但是由于能够通过吸附分子的运动容纳额外的吸附剂，因此其有利于形成无缺陷单分子层覆盖且高度有序的结构。简而言之，SAM 是通过薄膜中分子间的相互作用来稳定的，这种相互作用也起到定向排布吸附层的作用。这种驱动力结合表面迁移能够使低覆盖区的分子迁移到更有序的区域，进而形成有序度较高的单分子薄膜。SAM 表面成键的可逆性是其区别于其他方法的特征之一,而其他可以得到改性层的方法主要基于形成永久的、不可逆的化学键,这将会在后面作详细介绍。

由于贵金属在实验室条件下易于处理,因此贵金属是一类常用的 SAM 修饰表面[75]。此外,许多其他的表面也可以用 SAM 修饰[76],包括各类半导体和金属氧化物[77]。为了阐明 SAM 的一般特征,接下来将介绍一个在 Au 表面修饰烷基硫醇单分子层的例子,由于这个体系已经得到了深入的研究,因此,有关其结构和形成特征方面的内容都已十分完善[68,75,78-80]。

金表面修饰烷基硫醇分单分子层的示意图如图 7.9 所示[81]。由图可见,一个顶端基团(这里是 S 原子)通过特定的相互作用将分子锚定在金衬底上,从而形成某种类型的化学键。尽管这种化学键可能很强,但它仍是可逆的。堆积后的烷烃分子链处于低自由能态,链间作用主要为范德华相互作用。最后,尾端的基团就成为分子链的尾端。通常,尾端基团的化学特性可以用来调控界面的特性。需要强调的一点是烷基的精细结构,包括取向和堆积密度会在形成分子层的过程中不断变化[82,83]。然而,在 Au(111)晶面上可以快速地形成表面覆盖度非常接近最紧密堆积值(7.7×10^{-10} mol/cm^2)的($\sqrt{3}\times\sqrt{3}$)$R30°$修饰层[79]。由于能够通过相对简单的过程制备性能较好的单分子层,使得 SAM 成为过去几十年中最受欢迎的表面修饰技术。

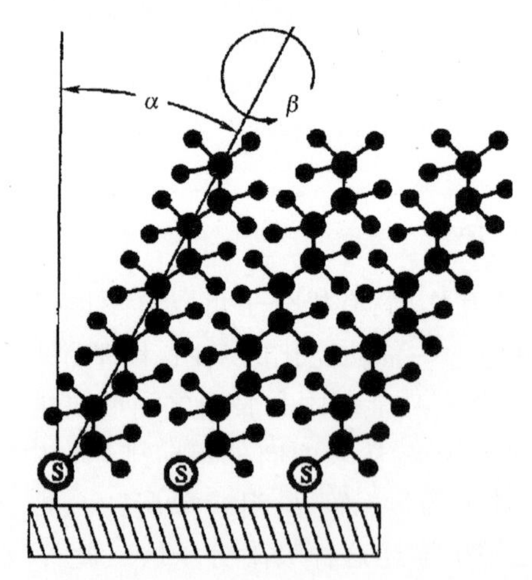

图 7.9 Au 表面化学吸附的烷基硫醇组成的 SAM 的示意图[81](用倾斜角 α 和扭转角 β 定义表面分子的精确取向)

自组装单层结构的应用实例很多[75,79,80],包括但不仅限于纳米粒子的生长、电子转移研究、生物传感以及被用作抗刻蚀剂等。这些众多应用中尤为重要的一点是 SAM 的简洁性,因为只要改变分子尾端基团的种类就可以很容易地实现对表面化学和功能的控制。当暴露在大气环境中时,尽管 SAM 在某种程度上展现出良好的稳定性,但是,当工作在更极端的环境中时,其稳定性受到极大的挑战。因此,正如将在下文中讨论的那样,研究者发展出了更强的共价键主导的表面修饰过程。

7.3.3 共价键锚定的分子层

近年来,利用不可逆的化学键修饰金属、半导体[28]、碳[84]和其他表面来产生稳定修饰层的方法逐渐成为主流。引导这一趋势的主要驱动力是对能够应用于较宽化学环境和物理条件,实现高稳定性修饰表面的需求。许多利用共价键来修饰表面的方法来源于有机和无机化学。然而,在这些方法中,通常要考虑某一反应物为表面而非为某一类化学或功能性基团来调节反应条件,而且,为了实现有效的修饰,通常需要对表面进行活化处理。此外,预制的第一层纳米分子层(如 SAM 或者 L-B 膜)和第二层分子层之间也能产生化学共价键。基于此,可以通过共价键实现想要的功能,同时其还兼顾了第一层可自组装的优点(如高度有序性、易于制备)。

实现共价键修饰的方法很多。一般地,这些方法需要一些外部的刺激以触发能够在修饰层和表面之间产生新化学键的化学反应。电化学、光照、加热或者添加化学催化剂等手段通常用于活化化学反应和增加反应效率。下面通过一些具体的例子来说明共价键表面层修饰手段的多样性,主要包括金属、C 和 Si 的表面修饰。

1. 金属的共价键修饰

金属的共价键修饰通常有两种方法:①处理金属表面得到高密度的表面官能团,如含氧基团或者羟基等,能与修饰层形成化学键[85,86];②金属表面直接与化学试剂反应。对于第一种方法,利用传统的有机化学处理得到含有羟基的表面;对于第二种情形,会在金属-修饰剂间直接形成化学键。然而,不论是哪种情况,都有一种反应剂被限域在材料表面,同时位阻和构型限制对反应的效率和产率都有很强的制约作用。因此,为了得到高覆盖率且致密的纳米分子层,通常需要一些更剧烈的化学反应。

为了突出本节的主题,将自组装的单分子层看作另一类纳米分子层,这主要是由于其形成具有自发性且衬底-分子之间的化学键不稳定。这里主要研究可以形成不可逆共价键的化学反应,该共价键可以锚定在金属上的纳米分子层。当然,利用这些方法有时也能基于自发的化学反应实现某种程度的修饰改性。例如,可以利用热、光、添加剂(如自由基引发剂)或者电化学方法来控制衬底电势,诱导电子转移过程,从而触发预期的化学反应。在文献中,共价键修饰和自组装之间的区别并不是很明显,反应的自发性、形成锚定的键能、表面处理所需步骤的多少等特征都可以用来区分这些薄膜。

重氮化合物的表面修饰会涉及在待锚定分子上形成高反应活性的$-N_2^+$基团的问题,这一过程通常从初级芳香胺化合物开始。重氮化既可以在修饰(原位)过程中进行[87-95],也可以单独通过有机合成得到分离的重氮化合物[96]。随后,通过还原重氮基对金属表面进行修饰,这一过程中会释放出N_2并产生能与金属表面成键的芳香族自由基。C 的重氮试剂还原将在后面的章节进行介绍,需要指出的是,许多不同的表面也用到了相似的反应路径,包括不同种类的金属。然而,在 C 上沉积的重氮衍生分子层与在金属上沉积的相比,其分子层特性可能存在显著差异。

2. Si 的共价键修饰

半导体表面的修饰变得愈发重要,这主要是由于对表面性质的深入了解和对表面结构和结晶的精确控制都离不开表面修饰。半导体的表面修饰都得到了广泛的研究,Si 是其中最具代表性的例子[28],这与 Si 在半导体工业中的广泛应用密切相关。有很多方法能够形成 Si—C、Si—O 以及其他 Si 和修饰分子间的共价键。然而,对可用方法的全面总结超出了本章的范围,因此,下面通过一个例子来说明 Si 的共价键修饰。

图 7.10 所示为常用的共价键修饰示意图,在表面含有-H 的 Si 表面用烯烃、炔烃或者乙醇功能化基团来键接单分子层[106-108]。根据特定的表面和修饰试剂,有 3 种方法可以触发反应,但是所有的方法都包含以自由基为中间体的修饰方法:即通过化学自由基诱发剂、热或者紫外光的来触发反应。重氮化合

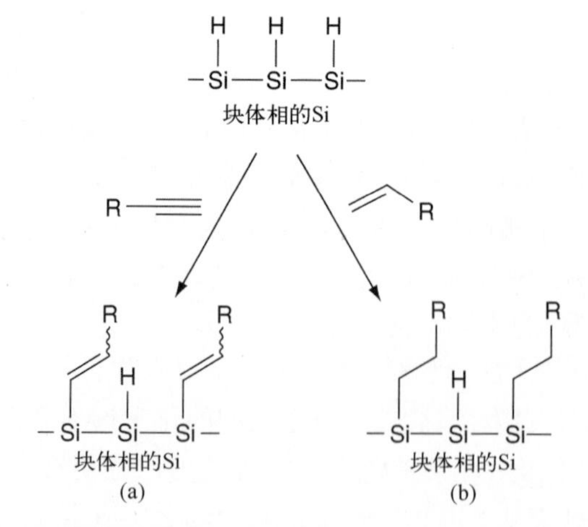

图 7.10 Si 的共价键修饰(用烯烃(a)或炔烃(b)在修饰层和 Si 表面原子间形成共价键。这些反应可以通过热、光或者添加了自由基引发剂等方式激活[28])

物试剂也可用于在 Si 表面形成表面化学键[109-112]，也可以用于 GaAs 和半导体性碳纳米管[113,114]。反应机制的具体过程和最终修饰分子层的质量、堆积密度、表面尾端特性等是由 Si 表面的处理方式、修饰分子的固有性质以及诱导剂等因素共同决定的。因此，修饰方法的选择取决于最终修饰表面的具体应用及 Si 表面的初始选择限制。

修饰后的 Si 表面的许多应用和其他类型表面的应用基本相似，包括电子学[31]和生物传感[115]。

3. C 的共价键修饰

C 表面的修饰可以通过多种化学反应实现。经典的有机化学中可以利用石墨化的碳表面作为反应剂，其化学反应都是针对衬底的边缘面和基平面设计的。此外，通常在 C 材料表面含有一些功能性基团(如含 O_2 的—OH 和—COOH 等)，这些基团可以用来形成化学键。然而，在依赖特定官能团的修饰方法中，官能团的浓度通常可以通过修饰前的预处理来提高[11]。另外，有些方法不需要任何额外的特殊官能团，而是依赖液相反应分子本身的性质来实现天然 C 表面修饰。

利用重氮化学在 C 表面共价吸附纳米分子层是一种最为常见的方法[8,11,105]。将待修饰的 C 表面作为传统三电极电化学电池中的一个电极，电解液是含有高浓度芳香烃重氮化合物试剂的溶液。通过控制 C 电极电势来诱导重氮化合物反应剂的还原，使得芳香烃重氮化合物产生 C 自由基并与 C 表面相互作用，从而与 C 电极键合(图 7.11)。使用电化学过程有诸多优点：一是能够控制在 C 电极表面的电子转移及产生自由基的过程，这使得活性基团仅在待修饰表面很薄的扩散层范围内；二是一定时间内产生自由基的数量能够通过监测电解电流来控制，通过精确控制电解条件，就能够实现修饰层厚度的精准调控[41,116]；三是结构的选择范围广，同时，为了得到类似的修饰层特性(如厚度)，可根据重氮化合物反应剂还原电势的差异来改变电化学沉积过程中的反应条件。

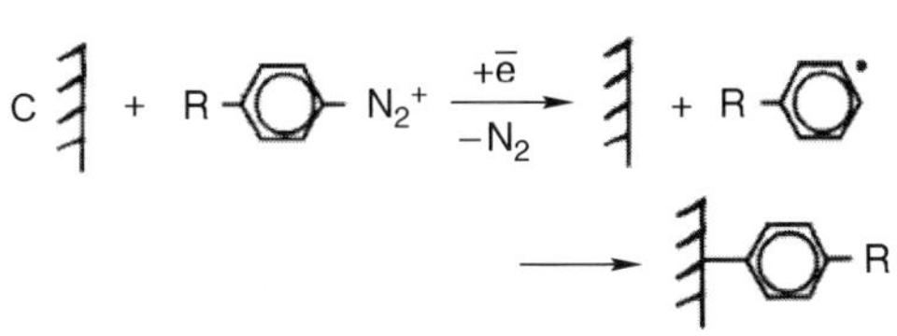

C + R-⌬-N_2^+ $\xrightarrow[-N_2]{+\bar{e}}$ + R-⌬•

→ ⌬-R

图 7.11　还原芳香族重氮化合物反应剂而形成 C—C 键锚定的共价束缚层
(这里的修饰方法可以应用于其他表面的修饰，如金属和半导体等[84])

重氮化学法能够实现高覆盖度、高堆积密度和高稳定性的单分子层。其部分原因是其以自由基为中间物的成键机制的剧烈性及电极表面自由基的产生。然而，正如将要在7.4.1节讨论的一样，对于特定条件下的特定分子，利用这一方法可以得到多分子层薄膜。一般而言，电极表面任何能够还原重氮化合物反应剂的位点都能够产生活性自由基分子，这些分子也都能在表面成键。这其中包括了最初成键分子修饰层尾端，只要单分子层的电化学反应率可持续维持自由基的产生即可。在实际中，许多分子更容易形成多层膜而非预期的单层膜。此外，对于那些极易形成多层膜的反应，可以通过调节电解条件来精确地控制其厚度（小于1.0nm）。利用这一优势，可以很好地开展与厚度依赖相关的研究[41]。重氮化合物修饰也可以通过微接触印刷和扫面探针技术在表面实现图形化[16,102,117-119]。

除了重氮化学法以外，还有其他一些方法能够实现C表面纳米分子层的修饰。电化学氧化脂肪胺[84,120,121]、用烯烃和炔烃进行表面处理（类似于之前讨论的Si表面处理过程）[122]、重氮化学法[123]是最具代表性的几种方法。

7.4 多层表面修饰

7.3节讨论的表面单层膜的修饰方法既可以自限制地形成单分子层厚度薄膜，也可以可控地形成纳米分子修饰层。不管是哪种方法，都能获得厚度小于10nm的修饰层。有很多表面修饰的方法能够得到厚度大于一个分子单元的“多层膜”，其总厚度可以从1nm增加到100nm以上。如7.1节所讲，不考虑旋涂和气相沉积过程，着重考虑衬底和修饰分子之间化学相互作用的反应过程。其中包括基于自由基反应形成多层膜和利用静电或共价键作用的逐层堆叠薄膜技术，这些方法的原理和过程将在7.4.1至7.4.3节详细介绍。

7.4.1 重氮化合物还原及相关技术

尽管早期报道都认为利用重氮化合物还原法在C、Si和金属表面形成共价键得到的薄膜是单层的，但是在特定条件下也能形成多层膜且厚度大于20nm的薄膜。如7.3.3节的3中所述，重氮化合物的还原产生了含苯自由基，这些自由基迅速与许多导电表面结合形成第一层修饰单层。由于单分子层不是完美绝缘体，可能会有额外的电子穿过薄膜还原更多的重氮化合物离子，进而产生更多的活性自由基，如图7.12中反应1和反应2所示。当反应物为乙酸苯酯酸、硝基苯基和二甲氨基苯基重氮化合物离子时，反应可以持续进行以产生无序的、15~20nm厚的多层膜，该厚度超过20层分子层[124]。由于得到的厚度远大于电子的隧穿距离，所以极有可能是部分薄膜被还原而具备导电性[116,125]。在某些情况下，一些溶剂分子或离子很可能会嵌入多层膜中，形成可渗透溶液中物质的多孔“海绵”状结构[102,126,127]。

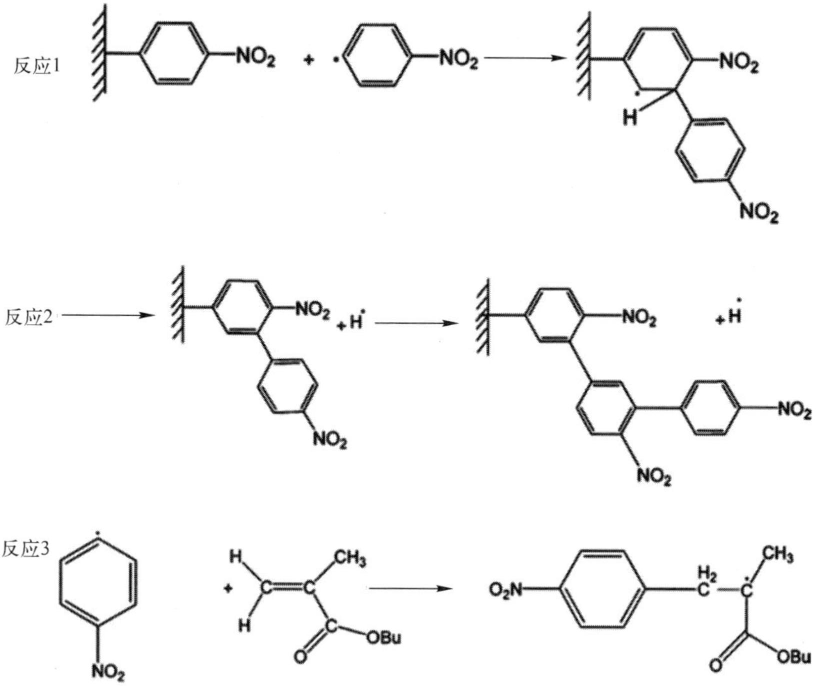

反应1

反应2

反应3

图 7.12　重氮化合物还原法(反应 1 和反应 2 表示利用重氮化合物前驱体生长多层薄膜的过程。反应 3 展示了 SEEP 过程，一个电生成的重氮化合物自由基诱导了烯烃的聚合反应。SEEP 过程也可以由表面自由基触发[128])

重氮化合物衍生的多层膜的无序度随着分子结构、衬底材料[103,105,118,129,130]和薄膜形成条件的不同而变化。原子力显微镜测试表明，薄膜的生长非常均匀，随着薄膜厚度的增加，其表面粗糙度仅有微小的增大[116]。平整 C 表面单层/多层膜的 FTIR 和拉曼光谱的结果显示，薄膜与表面法向成 31°~44°倾角，无论是单层膜还是多层膜，角度大小都相同[131]。然而，需要向读者说明的一点是目前大多数有关重氮化合衍生物的多层膜可用的特征数据都是基于 C 表面得到的，其在金属或 Si 表面的行为可能会完全不同。另外，针对其特定的形成条件，应该利用 AFM[116,127,132] 和/或椭偏仪[114]表征重氮化合物衍生的多层膜的厚度和均匀性。通过合适的参量控制，利用相似的反应剂和实验过程，通过重氮化合物还原生长单分子层得到厚度为 1nm 到大于 5nm 的薄膜。重氮化合物衍生多层膜的这一性质被用来构筑厚度为 2.2~5.2nm 的芳香族薄膜，如图 7.6

所示的衰减图。

如同在 7.3.3 节讨论的一样,那些由重氮化合物还原产生的自由基都具有很高的反应活性,通常会与衬底相互之间形成不可逆的共价成键。这种结合的一个好处就是能得到高覆盖率表面,其中,拥有更强反应活性的“暴露点”作为产生自由基和不可逆吸附的位点。如图 7.12 所示,最新的研究是利用从重氮化合物离化产生的含苯自由基来触发自由基聚合,以不同的方式探索了这类位点的反应特性[128,133]。反应 1 利用还原反应产生自由基将硝基苯重氮化合物离子键接到最初形成的单分子层上形成第二个硝基苯层。这种情形下,硝基苯薄膜中仍然有一个自由基中心,但是一个氢原子的丢失很可能增大双分子层的渗透性(反应 2)。如果有烯烃存在,无论是表面自由基还是电激发的苯基自由基都有可能触发烯烃的聚合化(反应 3)。将烯烃加入到乳化剂中可能会引发“表面电触发的乳化剂聚合”(SEEP)的过程。SEEP 过程有一些优点,包括在聚合物和表面之间形成共价键以及可以在所需表面直接触发聚合反应。

7.4.2 电聚合技术

相对于化学方法,电化学方法产生导电聚合物的技术具有很长的历史,通常称为电聚合。大多数导电聚合物都是从如吡咯(Pyrrole)或噻吩(Thiophene)等较小的单体开始,这些单体先在溶液中氧化产生自由基,随后与邻近的单体键合到一起。然后发生自由基的聚合化,形成导电聚合物,这种聚合物通常表现为部分掺杂态。此外,利用电化学过程也可以在导电或者半导体的表面产生初始自由基,引导电极表面聚合物薄膜的生长。通常情况下,当电势接近单体的电势时,聚合物本身会立即被氧化,这时聚合物被“掺杂”成了导电态。随后生长的聚合物表面自身充当电极,从而产生厚膜,其厚度可超过 100nm。不同于化学氧化,单体氧化的电流和总电荷可以精确控制,而且控制在导电和半导体表面的聚合反应可确保薄膜的保形性和均匀性。有关聚吡咯[134-137]、聚噻吩[138-140]和聚苯胺[141,142]电化学形成过程的实例表明了聚合物薄膜的组分、形貌和厚度强烈地依赖于成形条件,特别是用于氧化单体的电势产生形式和大小等参数。通常,在表面添加充当初始聚合化引子的“诱导剂”对电聚合是有利的。例如,噻吩的氯硅烷衍生物自发地键接到铟锡氧化物上,并充当聚合物生长的成核层[13]。目前,“敲击”化学方法已经用于在导电金刚石上形成噻吩“终止”层[143]。

对于上面介绍的这两种方法,最终得到的聚合物薄膜都比在未修饰表面随机成核的薄膜要均匀。利用重氮化合物化学过程制备聚苯胺种子层的流程如图 7.13 所示,其中重氮化合物表面修饰技术被用于在 C 表面生成单层二苯胺[144]。随后,苯胺氧化并产生聚苯胺,这一过程与没有种子层的形成过程相似,并且前者具有更好的化学和热力稳定性。

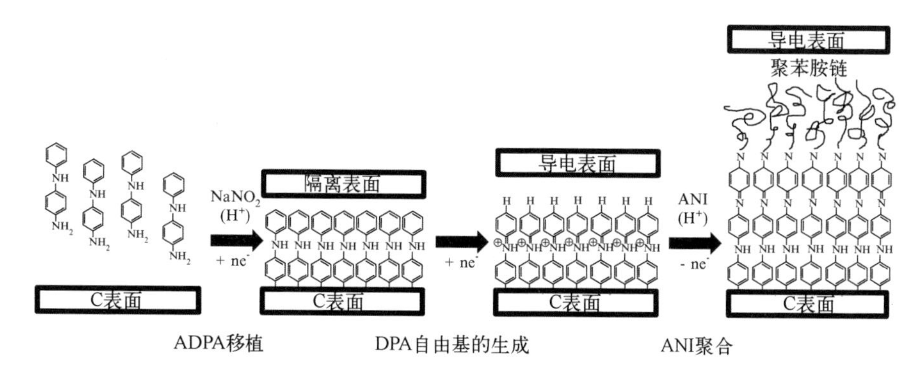

图 7.13 重氮化合物化学过程沉积种子层产生稳定聚苯胺的过程(步骤1,生成一层"阻挡层")和利用还原表面层(步骤2)活化产生可生长聚苯胺的导电表面(步骤3)[144]

电化学方法也可以用于制备"氧化还原聚合物",在这些氧化还原聚合物的单体中包含一个氧化还原中心,如二茂铁、几种 Ru 或 Os 的复合物[147-149]。如7.3.3 小节讲过的,电化学过程不仅可以用于表面单分子层的图形化[150],而且可以用于 C 表面的图形化刻蚀[151,152]。最近有文献综述概括了电化学方法在微纳图形化方面的应用[153]。

7.4.3 分子和原子多层膜的逐层沉积

通过两种材料的交替使用有可能得到较厚的薄膜,通常也称为"逐层沉积"。为了尽可能地产生较厚的多层膜,各种不同层之间的化学相互作用均已得到深入的研究。通常,每一层的沉积都是自限制过程。图 7.14 所示为一个基于 C ═C 键和 SH 基团之间一系列反应的例子,通常称为"硫基-乙烯基"反应[154]。首先,一个两端都包含 C ═C 键的"二烯烃"分子与 Si 键合,用来形成一个 C ═C 终端的单分子层。然后,一个两端含有 SH 基团的"二硫酚"在紫外光作用下键接到 C ═C 的末端,发生硫基-乙烯基反应,生成一个 SH 终端的分子层。进而,交替沉积二烯烃和二硫基分子层并进行硫基-乙烯基反应得到多层膜。不同于旋涂或聚合化过程,多层膜形成过程中,每次只能得到一层,因此总厚度是逐层沉积循环次数的线性函数。在另一种方法中,利用一个末端含有氯硅烷基团的分子与乙醇或乙醚反应得到的共价 Si—O 键,也能够形成预想的逐层结构,这种层层叠加的结构可用于有机薄膜晶体管中电介质层[155]。基于在金属离子和富电子配体之间形成的静电作用或配位键,研究人员已经制成了中心含有金属或金属氧化物和有机分子的交替层[156]。有报道描述了一类非真空的原子层沉积技术,这一技术可以选择性地进行单原子层的电化学沉积[157-160]。在适当条件下,Cu、Pt、Pb、Sn 能和其他材料的单层外延原子层交替产生有序的多层膜,这一方法的成本要比气相原子沉积(已在第 6 章中做过讨论)更低,且能够制备具有独特电子特性的多层膜结构。

静电逐层成形是比“发生反应性”的薄膜沉积更简单、更通用的一种方法,这一方法利用分子末端带相异电荷的基团来稳定多层结构[161-165]。静电相互作用已经被用来组装有机光伏电池的两个组件,且组装后电池的光转换效率有所增加[156,166,167]。

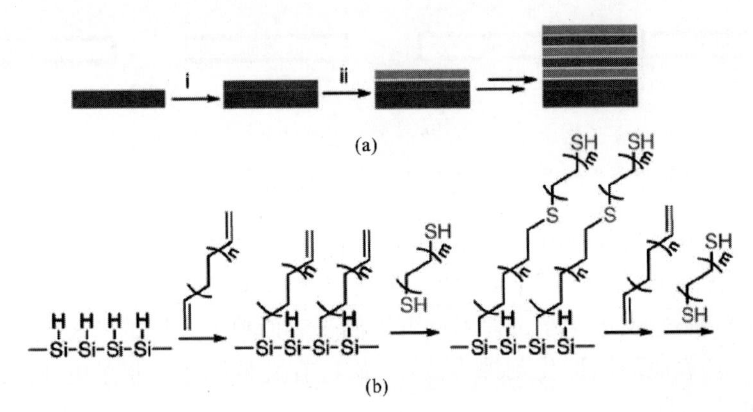

图 7.14　利用硫基-乙烯基反应基于 C ═C 基团与 SH 基团连接的逐层生长示意图[154]
(a) 分子层沉积;(b) 化学结构多层自组装。

7.5　总结与展望

本章没有进行全面性的总结,而是以表面化学过程及其赋予表面的性质为主展开讨论并介绍有大量的方法可以实现表面修饰。需要指出的是,很多修饰过程都是在最近 20 年间才发展起来的。在表面和具有特殊化学性质的分子之间形成共价键的方法经过了时间检验,是一种非常重要的方法。其有效性在氧化物的形成、气相沉积和旋涂等过程中都得到了印证。实现衬底表面有序单分子层改性产生了分子电子学,目前包含单分子层活动组件的电子器件制备成为可能[3,8]。单层表面改性技术的最初实际应用极有可能会涉及传统的半导体制造工艺,如作为大马士革铜电镀的“引物”。然而,当特征尺寸持续减小时,表面性质对于纳米制造日益重要,这也为拓展表面化学修饰在更广范围内的应用提供了强劲的驱动力。

参考文献

[1] Israelachvili JN. Intermolecular and surface forces. New York: Academic; 1992.
[2] Morgenthaler S, Lee S, Zürcher S, Spencer ND. Langmuir. 2003;19:10459–62.
[3] Haick H, Cahen D. Acc Chem Res. 2008;41:359–66.
[4] Metzger R, editors. Nano and molecular electronics handbook. Boca Raton, FL: CRC Press; 2007.
[5] Metzger RM. Chem Rev. 2003;103:3803.
[6] Walker AV, Tighe TB, Haynie BC, Uppili S, Winograd N, Allara D. J Phys Chem B. 2005;109:11263–72.
[7] Zhu Z, Daniel TA, Maitani M, Cabarcos OM, Allara DL, Winograd N. J Am Chem Soc. 2006;128:13710–9.
[8] McCreery RL, Bergren AJ. Adv Mater. 2009;21:4303–22.
[9] Artukovic E, Kaempgen M, Hecht DS, Roth S, Grüner G. Nano Lett. 2005;5:757–60.
[10] Fortin JB, Lu TM. Chem Mater. 2002;14:1945–9.
[11] McCreery RL. Chem Rev. 2008;108:2646–87.
[12] Haick H, Ambrico M, Ligonzo T, Tung RT, Cahen D. J Am Chem Soc. 2006;128:6854–69.
[13] Rider DA, Harris KD, Wang D, Bruce J, Fleischauer MD, Tucker RT, Brett MJ, Buriak JM. ACS Appl Mater Interface. 2009;1:279–88.
[14] Delamar M, Desarmot G, Fagebaume O, Hitmi R, Pinson J, Saveant J. Carbon. 1997;35:801–7.
[15] Kubo W, Nagao M, Otsuka Y, Homma T, Miyata H. Langmuir. 2009;25:13340–3.
[16] Flavel BS, Gross AJ, Garrett DJ, Nock V, Downard AJ. ACS Appl Mater Interface. 2010;2:1184–90.
[17] Velmurugan J, Zhan D, Mirkin MV. Nat Chem. 2010;2:498–502.
[18] Tagliazucchi M, Calvo EJ, Szleifer I. Electrochim Acta. 2008;53:6740–52.
[19] Bradbury CR, Zhao J, Fermín DJ. J Phys Chem C. 2008;112:10153–60.
[20] Pumera M, Merkoçi A, Alegret S. Electrophoresis. 2007;28:1274–80.
[21] Gorodetsky AA, Barton JK. Langmuir. 2006;22:7917–22.
[22] Kim Y, Yi J. Langmuir. 2006;22:9805–8.
[23] Clark W, McCreery RL. J Electrochem Soc. 2002;149:B379–86.
[24] Akiyama E, Markworth AJ, McCoy JK, Frankel GS, Xia L, McCreery RL. J Electrochem Soc. 2003;150:B83–91.
[25] Clark WJ, Ramsey JD, McCreery RL, Frankel GS. J Electrochem Soc. 2002;149:B179–85.
[26] Zhang W, Frankel GS. Electrochem Solid-State Lett. 2000;3:268.
[27] Maldonado S, Plass KE, Knapp D, Lewis NS. J Phys Chem C. 2007;111:17690–9.
[28] Buriak JM. Chem Rev. 2002;102:1271–308.
[29] Nemanick EJ, Hurley PT, Brunschwig BS, Lewis NS. J Phys Chem B. 2006;110:14800–8.
[30] Kim JM, Beebe Y, Jun XY, Zhu XY, Frisbie CD. J Am Chem Soc. 2006;128:4970–1.
[31] Vilan A, Yaffe O, Biller A, Salomon A, Kahn A, Cahen D. Adv Mater. 2010;22:140–59.
[32] Salomon A, Boecking T, Seitz O, Markus T, Amy F, Chan C, Zhao W, Cahen D, Kahn A. Adv Mater. 2007;19:445–50.
[33] Cahen D, Kahn A. Adv Mater. 2003;15:271–7.
[34] Yan H, McCreery RL. ACS Appl Mater Interface. 2009;1:443–51.

[35] Thieblemont F, Seitz O, Vilan A, Cohen H, Salomon E, Kahn A, Cahen D. Adv Mater. 2008;20:3931–6.
[36] Vaynzof Y, Dennes TJ, Schwartz J, Kahn A. Appl Phys Lett. 2008;93:103305–103303.
[37] Heimel G, Romaner L, Zojer E, Bredas J-L. Acc Chem Res. 2008;41:721–9.
[38] Thygesen KS, Rubio A. Phys Rev Lett. 2009;102:046802.
[39] Zahid F, Paulsson M, Datta S. Electrical conduction through molecules. New York: Academic; 2003.
[40] Itoh T, McCreery RL. J Am Chem Soc. 2002;124:10894–902.
[41] Bergren AJ, McCreery RL, Stoyanov SR, Gusarov S, Kovalenko A. J Phys Chem C. 2010;114:15806–15.
[42] Natan A, Kuritz N, Kronik L. Adv Funct Mater. 2010;20:2077–84.
[43] Heimel G, Rissner F, Zojer E. Adv Mater. 2010;22:2494–513.
[44] Andrews DQ, Van Duyne RP, Ratner MA. Nano Lett. 2008;8:1120–6.
[45] Berlin YA, Burin AL, Ratner MA. Chem Phys. 2002;275:61–74.
[46] Berlin YA, Ratner MA. Radiat Phys Chem. 2005;74:124–31.
[47] Grozema FC, van Duijnen PT, Berlin YA, Ratner MA, Siebbeles LDA. J Phys Chem B. 2002;106:7791–5.
[48] Ranganathan S, Murray R. J Phys Chem B. 2004;108:19982–9.
[49] Terrill RH, Hatazawa T, Murray RW. J Phys Chem. 1995;99:16676–83.
[50] Terrill RH, Sheehan PE, Long VC, Washburn S, Murray RW. J Phys Chem. 1994;98:5127–34.
[51] Simmons JG. DC conduction in thin films. London: Mills and Boon Ltd.; 1971.
[52] Vilan A. J Phys Chem C. 2007;111:4431–44.
[53] Choi SH, Kim B, Frisbie CD. Science. 2008;320:1482–6.
[54] Choi SH, Risko C, Delgado MCR, Kim B, Bredas J-L, Frisbie CD. J Am Chem Soc. 2010;132:4358–68.
[55] Lahmidi A, Joachim C. Chem Phys Lett. 2003;381:335–9.
[56] Soe W-H, Manzano C, Sarkar AD, Chandrasekhar N, Joachim C. Phys Rev Lett. 2009;102:176102.
[57] Huisman EH, Guedon CM, van Wees BJ, van der Molen SJ. Nano Lett. 2009;9:3909–13.
[58] Bonifas AP, McCreery RL. Nat Nanotechnol. 2010;5:612–7.
[59] Mujica V, Kemp M, Ratner MA. J Chem Phys. 1994;101:6849–55.
[60] Mujica V, Kemp M, Ratner MA. J Chem Phys. 1994;101:6856–64.
[61] Mujica V, Ratner MA. Chem Phys. 2001;264:365–70.
[62] Akkerman HB, Kronemeijer AJ, Harkema J, van Hal PA, Smits ECP, de Leeuw DM, Blom PWM. Org Electron. 2010;11:146–9.
[63] Coll M, Miller LH, Richter LJ, Hines DR, Jurchescu OD, Gergel-Hackett N, Richter CA, Hacker CA. J Am Chem Soc. 2009;131:12451–7.
[64] Ru J, Szeto B, Bonifas A, McCreery RL. ACS Appl Mater Interface. 2010;2:3693–701.
[65] Blodgett KB. J Am Chem Soc. 1934;56:495.
[66] Blodgett KB. J Am Chem Soc. 1935;57:1007–22.
[67] Petty MC. Langmuir-Blodgett films: an introduction. Cambridge: Cambridge University Press; 1996.
[68] Edwards GA, Bergren AJ, Porter MD. In: Zoski CG, editor. Chemically Modified Electrodes. Handbook of electrochemistry. New York: Elsevier; 2007.
[69] Hussain SA, Bhattacharjee D. Mod Phys Lett B. 2009;23:3437–51.
[70] Prokopuk N, Son K-A. J Phys Condens Matter. 2008;20:374116.
[71] Siqueira Jr JR, Caseli L, Crespilhoc FN, Zucolottoa V, Oliveira Jr ON. Biosens Bioelectron. 2010;25:1254–63.
[72] DeRose JA, Leblanc RM. Surf Sci Reports. 1995;22:73–126.
[73] Liu S, Wang WM, Briseno AL, Mannsfeld SCB, Bao Z. Adv Mater. 2009;21:1217–32.

[74] Talham DR, Yamamoto T, Meisel MW. J Phys Condens Matter. 2008;20:184006.
[75] Love JC, Estroff LA, Kriebel JK, Nuzzo RG, Whitesides GM. Chem Rev. 2005;105:1103–70.
[76] DiBenedetto SA, Facchetti A, Ratner MA, Marks TJ. Adv Mater. 2009;21:1407–33.
[77] Allara D, Nuzzo RG. Langmuir. 1985;1:52–66.
[78] Edwards GA, Bergren AJ, Cox EJ, Porter MD. J Electroanal Chem. 2008;622:193–203.
[79] Finklea HO. Electrochemistry of organized monolayers of thiols and related molecules on electrodes. In: Bard AJ, editor. Electroanalytical chemistry. 1st ed. New York: Dekker; 1996.
[80] Ulman A. Chem Rev. 1996;96:1533.
[81] Walczak MM, Chung C, Stole SM, Widrig CA, Porter MD. J Am Chem Soc. 1991;113:2370–8.
[82] Poirier GE. Chem Rev. 1997;97:1117.
[83] Poirier GE, Pylant ED. Science. 1996;272:1145–8.
[84] Downard AJ. Electroanalysis. 2000;12:1085–96.
[85] Murray RW. Acc Chem Res. 1980;13:135–41.
[86] Murray RW. Chemically modified electrodes. In: Bard A, editor. Electroanalytical chemistry. New York: Dekker; 1983.
[87] Baranton S, Belanger D. J Phys Chem B. 2005;109:24401–10.
[88] Baranton S, Belanger D. Electrochim Acta. 2008;53:6961–7.
[89] Breton T, Belanger D. Langmuir. 2008;24:8711–8.
[90] Han S, Yuan Y, Hu L, Xu G. Electrochem Commun. 2010;12:1746–8.
[91] Kullapere M, Seinberg J-M, Maeeorg U, Maia G, Schiffrin DJ, Tammeveski K. Electrochim Acta. 2009;54:1961–9.
[92] Liu G, Chockalingham M, Khor SM, Gui AL, Gooding JJ. Electroanalysis. 2010;22:918–26.
[93] Noel J-M, Sjoberg B, Marsac R, Zigah D, Bergamini J-F, Wang A, Rigaut S, Hapiot P, Lagrost C. Langmuir. 2009;25:12742–9.
[94] Stockhausen V, Ghilane J, Martin P, Trippe-Allard G, Randriamahazaka H, Lacroix J-C. J Am Chem Soc. 2009;131:14920–7.
[95] Yesildag A, Ekinci D. Electrochim Acta. 2010;55:7000–9.
[96] Pavia DL, Lampman GM, Kriz GS, Engel RG. Organic laboratory techniques: a microscale approach. New York: Saunders College Publishing; 1995.
[97] Bernard M-C, Chausse A, Cabet-Deliry E, Chehimi MM, Pinson J, Podvorica F, Vautrin-Ul C. Chem Mater. 2003;15:3450–62.
[98] Liu G, Böcking T, Gooding JJ, J Electroanal Chem. 2007;600:335–44.
[99] Mahmoud AM, Bergren AJ, McCreery RL. Anal Chem. 2009;81:6972–80.
[100] Malmos K, Iruthayaraj J, Pedersen SU, Daasbjerg K. J Am Chem Soc. 2009;131:13926–7.
[101] Shewchuk DM, McDermott MT. Langmuir. 2009;25:4556–63.
[102] Lehr J, Garrett DJ, Paulik MG, Flavel BS, Brooksby PA, Williamson BE, Downard AJ. Anal Chem. 2010;82:7027–34.
[103] Paulik MG, Brooksby PA, Abell AD, Downard AJ. J Phys Chem C. 2007;111:7808–15.
[104] Pearson D, Downard AJ, Muscroft-Taylor A, Abell AD. J Am Chem Soc. 2007;129:14862–3.
[105] Pinson J, Podvorica F. Chem Soc Rev. 2005;34:429–39.
[106] Balakumar A, Lysenko AB, Carcel C, Malinovskii VL, Gryko DT, Schweikart KH, Loewe RS, Yasseri AA, Liu ZM, Bocian DF, Lindsey JS. J Org Chem. 2004;69:1435–43.
[107] Li Q, Mathur G, Homsi M, Surthi S, Misra V, Malinovskii V, Schweikart K-H, Yu L, Lindsey JS, Liu Z, Dabke RB, Yasseri AA, Bocian DF, Kuhr WG. Appl Phys Lett. 2002;81:1494–6.
[108] Liu Z, Yasseri AA, Lindsey JS, Bocian DF. Science. 2003;302:1543–5.
[109] de Villeneuve CH, Pinson J, Bernard MC, Allongue P. J Phys Chem B. 1997;101:2415–20.
[110] Allongue P, de Villeneuve CH, Cherouvrier G, Cortes R, Bernard MC. J Electroanal Chem. 2003;550–551:161–74.
[111] Scott A, Hacker CA, Janes DB. J Phys Chem C. 2008;112:14021–6.
[112] Scott A, Janes DB, Risko C, Ratner MA. Appl Phys Lett. 2007;91:033508–033503.

[113] Garrett DJ, Flavel BS, Shapter JG, Baronian KHR, Downard AJ. Langmuir. 2010;26:1848–54.
[114] Stewart MP, Maya F, Kosynkin DV, Dirk SM, Stapleton JJ, McGuiness CL, Allara DL, Tour JM. J Am Chem Soc. 2004;126:370–8.
[115] Hamers RJ. Annu Rev Anal Chem. 2008;1:707–36.
[116] Anariba F, DuVall SH, McCreery RL. Anal Chem. 2003;75:3837–44.
[117] Garrett DJ, Lehr J, Miskelly GM, Downard AJ. J Am Chem Soc. 2007;129:15456–7.
[118] Downard AJ, Garrett DJ, Tan ESQ. Langmuir. 2006;22:10739–46.
[119] Brooksby PA, Downard AJ. Langmuir. 2005;21:1672–5.
[120] Deinhammer RS, Ho M, Anderegg JW, Porter MD. Langmuir. 1994;10:1306–13.
[121] Barbier B, Pinson J, Desarmot G, Sanchez M. J Electrochem Soc. 1990;137:1757–64.
[122] Ssenyange S, Anariba F, Bocian DF, McCreery RL. Langmuir. 2005;21:11105–12.
[123] Devadoss A, Chidsey CED. J Am Chem Soc. 2007;129:5370–1.
[124] Kariuki JK, McDermott MT. Langmuir. 2001;17:5947–51.
[125] Solak AO, Eichorst LR, Clark WJ, McCreery RL. Anal Chem. 2003;75:296–305.
[126] Yu SSC, Tan ESQ, Jane RT, Downard AJ. Langmuir. 2007;23:11074–82.
[127] Brooksby PA, Downard AJ. J Phys Chem B. 2005;109:8791–8.
[128] Deniau G, Azoulay L, Bougerolles L, Palacin S. Chem Mater. 2006;18:5421–8.
[129] Brooksby PA, Downard AJ. Langmuir. 2004;20:5038–45.
[130] Downard AJ. Langmuir. 2000;16:9680–2.
[131] Anariba F, Viswanathan U, Bocian DF, McCreery RL. Anal Chem. 2006;78:3104–12.
[132] Brooksby PA, Downard AJ, Yu SSC. Langmuir. 2005;21:11304–11.
[133] Tessier L, Deniau G, Charleux B, Palacin S. Chem Mater. 2009;21:4261–74.
[134] Sotzing GA, Reynolds JR, Katritzky AR, Soloducho J, Belyakov S, Musgrave R. Macromolecules. 1996;29:1679–84.
[135] Liu Y-C, Wang C-C. J Phys Chem B. 2005;109:5779–82.
[136] Bof Bufon CC, Vollmer J, Heinzel T, Espindola P, John H, Heinze J. J Phys Chem B. 2005;109:19191–9.
[137] Lacroix JC, Maurel F, Lacaze PC. J Am Chem Soc. 2001;123:1989–96.
[138] Doherty III WJ, Armstrong NR, Saavedra SS. Chem Mater. 2005;17:3652–60.
[139] Marrikar FS, Brumbach M, Evans DH, Lebron-Paler A, Pemberton JE, Wysocki RJ, Armstrong NR. Langmuir. 2007;23:1530–42.
[140] Bobacka J, Grzeszczuk M, Ivaska A. J Electroanal Chem. 1997;427:63–9.
[141] Wei D, Baral JK, Osterbacka R, Ivaska A. J Mater Chem. 2008;18:1853–7.
[142] McCarley RL, Morita M, Wilbourn KO, Murray RW. J Electroanal Chem. 1988;245:321–30.
[143] Wang M, Das MR, Li M, Boukherroub R, Szunerits S. J Phys Chem C. 2009;113:17082–6.
[144] Santos LM, Ghilane J, Fave C, Lacaze P-C, Randriamahazaka H, Abrantes LM, Lacroix J-C. J Phys Chem C. 2008;112:16103–9.
[145] Jureviciute I, Bruckenstein S, Jackson A, Hillman AR. J Solid-State Electrochem. 2004;8:403–10.
[146] Kurihara M, Kubo K, Horikoshi T, Kurosawa M, Nankawa T, Matsuda T, Nishihara H. Macromol Symposia. 2000;156:21–9.
[147] Manness KM, Terrill RH, Meyer TJ, Murray RW, Wightman RM. J Am Chem Soc. 1996;118:10609–16.
[148] Surridge NA, Sosnoff CS, Schmehl R, Facci JS, Murray RW. J Phys Chem. 1994;98:917–23.
[149] Surridge NA, Zvanuf ME, Keene FR, Sosnoff SC, Silver M, Murray RW. J Phys Chem. 1992;96:962–70.
[150] Zangmeister RA, O'Brien DF, Armstrong NR. Adv Funct Mater. 2002;12:179–86.
[151] Kiema GK, Ssenyange S, McDermott MT. J Electrochem Soc. 2004;151:C142.
[152] Ssenyange S, Du R, McDermott MT. Micro Nano Lett IET. 2009;4:22–6.
[153] Simeone FC, Albonetti C, Cavallini M. J Phys Chem C. 2009;113:18987–94.

[154] Li Y-h, Wang D, Buriak JM. Langmuir. 2010;26:1232–8.
[155] Yoon M-H, Facchetti A, Marks TJ. Proc Natl Acad Sci USA. 2005;102:4678–82.
[156] Zhao W, Tong B, Pan Y, Shen J, Zhi J, Shi J, Dong Y. Langmuir. 2009;25:11796–801.
[157] Kim JY, Kim Y-G, Stickney JL. J Electrochem Soc. 2007;154:D260–6.
[158] Kim JY, Stickney JL. J Phys Chem C. 2008;112:5966–71.
[159] Kim Y-G, Kim JY, Vairavapandian D, Stickney JL. J Phys Chem B. 2006;110:17998–8006.
[160] Liang X, Kim Y-G, Gebergziabiher DK, Stickney JL. Langmuir. 2009;26:2877–84.
[161] McClure SA, Worfolk BJ, Rider DA, Tucker RT, Fordyce JAM, Fleischauer MD, Harris KD, Brett MJ, Buriak JM. ACS Appl Mater Interface. 2009;2:219–29.
[162] Li X, Wan Y, Sun C. J Electroanal Chem. 2004;569:79–87.
[163] Tang T, Qu J, Mullen K, Webber SE. Langmuir. 2006;22:26–8.
[164] Milsom EV, Perrott HR, Peter LM, Marken F. Langmuir. 2005;21:9482–7.
[165] Kim HJ, Lee K, Kumar S, Kim J. Langmuir. 2005;21:8532–8.
[166] Mwaura JK, Pinto MR, Witker D, Ananthakrishnan N, Schanze KS, Reynolds JR. Langmuir. 2005;21:10119–26.
[167] Huguenin F, Zucolotto V, Carvalho AJF, Gonzalez ER, Oliveira ON. Chem Mater. 2005;17:6739–45.

第8章 基于嵌段共聚物自组装的纳米结构

摘要

由于嵌段共聚物在纳米尺度下的自组装能力,其在纳米材料合成和纳米结构制造领域引起了人们越来越大的兴趣。通过控制各个嵌段组件的成分和结构,可以得到各种纳米级的形貌。本章将重点介绍纳米结构的批量化形成、嵌段共聚物纳米模板有序薄膜的制备及其在纳米制造中潜在应用(包括模板纳米光刻、功能性纳米材料以及纳米多孔膜的沉积)的最新进展。

8.1 引言

最近,表面的纳米级图形化因其在跨学科领域的应用而引起了人们极大的关注,包括电子束光刻、X射线光刻、光学光刻和纳米压印等[1-8]。然而,利用上述光刻技术仍然难以在大面积实现小于30nm的特征尺寸。由于集成电路的特征尺寸不断减小,基于嵌段共聚物的纳米加工已成为用于生产纳米结构材料的新兴方法[9-15]。嵌段共聚物是一类大分子,其通过共价键连接两种或更多种化学上不相似的均聚物来制备。嵌段的数量、组成和连接性决定了嵌段共聚物的分子结构(如二嵌段、三嵌段、多嵌段和星形或接枝共聚物)。目前该技术已经可以应用于产生复杂的结构体系。根据相对分子质量和有效的单体相互作用,嵌段通常是不相容的,因此嵌段共聚物可以自组装形成各种纳米级周期性图形,包括球形、圆柱形和薄片,其典型尺寸为5~50nm[12-23]。在许多应用中,嵌段共聚物以薄膜的形式使用。利用这些相分离嵌段共聚物薄膜的最佳方案涉及几个步骤,即选择适当的薄膜厚度,控制微区的取向和横向排序以及产生有序的纳米孔阵列[17-19,21]。通过使用各种不同方法进一步处理,包括化学和物理气相沉积、电沉积、金属纳米颗粒掺入和化学还原等技术,获得的嵌段共聚物模板已经被用于各种纳米制造工艺并生成了有趣的图形[22-31]。

本章介绍了基于嵌段共聚物自组装的薄膜纳米结构领域的最新进展。本章由四部分组成，第一部分讨论了块体和薄膜中微相分离和形态的基本原理；第二部分主要关注基于混合材料制造的纳米结构，其中嵌段共聚物被用作结构导向剂。第三部分讨论了有序纳米模板的制备方法。第四部分重点介绍了嵌段共聚物纳米模板在功能性纳米结构制备中的应用以及用于受控分离的纳米多孔膜。

8.2 微相分离和形态学

8.2.1 块体的微相分离

在块体中，嵌段共聚物中的微相分离主要是由化学性质不同的嵌段之间的相互排斥以及各嵌段之间的连通性所施加的填充约束所决定的。二嵌段共聚物中的微相分离已经在理论和实验上得到了广泛的研究[32-35]。二嵌段共聚物相图由 3 个独立因素确定，即两个嵌段的体积分数、两个嵌段的聚合度和两个嵌段的不相容程度（由 Flory-Huggins 相互作用参数χ 表示）。在二嵌段共聚物中，微区从球形、圆柱形到薄片状的形态取决于嵌段的体积分数。图 8.1 展示

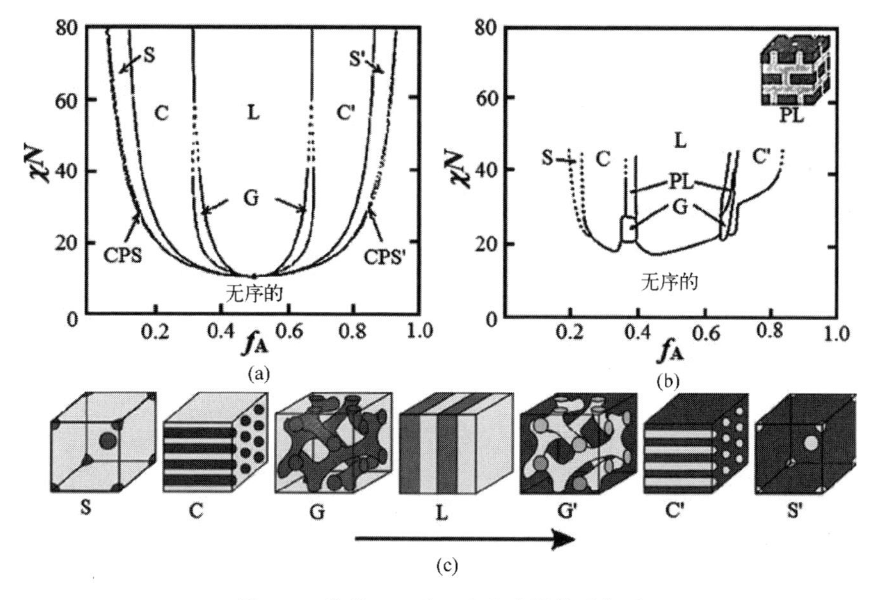

图 8.1 线性 AB 型二嵌段共聚物的相图

(a) 用自洽平均场理论预测的平衡形态（球面(S)、柱形(C)、螺旋(G)和薄片状(L)形态）；

(b) 聚（苯乙烯-b-异戊二烯）二嵌段共聚物的实验相图（与上面相同但加上带孔层）；

(c) 对于固定χ^N 在f_A增加时的平衡相结构[34]。

了二嵌段共聚物模型(苯乙烯-b-异戊二烯)的理论和实验相图。从图 8.1 中可以看出,相图展示了形态对两个嵌段的体积分数(f_A和 f_B)和偏析度(χ^N)的依赖关系,其中 N 是二嵌段共聚物的聚合度。在平均场理论中,不管体积分数是多少,$\chi^N<10.5$ 的二嵌段共聚物总是处于无序状态[33];而在$\chi^N \leqslant 10$ 时,系统状态由熵决定。根据χ 参数的温度依赖性,这可以发生在更高(在某些情况下更低)的温度和更低的聚合度下。在$\chi^N \gg 10$ 的强分离区间,焓值作为温度或压力的函数将占主导地位,导致无序转变(TODT)(也称为微相分离),其中相与相之间的界面非常尖锐,而且不同的块相会分离成各种有序的周期性形态。

8.2.2 薄膜中的微相分离

在许多实际应用中,嵌段共聚物以薄膜的形式使用,与块状材料相比,BCP 薄膜的结构行为通常要复杂得多,这是受嵌段与衬底界面的相互作用、嵌段的表面偏析以及共聚物周期和薄膜厚度的不可通约性的影响。具有最低表面自由能的嵌段优先在空气界面处偏析,而具有最低界面能的嵌段(可以是相同的嵌段)将在衬底界面处偏析,引起微区优先平行取向[36,37]。然而,如果薄膜的厚度与微区周期不相称,则会使得微区垂直取向或形成一些其他非平衡结构,如岛和孔[38-40]。这些结构会在表面形成,通过量化局部薄膜厚度来使总能量最小化。然而,当不受限的薄片状薄膜有机会平衡时,如通过在高于嵌段玻璃化转变温度的温度下退火,它通常会形成厚度为微区周期倍数的阶梯。在阶梯之间的区域,厚度与微区周期仍然不相称,并且有可能产生其他非平衡结构。

如果形成了平行于衬底的薄片状微区,在该共聚物中会形成一个多层结构,其膜厚由嵌段共聚物周期 L 来决定。当一个嵌段既偏向于衬底又偏向于空气界面(对称润湿)时,如果其厚度 d 满足 $d=nL$,则该膜是平滑的,其中 n 是整数。相反,当一个嵌段偏向于衬底而另一个嵌段偏向于空气界面(不对称润湿)时,如果膜厚为 $d=(n+1/2)L$,则可以获得平滑的膜。如果制备薄膜的厚度与 L 不相称,则会在顶部表面上形成台阶高度为 L 的岛或孔。这种形貌允许优先的嵌段出现在两个界面,并且在整个膜厚中保持特征周期。对于薄片状区域以及圆柱形和球形系统,会经常观察到孔、岛形态的出现。图 8.2 展示了薄膜中形成薄片状微区的二嵌段共聚物的一些可能的构型。只有在中性衬底界面才会自发形成垂直的薄片。

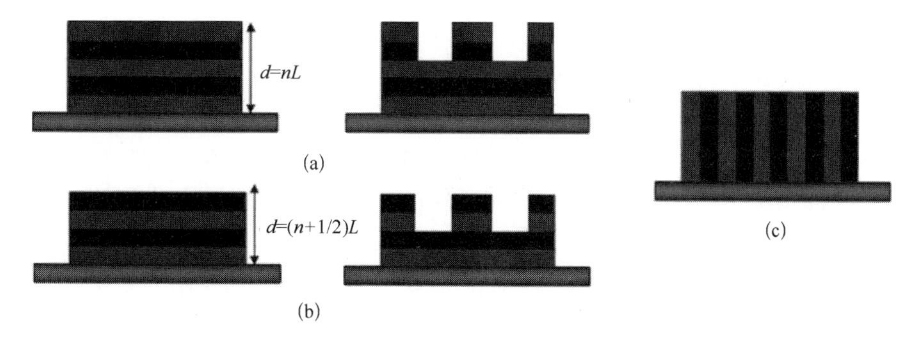

图 8.2　一个界面上的嵌段共聚物薄膜中薄片的可能构型
(a) 对称浸润;(b) 非对称浸润;(c) 中性面

8.2.3　嵌段共聚物薄膜中微区取向的控制

控制微区取向是嵌段共聚物薄膜中的重要问题之一。由于嵌段组分的表面能不同以及微区和衬底之间的相互作用,通常在嵌段共聚物薄膜中观察到微区是平行取向。尽管平行于衬底取向的微区(圆柱体)可用于制备纳米线,但垂直于衬底取向的微区更适合作为制造高深宽比纳米结构以及纳米多孔膜的模板。为了解决获得垂直微区取向的这一难题,已经开发出各种方法。为了控制嵌段共聚物薄膜的微区取向,已经使用了溶剂退火[41-45]、化学图形化[5,46]、电场对准[24]、图形外延[47,48]、软光刻[49]、剪切对齐[50,51]、定向结晶[52]和区域退火[53]等方法。在少数情况下,这些方法的组合已经证明比单一方法能更有效地诱导微区中的长程排序。

本节将讨论两个嵌段共聚物体系,即 PS-b-PMMA 和 PS-b-P4VP,以解释嵌段共聚物薄膜中圆柱形或薄片状微区的垂直取向。在 PS-b-PMMA 薄膜中,通过平衡界面相互作用,即使用中性表面,可实现圆柱形的垂直取向。这两种表面可以通过沉积与二嵌段共聚物中相同组分的无规共聚物获得[54]。使衬底粗糙化也可以引起垂直取向,这是因为要形成粗糙的衬底必须对弹性变形加以遏制[55]。向嵌段共聚物中加入均聚物是另一种可以重新定向微区的简单方法。将 PMMA 均聚物加入圆柱形的 PS-b-PMMA 嵌段共聚物中将使较厚膜的微区的垂直取向稳定下来[56]。此外,间距和尺寸还可以根据加入的均聚物的量得到调节。使圆柱形垂直对准于衬底的另一种常用方法是施加电场。结果表明,在高强度的外部电场(约 30kV/cm)中,PS-b-PMMA 薄膜的退火将引起 PMMA 微区(薄片状或圆柱形)沿着电场线取向,无论是垂直还是平行于平面方向均取决于所应用的电场方向。值得注意的是,即使是几微米厚的薄膜也实现了所需的垂直方向[24]。

溶剂蒸气退火是另一种简单且有效的控制薄膜中 BC 微区方向的方法。E. Bhoje Gowd 等报道了基于聚苯乙烯-嵌段-聚(4-乙烯基吡啶)(PS-b-P4VP)和 2-(40-羟基苯偶氮)苯甲酸的超分子组装(SMA)的不同排列的圆柱形微区之间的溶剂诱导转换[57,58]。最近,他们还发现了在 PS-b-P4VP 薄膜中切换 P4VP 微区的条件[59]。1,4-二氧己环(PS 嵌段的优先溶剂)蒸气退火的薄膜会组装成垂直于衬底取向的六边形填充的圆柱形微区,这是因为溶剂的蒸发是高度定向的。另外,在三氯甲烷(非优先溶剂)中退火的样品则展示出与衬底平行的良好的圆柱形微区。最近,Russell 及其同事发现,通过从甲苯和四氢呋喃(THF)的混合溶剂中旋涂 PS-b-P4VP 可直接获得垂直于薄膜表面取向的圆柱形微区,并通过将薄膜暴露在甲基/THF 混合物蒸气中一段时间,可以形成大面积的高度有序的圆柱形微区阵列。该过程与衬底无关,但在很大程度上取决于每个嵌段的溶剂质量和溶剂蒸发速率[60]。

8.2.4 嵌段共聚物薄膜的长程横向有序性

除了控制嵌段共聚物微区的取向外,取向微区中的横向排序的控制对于许多应用来说同样重要,特别是在半导体和数据存储应用中。制备的薄膜通常展示了形态顺序的横向域形成,其中每个域都映射一个范围,该范围中相分离的微观结构具有高度周期性的排列。相邻域将具有相同的周期性微结构,但在每个域内,导向对齐是随机的。区域边界的存在可能是由在微相分离期间的多次成核和形成的缺陷所导致的。这些缺陷破坏了长程取向和平移顺序,因为这些区域独立地成核并生长直到形成边界。科研人员已经做了大量工作以使得这些结构区域边界缺陷最小化和增强嵌段共聚物薄膜中的长程横向有序性。对于增强嵌段共聚物有序性各种方法的综述,建议读者参考其他文献[12,14,61-63]。本节将重点介绍改善共聚物微区长程横向有序性的一些最新进展。

Angelescu 等[50,64]对厚度约为 100nm 的共聚物薄膜施加剪切力,获得沿着薄膜流动方向的长而有序的圆柱形纳米结构,在该过程中,他们使用了较厚的聚二甲基硅氧烷牺牲层以防止薄膜在剪切过程中破裂。Hashimoto 及其同事[53,65]开发了一种温度梯度方法,以获得长程有序的 PS-b-PI 厚膜。Russell 及其同事[43,44]开发了溶剂蒸气退火方法,并在 PS-b-PEO 中获得了垂直取向的完善的长程排序的 PEO 圆柱形微区。制图外延法是利用具有形貌的图形控制嵌段共聚物微区的横向排序的有效方法之一,Segalman 等[38,47,66]报道了应用该策略制备大面积的高度完善的 PS-b-P2VP 球形微区阵列。最近,Ross 和同事[48]报道了聚(苯乙烯-b-二甲基硅氧烷)(PS-b-PDMS)球形微区的自组装。在这项工作中,他们使用表面化学来获得具有形貌的图形以匹配球形嵌段共聚物的一个嵌段。修饰的六边形填充点与球形区域相互作用,并且可以取代聚合物图形中的一个球体,从而产生具有精确取向的长程有序的二维周期性纳米结构阵列。

经溶剂退火后,Park 等[67]使用表面重构的蓝宝石晶片沿着锯齿状衬底方向垂直形成了圆柱形的 PS-b-PEO 嵌段共聚物。他们观察到了 PS-b-PEO 嵌段共聚物中 PEO 微区的完美长程横向有序性,并获得约 10Tb/in^2 和 3nm 间距的超高点密度,结果如图 8.3 所示。

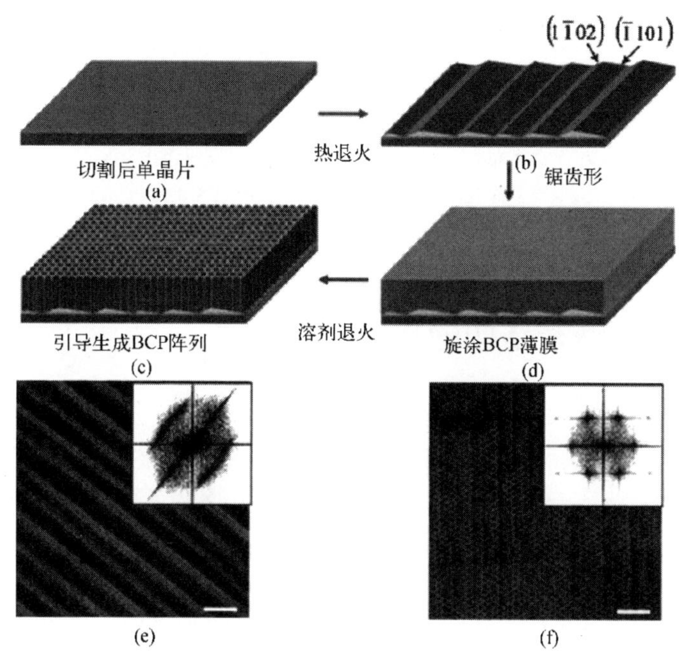

图 8.3 使用多面体表面定向圆柱形 PS-b-PEO 的示意图

(a) 相对于一个特定的晶体平面,蓝宝石表面被斜切;(b) 通过热退火重建该表面;
(c) 应用嵌段共聚物的原子力显微图片;(d) 溶剂退火后嵌段共聚物的原子力显微镜图片;
(e) 24nm 薄膜厚度的共聚物;(f) 34nm(标尺长度为 200nm)的薄膜厚度
(该嵌段共聚物与表面具有良好的匹配性[67])。

由于微区的方形阵列符合行业标准设计架构,这种方法获得了许多人的关注。Park 等[68]使用预图形化的方形阵列在化学修饰过的具有纳米图形的表面上制备了垂直排列的 PS-b-PMMA 薄膜圆柱形微区方阵。Tang 等[69]利用 A-B 和 B′-C 共聚物之间的超分子相互作用(氢键)制作了正方形的纳米级图形阵列,结果如图 8.4 所示。A-B 是聚(环氧乙烷)-b-聚(苯乙烯-环-4-羟基苯乙烯),B′-C 是聚(苯乙烯-r-4-乙烯基吡啶)-b-聚甲基丙烯酸甲酯。酚类和吡啶基单元之间的氢键的化学计量比决定了圆柱形区域的堆积程度。通过剥蚀PMMA和随后的以纳米多孔嵌段共聚物作为掩模的CHF_3 RIE,成功将圆柱形孔的方阵转移到SiO_2晶片上。

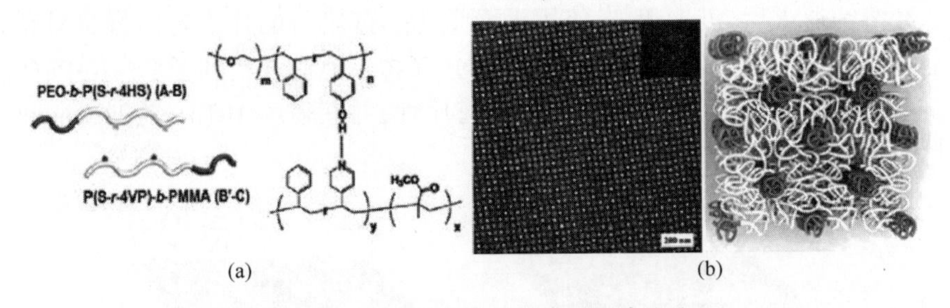

图 8.4　正方形纳米图形阵列及其结果

(a) 通过H键稳固的A-B和B′-C超分子二嵌段共聚物混合物的分层自组装和目标形态;
(b) 超分子嵌段共聚物的溶剂退火共混膜的TEM图像和相关的傅里叶变换(插图)
(右图展示了所提出的链堆砌[69])。

8.3　块体中纳米结构的形成

纳米结构化的聚合物-无机杂化物具有良好的力学和热学性能。它们通常比内部没有纳米结构的相同材料更硬且更不易碎。这种杂化材料可以通过不同的方法制备:单体-金属络合物的直接聚合[70]、嵌段共聚物与纳米级金属物质的直接组装[71]以及与有机金属化合物的化学配位组装[72,73]。设计这些聚合物-无机杂化材料的结构时,纳米颗粒的选择性、粒度和空间组织等特征起着重要作用。Cohen及其同事[74]使用嵌段共聚物作为纳米反应器,将无机金属盐选择性地加载到嵌段共聚物的嵌段中,然后通过还原步骤获得纳米颗粒,原位合成了金属纳米颗粒。该概念被扩展为在嵌段共聚物的预制胶束内合成尺寸可控的纳米颗粒[75,76]。本节重点介绍开发块状共聚物杂化材料的方法。

Wiesner及其同事[77-79]报道了可在块体中合成无机材料的方法。基于3-(缩水甘油氧基丙基)三甲氧基硅烷(GLYMO)和铝的仲丁醇($Al(O-s-Bu)_3$),他们使用两亲性聚(异戊二烯-二乙烯氧化物)(PI-b-PEO)嵌段共聚物作为结构导向剂,采用溶胶凝胶法合成了有机改性硅铝酸盐网络结构。通过GLYMO和$Al(O-s-Bu)_3$反应产生的硅铝酸盐优先溶胀PI-b-PEO亲水的PEO嵌段,以形成纳米结构化的有机-无机杂化材料。图8.5展示了制备这些纳米物体的合成方法示意图。通过溶解有机组分,可以制备球形、圆柱形和片状纳米颗粒。这些表面涂覆着的PEO链(即“多毛”纳米物体),可通过热处理去除。

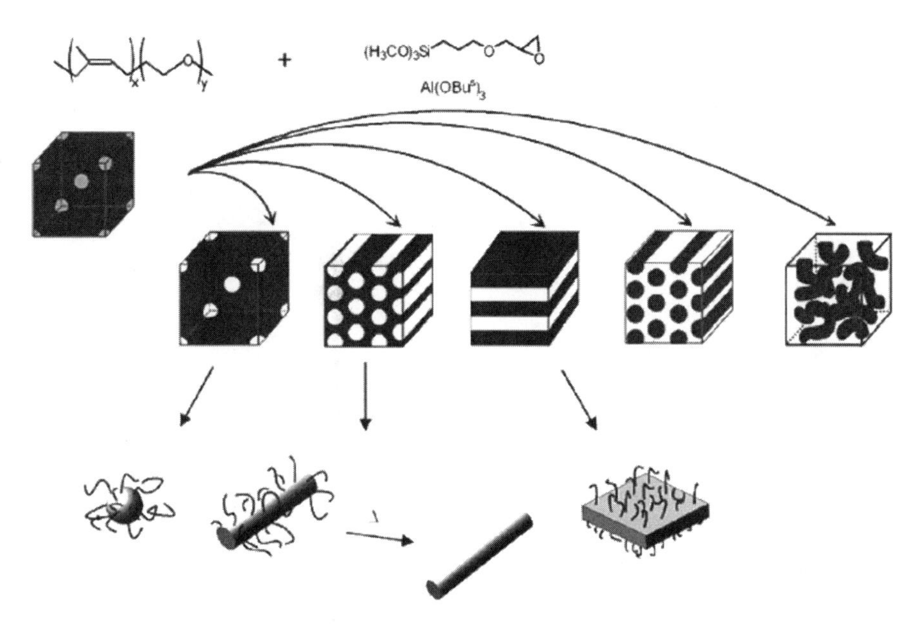

图 8.5　利用 PI-PEO 二嵌段共聚物通过溶胶-凝胶法合成金属烷醇模板来制备不同形状的纳米物体的示意图[77]

最近,Fahmi 及其同事[80-83]使用二嵌段共聚物作为无机材料的结构导向剂,在块体中开发了大量多功能杂化材料。通过掺入功能元素,如金属或半导体纳米颗粒,原位合成了基于 PS-b-P4VP 与无机纳米颗粒组合的杂化材料。由于吡啶基选择性地与溶液中的无机前驱体配位,因此 P4VP 嵌段具有碱基特征。通过蒸发溶剂,嵌段共聚物会经历微相分离过程,其中 P4VP 嵌段将前驱体携带至其自身的纳米域,与 PS 域分离。随后,无机前驱体以纳米颗粒的形式被还原成单体状态,其中被限制在 PS-b-P4VP 的 P4VP 中的纳米颗粒会生长。这些嵌段充当纳米反应器,其在尺寸和尺寸分布方面控制着纳米颗粒的生长。根据所选择的前体,无机组分可以分别表现出导电性、半导电性或磁性。

图 8.6 展示了将金前驱体掺入 PS-b-P4VP 后的 4 种杂化嵌段共聚物形态。改变 P4VP 嵌段的体积分数,可以得到不同形态的混合材料,如体心立方球(图 8.6(a))、六角形圆柱体(图 8.6(b))、螺旋状(图 8.6(c))和薄片状结构(图 8.6(d))。在 10~100nm 的特征区域内,可以通过改变相对分子质量或体积分数来精确调整 BCP 形态。

如前一节所述,可以利用外部场如大幅度振荡剪切(LAOS)来对齐嵌段共聚物微区。Fahmi 及其同事[80]成功地将这种技术应用到杂化材料上,提高了其宏观有序性。定向过程的示意图如图 8.7 所示,将混合材料(PS-b-P4VP+$HAuCl_4$)置于平行板之间,并在接近 PS 玻璃化转变的温度下通过下板振荡施加机械剪切力。在这些条件下,各向同性本体杂化材料的自组装会强制发生,并且纳米结构可以线性排列到微米尺度。因此,如图 8.7(b)所示,可以用其来制备单区域各向异性材料。

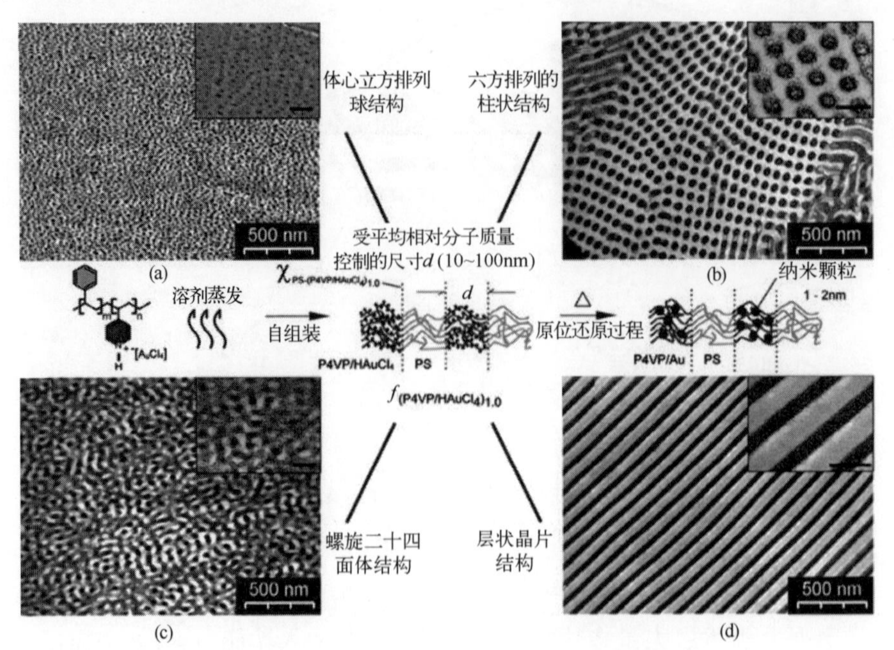

图 8.6　4 种杂化二嵌段共聚物形态 TEM 图像

(a) 体心立方球体;(b) 六边形填充圆柱形;(c) 陀螺仪;(d) 薄片。

(所有插图中的比例尺均为 100nm。图片中心展示了

使用 PS-b-P4VP 和金前驱体制备杂化材料的方法[83])。

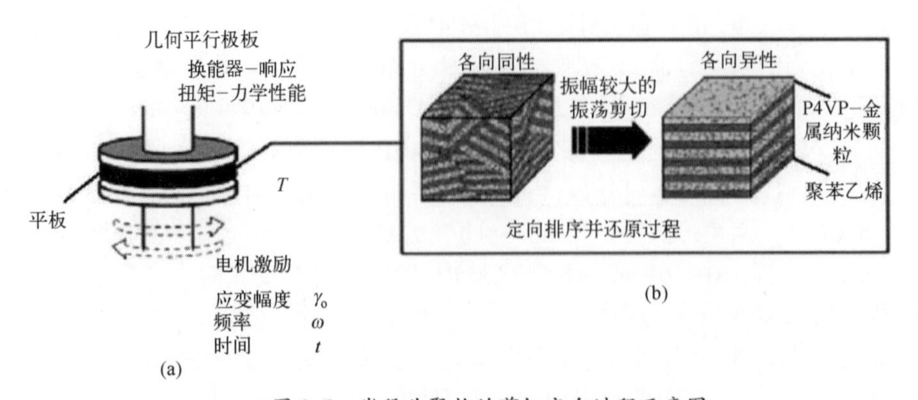

图 8.7　嵌段共聚物的剪切定向过程示意图

(a) 将混合材料的平板置于几何平行极板中;(b) 将载有纳米颗粒(最初是各向同性的)的嵌段共聚物暴露于大振幅的振荡剪切中,从而实现多域结构的对准[80]。

8.4 嵌段共聚物纳米模板的生成

对基于模板的应用来说,具有垂直于表面取向的圆柱形微区的嵌段共聚物膜是极具吸引力的。纳米多孔模板可以通过从耐刻蚀组分中选择性刻蚀圆柱形区域来获得。通过该方法产生的纳米模板具有良好定义的孔隙率,通常为几纳米至100nm。这些纳米模板展现了在制造纳米级阵列结构和薄膜分离上的很大潜力。嵌段共聚物纳米模板的生成可大致分为以下3种通用方法。

8.4.1 选择性去除牺牲微区的纳米模板

在该方法中,嵌段共聚物微区的次要相可以通过以下几种方法中的一种来选择性地去除,如紫外(UV)辐射、臭氧、氧等离子体、干法或化学刻蚀等[21,84-89]。图8.8展示了该方法的示意图。在各种纳米结构中,基于聚(苯乙烯-b-甲基丙烯酸甲酯)(PS-b-PMMA)的垂直取向的圆柱形微区的纳米模板已经得到了广泛的研究。Russell及其同事[21,86]提出通过在UV辐射下曝光PS-b-PMMA薄膜,然后用乙酸洗涤,去除PMMA嵌段。该方法的关键优点是可以同时交联PS和降解PMMA。通过该方法获得的纳米模板即使在PS的玻璃化转变温度以上也是稳定的,并且可以经受非常苛刻的溶剂环境。

图8.8 有序嵌段共聚物形成纳米模板的示意图

用于去除牺牲区域嵌段的化学刻蚀方法也得到广泛的研究[88]。例如,水解降解来自于聚(苯乙烯-b-D,L-丙交酯)(PS-b-PLA)的垂直取向圆柱形微区的聚(D,L-丙交酯),会形成未交联的纳米模板。但这些方法都具有不可逆转的缺点。

8.4.2 嵌段共聚物薄膜表面重构纳米模板

在该方法中,通过将共聚物膜浸入到对次要组分能选择性去除的溶剂中,可以在不去除任何聚合物嵌段的情况下制备纳米模板[18,19,59,90]。次要组分的溶剂选择性和溶解度对于制备含有穿透整个膜厚的孔的纳米多孔薄膜是至关重要的。基于PS-b-PMMA的纳米模板是通过将良好有序的PS-b-PMMA薄膜浸入乙酸中生成的,乙酸是PMMA的良好溶剂、PS的非溶剂。干燥后,溶胀的 PMMA 链迁移到空气表面并停留在 PS 基质的顶部,在 PMMA 微区的位置留下圆柱形纳米孔[18,90]。与基于 PMMA 的系统类似,聚(苯乙烯-b-4-乙烯基吡啶)(PS-b-P4VP)薄膜使用乙醇作为优先溶剂(P4VP 的良好溶剂、PS 的非溶剂)进行纳米多孔薄膜的表面重构[19,59]。在 PS-b-P4VP 薄膜中,通过暴露于适当的溶剂蒸气,圆柱形微区的取向可以从垂直方向可逆地切换到平行方向;反之亦然。将这些有序的薄膜浸入乙醇中,只有 P4VP 嵌段会溶胀并在 PS 嵌段顶部移动,随后会在 PS 基质内留下纳米孔或纳米通道。图 8.9 展示了使用表面重构方法形成纳米孔和纳米通道的示意图。应该注意的是,薄膜表面的重构保留了经溶剂退火后样品所具有的良好微区结构,而且不会改变圆柱形微区的区域尺寸和圆柱的直径。

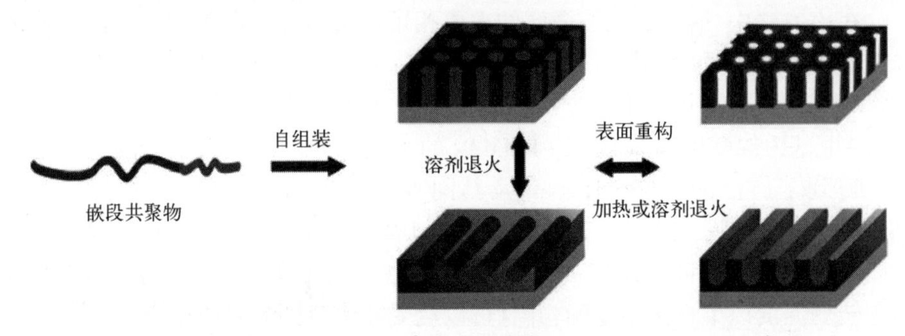

图 8.9 使用表面重构方法从有序嵌段共聚物生成纳米模板的示意图

该方法是完全可逆的,因为用于表面重构的溶剂不会改变嵌段共聚物的化学结构。在形成纳米模板之后,可以通过将膜加热到高于玻璃化转变温度或在适当的溶剂蒸气中退火来恢复初始形态。该方法的关键优点是能产生易于进一步改性的官能团纳米多孔材料。

8.4.3 嵌段共聚物超分子组装的纳米模板

嵌段共聚物的超分子自组装方法(SMA)是一种简单而强大的可对嵌段共聚物形态进行微调的技术,已被成功应用于块体和薄膜体系中[57,58,91-93]。在该方法中,低摩尔质量添加剂通过非共价相互作用与一个嵌段缔合。SMA 策略的主要优点是选择性溶解 SMA 中的低摩尔质量添加剂以获得纳米多孔材料。在各种类型的超分子组装体中,含氢键材料因其方向性和多功能性而在超分子化学中占有突出地位。Ikkala 和 Ten Brinke 的团队[91-93]已经证明可以通过氢键将 3-十五烷基酚(PDP)和 PS-b-P4VP 大量络合来制备分层聚合物材料。所得到的配合物表现出一种结构内套结构的模式,其具有两个特征长度,一个由共聚物形态提供,另一较小长度的则由 PDP 有序组装而成。

Manfred Stamm 课题组等已经证明了来自 PS-b-P4VP 的 SMA 和含有两个不同氢键基团的 2-(4′-羟基苯偶氮)苯甲酸(HABA)非表面活性剂分子的光滑薄膜的形成[57,58]。图 8.10 展示了通过该方法形成纳米模板的示意图。将 PS-b-P4VP 嵌段共聚物和含有酸与吡啶单元(1∶1 摩尔比)的 HABA 的混合物作为薄膜旋涂到 Si 晶片上。根据所涂覆的溶剂,观察到的圆柱形的轴心会平行或垂直于衬底。由 PS 基质包围的圆柱形微区中 P4VP(HABA)的取向可以通过暴露于不同的溶剂蒸气来切换。在 $CHCl_3$ 中退火可产生平行取向的圆柱体,而在二氧己环中退火会产生垂直取向。在制造 SMA 薄膜后,可以通过将薄膜浸入乙醇中去除 HABA,将嵌段共聚物薄膜转变成纳米模板或隔膜。这些纳米模板含有易于进一步应用的官能团。

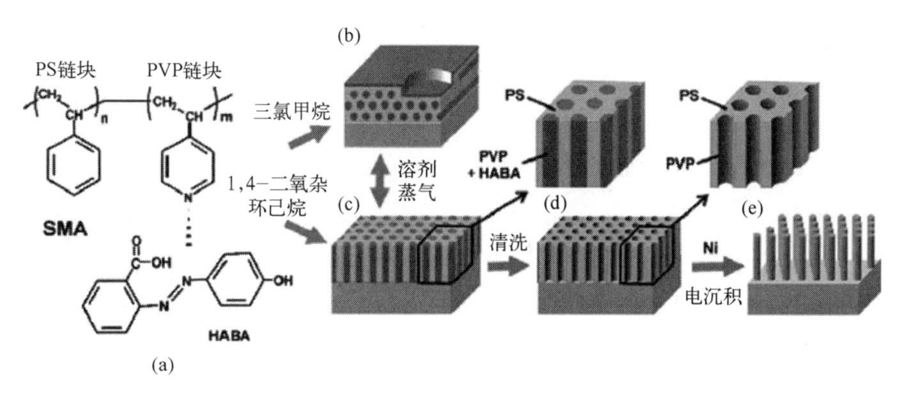

图 8.10 PS-b-P4VP 制备纳米模板的方案:HABA 超分子组装[57]

8.5 嵌段共聚物纳米模板的应用

8.5.1 纳米光刻

纳米级结构微区的尺寸以及聚合物嵌段不同的抗刻蚀性是光刻技术潜在的有力组合。Park 等[94]证明利用聚(苯乙烯-嵌段-丁二烯)(PSb-PB)或聚(苯乙烯-嵌段-酰亚胺)(PS-b-PIM)嵌段共聚物薄膜作为光刻掩模,可将点和条纹图形转移到半导体材料上。如图 8.11(I)所示,他们通过干法刻蚀将 PS-b-PB 或 PS-b-PIM 中的球形微区转移到底层半导体衬底上,成功地得到了密度约为 10^{11} 个孔/cm^2的周期性阵列。通过臭氧化去除 PB(或 PIM),球体也可以在 PS 基质中制备多孔结构,可将其进一步用作掩模以便将图形(凹坑)转移到半导体衬底中;也可通过交联 PB(使用 OsO_4染色)来制备半导体柱的反向结构。当施加等离子体时,PB 区域下方的区域会被部分掩盖以产生纳米点阵列。

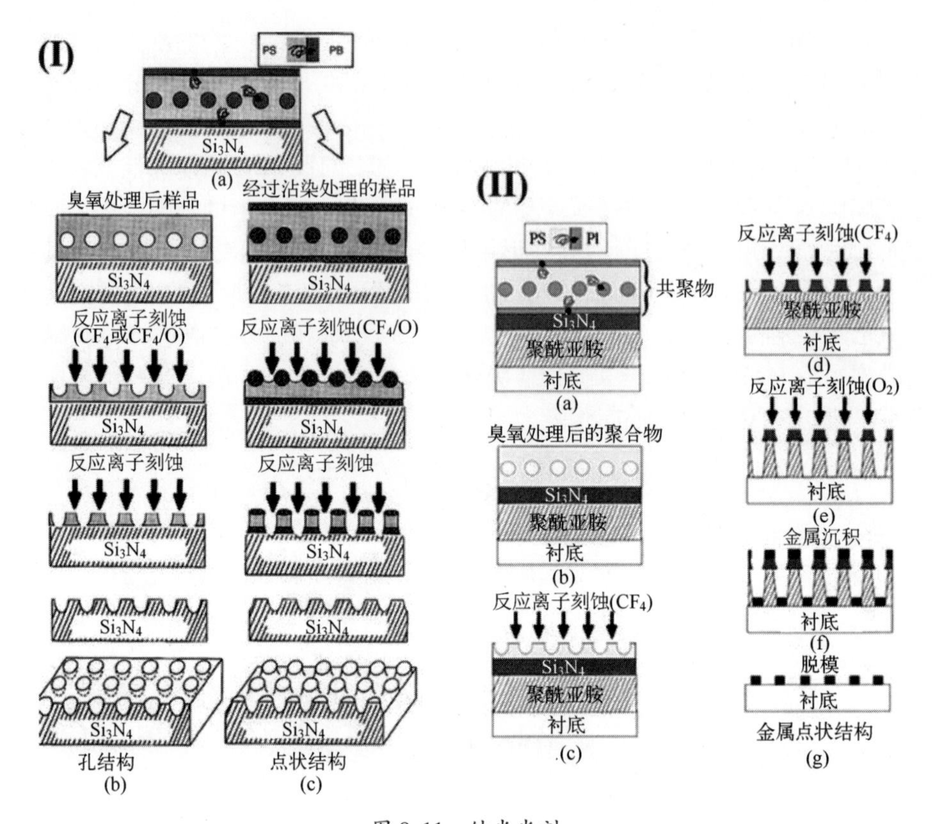

图 8.11　纳米光刻

(I)(a) 由 Si_3N_4 上均匀的单层 PB 球形微区构成的纳米刻蚀模板的截面示意图(PB 润湿了空气和基材界面);(b) 使用臭氧化共聚物薄膜在 Si_3N_4 中产生孔的工艺流程示意图;(c) 使用锇染色的共聚物薄膜在 Si_3N_4 中产生点的工艺流程示意图[94])。

(II) 利用嵌段共聚物光刻技术生产金属纳米点阵列的工艺原理图。(a) 三层结构剖视图;(b) 通过臭氧化选择性刻蚀 PIM 球面;(c) 通过反应离子刻蚀将图形从嵌段共聚物薄膜转移到 Si_3N_4;(d)反应离子刻蚀 Si_3N_4;(e) 进一步刻蚀将图形转移到聚酰亚胺上;(f) 金属蒸发沉积(Ti 和 Au);(g) 聚酰亚胺剥离[85]。

后来该小组使用了一种 3 层结构来制造金属纳米点阵列,如图 8.11(II)所示。在这种情况下,首先通过 O_2-RIE 将图形转移到聚酰亚胺涂覆的 Si_3N_4 膜上,得到了纳米柱阵列。然后将金属沉积在图形上,其中金属在纳米柱的顶部和底部累积。通过去除聚酰亚胺和 Si_3N_4,获得了一系列的金属纳米点。该技术还可以利用 Si_3N_4 牺牲层对六方形有序砷化镓进行图形化。这种 3 层图形转移方法的优点是,对任意衬底上的不同材料的纳米级图形化具有普遍适用性。

纳米光刻工艺还可以通过省略臭氧刻蚀步骤来简化[95]。基于聚二茂铁基二甲基硅烷(PFS)的含 Si 嵌段共聚物是一种良好的候选物,因为当暴露于氧等离子体(O_2-RIE)时,其表面上会形成薄的 $Si_xO_yFe_z$层。Cheng 等[95]使用 PS-b-PFS 单层制备了钴纳米点阵列,由于 PS-b-PFS 二嵌段聚合物的两个嵌段的刻蚀速率差异非常大,可以选择离子刻蚀 PS。

8.5.2 功能纳米材料的直接沉积

1. 电沉积/电聚合

基于嵌段共聚物的纳米模板可以通过电沉积来制造有序的金属纳米棒阵列[24,25,27]。这个过程涉及带电纳米颗粒处于电场作用下在溶液中的运动以及随后沉积到电极表面。Thurn-Albrecht 等[24]基于来自于甲醇溶液的 PS-b-PMMA 嵌段共聚物纳米模板制造出了超高密度 Co 纳米线阵列。由于其深宽比较高且相邻 Co 纳米线之间的距离较短,可以预测到单磁畴行为的发生,其具有作为图形化磁存储介质的显著潜力。在另一个例子中,Sidorenko 等[57]通过电沉积方法将 Ni 簇填充到基于 SMA 的纳米模板中(图 8.10)。图 8.12 展示了 Ni 点的 AFM 高度图像以及相应的功率谱密度和去除聚合物模板后结构的快速傅里叶变换。所得到的棒直径为 8nm,平均高度为 25nm,深宽比约为 3:1。最近,Steiner 及其同事[25]展示了使用电沉积然后去除嵌段共聚物模板的方法来生成

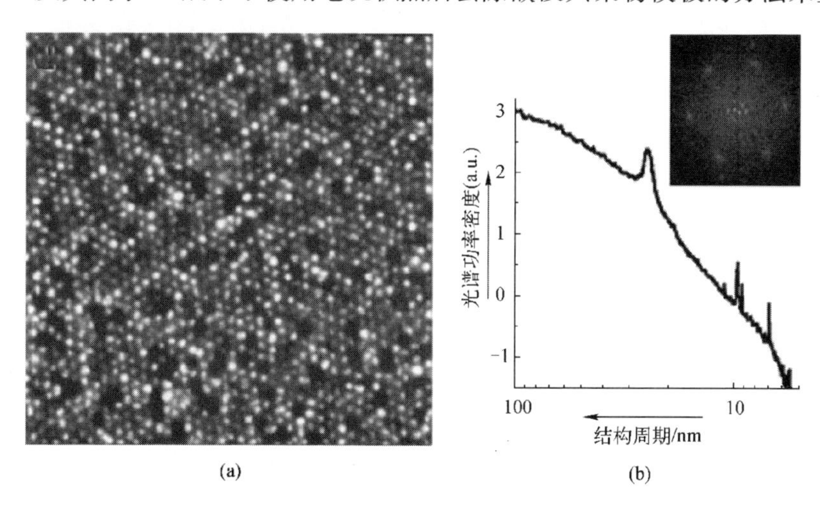

图 8.12 通过 45nm 厚的 SMA 纳米模板电沉积的 Ni 点(横向尺寸为 1μm×1μm)
(a) 形貌图像(z 方向尺寸为 30nm);(b) 功率谱密度(主峰(24nm)对应着 SMA 的周期)
(插图:(a)的 FFT 图像,展示了 Ni 点的完美六边形排序。
由于电沉积的不均匀性,会偶尔出现空隙[57])。

独立支撑的氧化铜纳米线阵列。他们发现，用于去除模板的方法会影响独立支撑阵列的结构稳定性，即溶剂溶解会导致纳米线团簇，而经过 UV 处理可以减少导纳米线的聚集。

高密度导电聚合物纳米棒阵列也可在多孔二嵌段共聚物模板内制备[96,97]。Russell 及其同事[96]通过在 PS-b-PMMA 纳米模板的孔内电聚合吡咯来制造高密度聚吡咯纳米棒阵列(10^{11}个孔/cm^2)。E. Bhoje Gowd 等利用嵌段共聚物的超分子组装体作为支架材料，通过电聚合在透明 ITO 基板上制备了密集的聚苯胺纳米棒阵列(图 8.13)，其直径为 10nm。通过 $CHCl_3$ 洗涤，模板可以被完全除去，留下自支撑的导电聚合物阵列，其取向通常垂直于衬底。各个聚苯胺纳米棒的 *I-U* 特征展示出其半导体行为。研究发现，这些有序的聚苯胺纳米棒阵列具有优异的电化学性能，其电化学电容值为 3407F/g，几乎是相同条件下沉积在裸 ITO 上的聚苯胺薄膜(299F/g)的 11 倍。

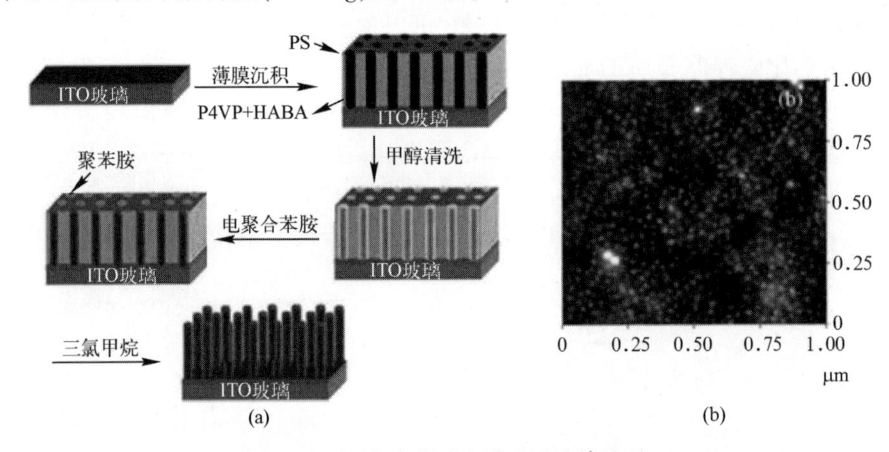

图 8.13　制备密集的聚苯胺纳米棒阵列

(a) 利用嵌段共聚物纳米孔模板制备聚苯胺纳米棒的示意图；

(b) 聚苯胺纳米棒的 AFM 高度图像。

2. 物理气相沉积

Russell 及其同事[98]通过将金属蒸发到由 PS-b-PMMA 二嵌段共聚物自组装产生的纳米多孔模板上制造了高密度 Cr 和层状 Au/Cr 纳米点阵列(图 8.14)。首先，将 Cr 蒸发到模板上，然后对 PS 进行超声处理和 UV 降解，可以留下 Cr 纳米点。随后的 Au 沉积产生了 Cr/Au 多层点阵列。通过将 PS-b-PMMA 二嵌段共聚物中的 PMMA 刻蚀掉以产生 PS 圆柱体，然后蒸发上 Cr 来制备反向结构(多孔金属阵列)，最后对 PS 圆柱体进行紫外曝光后再漂洗将其去除。

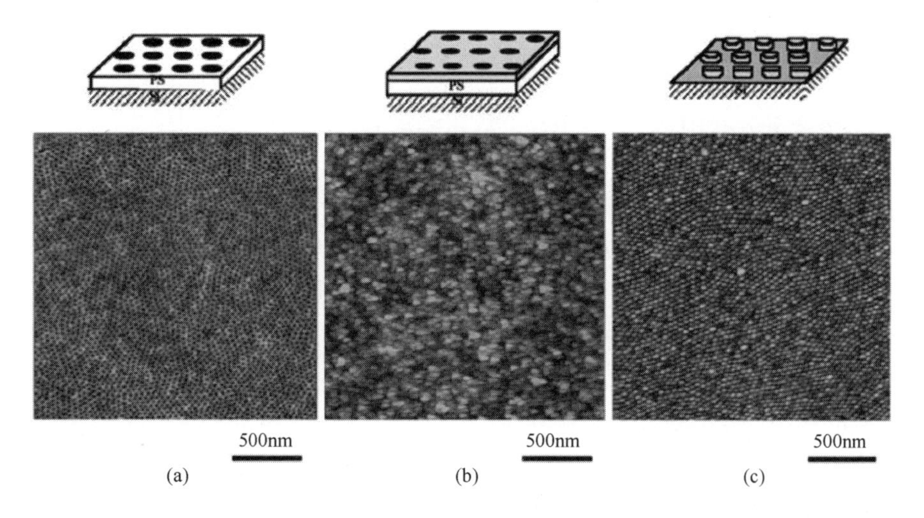

图 8.14　Cr 点阵列制作工艺示意图(上图)和每一步 AFM 的高度图像(下图)。
(a) 交联 PS 基质的纳米孔;(b) 蒸发 Cr 到 PS 模板上;(c) Cr 纳米点阵列。
AFM 图像的高度范围为 10nm(经许可转载自参考文献[98])。

Stamm 及其同事[99]则使用了由 PS-b-P4VP 和 HABA 的 SMA 制造的模板,通过将 Cr 溅射到该模板上,并随后在大气环境条件下氧化金属生成 Cr_2O_3 纳米线。

3. 纳米粒子/聚合物材料的直接沉积

将预合成的纳米颗粒直接沉积到嵌段共聚物纳米模板上是一种产生有序颗粒阵列的简单方法。该方法对于控制纳米级物体的尺寸分布、形状和空间分布均能奏效。Russell 及其同事[100]通过 UV 光降解除去 PS-b-PMMA 嵌段共聚物薄膜中的少数 PMMA 组分,得到了纳米多孔模板。在一种方法中,研究人员利用毛细力将 CdSe 纳米颗粒驱动到圆柱形二嵌段共聚物模板的纳米孔中。在另一种方法中,研究人员使用了电泳沉积将纳米颗粒驱动到二嵌段共聚物模板的纳米孔和纳米槽中[101]。在这些方法中,纳米颗粒在纳米孔中的横向分布仅通过诸如毛细力或电场力等物理力来控制。

最近,E. Bhoje Gowd 等[59,101]展示了一种通过在水溶液中直接沉积预合成的 Pd 纳米颗粒来制造高度有序的纳米 Pd 点和线阵列的简单方法(图 8.15(a))。在该方法中,通过在适当溶剂的蒸气中退火,PS-b-P4VP 的薄膜中的圆柱形态可以从平行方向切换到垂直方向;反之亦然。当这些薄膜浸入乙醇(P4VP 的良好溶剂、PS 的非溶剂)中时,可观察到具有细微结构的薄膜表面重构。垂直圆柱排列形成了具有六边形中空通道的纳米膜,而平行圆柱排列则形成了纳米通道。图 8.15(b)展示了在乙醇中表面重构后的纳米孔和纳米通道的 AFM 高度图像。在这些模板中,孔洞或通道壁由反应性 P4VP 链形成。因此,有两种驱动力可以将纳米颗粒填充到孔隙或通道内。第一个是毛细力,它可以帮助纳米粒子溶液进入孔隙内,第二个是 P4VP 链和 Pd 纳米粒子之间优先的相互作用,这是将纳米粒子紧紧地保留在孔隙或通道内的关键。随后通过紫外线照射进行稳定化,然后在空气中 450℃的温度下进行热解,除去聚合物以产生高度有序的金属纳米结构。图 8.15(c)展示了去除模板后 Pd 纳米点和纳米线的 AFM 高度图像。这种方法的通用性很好,因为其所使用的步骤都很简单,可以简便地制造横向间距可调的各种纳米级结构,该方法还可以扩展到尺寸更小的系统。

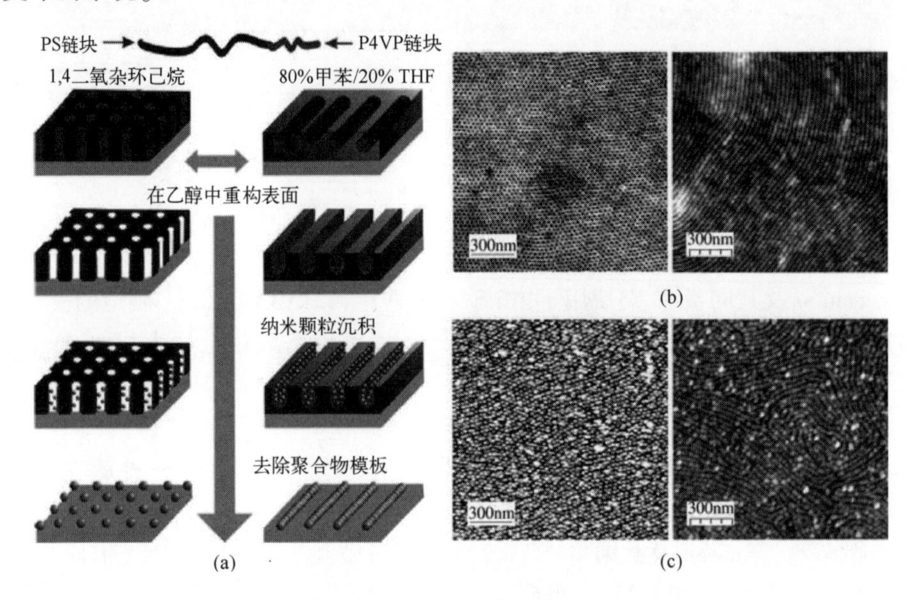

图 8.15　纳米粒子的直接沉积

(a)利用嵌段共聚物模板制备高度有序 Pd 纳米点和线阵列的原理图;(b) 在乙醇中进行表面重构后的 PS-b-P4VP 纳米模板(纳米孔和纳米通道)的 AFM 高度图像;(c) 去除聚合物后获得的 Pd 纳米点和纳米线的 AFM 高度图像。

E. Bhoje Gowd 等[102]还使用 PS-b-P4VP 共聚物薄膜作为模板,用于图形化贵金属纳米颗粒,如 Au、Pt 和 Pd。在该方法中,将内部分散有呈六边形填充的圆柱形 P4VP 微区的聚苯乙烯基质直接浸入到纳米颗粒的水溶液中。预合成的无机纳米粒子选择性地结合 P4VP,非极性基质 PS 保留了颗粒的三维结构。通过热解或氧等离子体刻蚀去除聚合物,可以留下具有相同圆柱尺寸的无机纳米图形。

又如,E. Bhoje Gowd 等[103]还在嵌段共聚物模板上沉积了半导体纳米颗粒,如 CdS。在这种情况下,纳米模板由 PS-b-P4VP 和 1PyreneButyric Acid(PBA)的超分子组装体(SMA)制备,该模板由被 PS 包围的 P4VP(PBA)形成的薄片状微区组成。通过在选择性溶剂中退火 SMA 络合物可以得到垂直取向的薄片,用选择性溶剂从 P4VP 和 PBA 微区中萃取出 PBA 可以产生 SMA 模板。将这些模板直接浸入乙酸镉水溶液中 4h,位于模板孔壁的 P4VP 链将与 Cd^{2+} 离子配位。将这些与 Cd^{2+} 离子配位的嵌段共聚物模板直接浸入到作为 S^{2-} 来源的硫代乙酰胺水溶液中,可以产生由 P4VP 链上的吡啶环稳定的硫化镉纳米颗粒,松散地结合在 SMA 模板表面的过量醋酸镉分子将进入硫代乙酰胺溶液。图 8.16(a)展示了 CdS 沉积后的 SMA 模板的 AFM 图像。由经过 CdS 沉积后的 SMA 制成的薄膜的光致发光光谱如图 8.16(b)所示,通过光谱中约 450nm 处的峰可确认模板中存在 CdS 纳米颗粒。

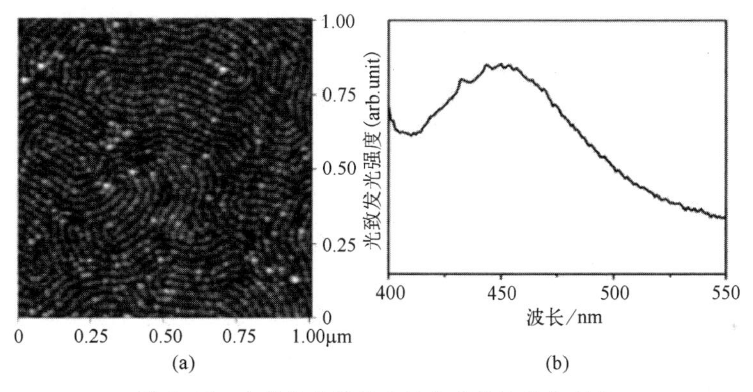

图 8.16　在嵌段共聚物上沉积半导体纳米颗粒

(a) 经过 CdS 沉积后的 SMA 薄膜的 AFM 高度图像;

(b) 沉积 CdS 后 SMA 薄膜的光致发光光谱(激发波长为 320nm)[103]。

由 PS-b-P4VP 和 HABA 的 SMA 制成的模板也可用于图形化聚合物材料[104]。在互聚物氢键和纳米孔毛细力的作用下,在 SMA 模板(图 8.17(a))中适当地填充酚醛树脂前驱体,然后在中等温度下固化和热解以除去纳米模板,最终获得了间隔低于 30nm 的聚合物纳米点阵列(图 8.17(b))。当增加其他流程步骤时,可以从模板中获取新的结构。例如,通过热解装载有前驱体物质的 SMA 模板所制备的 SiO_2 纳米点可用于引导酚醛树脂前驱体薄膜的去润湿。固化和煅烧酚类前驱体,再刻蚀 SiO_2 阵列,可得到直径小至 25nm 的大面积 C 纳米环阵列[105]。

4. 碳纳米管阵列的制作

Kim 和同事[106]通过将等离子体增强化学气相沉积(PECVD)与自组装嵌段共聚物模板相结合,制造出分层组织的垂直碳纳米管阵列(CNT)。PS-b-

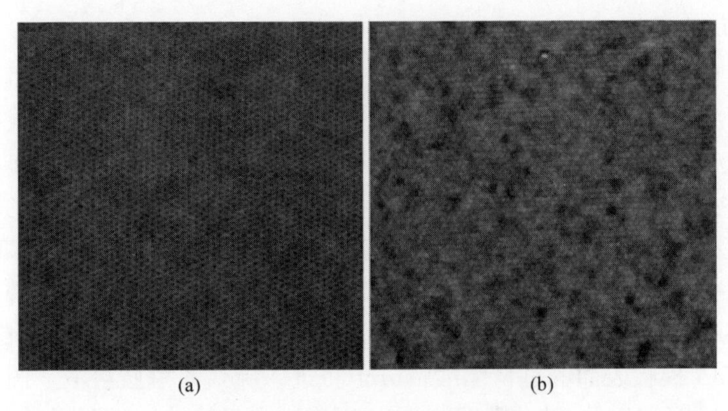

(a) (b)

图 8.17　薄膜的 AFM 高度图像

(a) 纳米多孔 SMA 薄膜的 AFM 高度图像;

(b) 高温裂解后高分子纳米点阵列的 AFM 高度图像(边长:1500×1500nm)[104]。

PMMA 的圆柱形自组装已经被用于产生纳米多孔嵌段共聚物模板。使用铜网格掩模将铁催化剂沉积在纳米模板的圆柱形孔内,随后移除 PS 模板便可在衬底上得到催化剂颗粒阵列。在催化剂沉积之后,利用 750℃的热处理来进一步减小催化剂颗粒的尺寸。横向图形化催化剂阵列上的 CNT 的 PECVD 生长可以产生高度垂直取向的 CNT。图 8.18(a)描述了整个制备过程,并举例说明了采用平行网格掩模制备的分层有序 CNT 阵列的 SEM 图像,如图 8.18(b)所示。制造的 CNT 的直径和位置由催化剂颗粒的尺寸和横向分布所决定。

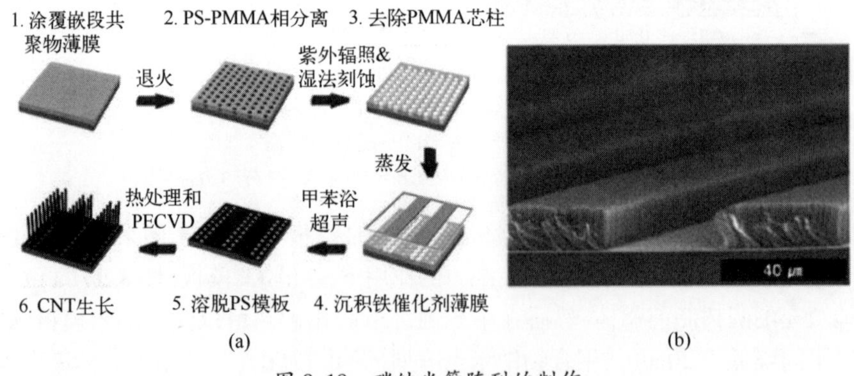

(a) (b)

图 8.18　碳纳米管阵列的制作

(a) 用于制造分层组织的垂直 CNT 阵列的示意图;

(b) 使用平行网格制备的 CNT 阵列的横截面的 SEM 图像[106]。

8.5.3　纳米多孔膜

1. 病毒的过滤

病毒的分离和纯化是生物技术行业中的重要环节。微滤和超滤已被用于病毒分离,但它们并非十分有效,这是因为这些隔膜仍然会允许尺寸较小的病毒颗粒渗透过膜中少量异常大的孔[107]。超滤膜中孔的尺寸的大跨度分布和径迹刻蚀膜中孔的低密度限制了其在病毒过滤的实际应用。Kim 和同事[108]成功地使用基于嵌段共聚物的纳米多孔薄膜对病毒进行过滤。这些膜中孔尺寸分布窄,但是其较低的机械和化学稳定性等缺点限制了其广泛用于有效的病毒过滤。有一种支撑膜可以用于增强嵌段共聚物的纳米多孔膜的机械强度。图 8.19(a)展示了纳米多孔膜的制造示意图,模板由一个通过 PS-b-PMMA 嵌段共聚物制备的 80nm 厚的纳米多孔膜和一个可以增强机械强度的支撑微孔聚砜膜组成。该复合膜即使在 2bar 的压力下也没有出现任何损伤或裂缝,而对于直径约为 30nm 的人鼻病毒 14 型(HRV14)的过滤保持了高选择性。该病毒是人类普通感冒的主要病原体。他们还通过吞噬试验证明,在磷酸盐缓冲液中,HRV14 的 2.5×10^5 个噬斑形成的单位没能通过该 2.5cm 直径的膜(图 8.19(b))。

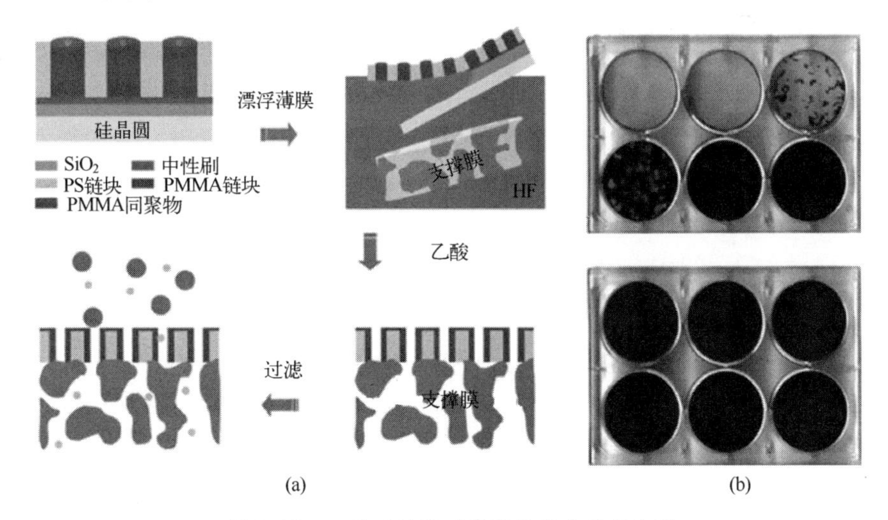

图 8.19 一种可过滤病毒的纳米多孔复合膜

(a) 制备由嵌段共聚物薄膜和支撑膜组成的纳米孔膜的过程示意图;

(b) HRV14 溶液过滤前(上图)和通过嵌段共聚物膜过滤后(下图)的噬斑测定[108]。

2. 药物输送

具有均匀孔径的嵌段共聚物纳米模板是用于受控分离的理想材料,这是由于其孔径可调,孔径尺寸分布窄且具有选择性功能化的能力。基于模板的药物输送由于其被动扩散性质可使蛋白质药物变性的概率最小化,并且可以通过调节孔的大小来诱导限速扩散并使其不断释放。Yang 等已经展示了将嵌段共聚物纳米模板用于控制药物释放的应用,他们通过将纳米多孔模板整合到药物洗脱装置中成功地实现了对蛋白质药物的长期控制释放[109]。根据目标蛋白质药物的流体动力学直径,可通过金沉积来精确控制孔径。通过在所得到的圆柱形纳米通道中利用单行扩散机制,实现了对不同大小的牛血清白蛋白(BSA)和人生长激素(hGH)两种蛋白药物至少两个月的长期控制释放。结果表明,蛋白质药物的释放速率也可以通过改变嵌段共聚物纳米通道的长度和 Au 沉积层的厚度来控制。

Uehara 及其同事[110]在一系列纳米多孔聚乙烯膜中展示了 BSA 和葡萄糖的可控扩散。这些膜是通过对聚乙烯-嵌段聚苯乙烯(PE-PS)共聚物中的聚苯乙烯进行发烟硝酸刻蚀来制备的。控制 PS 刻蚀时间可以调控孔径的大小,并使得葡萄糖在 BSA 上进行选择性运输。Nuxoll 等[111]通过将嵌段共聚物薄膜与 100μm 厚的大孔 Si 载体结合,开发出了复合膜,以实现基于尺寸的选择性运输。通过将聚苯乙烯-嵌段-聚异戊二烯-嵌段-聚丙交酯(PS-PI-PLA)三嵌段三元共聚物旋涂到 Si 载体上,然后用稀释的碱刻蚀 PLA 以制备包含垂直取向的圆柱形通道的嵌段共聚物膜,该方法可以制备具有良好力学性能的纳米多孔薄膜。他们已经证明了小分子很容易通过该薄膜,而大分子右旋糖酐蓝的扩散将会受到阻碍。

8.6 总结和展望

在本章中,尝试对块体相中纳米结构的形成、基于嵌段共聚物的纳米模板的生成及其在纳米加工中的潜在应用,包括模板纳米光刻、功能纳米材料以及纳米多孔膜沉积的最新进展进行了介绍。这些应用大多已经在实验室中得到了证明,但相关的实际应用仍需积极开发。对于实际应用来说,特别是在半导体和数据存储行业,控制结构的长程有序性非常重要,而且有必要通过开发更加用户友好的工艺来控制嵌段共聚物薄膜的长程有序性。其他应用如纳米多孔膜对于受控分离而言是非常有趣的,这些膜也是很有前景的水净化材料。因此,必须在制造过程中改善纳米多孔膜的机械强度。超分子配合物与各种低分子量添加剂(如液晶添加剂或含金属添加剂)的使用尚未得到充分研究,相关的研究工作仍有很大的空间。很多研究使用了更为复杂的多嵌段聚合物,它们提供了有关如何在薄膜中利用这些系统的形态和功能的新信息,同时这些新型功能性纳米材料也为开辟新方向提供了可能。

致谢:EBG 感谢科学技术部(印度政府)授予 Ramanujan 奖学金,并感谢 Alexander von Humboldt 基金会(德国)授予研究奖学金。

参考文献

[1] Bratton D, Yang D, Dai J, Ober CK. Polym Adv Technol. 2006;17:94.
[2] Gates BD, Xu Q, Stewart M, Ryan D, Willson CG, Whitesides GM. Chem Rev. 2005;105:1171.
[3] Ito T, Okazaki S. Nature. 2000;406:1027.
[4] Chou SY, Keimel C, Gu J. Nature. 2002;417:835.
[5] Kim SO, Solak HH, Stoykovich MP, Ferrier NJ, de Pablo JJ, Nealey PF. Nature. 2003;424:411.
[6] Craighead HG. Science. 2003;290:1532.
[7] Guo LJ. Adv Mater. 2007;19:495.
[8] Bhushan B. Handbook of nanotechnology. Heidelberg: Springer; 2004.
[9] Whitesides GM, Kriebel JK, Mayers BT. In: Huck WTS, editor. Nanoscale assembly. USA: Springer; 2005. Ch. 9.
[10] Hamley IW. Angew Chem Int Ed. 2003;42:1692.
[11] Whitesides GM, Mathias JP, Sato CT. Science. 1991;254:1312.
[12] Kim H-C, Park S-M, Hinsberg WD. Chem Rev. 2010;110:146.
[13] Hamley IW. The physics of block copolymers. Oxford: Oxford University Press; 1998.
[14] Hamley IW. Prog Polym Sci. 2009;34:1161.
[15] Stoykovich MP, Nealey PF. Mater Today. 2006;9:20.
[16] Krishnamoorthy S, Hinderling C, Heinzelmann H. Mater Today. 2006;9:40.
[17] Li M, Ober CK. Mater Today. 2006;9:30.
[18] Xu T, Stevens J, Villa J, Goldbach JT, Guarini KW, Black CT, Hawker CJ, Russell TP. Adv Funct Mater. 2003;13:698.
[19] Park S, Wang JY, Kim B, Xu J, Russell TP. ACS Nano. 2008;2:766.
[20] Mansky P, Harrison CK, Chaikin PM, Register RA, Yao N. Appl Phys Lett. 1996;68:2586.
[21] Thurn-Albrecht T, Steiner R, DeRouchey J, Stafford CM, Huang E, Bal M, Tuominen M, Hawker CJ, Russell TP. Adv Mater. 2000;12:787.
[22] Minelli C, Hinderling C, Heinzelmann H, Pugin R, Liley M. Langmuir. 2005;21:7080.
[23] Lopes WA, Jaeger HM. Nature. 2001;414:735.
[24] Thurn-Albrecht T, Schotter J, Kastle GA, Emley N, Shibauchi T, Krusin-Elbaum L, Guarini K, Black CT, Tuominen MT, Russell TP. Science. 2000;290:2126.
[25] Crossland EJW, Ludwigs S, Hillmyer MA, Steiner U. Soft Matter. 2007;3:94.
[26] Hamley IW. Nanotechnology. 2003;14:R39.
[27] Darling SB, Yufa NA, Cisse AL, Bader SD, Sibener SJ. Adv Mater. 2005;17:2446.
[28] Segalman RA. Mater Sci Eng Rep. 2005;48:191.
[29] Darling SB. Prog Polym Sci. 2007;32:1152.
[30] Ansari IA, Hamley IW. J Mater Chem. 2003;13:2412.
[31] Kim DH, Kim SH, Lavery K, Russell TP. Nano Lett. 2004;4:1841.
[32] Bates FS, Fredrickson GH. Annu Rev Phys Chem. 1990;41:525.
[33] Matsen MW, Bates FS. Macromolecules. 1996;29:1091.
[34] Bates FS, Fredrickson GH. Phys Today. 1999;52:32.
[35] Lynd NA, Meuler AJ, Hillmyer MA. Prog Polym Sci. 2008;33:875.
[36] Russell TP, Coulon G, Deline VR, Miller DC. Macromolecules. 1989;22:4600.

[37] Coulon G, Russell TP, Deline VR, Green PF. Macromolecules. 1989;22:2581.
[38] Segalman RA, Schaefer KE, Fredrickson GH, Kramer EJ, Magonov SN. Macromolecules. 2003;36:4498.
[39] Coulon G, Collin B, Ausserre D, Chatenay D, Russell TP. J Phys Fr. 1990;51:2801.
[40] Fasoka MJ, Banerjee P, Mayes AM, Pickett G, Balazs AC. Macromolecules. 2000;33:5702.
[41] Kim G, Libera M. Macromolecules. 1998;31:2670.
[42] Kim G, Libera M. Macromolecules. 1998;31:2569.
[43] Kim SH, Misner MJ, Russell TP. Adv Mater. 2004;16:2119.
[44] Kim SH, Misner MJ, Xu T, Kimura M, Russell TP. Adv Mater. 2004;16:226.
[45] Kimura M, Misner MJ, Xu T, Kim SH, Russell TP. Langmuir. 2003;19:9910.
[46] Stoykovich MP, Mueller M, Kim SO, Solak HH, Edwards EW, de Pablo JJ, Nealey PF. Science. 2005;308:1442.
[47] Segalman RA, Yokoyama H, Kramer EJ. Adv Mater. 2001;13:1152.
[48] Bita I, Yang JKF, Jung YS, Ross CA, Thomas EL, Berggren KK. Science. 2008;321:939.
[49] Kumar A, Whitesides GM. Appl Phys Lett. 1993;63:2002.
[50] Angelescu DE, Waller JH, Adamson DH, Deshpande P, Chou SY, Register RA, Chaikin PM. Adv Mater. 2004;16:1736.
[51] Villar MA, Rueda DR, Ania F, Thomas EL. Polymer. 2002;43:5139.
[52] Park C, Rosa C, Thomas EL. Macromolecules. 2001;34:2602.
[53] Bodycomb J, Funaki Y, Kimishima K, Hashimoto T. Macromolecules. 1999;32:2075.
[54] Kellogg GT, Walton DG, Mayes AM, Lambooy P, Russell TP, Gallagher PD, Satija SK. Phys Rev Lett. 1996;76:2503.
[55] Sivaniah E, Hayashi Y, Iino M, Hashimoto T. Macromolecules. 2003;36:5894.
[56] Jeong U, Ryu DY, Kho DH, Kim JK, Goldbach JT, Kim DH, Russell TP. Adv Mater. 2004;16:533.
[57] Sidorenko A, Tokarev I, Minko S, Stamm M. J Am Chem Soc. 2003;125:12211.
[58] Tokarev I, Krenek R, Brukov Y, Schmeisser D, Sidorenko A, Minko S, Stamm M. Macromolecules. 2005;38:507.
[59] Gowd EB, Nandan B, Vyas MK, Bigall NC, Eychmüller A, Schlorb H, Stamm M. Nanotechnology. 2009;20:415302.
[60] Park S, Wang J-Y, Kim B, Chen W, Russell TP. Macromolecules. 2007;40:9059.
[61] Li M, Coenjarts CA, Ober CK. Adv Polym Sci. 2005;190:183.
[62] Kim JK, Lee JI, Lee DH. Macromol Res. 2008;16:267.
[63] Marencic AP, Register RA. Annu Rev Chem Biomol Eng. 2010;1:277.
[64] Angelescu DE, Waller JH, Register RA, Chaikin PM. Adv Mater. 2005;17:1878.
[65] Hashimoto T, Bodycomb J, Funaki Y, Kimishima K. Macromolecules. 1999;32:952.
[66] Segalman RA, Hexemer A, Hayward RC, Kramer EJ. Macromolecules. 2003;36:3272.
[67] Park S, Lee DH, Xu J, Kim B, Hong SW, Jeong U, Xu T, Russell TP. Science. 2009;323:1030.
[68] Park SM, Craig GSW, La YH, Solak HH, Nealey PF. Macromolecules. 2007;40:5084.
[69] Tang C, Lennon EM, Fredrickson GH, Kramer EJ, Hawker CJ. Science. 2008;322:429.
[70] Massey JA, Winnik MA, Manners I, Chan VZH, Ostermann JM, Enchelmaier R, Spatz JP, Moller M. J Am Chem Soc. 2001;123:3147.
[71] Lin Y, Boker A, He J, Sill K, Xiang H, Abetz C, Li X, Wang J, Emrick T, Long S, Wang Q, Balazs A, Russell TP. Nature. 2005;434:55.
[72] Thomas JR. J Appl Phys. 1996;37:2914.
[73] Grubbs RB. J Polym Sci A Polym Chem. 2005;43:4323.
[74] Chan YNC, Schrock RR, Cohen RE. J Am Chem Soc. 1992;114:7295.
[75] Spatz JP, Mossmer S, Moller M. Chem Eur J. 1996;2:1552.
[76] Mossmer S, Spatz JP, Moller M, Aberle T, Schmidt J, Burchard W. Macromolecules. 2000;33:4791.

[77] Simon PFW, Ulrich R, Spiess HW, Wiesner U. Chem Mater. 2001;13:3464.
[78] Warren SC, Disalvo JF, Wiesner U. Nat Mater. 2007;6:248.
[79] Jain A, Wiesner U. Macromolecules. 2004;37:5665.
[80] Mendoza C, Pietsch T, Fahmi AW, Gindy N. Adv Mater. 2008;20:1179.
[81] Mendoza C, Gindy N, Gutmann JS, Fromsdorf A, Forster S, Fahmi A. Langmuir. 2009;25:9571.
[82] Mendoza C, Pietsch T, Gutmann JS, Jehnichen D, Gindy N, Fahmi A. Macromolecules. 2009;42:1203.
[83] Fahmi A, Pietsch T, Mendoza C, Chevel N. Mater Today. 2009;12:44.
[84] Lee JS, Hirao A, Nakahama S. Macromolecules. 1998;21:274.
[85] Park M, Chaikin PM, Register RA, Adamson DA. Appl Phys Lett. 2001;79:257.
[86] Thurn-Albrecht T, De Rouchey J, Russell TP, Jaeger HM. Macromolecules. 2000;33:3250.
[87] Chan VZH, Hoffman J, Lee VY, Iatrou H, Avgeropoulos A, Hadjichristidis N, Miller RD, Thomas EL. Science. 1999;286:1716.
[88] Zalusky AS, Olayo-Valles R, Wolf JH, Hillmyer MA. J Am Chem Soc. 2002;124:12761.
[89] Mäki-Ontto R, de Moel K, de Odorico W, Ruokolainen J, Stamm M, ten Brinke G, Ikkala O. Adv Mater. 2001;13:117.
[90] Xu T, Goldbach JT, Misner MJ, Kim S, Gibaud A, Gang O, Ocko B, Guarini KW, Black CT, Hawker CJ, Russell TP. Macromolecules. 2004;37:2972.
[91] Ikkala O, ten Brinke G. Science. 2002;295:2407.
[92] Ruokolainen J, Makinen R, Torkkeli M, Makela T, Serimaa R, ten Brike G, Ikkala O. Science. 1998;280:557.
[93] Valkama S, Ruotsalainen T, Nykanen A, Laiho A, Kosonen H, ten Brinke G, Ikkala O, Ruokolainen J. Macromolecules. 2006;39:9327.
[94] Park M, Harrison C, Chaikin PM, Register RA, Adamson DH. Science. 1997;276:1401.
[95] Cheng YJ, Ross CA, Chan VZ-H, Thomas EL, Lammerink RGH, Vancso GJ. Adv Mater. 2001;13:1174.
[96] Lee JI, Cho SH, Park SM, Kim JK, Yu JW, Kim YC, Russell TP. Nano Lett. 2008;8:2315.
[97] Kuila BK, Nandan B, Bohme M, Janke A, Stamm M. Chem Commun. 2009;14:5749.
[98] Shin K, Leach KA, Goldbach JT, Kim DH, Jho JY, Tuominen MT, Hawker CJ, Russell TP. Nano Lett. 2002;2:933.
[99] Seifarth O, Schmeißer D, Krenek R, Sydorenko A, Stamm M. Prog Solid State Chem. 2006;34:111.
[100] Misner MJ, Skaff H, Emrick T, Russell TP. Adv Mater. 2003;15:221.
[101] Nandan B, Gowd EB, Bigall NC, Eychmüller A, Formanek P, Simon P, Stamm M. Adv Funct Mater. 2009;19:2805.
[102] Gowd EB, Nandan B, Bigall NC, Eychmüller A, Formanek P, Stamm M. Polymer. 2010;51:2661.
[103] Kuila BK, Gowd EB, Stamm M. Macromolecules. 2010;43:7713.
[104] Liu X, Stamm M. Nanoscale Res Lett. 2009;4:459.
[105] Liu X, Stamm M. Macromol Rapid Commun. 2009;30:1345.
[106] Lee DH, Shin DO, Lee WJ, Kim SO. Adv Mater. 2008;20:2480.
[107] Urase T, Yamamoto K, Ohgaki S. J Membr Sci. 1996;115:21.
[108] Yang SY, Ryu I, Kim HY, Kim JK, Jang SK, Russell TP. Adv Mater. 2006;18:709.
[109] Yang S, Yang JA, Kim ES, Jeon G, Oh EJ, Choi KY, Hahn SK, Kim JK. ACS Nano. 2010;4:3817.
[110] Uehara H, Kakiage M, Sekiya M, Sakuma D, Yamonobe T, Takano N, Barraud A, Meurville E, Ryser P. ACS Nano. 2009;3:924.
[111] Nuxoll EE, Hillmyer MA, Wang R, Leighton C, Siegel RA. ACS Appl Mater Interface. 2009;4:888.

第9章　电沉积法在半导体上外延生长金属

摘要

本章综述了利用电沉积法实现金属在半导体衬底上外延生长的相关研究。针对Si和GaAs两种典型衬底,介绍了它们在金属外延生长前及生长过程中的表面原位表征结果。同时也介绍了电沉积方法在实现半导体纳米线导电接触中的应用。

9.1　引言

外延生长是一种目标晶体以衬底为模板生长并且有序排列的过程,其有效性通过新生晶体的完美程度以及其与衬底的结晶度、结构匹配程度来衡量。因此,当形成新界面的两种材料晶格间距匹配时,外延生长最容易发生,且在洁净表面效果最佳。

在真空或惰性气体环境中,可以得到不含无定形自然氧化物层或其他污染物的半导体表面。众所周知,许多晶体生长技术,如超高真空下的分子束外延技术(MBE)、流动气体下的金属有机气相外延技术(MOVPE)和熔融液中的液相外延技术(LPE)都已经被用于单晶体、金属-半导体、半导体-半导体异质结构的制备[1]。这些界面既是高效电子器件设计的基础,也是我们深刻理解背后载流子传输机制的基础。

本章主要讨论通过电沉积方法在半导体衬底上直接外延生长金属。半导体表面制备和金属生长都发生在含有金属离子的导电溶液中,即电解液中。流过界面和沉积层的电子和离子电流决定了生长速率,并维持表面反应的进行。我们主要研究在液态水环境温度下可实现的水系电解液中的沉积过程。电沉积技术已有100多年的历史[2,3],目前广泛用于在不平整的导电表面上沉积多晶金属层,包括汽车和航空航天器部件,其独特的优势在于电沉积反应仅在导电表面进行。多年来,通过电沉积方法制造的集成电路中Cu互连网络已经变得越来越复杂[4]。近年来,随着纳米尺度制造的日益兴盛,半导体纳米线的电沉积接触技术的优势正日益受到关注[5,6]。

通常电沉积方法比上面提到的真空或气流技术过程更简单,成本也更低廉,虽然半导体表面和超高纯水源的化学制备已经发展得很完善,但是如何在外延成核和生长时保持水中半导体表面的洁净度仍是一个挑战。

下面将介绍一些熟知的使用电沉积方法在常规半导体上外延生长金属的实例。同其他方法一样,首先要做的就是理解如何甄别并控制半导体表面在水溶液中发生的反应;然后将外延成核和生长作为衡量这种高反应活性环境中表面纯度控制成功与否的标准;最后,讨论该技术在平面和纳米结构半导体接触中的应用。

9.2 电沉积的步骤

金属的电沉积本质上是一种带正电的金属离子与电子(金属还原)在衬底表面的反应,在本书中是半导体[2,3,7]。这类反应由加在半导体(称为阴极)上相对于第二电极(称为阳极)的负偏压驱动,两个电极均浸入含有所需沉积金属离子的电解液(盐水溶液)中。典型实验示意图如图 9.1 所示[8]。实验中,阳极可以用相对惰性的金属,如 Au、Pt、Pd 或者是由沉积金属本身组成的金属箔或金属丝。另外,控制阴极上材料的形貌、平均生长速率和总厚度是非常重要的。电沉积过程中,为了保证在暴露衬底表面均匀沉积,必须考虑电极的尺寸和间距。一般来说,沉积的原子总数可以通过测量电流密度与时间的关系得到。假设在阴极上仅发生一个反应,那么每单位面积上已经沉积的原子总数就等于电流对时间的积分,或者是电路的总电荷量除以单个反应离子的电荷数。那么,沉积的平均厚度就取决于沉积材料的密度。

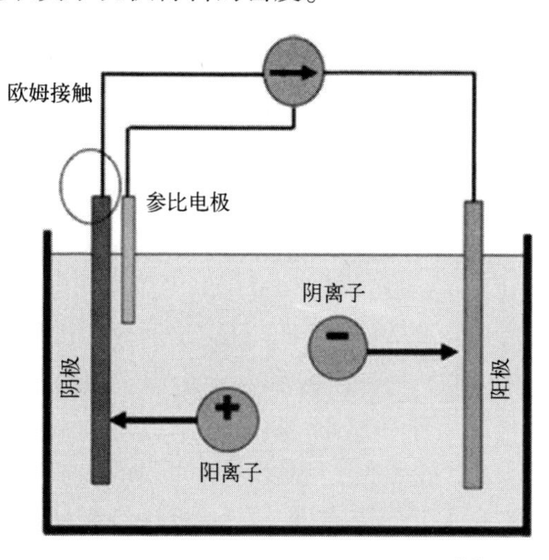

图 9.1 电沉积基本实验过程示意图[8]

通常使用保持恒定总电流(恒流控制)或恒定电压(恒压控制)的方法来控制电沉积过程。如果在阴极上确实只发生一个反应,那么恒流沉积将非常简单,但遗憾的是,这种情况并不常见。更多的情况是多个反应并行发生,相互竞争总电流的配额。电解液包含带正电荷和带负电荷的离子,这些离子有助于提高电解液的导电性和电极活性。水(或者说 H^+ 和 OH^- 离子)分解反应受 pH 值以及外加电压的影响,分解分别产生 H_2 和 O_2。此外,阴极或阳极上沉积层的生长会改变电路的总电阻。因此,相比较恒流控制,恒压控制通常更受青睐。

在恒压控制中,总是通过测量和调整使阴极电势相对于电池中的第三个电极(高阻抗参比电极)保持恒定,流过参比电极的电流可以忽略不计,这一设计就是为了确保该电极相对于其他工艺而言具有较高的稳定性和惰性。这样,在阳极上可能发生的反应(如氧化物生长)就不会干扰阴极电势的测量。

通过构建电源和阴极之间的均匀欧姆接触,可以更容易地实现阴极电位的测量,而且结果可重复性更好。欧姆测量的接触位置通常位于衬底背面或者任意接触不到电解液的适当位置。欧姆接触具有线性电流-电压特性,这意味着电阻是恒定的,即在工作范围电阻和施加的电压或电流并不是函数关系。半导体阴极和金属阴极之间的一个重要区别是半导体的电阻较高,因此要想在其表面实现欧姆接触,就需要格外注意。对于 n 型硅或Ⅲ~Ⅴ族半导体,一种不需要退火就能实现欧姆接触的简单方法是使用 In-Ga 的液态低共熔混合物。只要适当地预先刻蚀半导体表面氧化物,这些金属混合物就能够形成合乎需求的低电阻接触[9,10],能够提供更高均匀性和更低电阻率的欧姆接触金属化系统对每种半导体都是适用的。另一种常用方法是利用高掺杂表面层诱导的隧穿接触。此外,制备比沉积面积更大的接触面积也能降低接触电阻。

阴极电位会影响其表面金属离子反应的速率,其中,金属离子流量和“过电位”之间呈指数关系[3]。在标准大气压和温度下,所有反应都具有特征平衡态,对应标准吉布斯自由能变 ΔG°,其与标准温度和压力下的化学组分相关。在电化学中,这种自由能的变化称为平衡等电势差 ΔE°,阴极电势的数值通常是相对于标准氢电极(SHE)而言的(故 $\Delta E=0$),也可以相对于更合适的参比电极来确定[2]。常见的参比电极包括:基于 Hg/Hg_2Cl_2 反应的饱和甘汞电极(SCE)(相对于 SHE 电势为 +0.244V)或者饱和 Ag/AgCl 电极(相对于 SHE 电极为 +0.197V)。当外加电压大于 ΔE° 时,阴极和阳极之间的平衡就会被打破。过电位表示外加电压与 ΔE° 的负偏差程度。金属膜的生长速率和初始成核密度随着较高过电位的施加以指数形式增长。一旦扩散到阴极的离子流量大于反应速率,金属薄膜的生长就会受到反应速率的限制。最终,当过电位更高时表面离子流将会进入限速生长阶段,此时,生长速率将与衬底电位无关,诸如氢气的生成和水的分解等副反应将会对总电流产生较大贡献。

电解槽池中半导体阴极的性质与金属-半导体肖特基二极管非常相似。表面和金属界面电位会随着半导体费米能级而变化,其中,费米能级位置主要由替位式掺杂的掺杂剂类型和密度决定。一旦经过化学清洗,吸附物或金属原子与表面发生反应,就会导致本征界面态或外来界面态被诱导,从而影响表面费米能级的位置,也使得能带弯曲。电沉积过程中的电导由价带或导带中的空穴或电子决定。这些影响因素已经在许多重要的工业半导体中得到了很好的研究,这些研究主要依赖于循环伏安法和原位交流阻抗测试以及最新的扫描探针显微镜和基于同步加速器的 X 射线散射等技术[7,10-14]。

9.3 Si 衬底上金属的外延生长

利用真空蒸发和退火的方法可以在各种取向的 Si 表面外延生长许多金属和金属硅化物[15-18]。在室温下,许多反应都可以在干净的 Si 衬底表面进行,尤其是那些富含金属的硅化物,包括 Ni、Co、Pd 和 Pt。只要有足够的时间和温度,所有金属都会扩散到 Si 中,在真空条件下高温退火之后会发生表面重构,而且湿化学法氢钝化会影响后续的外延生长过程[19]。

在 20 世纪 80 年代早期的一些报道中,已经有许多金属被电沉积到单晶硅衬底上用于制造触点[20]。实验中也观察到了许多随机“岛状成核”现象,并通过一些成核和生长理论解释了该现象[21]。光载流子会影响沉积或剥离的反应速率,或者沉积和剥离的反应速率[22-24]。通过接触性质和直接探测结果判定在电沉积过程中是否有界面氧化物形成[14]。这一时期外延生长方面相关的报道很少[22,25-27]。

已知的例子包括在表面有氢端基的 Si(111)晶面上生长 Pb[25]、Cu、Co[22]和 Au[26,27]。在真空环境下,根据覆盖范围不同,Pb 可在室温下外延生长出各种图形[28]。Au 在 Si 衬底上的相互扩散和硅化物形成已经有报道[29]。相较于 Au、Pb 在 Si 衬底上的晶格失配率的绝对值更小(Pb 为-8.8%、Au 为 25%)。这里晶格失配通常用 f 表示,定义为薄膜与衬底材料晶格常数的差值与衬底晶格常数的比值($\Delta a/a_s$)。因此,Au 更容易生长在 Si 的(001)晶面,可以通过旋转 Si<110>晶向使之与 Si 的<100>晶向同向来减小晶格失配。

借助扫描隧道显微镜(Scanning Tunneling Microscopy,STM)和同步辐射 X 射线散射等技术,研究人员已经利用原位循环伏安法对金属在 H-Si 表面的电沉积过程进行了研究[22,25]。循环伏安法是一种保持电压和频率在特定选择范围内循环变化而测量电流的技术，通过这种技术可以实时监测亚单原子层的反应。尽管没有报道表明形成连续薄膜[25]，但发现 Pb 形成了能指示界面有序性且沿着(111)晶面取向分布的片晶。在沉积之前，可以用一个相对于 Si 电极具有正电位的 STM 针尖对原子级光滑的 NH_4F 刻蚀的 n-Si(111)晶面进行成像，其结果与稳定的 H-Si 一致。在酸性溶液(0.05M $HClO_4$+1mM Pb^{2+})中，当对 Si 电极上施加更大的负电位(-0.8V SCE=-0.56V SHE)且只有处于正电位的 STM 针尖缩回时，才会发生 Pb 的沉积。随后的 STM 成像和非原位 X 射线衍射结果显示有 Pb(111)的优先生长。施加反向电流以后，沉积的金属 Pb 层能够从表面完全剥离，表明其中 Si-Pb 混合物的量很少。

随后，该小组再次使用包括掠入射 X 射线衍射(Grazing Incidence X-Ray Diffraction, GIXRD)、X 射线晶体截断杆散射(Crystal Truncation Rod Scattering, CTRS)和 X 射线驻波(X-ray Standing Waves, XSW)在内的一系列原位 X 射线衍射技术确认了 Au、Cu、Co 在 H:Si(111)上的外延有序生长[22]。在这些实验中，为了不干扰表面 X 射线信号，同时不影响恒压控制(-0.55V 到-1.05V vs. SCE=-0.35V 到-0.85V vs. SHE)，电解液组分浓度都很小(Cu:0.1M H_2SO_4 +0.1mM $CuSO_4$;Co:10^{-2}M H_3BO_3+0.2mM H_2SO_4+0.1mM $CoSO_4$)。没有润湿层时，会形成岛状结构。但是，厚度更大的结构趋于融合的现象尚未有人报道。

近期，有课题组采用循环伏安法和非原位原子力显微镜(AFM)方法，研究了 Au 在 n-Si(111)和(001)晶面上形成原子级光滑连续外延层的生长条件[26,27]。当电极电势恰好能使 Au 还原和 H_2 析出反应发生而水解反应尚未发生时，就会有 Au 外延岛状核在衬底表面的横向生长。直到两者之间的晶格失配在 10~20 个原子层内得到缓解后，Au 的立方晶胞才会在 Si(111)立方晶胞上外延排布。在 Si(001)上观察到了 Au 表面(001)取向保持不变的 Au 膜的旋转现象[27]。通过控制溶液 pH 和金属离子浓度(pH=4,0.1mM $HAuCl_4$)，可以保证生长速率恒定(0.22ML/s)，且在一定电位范围内受到向衬底扩散速率的限制(-2.0V 至 0VHg/Hg 硫酸盐参比电极，即-1.36V 至+0.64V SHE)。据此他们认为，共生的 H^+ 析出反应必定保持了 Si 表面的氢钝化，由此促进吸附 Au 原子的扩散，实现了 Au 原子在氧化之前的连续横向生长，但是促进后续 Au 上光滑 Au 薄膜生长的确切原因仍然不得而知。

显然，Si 表面氧化层的清除、表面 H 钝化以及在电解液中保持这种钝化是非常重要的。电解液 pH 值会影响与 Au 还原相关的电流在总电流中的占比，同时也会降低 Si 被氧化的概率。另外，是否一定需要这种特定的 Au 离子源和 Cl 基酸也是一个问题。在 Si/Au 界面形成后，其他金属即可实现在 Au 表面的生长。目前，人们已经研究了连续层厚度小至2~5nm的Au/Co、Ni、Cu和Fe多层膜的磁学性质[30]。

9.4 GaAs衬底上金属的外延生长

有很多研究已经报道了在GaAs衬底上进行外延金属电沉积。与Si相比，GaAs的自然氧化层不稳定，因此更容易通过化学或加热的方法去除。这些氧化层可能会慢慢地再生，但化学清洗的GaAs表面也不容易用H或其他吸附物完全钝化。在UHV或CVD制备中，衬底表面通常会在置于反应器或真空系统之前进行湿化学氧化物刻蚀处理。在这一过程中，有许多不同种类化学刻蚀液都可供选择，例如稀HCl或NH_4OH水溶液等[31]。一旦样品被置于真空系统中，原位加热也是一种有效的方法。通过反射高能电子衍射(RHEED)、X射线光电子能谱(XPS)和俄歇光谱等技术，可以研究处理后表面的结晶度和表面残留成分[32]。刻蚀液组分与残余氧化物和其他杂质的检测结果关系表明，刻蚀后的表面中As氧化物占优，且最可能以As-OH的形式存在。最近，通过ALD技术沉积Hf或Al氧化物薄膜的实验研究发现，刻蚀后表面残留的自然氧化物可以被沉积的金属替换。其中，Hf和Al反应可能以一种自清洁方式与任意残留的Ga和As氧化物发生了交换[33]。

利用衰减全内反射棱镜系统得到的原位傅里叶变换红外光谱(FTIR)[34,35]以及循环伏安法[36]，研究了水溶液中GaAs电极上表面的成键以及电极反应与所施加电位的关系。FTIR测试结果表明，化学清洗(HCl 6 M)去除自然氧化物后n-GaAs表面没有发生重构，而是覆盖着一层(1×1)As—OH，这与UHV测试结果一致。在电解液中，当发生阴极极化时，这些结合键被As—H替换，并变为单层膜覆盖。同时，表面Ga^{3+}离子更可能被还原成金属Ga而不是形成Ga—H或Ga—OH键。Ga—OH和Ga—H比类似的As键更不稳定。图9.2是FTIR吸收率随时间变化的关系图。若以Ag/AgCl为参比电极(0.1~0.6V SHE)，当电压从0.3V变化至0.8V之后，表面仅能检测到As—H键并与GaAs阴极电位呈现函数关系。结果显示As—H键表面覆盖率以指数形式增长，直到50s后达到饱和。这些测量结果为GaAs表面上某些分子和原子的存在以及它们在特定电位下吸附或键合速率提供了宝贵的参考。

有研究人员通过循环伏安法探测H和OH反应以及金属离子的有关反应来研究Cu、Co和Ni等金属在GaAs上的生长[36]。图9.3所示的Cu在n-GaAs(001)上的生长就是一个典型的例子。GaAs表面首先是通过阳极氧化刻蚀至原子级光滑度，然后浸入浓HCl去除表面氧化物得到的。图中曲线为电流密度

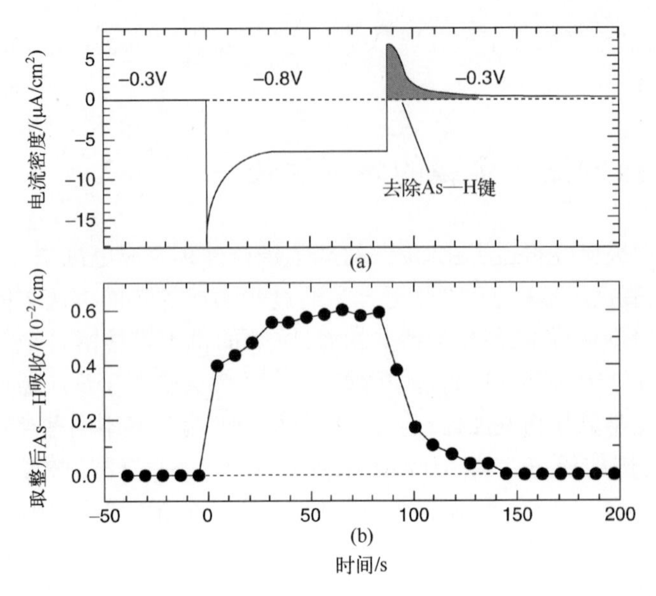

图 9.2 n-GaAs 表面的电位和时间与电流密度和 FTIR 吸收率之间的关系[34]

与所施加的阴极电压之间的关系,电压值是相对于酸性硫酸铜电解液(5mM $CuSO_4$+1M H_2SO_4)中的 SCE 参比电极[36]。图中也显示了前两次伏安法扫描结果,扫描速率为 20mV/s。首次扫描中位于-0.65V(-0.41V SHE)的扫描峰对应于硫酸盐电解液中 Cu^{2+}离子被还原为 Cu^0的反应电位,还原后的 Cu 在 GaAs 表面上形成 Cu 沉积物。峰的面积与对应 Cu 的沉积厚度成正比,该厚度比形成完整单层 Cu 覆盖的厚度要小。第二次扫描时,峰位向更高电位移动(-0.61V ≡-0.37V SHE),表明衬底被部分 Cu 覆盖后,其还原电位与干净的 GaAs 表面有所不同。这种还原电位的移动主要是由于金属诱导的界面态改变了新沉积 Cu 的表面电位。峰值电流密度与扫描速率的平方根呈线性关系,表明在该电解液浓度和 GaAs 电位条件下,金属的生长动力学过程受到 Cu^{2+}离子到阴极表面扩散的限制。研究生长过程与电位之间的关系发现,黏附层只在扩散控制条件下生长。二极管势垒高度略高于真空二极管也暂时归因于界面氧化物层的影响。此外,该研究的人员认为,在金属生长过程中,原始的 As—OH 键可能仍然存在,也可能发生了其他氧化过程。遗憾的是,该研究中没有提供关于 Cu 膜结晶度的信息。

其他研究人员还通过原位 X 射线驻波分析研究了室温下 Cu 生长的最初阶段的结构[22]。该课题组在电沉积多晶 Cu-GaAs 岛状结构中,还观察到了类似于分子束外延(Molecular Beam Epitaxy,MBE)生长过程的相互扩散(2nm)和金属反应(0.5 原子层)现象。

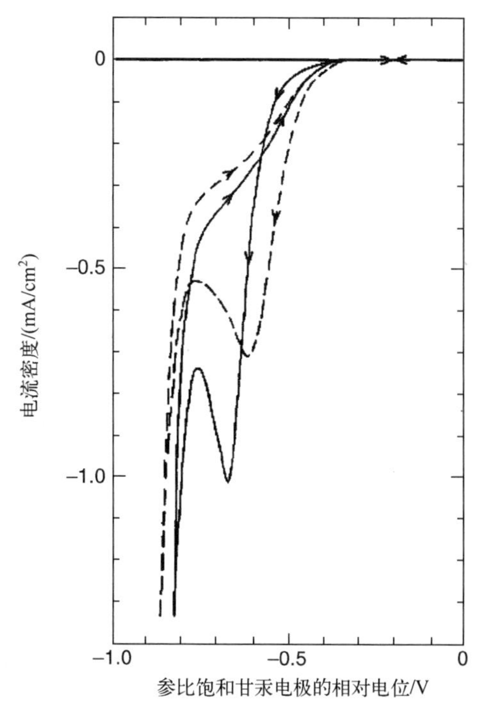

图 9.3　Cu 在 n-GaAs(100)(5×10^{-3}M $CuSO_4$+1M H_2SO_4)上的恒压电沉积循环伏安图(图中所示为前两次扫描的电流密度与电极电压的循环伏安曲线,SCE 为参比电极,开路电位 0.18V,扫描速率为 20mV/s)[36]

MBE 与 RHEED 原位研究表明金属 Cu 可以在 GaAs 上外延生长,这一过程中,最初有 1nm 厚的 BCC 结构转换为 FCC 结构[37]。类似于 Au/Si(001),MBE 生长的 FCC 相 Cu 会有 45°旋转,使得面内 Cu <110>方向平行于 GaAs <001>方向。这种旋转同样也减少了晶格失配(相较于 GaAs 晶格常数的 1/2,晶格失配率降低了 10%)。

最近,研究人员在更宽的参数范围内研究了 GaAs 上 Cu 薄膜的电沉积[38],实验通过优化恒流控制过程以获得连续的薄膜。利用光学和扫描电子显微镜观察,X 射线和电子衍射结构表征等非原位方法确定了样品结晶度和外延生长的排布情况。简化电解液成分以获得更干净的薄膜而不是获得光滑的表面。恒定电流下,电流过高或者过低都会产生孤立的多晶岛状结构,但当电流大约为 10mA/cm²时,就能得到连续的外延薄膜。实验中,$CuSO_4$浓度(0.1M)和电解液温度(53℃)等参数都得到了优化。

图 9.4 展示了在 53℃和 15mA/cm²条件下 GaAs(001)衬底上生长的 Cu 薄膜表面的 SEM 图像。当外延发生时,Cu 的岛状结构会聚结成取向良好、整齐排

列的金字塔形的单晶结构，同时样品具有很强的 XRD 特征峰。宏观表面取向大致与衬底平行，由于位错会导致 1°的局部扭曲。在之前的 Au 衬底上生长 Cu 的过程中也观察到了金字塔形晶面沿<100>底边方向生长的现象，这种现象产生的原因可能是与吸附杂质或与表面台阶结构的优先反应有关。类似现象在 Ag 薄膜中也有报道[3]。

图 9.4 在 53℃和 $15mA/cm^2$ 条件下 GaAs(001)衬底上电沉积的 Cu 薄膜的 SEM 图像[38]

然而，在大多数条件下，会产生不聚结的 Cu 岛状结构或在极高的电流下形成树状枝晶。图 9.5 展示了在室温下电流密度为 $140mA/cm^2$、$6mA/cm^2$ 和 $0.4\mu A/cm^2$ 时，在 n-GaAs(001)表面随机取向生长且没有聚结的 Cu 岛状结构及树枝状晶体结构[8,38]。Cu 薄膜也能外延生长到 GaAs(110)和(111)上，并保留了 Cu <110>与 GaAs <100>晶向对准的取向优势[8]。GaAs 的掺杂密度、样品面积和欧姆接触等会发生变化，因此在恒电势控制下过程的可重复性要低于在恒电流下的控制。遗憾的是，目前尚未有工作对阴极电位进行准确的恒电位测量，以便能够与上述早期结果进行对比。

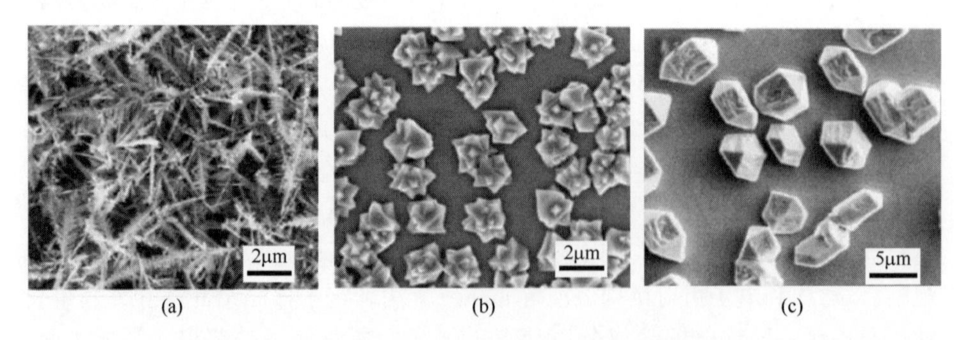

图 9.5 不同电流密度下电沉积多晶 Cu/GaAs(001)的 SEM 图像(0.1 M $CuSO_4$，室温)[8,38]
(a) $140mA/cm^2$；(b) $6mA/cm^2$；(c) $0.4\mu A/cm^2$。

尽管纯 Ni 不能很好地生长，但是通过脉冲电沉积(−2.5V SCE ≡ −2.3V SHE)的方法，研究者在(001)GaAs 衬底上生长出了连续 $Cu_{0.3}Ni_{0.7}$合金单晶薄膜[39]。在这些实验过程中，用于制备 GaAs 表面和电解液的溶液过程中都无需使用氯化物。

与 GaAs 晶格失配最小的金属是 BCC 结构的 Co(a_o=0.2827nm,f=0.1%),这是一种亚稳态相,最先可以通过真空沉积生长技术获得[40]。当 Co 金属膜的厚度超过临界值(真空沉积物为 36nm)时,Co 薄膜弛豫至平衡 HCP 相(晶格常数:c=0.40695nm)。面内立方[200]和[110]衍射峰(RHEED)也发生分裂,证实 HCP 结构的形成。在向 HCP 相 Co 的转变过程中,c 轴方向沿着 GaAs<110>的面内方向排布,形成<1120>表面取向,最终导致更大的晶格失配(相对于 GaAs 晶格常数的一半为 1.77%)。

Co 在 GaAs 上的电沉积过程中,也被相同的外延排布所主导。在酸性电解液中($CoSO_4$(1.5M)+H_3BO_3(0.5M),pH=3.45)通过电沉积得到的 Co/GaAs(001)薄膜与真空沉积得到薄膜的结构和磁学性质相当,而且二者 BCC 相的初始生长方式也一样[41]。在以$(NH_4)_2SO_4$溶液为缓冲液的弱酸性电解液(pH=5~6)中,采用恒流方式(10mA/cm^2)在低浓度 $CoSO_4$(0.1M)溶液(不含硼酸)中生长的 Co 薄膜,是在 BCC 界面层顶部垂直生长的(0001)晶面结构[42]。(0001)面的生长是各向同性的,因此产生圆盘状结构。图 9.6 所示为 Co/GaAs 随 GaAs 衬底取向变化的 SEM 图像。图中结果表明,互相平行的盘状结构沿 GaAs<110>面方向排列。盘状结构的纵横比,也就是厚度与直径之比为 0.05~0.2。在相同的电流密度下,减小电解液浓度(0.01M $CoSO_4$),可以获得类似形状的盘状结构,但大小只有原来的 25%。进一步降低电解液温度(4℃),盘状结构的尺寸会更小,但是当电解液温度高于 22℃时,则得不到盘状结构[42]。在纯 $CoSO_4$电解液(不含$(NH_4)_2SO_4$)、酸性(H_2SO_4)或碱性$(NH_4)OH$ 的 $CoSO_4$溶液中,只能实现无特定晶面结构的随机沉积。这些实验使用的 GaAs 都是重掺杂的(2×10^{18}/cm^3)n 型单晶,均以 Pt 线为阳极,阴极与阳极间的电势差均为-4V。H^+还原析氢或水分解反应的副反应(取决于衬底电阻率和 pH 值)的存在使得在实验电压范围内总电流密度会迅速增加,而用于 Co 膜生长的电流不足总电流的 10%。特征小平面的形成可能是由于 Co 表面取向下反应速率的差异或电解液中优先吸附离子(如 SO_4^{2-})所导致的。

Co 薄膜也可以外延生长在低掺杂的 n 型衬底(2×10^{17}/cm^3)上,用来制备二极管[8]。电子势垒的高度可以从非原位测量的(001)、(011)和(111)B GaAs 衬底的电流-电压(I-U)和电容-电压(C-U)特性曲线间接获得。室温下以相同方式制备的 Co 薄膜其电子势垒的值均为 0.76eV±0.02eV,且与衬底取向无关。其中,最高的 I-U 理想因子(1.07)出现在最可能极化的(111)B 取向。这些结果很奇特,因为它们与衬底取向和制备方法无关。通常,I-U 和 C-U 之间得到的结果会有微小差异,这是由于在 I-U 测量过程中会受“镜像力降低效应”

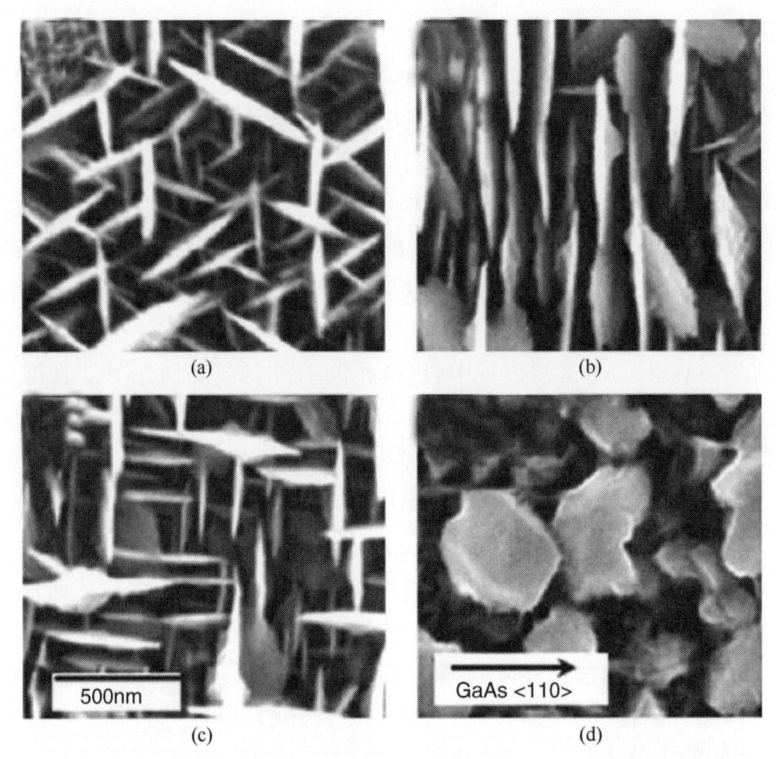

图 9.6　电沉积在 GaAs 衬底上的 Co 纳米圆盘的 SEM 图像[42]

(a) (111)B 排列;(b) (110)排列;(c) (001)排列(衬底来自 $CoSO_4$(0.1M)和$(NH_4)_2SO_4$(1.0M)电解液。盘平面的垂直方向始终与 GaAs<110>方向保持一致);(d) 不含$(NH_4)_2SO_4$电解液下 GaAs(001)上生长的 Co 膜的 SEM 图像[42]。

的影响(掺杂密度为 $2\times10^{17}/cm^3$时其数值为 0.03eV),而在 $C-U$ 测试中则没有这一效应的影响[9]。取向不影响电子势垒高度的结果说明界面态密度或半导体功函数的任何变化都很小或者这种变化都能通过自身得以补偿。界面介电层(如氧化物)或表面衬底载流子浓度与杂质(如 H)的偏差,将导致这两种方法测量的势垒高度出现偏差。

与 GaAs 晶格第二匹配的金属是 Fe(BCC 1.4%),通过 UHV 或电沉积方法能在 GaAs 表面外延生长得到 Fe 薄膜[43]。在 GaAs 表面的 MBE 生长中,一旦将样品置于 UHV 系统中,就能通过加热或离子束溅射来清除 GaAs 表面的自然氧化物,随后再进行 GaAs 层的外延生长或退火以消除表面清洁过程中的损伤。已有研究报道了利用 MBE 方法在取向为(001)和(110)的衬底上生长金属薄膜。在室温或接近室温的条件下,Fe 薄膜的生长是非常缓慢的(单层膜/h)。当厚度超过 3 个原子层之后,岛状的 Fe 核会发生聚结。此时外延生长则是立方晶格衬底上生长立方晶格结构的过程,与初始弹性应变一致。在厚度达到20个原子层(2.8nm)时,可以通过磁学性能的变化和反射高能电子衍射(Reflection High Energy Electron Diffraction,RHEED)斑点的分裂来实现对应变弛豫的原位检测[44]。据推测,随着厚度的增加,失配位错可能使得应力持续释放,在15nm厚度内使残余应变以指数方式减少了90%。由于界面结构的特殊性导致磁各向异性,这些薄的Fe金属层受到了很多关注。研究人员已经利用横向霍尔器件或被掩埋的量子阱发射光研究了MBE Fe/GaAs薄膜的隧穿势垒,并据此研究了相关的自旋注入和探测问题[45,46]。

已经有研究报道了Fe/GaAs薄膜在(100)、(110)和(111)B取向的块体衬底上的电沉积外延生长[47,48]。与MBE一样,以上情形中的薄膜在衬底上都具有相同的立方-立方晶格取向,这一结果也与两者之间较低的晶格失配一致。首次报道的Fe外延生长是在室温下通过恒流控制(2.5mA/cm^2)过程实现的,其中,电解液为$Fe_2(SO_4)_3$(0.1M)和H_3BO_3的混合溶液,pH值为2.5(H_2SO_4)[47]。表面自然氧化层可以通过氨刻蚀掉,需要说明的一点是由于$FeCl_2$电解液的磁学性能较差,其产生的Fe层的质量并不高。

后续的工作研究了利用$(NH_4)_2SO_4$缓冲液提高电解液pH值并在较高的温度下的外延生长特性,研究中同样采用恒流控制(10mA/cm^2),使用$Fe_2(SO_4)_3$和氨刻蚀去除表面自然氧化层。X射线衍射峰宽结果表明,这一条件下能得到结构更优的薄膜[48]。添加H_2SO_4或含氯的酸会增加电解液的酸性,从而减少或破坏外延生长过程[8]。最佳条件下的生长速率约为100nm/min,比典型的MBE生长速度快得多。岛状结构的直径约为50nm,但当厚度达到20~50nm时才会发生聚结。岛状结构的生长也是外延的,但其应变弛豫在聚结之前就已经发生了,这种应变弛豫可能与在厚度为3nm的MBE结构中发生的现象相似[44]。第三部分的研究证实了氯化物电解液对沉积的不利影响,并证实了在所有薄膜中观察到的断层结构是沿(221)晶面取向的孪晶缺陷[49]。

在界面处几个单层内发现有原子级的起伏不平及凸起,然而横截面TEM并没有发现这些位置被氧化或有证据证明发生反应[49],并且在TEM横截面样品的减薄制样过程中不去加热界面是很困难的,这一制样过程可能对结果会有影响。图9.7展示了电沉积的Fe/GaAs(001)界面的高分辨率TEM横截面视图,该界面在抛光过程中保证了最小限度的加热,且利用了液氮温度下的离子研磨技术。该样品中FCC GaAs条纹是(111)面,而在BCC Fe中的那些条纹则对应于(110)面(晶面间距0.20nm)。在图中很难准确定位界面的位置,但其中可以观察到一个无序的厚度约为5个单原子层的区域。在刻蚀氧化物时,衬底表面可能会产生取向错位或表面粗糙,这些因素会使界面的粗糙度增加。

X射线衍射测量中观察到的晶格失配应变弛豫被可见的边缘位错所证实。图9.7中圈出了具有额外GaAs平面的两个区域,它们之间的距离为17.5nm,与这种位错的预期平均间距(14.3nm)一致(假设它们能够完全释放1.4%晶格失配度)。相对于Co,在GaAs的3个主要表面上制备的Fe二极管势垒高度约为0.88eV±0.02eV,这一数值能与真空系统制备的结构相比拟[48,50]。

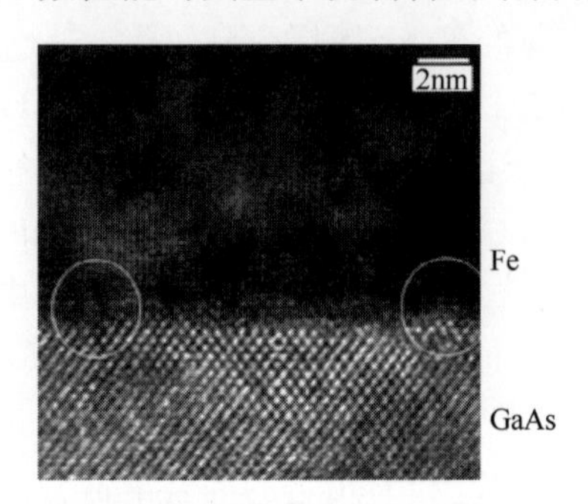

图9.7 沿<110>晶向观察的电沉积Fe/GaAs(001)晶面的高分辨晶格图像
(带圆圈的区域为具有额外的GaAs平面失配位错区)

Fe薄膜的纯度可以通过其晶格常数来评价。高分辨率X射线衍射测量了相对于GaAs衬底垂直的Fe的平均晶格常数,其精度为0.0005Å。室温下生长的Fe薄膜的晶格常数为2.8605Å±0.0005Å,在64℃时增加到2.8650Å±0.0005Å,这一数值略小于块体状Fe的晶格常数(2.8665Å)[48]。由于电解液中溶解氧的浓度随着电解液温度的升高而降低,因此晶格的这种小间距收缩可能是由并行的溶解氧反应所导致的。在Fe薄膜内的含氧杂质形成Fe氧化物的现象也与磁性的不均匀性一致[51]。

类似于Fe/GaAs的生长,Fe_xCo_{1-x}和Fe_xNi_{1-x}等Fe合金也能通过使用硫酸金属盐和$(NH_4)_2SO_4$缓冲液外延生长到GaAs上。在GaAs上生长较厚的BCC Fe_xCo_{1-x}薄膜中可以含有高达64%的Co[52]。在更高Co浓度下,XRD未检测到立方结构,推测这可能是因为在相同的生长条件下,这一结构的不稳定或者太薄而无法被检测到。与BCC Fe薄膜类似,在BCC Fe_xCo_{1-x}薄膜中也观察到了具有(221)晶面取向的孪晶,孪晶材料的比例随Co组分而变化。通过TEM也能观察到凸起的界面。外延生长薄膜的磁性能与MBE制备的Fe_xCo_{1-x}薄膜相当。

室温下,在$(NH_4)_2SO_4$电解液中,FCC Fe_xNi_{1-x}合金($x=0\sim0.3$)和BCC Fe_xNi_{1-x}合金($x=0.4\sim1$)都能在GaAs(001)上生长,在这两种组分之间是BCC和FCC两相共存区域[50]。FCC富Ni相的生长与电解液的组分接近,这可能与生长过程中传输限制过程一致。如果反应是速率限制过程,由于Ni的平衡电势高于 Fe,因此 Ni 的反应要比 Fe 快。这两种类型的金属离子水溶液具有相似的扩散系数。然而,在较高 Ni 含量的 BCC Fe_xNi_{1-x}合金中,Ni 的沉积会受到抑制。在这些合金中,即使在类似的电沉积条件下,薄膜中 Fe 的比例也超过了电解液中 Fe 的比率,合金中 Fe 含量随着电解液中 Fe 含量的增加而成比例地上升,当电解液中有 80%的 Fe 时,其数值会增加至 50%。这种在贵金属中少见的优先沉积现象已经有较详尽的研究了,其原因可能与在较高的电池电流密度或过电位下,相对于 Ni,对 Fe 离子或反应物的优先吸附有关[53]。在相似的电沉积实验条件下,Ni 的生长会形成多晶薄膜。利用酸性更高的电解液,早期的研究报道了 Ni 成功对准 GaAs 衬底(001)和(011)有序生长的结果,但是造成这种差异的原因尚不清楚[54]。

据报道,在 GaAs 上外延生长的金属是一种 Bi 三角晶体结构(a = 0.4546nm、c=1.1862nm)[55,56],最初的实验报告了利用两个工艺步骤沉积 Bi 薄膜的结果,所采用的两个工艺包括在过电位下的短成核脉冲(-0.275V vs. Ag/AgCl=-0.078V SHE),然后在低电位下(-0.02V=+0.18V SHE)生长到最终的薄膜厚度。电解液为室温下的 20mM BiO+和 2 M $HClO_4$溶液,XRD 测量显示该膜在 GaAs(011)表面上具有较强的(018)优先取向[55]。

使用由$(NH_4)_2SO_4$与硝酸铋(III)五水合物($Bi(NO_3)_3 \cdot 5H_2O$)的饱和溶液组成的较弱酸性的电解液在 GaAs 衬底 3 个主要取向上都得到了更好的外延生长的 Bi 薄膜。Bi 生长中 c 轴取向沿着(111)B 和(100)GaAs 上,最终再次实现在(011)GaAs 上的(018)取向生长[56]。当生长温度升高到 70℃时,薄膜的结晶度和横向聚结程度都达到最佳值[56]。截面 TEM 研究并未检测到界面层存在的证据。相比较于 Co 或 Fe 二极管,Bi 二极管的势垒高度变化较大,且在(111)B 二极管中尤为明显。对比金属在这种 As 极化表面和对立的富 Ga(111)A 表面上外延生长特性将会是非常有趣的。从 Au 电沉积实验发现,两种(111)取向衬底表面的成核特点和沉积电势有很大差异,与这两个表面完全不同的表面化学特性一致[57]。

9.5 半导体纳米线

基于气-液-固生长机制,电沉积过程已应用于 Si 和 GaAs 纳米线上的金属沉积[5,6],该技术可通过在纳米线顶端或者侧面制造接触点来探测纳米线的导电性和成分。如果纳米线的导电性差或被绝缘氧化物包覆,则沉积仅发生在具有 Au 催化剂的导线末端。图 9.8 显示了电沉积 Cu 后 GaAs 线的 SEM 和 TEM 图像。这些导线并未进行有意掺杂,因此它们的导电性都很差。然而,衬底具有足够高的电导率,使得 Cu 能沉积到其尖端的 Au 催化剂周围而不会沉积到侧壁上。Au 催化剂与在其上生长的 Cu 层一样是单晶体。有意掺杂会增加纳米线的电导率,导致侧壁沉积。在导电 Si 纳米线中,一旦其表面氧化物被去除,就会在纳米线侧壁以及 Au 尖端上都发生 Ni 的沉积[5]。与平坦表面类似,通过合适的表面处理和晶胞条件,可以实现对外延成核和取向的控制。

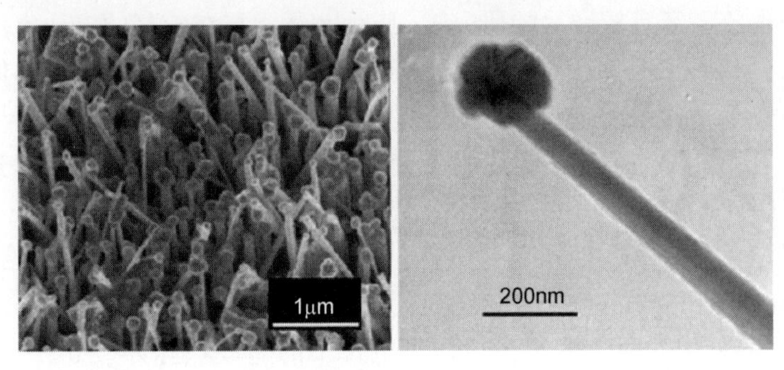

图 9.8　电沉积在 Au/GaAs 纳米线上的 Cu 的 SEM(左)和 TEM(右)图像[6]

9.6　总结与展望

表 9.1 罗列了已经报道的通过液相电沉积方法在 Si 或 GaAs 衬底上外延生长的所有金属的种类和性质,包括晶格常数(a_o)、晶格失配率、相对衬底的外延排布、薄膜取向、自然氧化层的刻蚀剂、电解液和参考文献等。自然氧化层的清除显然非常重要。氧化物刻蚀后在 Si 和 GaAs 衬底上分别形成的 H 键和 OH 键钝化层可以借助原位 FTIR 和原位循环伏安法监测到,当然也可以利用非原位的 XPS 进行表征。一旦阴极极化,这些键就被金属替代,这一结论被外延生长的金属层和可探测的界面氧化层的缺失所证实。使用 HCl 溶液的原生氧化物刻蚀效果不如使用 NH_4OH,尽管使用这种刻蚀剂可以检测到 As—OH 键的形成,氯离子的存在可能会直接促进钝化或干扰对氧化的控制,该离子并不是去除自然氧化层的必要组分,且其存在不利于外延生长。

其他一些与 GaAs 衬底上外延生长金属过程相关的重要因素包括更高的 pH 值、硫酸盐的存在等,这些因素显然很重要,但是目前仍然缺乏深入了解。在大多数实例中,精确的恒压控制与金属结构的关联尚未得到系统研究。除了 Cu 之外,所有这些金属都具有负平衡还原电位,这意味着在一定程度上电沉积过程总是有 H^+还原反应存在。尽管可能延迟了在金字塔表面特征顶点处 CuO 的形成,但是在 GaAs 上电沉积生长 Cu 的过程中添加$(NH_4)_2SO_4$并未改善其外延特性。较高温度下电解液对多种金属的电沉积有促进作用,其原因可能与高

表 9.1　已报道的电沉积法在 Si 和 GaAs 衬底上外延生长的金属种类及其性质

金属	晶格常数/Å	f/%	相对衬底的外延排布	薄膜取向	表面氧化刻蚀剂	电解液/pH 值	电池控制(mA/cm^2(V SHE))	参考文献
Si(111)5.4321								
Pb	4.9500	-6.6	[112] ‖ [112]	(111)	NH_4F	$HClO_4$+$PbCHClO_4$	(-0.56)	[25]
Cu	3.6100		同上	(111)	NH_4F	H_2SO_4+$CuSO_4$	(-0.85)	[22]
Co	4.0695	-25	同上	(0001)	NH_4F	H_2SO_4+$CoSO_4$	(-0.85)	[22]
Au	4.0800	-25	同上	(111)	NH_4F+$(NH_4)_2SO_3$	$HAuCl_4$+K_2SO_4+ KCl+H_2SO_4/4	(-0.6)	[26,27]
GaAs 5.6535								
Co	2.82	+0.01	[100] ‖ [100]	(001)	HCl+NH_3	$CoSO_4$/3.45	10(-2.1)	[41]
BCC								
HCP	c=4.0695	+1.77	[001] ‖ [110]	(1102)	NH_3	$CoSO_4$+$(NH_4)_2SO_4$/6.5	10	[8,42]
Co_xFe_{1-x}		+0.5~+1.4	[100]	(001)	NH_3	$CoSO_4$+$FeSO_4$$(NH_4)_2SO_4$	10	[52]
BCC(0≤x<0.7)								
Fe	2.8665	+1.4	[100] ‖ [100]	(001)	NH_3	$FeSO_4$+ascorbic acid+ $B(OH)_3$/2.5	2.5	[47]
BCC			同上	(011)				
			同上	(001)	NH_3	$FeSO_4$+$(NH_4)_2SO_4$/5-6	10	[48]
			同上	(011)				
			同上	(111)				

（续）

金属	晶格常数/Å	f/%	相对衬底的外延排布	薄膜取向	表面氧化刻蚀剂	电解液/pH 值	电池控制（mA/cm^2（V SHE））	参考文献
Fe_xNi_{1-x}		+1.4~13.5	[100] ‖ [100]	(001)	NH_3	$FeSO_4+NiSO_2(NH_4)_2SO_4$/5-6	10	[50]
BCC 和 FCC			[001] ‖ [110]					
Cu	3.610	-9.5	[110] ‖ [100]	(001)	H_2SO_4	$H_2SO_4+CuSO_4$	(-0.3)	[12]
FCC			[110] ‖ [100]	(001)	NH_3	$CuSO_4$	10	[8,38]
				(111)				
$Ni_{0.7}Cu_{0.3}$	3.59	-12	[110] ‖ [100]	(001)	NH_3	$CuSO_4+NiSO_4+H_2SO_4$/2	(-2.3)	[39]
FCC								
Ni	3.5238	-13.5	[110] ‖ [100]	(001)	NH_3	$NiSO_4$/2.3	4	[54]
FCC				涤纶	同上	$NiSO_4+(NH_4)_2SO_4$/5-6	10	[8,50]
Bi	a=4.55	-12.1	(110)	(018)	HCl	BiO^++HClO_4	(-0.06)	[55]
三方晶系	c=11.86		(001)(111)B	(111)	NH_3	$(NH_4)_2SO_4+(Bi(NO_3)_3\cdot 5H_2O)$	10	[56]
			(011)	(018)				

表 9.1 列出了各金属及其晶格常数、衬底失配度f、相对沉底的外延排布、薄膜取向、衬底表面制备、电解液和 pH 值、沉积期间恒定的电流和电势与参考文献。

温电解液中的残余氧有关。像在 Si 的形成中发现的一样，总电流中有特定比例的电流参与到 H^+的还原反应中，这对于在 GaAs 衬底上实现金属的均匀、横向生长是非常必要的。尽管 Cu、Co、Fe 和 Bi 都能在 GaAs 衬底上实现外延生长，但是 Ni 和 Cr 等其他金属不能在 GaAs 上生长的原因仍然不得而知。

致谢：本章作者非常感谢 SFU 的合作者：Bao, Majumder, Chao, Ahktari－Zavareh, Grist, Spiga, Shaw, Berring, Radich, Bratvold, Cheng, Jensen, and Abbet；作者同样也要感谢出席 Gordan Conferences on Electrodeposition 的各位研究同行以及与他们有益的讨论；最后也要感谢来自 NSERC 的基金支持。

参考文献

[1] Mathews JW. Epitaxial growth. New York: Academic; 1975.
[2] Lobo VMM, Quaresma JR. Handbook of electrolyte solutions, Physical science data, vol. 41. Amsterdam: Elsevier; 1989. Bradford SA. Corrosion control. 2nd ed. Edmonton: CASTI Publishing Inc.; 2002; Switzer JA, Hodes G. Mat Res Soc Bull. 2010;10:743–49.
[3] Budevski E, Staikov G, Lorenz WJ. Electrochemical phase formation and growth. Weinheim: VCH Verlagsgesellschaft mbH; 1996.
[4] Reid J, McKerrow A, Varadarajan S, Kozlowski G. Solid State Technol. 2010;53:14–6.
[5] Ingole S, Manandhar P, Wright JA, Nazaretski E, Thompson JD, Picraux ST. Appl Phys Lett. 2009;92:223118–3.
[6] Liu C, Einabad OS, Watkins S, Kavanagh KL. 217th ECS meeting, Abstract #1577. Electrodeposition of metal on GaAs nanowires. Master of Science Thesis, Department of Physics, Simon Fraser University, 2011.
[7] Gerischer H. J Vac Sci Technol. 1978;15:1422–8.
[8] Bao ZL. Epitaxial metal-GaAs contacts by electrodeposition. PhD thesis, Simon Fraser University; 2006.
[9] Rhoderick EH, Williams RH. Metal-semiconductor contacts. Oxford: Clarendon Press; 1988.
[10] Woodall JM, Freeouf JL, Pettit GD, Kirchner P. J Vac Sci Technol. 1981;19:626–7.
[11] Magnussen OM, Hotlos J, Nichols RJ, Kolb DM, Behm RJ. Phys Rev Lett. 1990;64:2929–32.
[12] Scherb G, Kazimirov A, Zegenhagen J, Lee TL, Bedzyk MJ, Noguchi H, Uosaki K. Phys Rev B. 1998;58:10800–5.
[13] Memming R. Semiconductor electrochemistry. Weinheim: Wiley-VCH; 2001.
[14] Muñoz AG, Lewerenz HJ. J Electrochem Soc. 2009;156:D184–7.
[15] Tseng WF, Liau ZL, Lau SS, Nicolet M-A, Mayer JW. Thin Solid Films. 1977;46:99–107.
[16] Murarka SP. Silicides for VLSI applications. New York: Academic; 1983.
[17] Tu KN, Mayer JW, Feldman LC. Electronic thin film science: for electrical engineers and materials scientists. New York: McMillan; 1992.
[18] Poate JM, Tu KN, Mayer JW. Thin films: interdiffusion and reactions. New York: Wiley; 1978.
[19] Grupp C, Taleb-Ibrahimi A. Phys Rev B. 1998;57:6258–61.
[20] Ghosh K, Chowdhury NKD. Int J Electron. 1983;54:615–23.

[21] Hoffmann PM, Radisic A, Searson PC. J Electrochem Soc. 2000;147:2576–80. Radisic A, Ross FM, Searson PC. J Phys Chem B. 2006; 110: 7862–7868; Guo L, Searson PC. Electrochim Acta. 2010;55:4086–91.
[22] Zegenhagen J, Renner FU, Reitzle A, Lee TL, Warren S, Stierle A, Dosch H, Scherb G, Fimland BO, Kolb DM. Surf Sci. 2004;573:67–79.
[23] Forment S, Van Meirhaeghe RL, De Vrieze A, Strubbe K, Gomes WP. Semicond Sci Technol. 2001;16:975–81.
[24] Oskam G, Long JG, Nikolova M, Searson PC. Mater Res Soc Symp. 1997;451:257–66.
[25] Ziegler JC, Reitzle A, Bunk O, Zegenhagen J, Kolb DM. Electrochim Acta. 2000;45:4599–605. Kolb DM, Randler RJ, Wielgosz RI, Ziegler JC. Mater Res Soc Symp. 1997;451:19–30.
[26] Prod'homme P, Maroun F, Cortès R, Allongue P. Appl Phys Lett. 2008;93:171901–3.
[27] Prod'homme P, Warren S, Cortès R, Jurca HF, Maroun F, Allongue P. ChemPhysChem. 2010;11:2992–8.
[28] Ganz E, Hwang I-S, Xiong F, Theiss SK, Golovehenko J. Surf Sci. 1991;257:259–73.
[29] Yeh J-J, Hwang J, Bertness K, Friedman DJ, Cao R, Lindau I. Phys Rev Lett. 1993;70:3768–71.
[30] Allongue P, Maroun F. Mater Res Soc Bull. 2010;35:761–70.
[31] Clawson A. Mater Sci Eng R Rep. 2001;R31:1–438.
[32] Yoon HJ, Choi MH, Park IS. J Electrochem Soc. 1992;139:3229–34.
[33] Hinkle CL, Sonnet AM, Vogel EM, McDonnell S, Hughes GL, Milojevic M, Lee B, Aguirre-Tostado FA, Choi KJ, Kim HC, Kim J, Wallace RM. Appl Phys Lett. 2008;92:071901–3.
[34] Erné BH, Ozanam F, Chazalviel J-N. J Phys Chem B. 1999;103:2948–62.
[35] Erné BH, Stchakovsky M, Ozanam F, Chazalviel JN. J Electrochem Soc. 1998;145:447–56. Erné BH, Ozanam F, Chazalviel JN. Phys Rev Lett 1998;80:4337–40.
[36] Vereeken PM, Vanden Kerchove F, Gomes WP. Electrochim Acta. 1996;41:95–107. Strubbe K, Vereecken PM, Gomes WP. J Electrochem Soc. 1999;146:1412–20.
[37] Tian Z, Tian CS, Yin LF, Wu D, Dong GS, Jin X, Qiu ZQ. Phys Rev B. 2004;70:012301-1-4.
[38] Bao ZL, Grist S, Majumder S, Xu LB, Jensen E, Kavanagh KL. J Electrochem Soc. 2009;156: D138–45.
[39] Hart R, Midgley PA, Wilkinson A, Schwarzacher W. Appl Phys Lett. 1995;67:1316–8.
[40] Prinz GA. Phys Rev Lett. 1985;54:1051–4.
[41] Ford A, Bonevich JE, McMichael RD, Vaudin M, Moffat TP. J Electrochem Soc. 2003;150: C753–9.
[42] Bao ZL, Kavanagh KL. J Cryst Growth. 2005;287:514–7.
[43] Prinz A, Krebs JJ. Appl Phys Lett. 1981;39:397–9.
[44] Kebe T. SQUID-magnetometry on Fe monolayers on GaAs(001) in UHV. Ph.D. Thesis, University of Duisberg-Essen, 2006.
[45] Isakovic A, Carr DM, Strand J, Schultz BD, Palmstrøm CJ, Crowell PA. Phys Rev B. 2001;64:161304–4.
[46] Hanbicki AT, Jonker BT, Itskos G, Kioseoglou G, Petrou A. Appl Phys Lett. 2002;80:1240–2.
[47] Liu YK, Scheck C, Schad R, Zangari G. Electrochem Solid-State Lett. 2004;7:D11–3. Scheck C, Evans P, Schad R, Zangari G. J Appl Phys 2003;93:7634–36.
[48] Bao ZL, Kavanagh KL. J Appl Phys. 2005;98:066103–3.
[49] Svedberg EB, Mallett JJ, Bendersky LA, Roy AG, Egelhoff WF, Moffat TP. J Electrochem Soc. 2006;153:C807–13.
[50] Bao ZL, Majumder S, Talin AA, Arrott AS, Kavanagh KL. J Electrochem Soc. 2008;155: H841–8.
[51] Majumder S, Arrott AS, Kavanagh KL. J Appl Phys. 2009;105:07D543-3.
[52] Mallett JJ, Svedberg EB, Vaudin MD, Bendersky LA, Shapiro AJ, Egelhoff WF, Moffat TP. Phys Rev B. 2007;75:85304-1-7.

[53] Matlosz M. J Electrochem Soc. 1993;140:2272–9.
[54] Evans P, Scheck C, Schad R, Zangari G. J Mag Magn Mater. 2003;260:467–72.
[55] Yang FY, Liu K, Chien CL, Searson PC. Phys Rev Lett. 1999;82:3328–31. Vereeken PM, Rodbell K, Ji C, Searson PC. Appl Phys Lett 2005;86:121916–3.
[56] Bao ZL, Kavanagh KL. Appl Phys Lett. 2006;88:022102–3. J Vac Sci Technol B. 2006;24:2138–43.
[57] Depestel LM, Strubbe K. J Electroanal Chem. 2004;572:195–201.

第10章 用于纳米技术的化学机械抛光

摘要

化学机械抛光(CMP)是一种适用于从晶圆抛光到集成电路(IC)制造的工艺技术,从而使半导体行业能够继续拓展光刻技术的应用范围并开发出新工艺,如大马士革互连工艺。本章主要讨论CMP的基本原理及其在纳米技术中的典型应用,包括成熟的集成电路制造技术(如单大马士革和双大马士革制造)、浅沟道隔离以及新兴工艺(如后栅极工艺)。最近,人们发现CMP在纳米技术领域中具有更为广泛的应用,如适用于蓝宝石和GaN等硬脆材料的超光滑表面的加工,而这些表面的制造远远超出了集成电路制造的范畴。此外,研究人员已开始探索和开发与新型互连和存储材料(例如相变存储器)相关的制造技术。本章探讨了CMP技术的特性以及这些特性是如何使CMP成为一种基本的自上而下且应用广泛的纳米加工技术。

10.1 引言

抛光技术源于数百年前,最初主要用于生产铜镜,后逐渐用于玻璃光学器件的成形制造。天文学中使用的所有反射镜和透镜的成形和平滑加工都是通过抛光技术来完成的。金相学中样品的抛光制备要求达到镜面状的表面光洁度才可用于光学检查。抛光作为所有半导体衬底制造最后步骤的一道重要工艺,有利于产生平坦、光滑且无缺陷的表面。

CMP是IBM公司在20世纪80年代从衬底制造技术中开发而来的,旨在解决添加第二金属层后导致的形貌起伏问题[1]。CMP用于平坦化SiO_2层间电介质(ILD),减少表面形貌的面形误差和粗糙度误差,从而允许使用更小的焦深来拓展光刻技术的实用性。此外,可以通过开发浅沟道隔离(STI)技术来进一步提高晶体管的平面度,该技术的关键是要在SiO_2材料上实现抛光且在Si_3N_4掩膜层上停止抛光。此后,CMP技术已经适用于诸如钨塞之类的金属表面加工,采用W(钨)抛光技术替代W等离子体回蚀工艺,可以显著改善表面缺陷并减少插塞凹陷。

Cu具有比Al更低的电阻率和更高的熔点,且由于高电流密度(电迁移)特性而具有更高的阻碍原子迁移的能力。然而,由于将 Cu 互连集成到集成电路工艺流程中存在巨大挑战,直到 130nm 技术节点问世,Cu 才将 Al 取代。例如,图形密度的限制导致不能对 Cu 进行湿法刻蚀,并且也没有可行的等离子体刻蚀 Cu 技术。幸运的是,铜大马士革技术的发明为实现 Cu 在集成电路中的互连带来了突破[2]。在铜大马士革工艺中,Cu 互连首先是通过等离子体刻蚀技术在 ILD 上刻蚀沟道,然后在沟道上覆盖扩散势垒层和 Cu 的籽晶层,接着用电镀法将 Cu 覆盖在晶圆上填充沟道,然后再使用 Cu 的 CMP 技术除去过量的 Cu 及其籽晶层和扩散势垒层。对于铜的大马士革工艺有几种方案,包括双大马士革法和单大马士革法,这都涉及互连和通孔(连接不同金属层的垂直金属连接)的制造策略。CMP 还为晶体管提出了新颖的集成方案,如针对高 k 金属栅极晶体管的后栅极方法[3]。如今,在逻辑制造的 CMP 工艺步骤中,Cu 的 CMP 工艺占了大约 50%。

基于以上分析可知,首先,CMP 工艺已成为半导体工业的关键使能技术,这也是 CMP 的主要特性之一;其次,CMP 的另一个重要特性是它在创建新表面的同时可以消除晶圆表面生成的缺陷;最后,CMP 可以实现许多不同大小尺度上表面的平坦化,包括从纳米尺度到介观以及宏观尺度的加工。实现表面高度平坦化对于下一道光学光刻工艺的应用是非常重要的,并且希望在如光电子学领域中找到新的应用。下面将讨论 CMP 的基本原理和 CMP 在纳米技术中的 3 种典型应用,即纳米互连、纳米器件和纳米光滑表面。

10.1.1 CMP 的基本原理

顾名思义,CMP 结合了机械和化学两种抛光技术,以实现高质量的表面精度。然而,不能将此过程理解为化学和机械作用的简单叠加,目前 CMP 抛光过程中的潜在加工机制尚不明确。CMP 工艺的输出受与该技术相关的化学和机械方面的各种输入因素的影响,如抛光的速度和压力、抛光垫的粗糙度和硬度以及抛光液的 pH 值等。尽管 CMP 被用于以非常精细的尺度来操纵晶圆的表面,但是该过程本身主要还是由这些宏观的影响参数来控制。

在 CMP 过程中,晶圆被压在存储了抛光液的旋转抛光垫上。抛光液既包含化学活性成分(如氧化剂和表面活性剂),又包含机械活性磨料颗粒。抛光过程示意图如图 10.1 所示,在抛光过程中,还存在许多其他的工艺和设备变量,如抛光垫调节、各种旋转速率和旋转方向以及图中所示的扫掠方向。图 10.2 所示为抛光垫和晶圆相互作用区域的放大图,需要注意该图并不是按比例绘制的,而是根据典型的 CMP 条件下,抛光过程中晶圆和抛光垫之间的间隙在 60~80μm 尺度下绘制[5],其大小与抛光垫粗糙度接近。磨料颗粒直径大小的典型范围为 10nm~5μm,远小于上述间隙值。CMP 工艺除了以每分钟几百纳米的速率从晶圆上去除材料外，还可获得平坦化长度为20~30mm尺度的表面[2]。

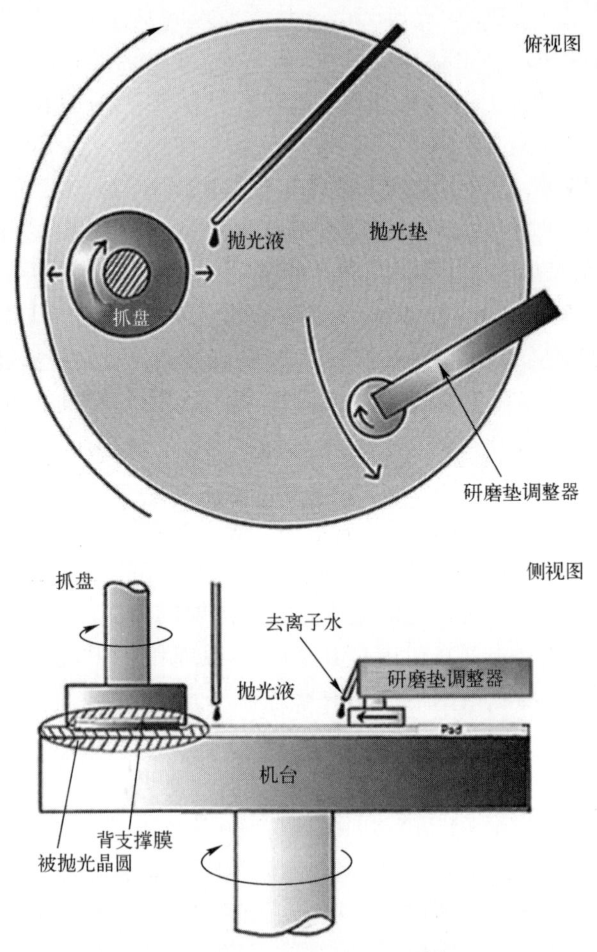

图 10.1　CMP 工艺示意图[4]

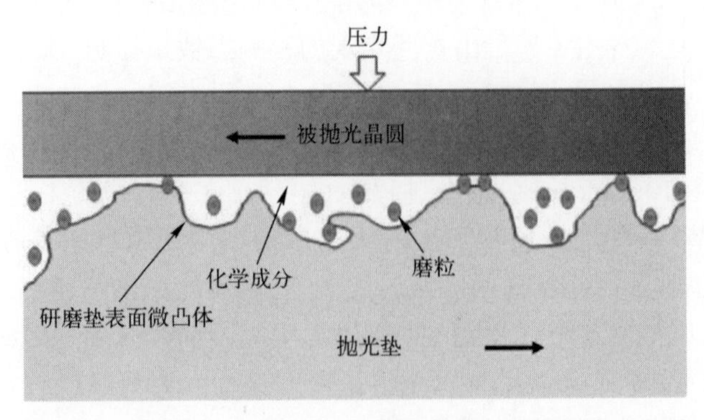

图 10.2　CMP 加工过程中抛光垫和晶圆之间的区域放大图

正如前面所介绍的,CMP 技术结合了机械抛光和化学抛光两种工艺的特点。因此,在以下各节中将分别描述这些工艺,然后再讨论将它们组合后的效应。

10.1.2 CMP 装置及其耗材

抛光是在抛光工具上进行的,抛光工具的大小可能从桌面到房间大小不等。10.1.1 节概述的抛光垫和抛光液对抛光效果具有重要影响。这两个组件均被视为“消耗品”,而非抛光工具的永久组成部分。但它们价格昂贵,因此大大增加了 CMP 装置的成本。此外,抛光垫调节器、晶圆清洁设备及运行程序对抛光的均匀性和缺陷率影响很大,这些组件的作用将在本节给予描述。

1. 抛光表面

CMP 是微电子工业中用于从各种表面上去除材料并将其平坦化的一种纳米加工工艺。其最初是作为单晶硅晶圆的平坦化方法引入到半导体工业中的,并于 1983 年开始用于器件制造,当时它主要用于隔离沟槽中回流玻璃器件的平坦化加工[6]。尽管该工艺从未商业化,但它推动了其他绝缘材料(如用于浅槽隔离的 SiO_2 和 Si_3N_4 材料)的 CMP 平坦化工艺发展,还可用于后段工艺(BEOL)加工以形成由 W、Al 和 Cu 制成的通孔。CMP 工艺已成为其他制造技术的一种使能技术,如 Cu 的单大马士革和双大马士革技术需要对金属和阻挡层(如 Ta 和 TaN)进行抛光。当前,CMP 技术研究主题包括低 k 电介质的去除和平坦化以及光学器件如 Ge 和 GaN 等表面的平坦化。

表 10.1 简要概述了 CMP 加工的各种材料表面。

表 10.1 CMP 加工的各种材料表面

金属,准金属	陶瓷材料	新兴材料
Si	SiO_2	碳纳米管[7]
W	Si_3N_4	ZnO[8]
Al	低介电材料	Bi_2Te_3[9]
Cu	TaN	
Ta	GaN	
Ge		

2. 抛光工具

所有 CMP 工具仅基于两个基本组件,即晶圆载体和抛光盘。晶圆载体必须携带负载并旋转,抛光盘则必须承受由载体施加的负载并同时旋转。最简单的 CMP 工具通常还包括由用户添加的抛光液和调节系统。使用常规金相抛光轮作为抛光盘,并用钻床或其他电动机作为载体的简易抛光工具已在一些研究(如参考文献[10-12])中得以广泛应用。这些抛光工具通常具有 0.3m 或 12in 的抛光盘直径,可用于直径为 0.1m 或 4in 的晶圆抛光。

CMP 所涉及的几种消耗品,如抛光垫和调节器头,必须保持湿润状态,以避免损坏。CETR Tribopol 和 Logitech Tribo 等集成式、研究型抛光机较小可以在实验室台面上安装和使用(因此它们称为“台式抛光机”),但仍然包含了集成的调节系统和流体输送系统。这些装置具有自动浸湿功能。它们可能还具有专门设计的载体,可将压力更均匀地分布在整个晶圆表面。此外,由于这些抛光工具主要用于科学研究领域,因此它们通常包含许多计量工具,如抛光垫温度监测、实时摩擦和声发射分析等。类似简易抛光机,台式工具通常可用于抛光直径最大为 0.1m 或 4in 的晶圆,其抛光盘直径最大为 0.5m 或 20in。

即使在基本部件保持不变的情况下,制造工厂中用于生产的抛光工具还面临一些其他挑战,因此有必要开发出更大、更复杂的抛光工具。由于抛光晶圆的数量巨大,现代抛光工具需要通过设置晶圆存储盒并完成自动加载、抛光和卸载晶圆等一系列操作。由于 CMP 涉及微小颗粒的大规模使用,而这些微小颗粒通常又对洁净室的设备非常不友好。因此,在抛光工艺链中融合了包含晶片清洗的“干入与干出”装卸工序也已成为行业标准,使得所有抛光都在与其他制造设备隔离的封闭环境中进行。为了增加产量,这些抛光工具通常具有两个或多个抛光盘。例如,用于大马士革制造的铜 CMP 通常在 3 个抛光盘上进行,每个抛光盘上都具有其各自的专用抛光垫和抛光液。在第一个抛光盘上,用高速率抛光去除大部分 Cu 材料。在第二个抛光盘上用低得多的速率去除最后的 Cu,同时使其停止在扩散阻挡层上。为了确保铜材料的完全去除,有时会造成某些区域存在过度抛光现象,因此在此阶段铜表面可能会出现一些凹陷或其他形貌。在第三个也就是最后一个抛光盘处,抛光的主要目的是去除阻挡层并对晶圆进行平坦化处理以去除前一阶段形成的不规则形貌。然后在干燥之前将晶圆用洗涤器完成清洗,最后将其重新装入晶圆存储盒中。整个抛光过程示意图如图 10.3 所示。

每一道抛光工序都经过了优化,以确保相同时间内实现生产量和制造效率的最大化。工业 CMP 工具通常可以抛光直径为 0.3m(12in)的晶圆,未来晶圆直径可增加到 0.45m,抛光盘尺寸相应也会更大,其直径可以达到 0.75m 或 30in。

3. 抛光液

抛光液的组成根据其预期用途而变化。然而,正如其工艺名称所寓意的,CMP 包含了化学活性组分和机械活性组分。机械活性组分的作用由抛光液中的磨料来完成,而抛光液的化学活性部分则由用于软化或氧化抛光表面的物质组成。本书将讨论这些组分以及可能会使用但对抛光没有直接影响的其他添加剂。

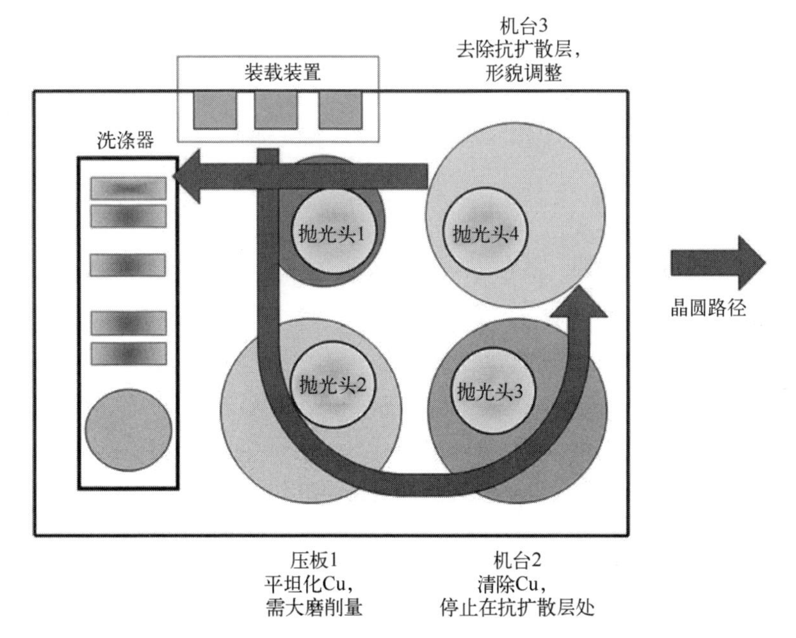

图 10.3 工业级生产用的 CMP 机器示意图

在所有抛光液中,活性组分通常用去离子水稀释。但在多数情况下,这些活性组分仅仅占抛光液体积的百分之几,其余大部分由水组成。

1) 机械组分——磨料

用于 CMP 的磨料通常是悬浮在抛光液中的硬质小颗粒氧化物。为了抛光 SiO_2 和氮化物,如在浅沟道槽隔离(STI)中磨料通常是热解法或胶体 SiO_2、Al_2O_3 或 CeO_2。这些颗粒的尺寸范围通常从几纳米到几微米,所以它们的尺寸分布通常比较窄,特别是通过沉淀技术形成的胶体颗粒。由于过大的颗粒可能在晶圆表面上造成划痕损伤,因此在使用前应通过过滤去除。另外,多个小颗粒的聚集体也可能导致晶圆表面划伤,因此通常需要通过搅拌或者使用化学分散剂的方法将它们从抛光液中除去。这些物质还将在化学添加剂的描述中进行简要讨论。最常见的磨料颗粒形态为球状,尽管一些学者对板状[13]或粗糙立方体[14]磨料的抛光效果也开展过研究。

除了上述提到的单一成分的磨料外,许多复合颗粒也已制造出来并用于氧化物的 CMP 加工中。这些复合颗粒由包裹了更小、更硬且(有些时候)反应活性更强的颗粒的软核组成。采用这种复合颗粒的目的是通过使颗粒变软来防止晶圆上的总体刮擦缺陷,同时外层氧化物的使用可以保持高抛光速率。例如,具有 Y_2O_3壳的聚合物核[15]和具有 CeO_2壳的 SiO_2核[16]已得到检验,这些颗粒如图 10.4 所示。其中,图 10.4(b)的 TEM 图像显示在图 10.5 中。这些颗粒通常以 1%~10%(质量分数)的浓度存在于抛光液中,但对于一些特殊场合应用,可以根据需求对其浓度进行调整。

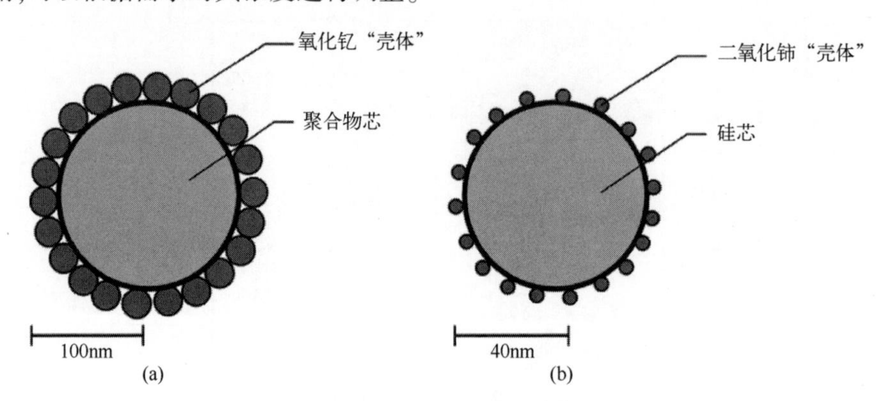

图 10.4　复合颗粒示意图

(a) 具有 Y_2O_3纳米颗粒表面层的聚合物核;(b) 具有 CeO_2纳米颗粒表面层的 SiO_2核。

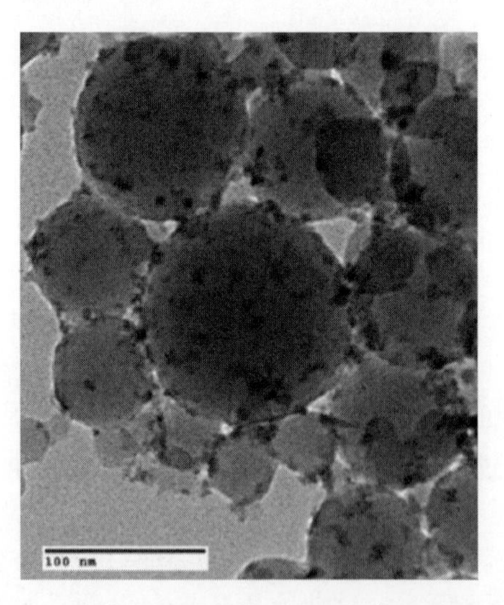

图 10.5　附着 CeO_2颗粒的 SiO_2颗粒表面 TEM 图像

颗粒的组成、尺寸、形状和浓度对抛光过程的影响是复杂的,目前对其机理尚不明确。一些研究表明,抛光速率随着颗粒尺寸的增加而减小,随着颗粒浓度的增加而增大[17,18]。对不同基材的其他研究表明,增加颗粒尺寸会增加抛光速率[19],而另一些研究表明,颗粒尺寸对抛光速率几乎没有影响[20]。同样,许多研究人员没有在他们的 CMP 过程模型中区分颗粒成分(如 Fu、Chandra 等[21]以及 Che、Guo 等[22]的工作),而另一些研究人员则认为颗粒和基材之间的化学相互作用是抛光的关键[23]。这个概念将在下一节中作进一步讨论。

2) 化学成分

化学物质在抛光液中的作用是多种多样的。根据它们在抛光液中的功能,将在此讨论最常用的添加剂类别。

(1) pH 值调节剂和缓冲液。

抛光液的 pH 值对于几乎所有类型的晶圆和磨料都是非常重要的。防止抛光液中的颗粒聚集的主要方法之一是在所有颗粒上保持相同极性的强表面电荷,以使它们彼此排斥。图 10.6 所示的 Zeta 电位-pH 曲线证明了这一点。

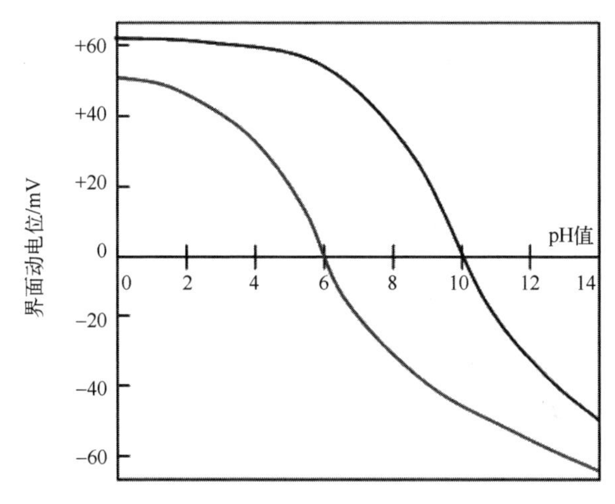

图 10.6 两种不同物质的电动电位与抛光液 pH 值的关系(见彩图)

由图 10.6 可以明显看出,可以通过控制溶液的 pH 值来控制材料上的表面电荷以实现彼此排斥的结果。由图可知,两个不同的表面(如磨料和晶圆)可能具有不同的表面电荷特性,且在 pH($6<pH<10$)区域,其两表面具有相反极性的电荷,因此在该区域两表面会彼此吸引,这对高速率抛光的实现是非常有用的。类似地,在高于或低于该范围的 pH 值条件下,颗粒和晶圆表面将带有相同极性的表面电荷,因此彼此之间将相互排斥,这种 pH 值条件下的溶液特性通常用于晶圆的清洁。

抛光液的 pH 值也可以通过改性晶圆表面从而对抛光过程产生显著影响。SiO_2和其他硅基材料的溶解速率随 pH 值的增加而增加,图 10.7 给出了在环境温度下 pH 值与无定形 SiO_2溶解性的关系。由图可知,由于 SiO_2表面的加速去除,使得在 $pH>10$ 时抛光速率显著增加。抛光速率增加的机制将在 10.2 节中详细讨论。

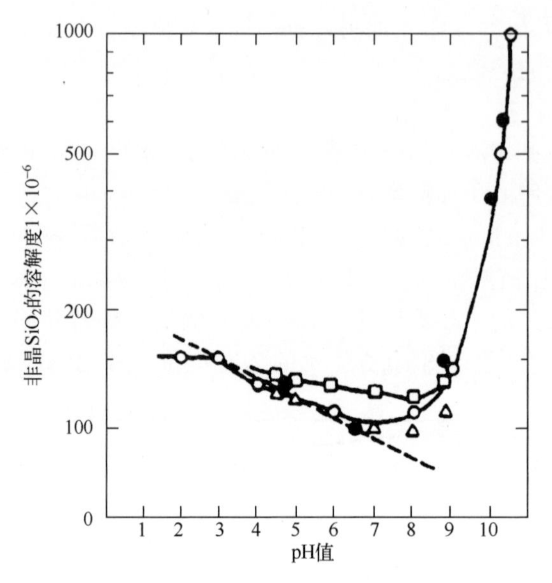

图 10.7　无定形 SiO_2 的溶解度随抛光液 pH 值的变化[24]

抛光液 pH 值还会影响金属表面的氧化行为，进而会改变抛光速率。Pourbaix 图描绘了在一定 pH 值和电位范围内的热力学氧化行为区域，是设计抛光液 pH 值的重要依据。图 10.8 中显示了水中 Cu 的 Pourbaix 图。从该图可以看出，Cu 在 6.5<pH<13.5 时易于氧化，并可能在较低的 pH 值下溶解。对于许多金属表面的抛光，首先是对金属表面进行氧化，然后再通过磨蚀金属表面将材料去除，因此控制 pH 值对于该机制的控制是很重要的。这将在下一节中进一步讨论。

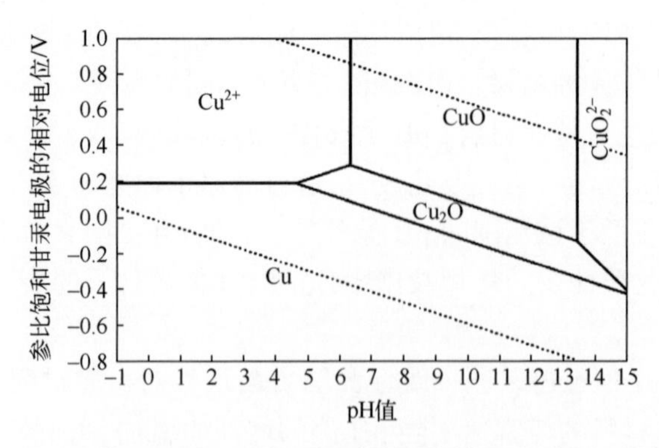

图 10.8　水中 Cu 的 Pourbaix 图（其溶液中总 Cu 活性为 10^{-5}[25]。
y 轴是相对于标准氢电极的环境电位）

为了保持设计的 pH 值,通常需在抛光液中添加缓冲液。图 10.9 对 4 种类型的 CMP 工艺的典型抛光液 pH 值进行了汇总。

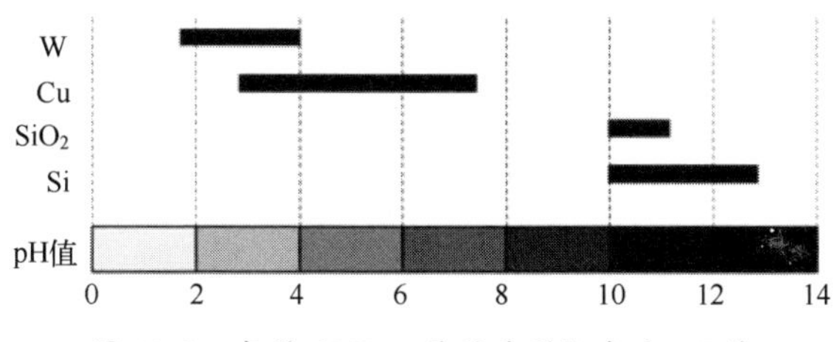

图 10.9 各种 CMP 工艺的典型抛光液 pH 值

(2) 氧化剂。

金属和准金属表面在抛光过程中通常会被氧化处理,以实现快速、均匀及无缺陷抛光。如何发生氧化这一机理将在下文讨论。然而,无论其机理如何,都需要氧化剂来引发该过程,接下来对此进行详细讨论。

一种成功的 CMP 氧化剂应当具备快速引起晶圆表面氧化的能力,并能够形成具有黏性、连续和稳定的氧化层。氧化层还应当保证均匀,表面不产生凹坑或优先刻蚀晶界。在没有氧化剂满足所有这些条件的情况下,可以将腐蚀抑制剂(如在下一节中描述的那些抑制剂)与氧化剂结合使用,以促进稳定膜的形成。然后对氧化剂的选择需要重点关注的是快速反应、抗点蚀和耐刻蚀性等特性。

由于晶圆表面在抛光过程中实质上经历了受控腐蚀,因此电化学技术经常被用于评价氧化剂的性能。电化学表征方法的描述不在本书的范围之内,可查阅相关参考文献(如文献[26])。

氧化酸,特别是 HNO_3,是 CMP 中首选的一种氧化剂。然而,当它与 Cu 一起使用时抛光效果并不理想,因为所形成的氧化物层不稳定并且不能钝化下层的金属[27]。

为了在碱性条件下实现氧化,经常使用 NH_4OH(即氨水 $NH_3 \cdot H_2O$)作为氧化剂。1M 的 NH^{3+}水溶液的 pH 值为 11.6,对于 STI 型工艺中的氧化层水化和软化来说是足够高的。NH_4OH 也可用于氧化金属,特别是在 Pourbaix 图中高 pH 值适合抛光时用。但是,它也可作为多种金属(包括 Cu、Ag、Co 和 Zn)[28]及其氧化物(包括 CuO[2])的螯合剂。这会破坏所形成的钝化膜的稳定性,并可能导致 Cu 中晶界的优先刻蚀,切出晶粒并使金属表面变得粗糙[29]。

一般来说,H_2O_2是金属 CMP 中最合适的氧化剂。它避免了使用 HNO_3时遇到的明显问题,因为它能够钝化下层表面,并且不同于 NH_4OH,它不会同时溶解氧化物膜或金属。特别是将 H_2O_2与 Cu 一起使用还具有另一个优势,即 Cu^{2+} 离子可催化 H_2O_2分解成 OH^* 自由基,这比单独使用 H_2O_2时具有更强的氧化性,并能进一步增加抛光液的快速和均匀钝化金属表面的能力[30]。这个过程称为氧化循环,它也与其他过渡金属(尤其是铁)一起发生。

(3) 腐蚀抑制剂。

当暴露于氧化环境中时,许多表面(包括 Si、W 和 Al)会形成连续且有黏性的氧化层,然后在抛光过程中将其除去,如 10.2 节所述。但是,这并不会在所有需要 CMP 的表面上都发生,从而导致抛光表面在几个区域的最终精度不佳,尤其是 Cu 抛光。一种解决方案是在抛光液中添加腐蚀抑制剂。尽管这看起来有些矛盾,但要得到理想的抛光结果,受控的腐蚀是十分有必要的。在这些情况下,腐蚀抑制剂的作用是稳定已形成的任意表面氧化物并防止其从表面脱离,而不是防止腐蚀发生,如通过优先与进行中的阴极过程反应。这种稳定作用通常是通过将腐蚀抑制剂作为螯合物化学吸附到现有薄膜上并紧密结合而实现的。由于使用 CMP 处理的大多数其他晶圆表面都会被钝化,因此本节中的讨论将仅限于 Cu。

Cu CMP 中最常用的腐蚀抑制剂是苯并三唑或 BTAH,该分子已被广泛使用,并在水冷却塔等应用中用作 Cu 的腐蚀抑制剂已有多年。BTAH 的热动力学适应性可以由 Pourbaix 图的扩展钝化区域来证明,如图 10.10 阴影部分所示。

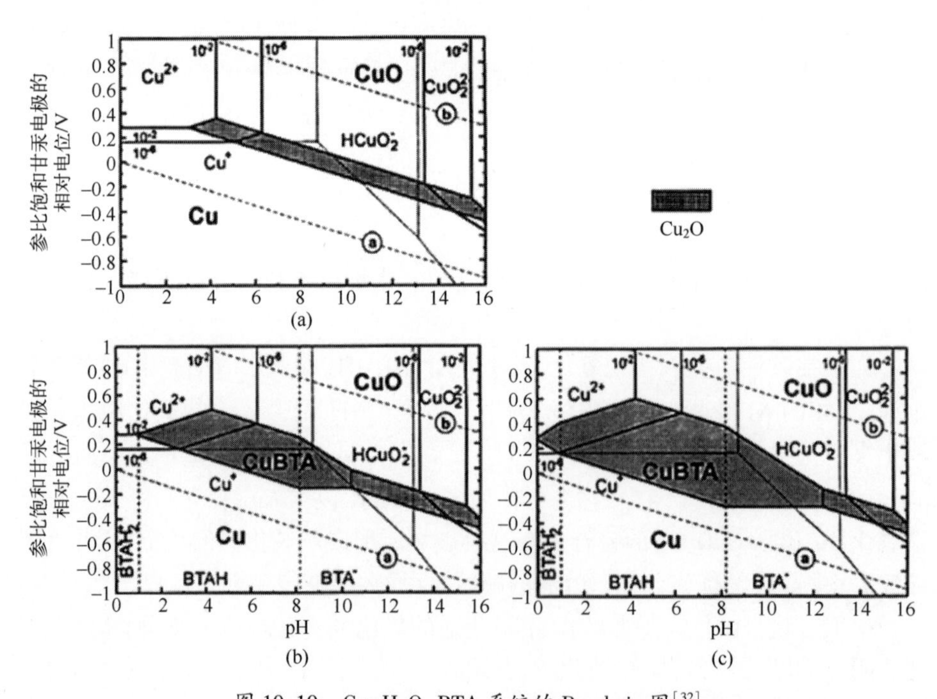

图 10.10 Cu-H_2O-BTA 系统的 Pourbaix 图[32]

(a) 无 BTA;(b) $\{a_{BTA}\}=10^{-4}$;(c) $\{a_{BTA}\}=10^{-2}$。

由于 BTA 的反应动力学缓慢，且对环境存在潜在的危险[31]，因此，已有大量研究开始寻找其替代品。其中，尤其与表面活性剂有关的替代品研究较多，因为许多表面活性剂都能以与 BTA 相似的方式化学吸附在表面上。最具代表性的腐蚀抑制剂的替代品有十二烷基硫酸铵（ADS）、Triton X－100 和 D-TAB[2,33-35]。

（4）螯合剂。

将螯合剂加入到 CMP 抛光液中可以溶解任何从晶圆表面除去的抛光碎屑并避免刮擦。在金属抛光过程中，螯合剂还可以防止被除去的材料再次沉积到抛光表面。通常所使用的螯合剂有很多种。对于 Cu 的 CMP，螯合剂包括柠檬酸和甘氨酸。螯合剂和腐蚀抑制剂对抛光速率具有复杂的影响，添加上述任何一种都可以降低或提高抛光速率，这取决于它们的相对浓度和当前的氧化剂浓度。

（5）其他添加剂。

通常将几种其他物质加入到商用抛光液中以延长抛光液的使用寿命和稳定性。它们包括用于挥发性化合物的稳定剂，如 H_2O_2 和胶体稳定剂，也可以加入防止细菌生长的杀菌剂和其他改变抛光液黏度的特定物质[36]。

10.1.3 抛光垫

抛光垫通常由交联聚氨酯制成，并且厚度为几毫米。抛光垫的一侧用压敏黏合剂固定在压盘上，并在最上面的抛光面上开槽。用于不同应用的抛光垫具有不同的硬度和微结构，并且其开槽图形也可能不同。

抛光垫在 CMP 工艺中具有多种作用，并且其微观结构和宏观结构在实现这些作用的过程中扮演着重要的角色。除了将磨料和抛光液保持在晶圆表面上以实现抛光外，抛光垫上的凹槽可以使抛光液从抛光垫中心到其边缘呈现连续分布。常见的开槽模式如图 10.11 所示。单个抛光垫上可以组合这些开槽模式中的两个或多个，经常同时使用径向和同轴开槽模式。

有趣的是，CMP 工艺中抛光液的实际利用率（取决于许多过程变量）已低至 5%[37]。由于开槽在抛光液运输和在晶圆下方建立润滑区域发挥了作用，因此它们也可能对抛光温度产生显著影响（图 10.11）。

远离凹槽的位置，抛光垫通常具有多孔或纤维状微结构，其中多孔类型更加常见。图 10.12 所示为具有代表性的两种类型抛光垫的 SEM 图像。这些微结构的存在容易产生粗糙的抛光表面，平均粗糙度为 2μm 左右，峰－谷高度 PV 值高达 20μm。

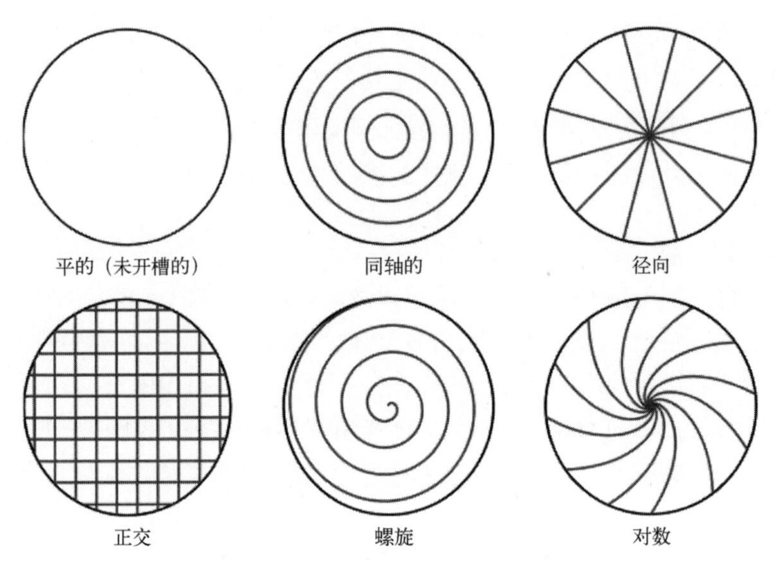

图 10.11　抛光垫上的开槽图形

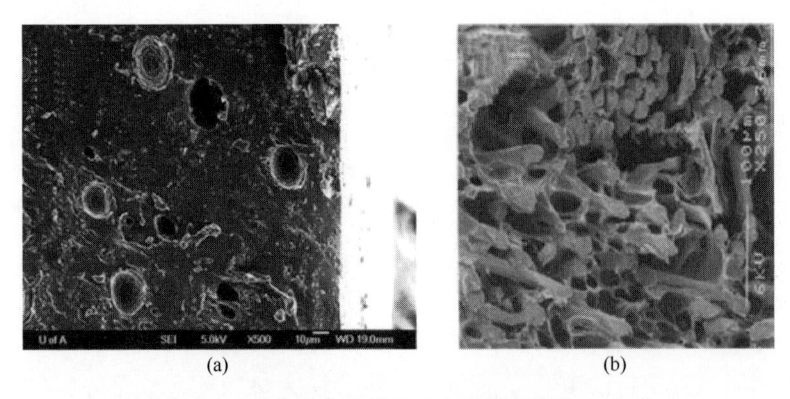

(a)　　(b)

图 10.12　具有代表性的两种类型抛光垫的 SEM 图
(a) 多孔微结构[38]；(b) 纤维微观结构[39]。

由于抛光垫的力学性能在垫类型、不同垫之间以及随时间的变化均很大，根据不同的应用，抛光垫设计具有不同的硬度，其中较硬的抛光垫用于 SiO_2 和其他硬晶圆的抛光，较软的抛光垫用于金属（主要是 Cu）的抛光。抛光垫的硬度不仅由聚氨酯的化学组成（特别是交联度）控制，而且由存在其上的微纳米孔的尺寸和数量控制。因此，这可能导致每个抛光垫的硬度变化范围较大，图 10.13 是典型抛光垫的硬度空间分布图。由图可见，在 80mm×80mm 面积上检测到的抛光垫硬度在 0.004～0.4GPa 之间变化。由于抛光垫暴露于抛光液中、一直浸泡于水中以及调节的综合作用，其力学性能也随时间发生显著变化。一些研究表明，长时间暴露于液体中的抛光垫的储能模量可降低多达 20%[40]。

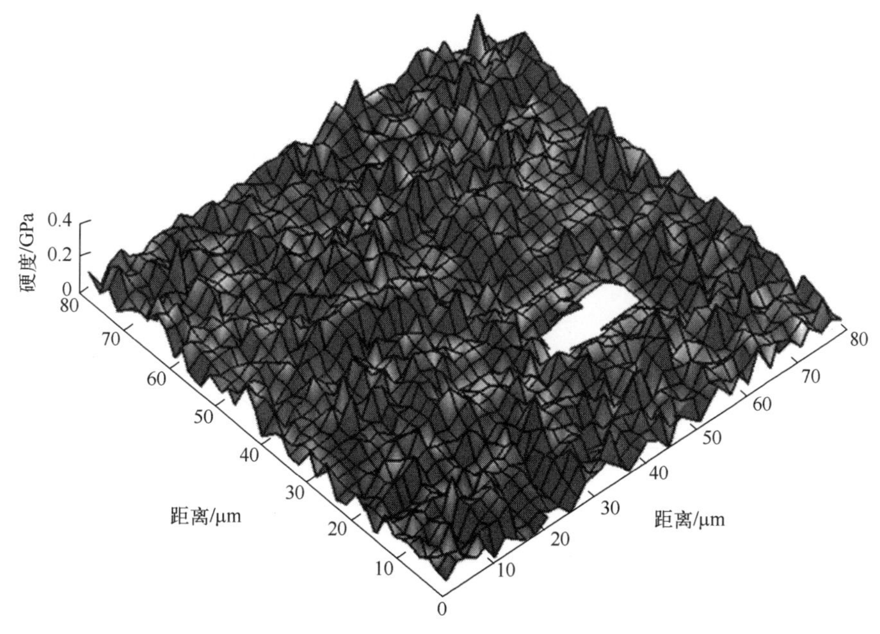

图 10.13 抛光垫不同位置的硬度分布图[38]

对抛光垫的调节是通过将旋转的金刚石砂粒盘在抛光垫表面前后拖动来实现的。同时，必须进行调节以刷新抛光垫表面；否则表面会变成“光整面”。如果没有调节，抛光速率将迅速下降。图 10.14 展示了抛光如 SiO_2 材料时有无调节对抛光效率的影响。此外，在使用前应先对抛光垫进行调节，以切掉抛光垫上的“表层”并打开多孔结构。然而，持续刷新的过程会磨损抛光垫，因此需要定期更换抛光垫。这也是抛光垫在 CMP 工艺中被归类为消耗品的原因。

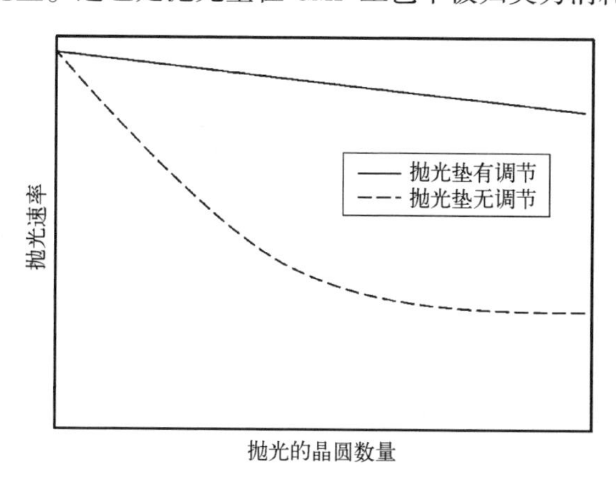

图 10.14 调节与不调节抛光垫对抛光速率衰减的影响对比

10.1.4 抛光垫调节器

如上所述,调节是利用金刚石砂盘刷新抛光垫表面以确保一致的抛光速率的过程。这对于保持一致的抛光条件是非常有必要的,尽管由调节产生的抛光垫磨损碎屑也会造成较高程度的晶圆划擦损伤[41]。

调节是将抛光液从中心(抛光液倾倒到压盘上的位置)拖动到边缘,使其连续地分布在抛光垫上的过程。所使用的调节器的类型、速度及调节压力都会影响抛光过程中的流体分布[5]。图 10.15 给出了由三菱综合材料株式会社生产的不同类型的调节器实例,当然许多其他设计也是可用的。

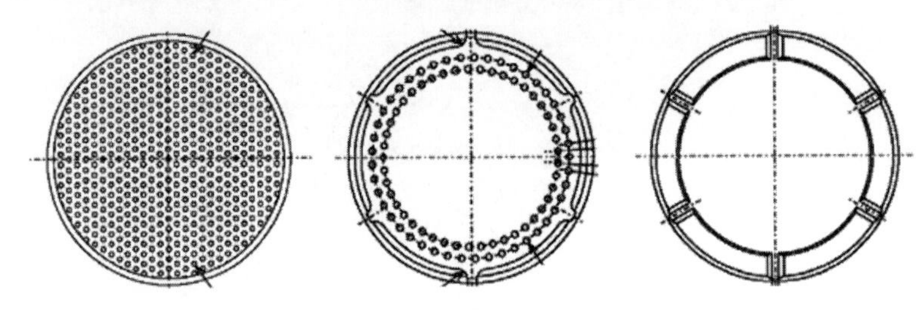

图 10.15 调节器配置[5]

与抛光垫一样,调节盘必须始终保持湿润以避免损坏。调节盘也可能磨损,导致金刚石颗粒分离并划伤晶圆。因此,金刚石磨盘也被归类为 CMP 的"消耗品",并且需要定期更换。

10.1.5 清洁

抛光完成后,晶圆必须得以清洁以去除残留的化学品和黏附颗粒,以防止可能存在的污染对下一个制造阶段产生不利影响。特别是颗粒黏附问题,因为颗粒和衬底之间的黏附力很高,如一些研究中在不同衬底与 Al_2O_3颗粒之间的黏附力接近 500nN[44]。通过大马士革工艺制造的具有 Cu 结构的 SiO_2衬底的 SEM 图像如图 10.16 所示。图 10.16(a)显示的是 SiO_2颗粒抛光完成后在水中彻底冲洗的结果,从图中可以看出许多颗粒仍然黏附在 Cu 表面。与之相反,在经历刷洗清洁技术之后,相同位置表面并未出现黏附的颗粒,如图 10.16(b)所示。

静电排斥可以用来防止颗粒黏附到晶圆上,也可以通过机械剪切、流体剪切将吸附后的颗粒去除或者两种方法均使用。改变抛光液的 pH 值可以使晶圆与颗粒之间具有相同的极性,从而实现静电排斥。图 10.6 所示的电动电位-pH 图中证明了这一方式的实际意义。抛光后,胶体 SiO_2颗粒黏附在 Cu 上,而不是 SiO_2基质上。这是因为在相同的溶液中,SiO_2颗粒和 SiO_2基材必然具有相同的

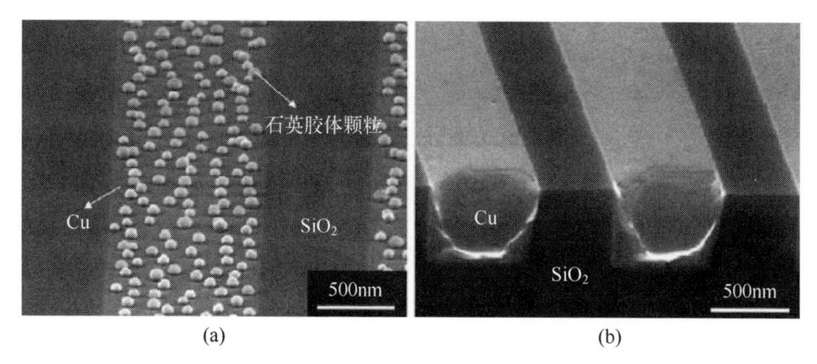

图 10.16　大马士革 Cu 的 SiO_2 衬底表面在抛光后的 SEM 图[42]

(a) 用去离子水冲洗后的 SEM 图;(b) 经历刷洗清洁的 SEM 图。

电荷而彼此排斥。也可以通过刻蚀掉附着在其上的表面层或"底蚀"来去除颗粒。研究表明,必须去除大约 3nm 厚的表面才能可靠地分离颗粒[44]。随着器件尺寸的减小,去除的材料占据器件本身很大一部分(主要取决于器件的尺寸和应用),这可能是难以接受的。

在用去离子水冲洗和抛光等方式防止污染无效的情况下,可以通过用刷子或流体机械剪切的方式从晶圆上去除颗粒。在清洁液存在的条件下,使用滚刷轻轻刷洗抛光后的表面。刷子会产生足够的流体剪切力,使得黏附颗粒从晶圆表面滚下或被刷子带走[44]。通过使用清洁溶液中的化学物质来形成具有高润湿性或静电斥力的晶圆表面,可以防止这些颗粒再次沉积在晶圆上。

刷子刷洗虽然效果明显,但它是一种向表面以及该表面上的粒子施加压力的接触技术,因此很可能会划伤晶圆表面。与其不同的是,超声波清洗是一种非接触式清洁技术。在该技术中,晶圆被浸没在由高频(高达约 700kHz)声波振动的流体中,声波在清洗槽中产生流体,并在浸没的表面上产生非常薄的边界层,高速流体和薄边界层的结合会诱导出沿着晶圆表面的非常高的黏性剪切力,从而达到去除任何黏附在晶圆表面颗粒的目的。如在刷子清洁中,可以通过使用清洁液以防止任何颗粒以静电排斥或润湿性的方式而再沉积[45]。

10.2　抛光机理

从 10.1 节中可以明显看出,抛光是一种复杂的、涉及多参数的工艺技术,它结合了许多宏观输入来实现纳米级表面的控制。虽然许多抛光组件的单独作用原理已经知晓,但对抛光背后的加工机理还不甚了解。本节将针对三类工艺的抛光机理进行讨论,重点关注硬质材料的 CMP,如氧化物、金属和混合材料(实现选择性)。然后也介绍了对抛光过程进行数学建模的尝试和遇到的困难。

10.2.1 SiO_2抛光——“化学齿”

硬质材料的抛光过程主要还是与机械作用有关，当然也有部分来自抛光液pH值和抛光颗粒活性的化学作用。第10.1.2小节中提到的“化学组分”作为抛光的基础，简要地被认为是SiO_2的溶解。在本书中，溶解指的是硅氧烷表面处的硅氧烷键断裂和水合的过程。从这个意义上讲，它类似于SiO_2的解聚。该过程可以表示为

$$\equiv Si—O—Si\equiv +H_2O\Leftrightarrow 2\equiv Si—OH$$

在此表达式中，水渗透了表面上的硅氧烷键并形成≡Si—OH类物质。该过程对抛光的重要性已经在许多实验中得以证实。在具有不同羟基浓度的液体中进行抛光，如从甲醇到正十二烷醇的简单醇以及在没有羟基的液体中进行抛光（如油和石蜡），都证实了羟基的重要性。当没有羟基的情况下抛光速率接近零，随着羟基浓度的增加，抛光速率也开始增加[23]。

为什么羟基化表面对具有这种性质表面的抛光具有如此大的作用呢？当与抛光颗粒接触时，≡Si—OH类物质允许一个或多个SiO_2四面体化学吸附到该颗粒上，并使其从表面上脱落。相反，未被羟基化的完全网状的SiO_2不能化学吸附到颗粒表面，同时也不会被去除。

这种化学吸附对的一侧显然是在晶圆表面上形成的≡Si—OH类物质，另一侧是粒子。因此，抛光颗粒的化学活性及其对≡Si—OH类物质的化学吸附能力也会影响抛光。这已通过研究抛光颗粒在其接近中性表面电荷时的活性得以证实。这些研究表明，增加粒子表面活性（即增加离子价态），可得到更高的抛光速率，如图10.17所示。

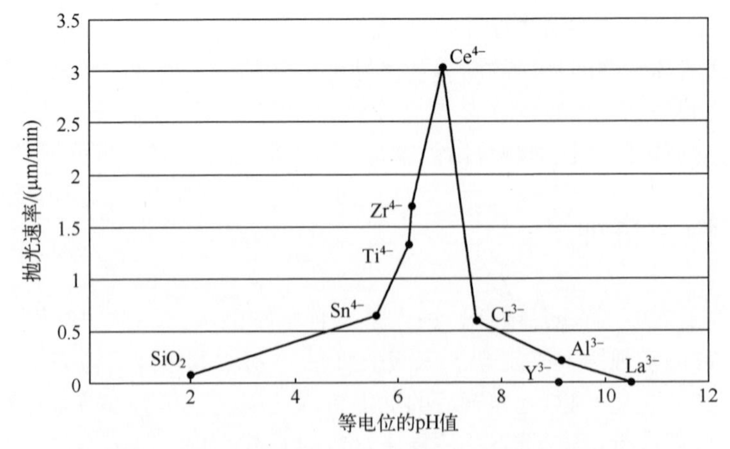

图10.17 氧化物离子价态引起材料去除率的变化[23]

这表明 SiO_2 对 SiO_2 表面的抛光是很缓慢。即使如此,使用 SiO_2-SiO_2 体系的优点是不会将外部氧化物引入到系统中。另外,如 10.1.2 小节中的“机械组分:磨粒”部分所述,SiO_2 颗粒很容易获得、成本低且通常具有良好的尺寸可控性。

在将晶圆材料化学吸附到颗粒上之后,颗粒开始远离晶圆表面。具体地,被吸附的材料可以黏附到颗粒上并被去除或保留在晶圆上,这主要取决于相对的黏结强度。如果将其除去,则它可能残留在颗粒上,从而导致材料在颗粒上逐渐堆积,也可能进入抛光液中再次沉积到 SiO_2 表面上。

这种去除材料的过程称为“化学齿”,Cook[23] 在其 1990 年的开创性论文中对此进行了描述,如图 10.18 所示,其中 SiO_2 是研磨材料。

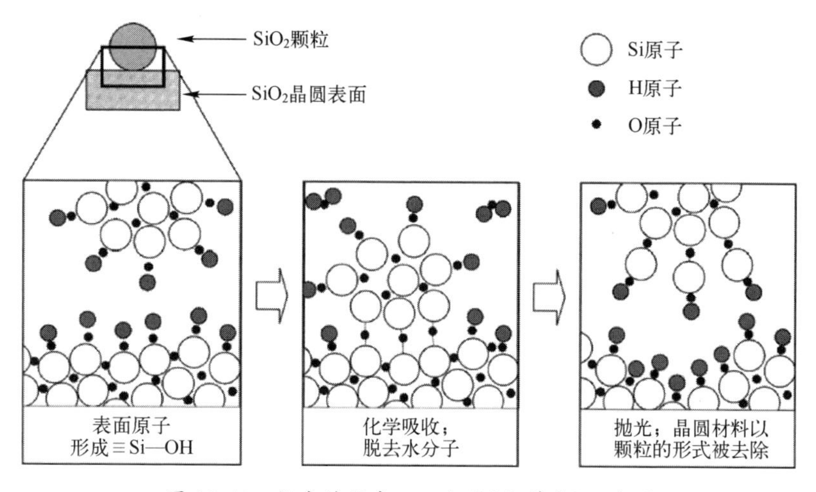

图 10.18　抛光过程中 SiO_2 上的“化学齿”示意图

氧化物抛光主要通过改变抛光液的 pH 值和抛光颗粒类型来进行优化。这些优化可以将晶圆表面分子对磨料的黏附力最大化,并且将材料再沉积回到晶圆的概率最小化。抛光压力和速率被用于控制颗粒与晶圆接触的次数以及表面上粒子的剪切力。

相同的机制也可以用来抛光 Si 表面。在这种情况下,可以将氧化剂添加到抛光液中以使 Si 表面转化为 SiO_2,然后进行以上所述的抛光。

10.2.2　金属抛光

与 Si 一样,金属表面的抛光也需要首先将其表面转化为氧化物。这可以通过在抛光液中添加氧化剂来实现,氧化剂的选择一般按照 10.1.2 小节中“化学组分”中概述的标准选择。实现有效抛光既需要氧化,也需要磨蚀过程。许多研究表明[46],仅使用磨料或仅使用氧化剂的抛光速率几乎可以忽略,只有通过氧化剂和磨料的组合才能实现高效、可靠的金属表面抛光。

在抛光之前,氧化金属表面的好处是双重的。首先,由于抛光浆料的液相化学性质,氧化物层是水合的,并且通常比下面的金属更软。这使得通过机械研磨的去除更容易实现且更高效。其次,如果氧化形成的氧化物层是连续且黏附的,则会钝化其覆盖的金属表面。氧化物层的存在使得金属表面不会与磨料和/或抛光垫直接接触,从而保护其不受损坏和溶解。如在"化学组分"部分所述,可以将腐蚀抑制剂加入到抛光液中,以增强这种不能自然形成钝化氧化物层的金属表面抛光的作用。

一旦通过磨蚀去除氧化物层,下层的金属表面再次被快速钝化。重复循环此钝化、去除和再钝化过程,直到将需要除去的金属去除完为止。图 10.19 显示了形成具有大马士革特征的材料表面抛光过程示意图。

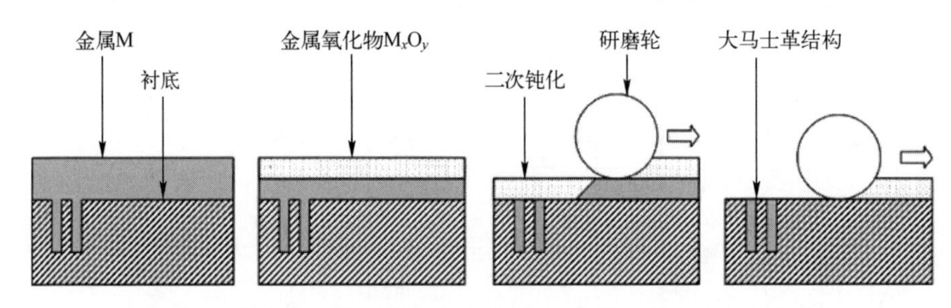

图 10.19　在大马士革制造中使用的钝化、机械去除和再钝化的过程

现阶段已知的在 CMP 过程中可以形成钝化膜的金属包括 W 和 Al。与之相反,Cu 不能在 CMP 过程中形成这样的钝化层,因此已有大量的研究致力于寻找可以促进 Cu 钝化的抛光液添加剂。

目前,磨料在该钝化膜上的机械作用尚不明确。除了 10.2.1 小节中描述的"化学齿"去除过程外,研究人员假定磨料还可以通过机械刮擦去除氧化物,需要特别强调的是,这个过程为滑动磨损而不是滚动磨损。这一过程可以通过颗粒黏附[43,48]或者颗粒路径的重叠[22]得以增强。研究人员还提出了一种断裂式去除机制,即通过波动的流体动力压力使得粗糙的晶圆出现疲劳从而实现去除[49]。例如,在 SiO_2 抛光中,可能会发生从晶圆表面去除材料的再沉积现象[50],因此可以通过在抛光液中添加螯合剂来控制再沉积。

这种缺乏对机械作用的完全理解使得金属的 CMP 比氧化物的 CMP 更难以预测和控制。同时,虽然氧化物表面通常可以使用 CMP 简单地平坦化,但是该工艺与诸如金属的单大马士革和双大马士革制造工艺的组合应用还需要具备更大可控性。

10.2.3 混合表面(选择性)抛光

在许多情况下,需要对材料混合物进行 CMP 加工。一个常见的例子是浅沟道隔离(STI),其中 CMP 用于去除 SiO_2,直至到达下面的 Si_3N_4层为止。另一个例子是大马士革制造,其中 Cu 需要一直被抛光直到暴露出下面的阻挡层,然后接着去除阻挡层。在这两种情况下,抛光一个表面而不抛光另一个表面的能力对于实现最终平面化产品至关重要。

通常通过表面吸附物来保护某些区域不被抛光,从而实现选择性加工。例如,在 STI 工艺中已经使用了许多有机酸和表面活性剂来优先结合到氮化物表面。它们包括吡啶甲酸[51]、聚丙烯酸[52]和天冬氨酸[53],分别实现了 32、77 和 80 的氧化物/氮化物抛光速率比。此外,颗粒的大小也可以影响抛光区域的选择性。许多研究人员指出,即使所有其他抛光液成分保持恒定,CeO_2磨料的大小也会影响选择性[52]。这是因为阴离子吸附物质能够与氮化物和 CeO_2表面相互作用。SiO_2的零电荷点(PZC)的 pH 值为 2,而 CeO_2和 Si_3N_4的 PZC 值为 7 和 6.5。因此,在中等 pH 值下,氮化物和 CeO_2的表面都带正电,并且可以与负离子相互作用。尽管这些离子最初可以抑制氮化物表面的去除,但它们在抛光时会吸附在 CeO_2颗粒上。尺寸效应也是由于这种现象引起的,即小颗粒的比表面积明显大于大颗粒,并且在给定的重量或体积浓度下,它们能够从氮化物表面吸收更多的表面活性剂。

Cu CMP 工艺中的选择性更加复杂,因为通常需要进行两种金属(即 Cu 和 Ta)之间的选择性抛光。这一过程在实际应用中通常需要通过控制抛光液的 pH 值来实现[34]。如第 10.1.2 小节中的“化学组分”所述,Cu 的 Pourbaix 图显示了钝化、溶解和免疫区域,以及优选抛光的钝化机制。相比之下,Ta 的 Pourbaix 图中大部分 pH 值范围显示为(Pourbaix)钝态。显然,Cu 的抛光速率对抛光液 pH 值具有强烈的依赖性,而 Ta 的抛光速率几乎不依赖于抛光液的 pH 值[54]。因此,基于抛光液 pH 值的调控,可以实现一系列的 Cu-Ta 抛光速率比。

Cu CMP 工艺中所需的第二种选择性形式是被抛光器件的高低区域之间的选择性。在这种情况下,选择性被用于从完全非平面的前体表面制造平面。通过在这些表面上形成一层强烈的钝化层来防止对低洼区域的抛光,并保护它们在机械磨损之前不会被去除。这突出了有效钝化在实现良好抛光效果中的重要性。与平滑有关的这种机制将在 10.3 节中进一步讨论。

10.2.4 抛光过程建模

晶圆上的膜厚无法在抛光过程中进行原位测量,因此用户必须采用其他方法来确定何时去除了足够的材料。出于这种需求,涌现了许多抛光模型,这些模型试图将材料去除率(MRR)与工艺参数(如压力和速度)联系起来。它们的应用已经取得了不同程度的成功,将在以下进行讨论。

将抛光速率与工艺参数关联起来的第一个定量描述来自玻璃行业。普雷斯顿(Preston)[55]在1927年提出了现在广为人知的方程式,该方程式指出单位时间内从表面去除材料的速率与抛光速度和压力的乘积成正比。其数学表达式为

$$MRR = K_P \cdot pv \tag{10.1}$$

式中:MRR为材料去除速率;p为施加到抛光工件上的压力;v为抛光垫和晶圆之间的相对速度;K_P为经验常数,通常称为普雷斯顿系数。这一关系已经成功地用于SiO_2抛光,并且在描述金属抛光方面取得了一定成效。其在Cu抛光中的应用示例以及获得的普雷斯顿系数如图10.20所示。

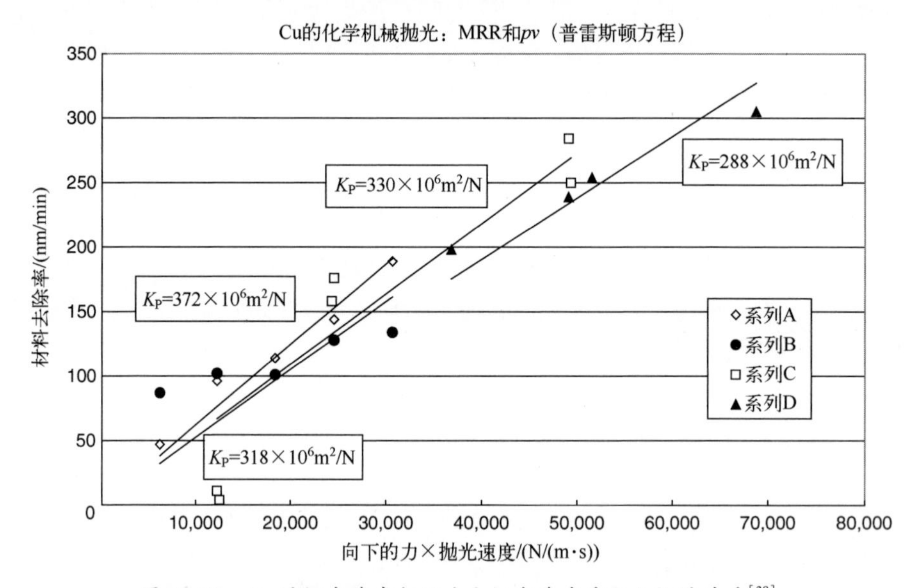

图10.20 Cu的抛光速率与压力和抛光速度乘积之间的关系[38]

显然,该关系在零压力或零速度下不再成立。在以上任意一种情况下,$p \cdot v$和MRR都为零;但是,所显示的数据并不能证明这一点。为了解决这一问题,一些研究者建议在$p \cdot v=0$情况下用非零的MRR表示抛光液中抛光表面的化学反应速率[56]。因此改进后的Preston方程包括在零压力和速度下的去除速率R_C和实验确定的常数K和B,即

$$MRR = (Kp+B)v+R_C \tag{10.2}$$

也有一些学者认为,事实上MRR保持为零的最小压力可以称为阈值压力。阈值压力代表着磨料从滚动运动过渡到滑动运动,并伴随着MRR的显著增加[47]。除了阈值压力外,他们还认为MRR随压力变化而呈亚线性变化,这表

示随着压力的增加,抛光垫和晶圆之间的实际接触面积也会增加。这一关系可表示为

$$\mathrm{MRR}=\begin{cases}K\cdot(p^{\frac{2}{3}}-p_{\mathrm{th}}^{\frac{2}{3}})v, & p\geqslant p_{\mathrm{th}}\\ 0, & p\leqslant p_{\mathrm{th}}\end{cases} \tag{10.3}$$

式中:p 为施加的压力;p_{th}为阈值压力。

这 3 个表达式的形式都很简单,没有明确引用任何其他抛光参数,如磨料颗粒的浓度或抛光垫的粗糙度。但是,这些效应会受到经验常数 K_{P} 或 K 的约束。因此,就需要开发新的模型以避免上述缺陷。

为了解决上述问题,已经开发出第二类模型,其试图根据第一原理来计算 MRR,如通过对每单位时间每一次颗粒接触去除的材料求和。这类模型虽然有很多种,但没有一个模型在抛光领域得到广泛认可。而且有几种是半经验性质的,包括只能通过实验获得的拟合参数或其他工艺参数,如有效硬度[21,48,57]。值得注意的是,其中大多数模型都包括对抛光过程中至少一种组分的统计处理,例如抛光垫粗糙度或磨料尺寸分布[58,59,60]。机械抛光方面的有限元分析的使用也变得也越来越普遍[61,62]。对这些模型的进一步探究并不在本书的讨论范围之内,感兴趣的读者可以参考此处引用的文献。

10.3 CMP 工艺在纳米制造中的应用

CMP 在纳米技术中有许多应用,本节将对几种典型的应用进行讨论。我们将讨论 CMP 平坦化和生成原子级光滑表面的能力,以及 CMP 在实现如 Cu 大马士革技术、浅沟槽隔离和新颖器件等新集成方案中扮演的重要角色。

10.3.1 平滑

“平滑度”在许多方面是一个相对术语,与大理石大小的物体相比,微米尺度的形貌可以被认为是“平滑的”,但与蚂蚁大小的物体相比,这种“平滑”是不成立的。类似地,随着设备变得越来越小,其表面的粗糙度必须满足越来越小的绝对限制,以便确保其相对于所组成的对象而言是“平滑的”。能很好地阐明这种现象以及 CMP 在实现平滑度中所起作用的经典实例是分子器件的制造。由于此类器件的结构非常小,即使表面粗糙度很小也会导致产率降低。已经证明,CMP 生成的表面粗糙度小于埃。在铂基板上由二十烷酸的 Langmuir-Blodgett 单层构成的器件中,通过 CMP 平滑 Pt 表面使得器件产率从不到 50%提高到 100%[63]。因此,CMP 在几乎所有自上而下纳米制造方面中都有应用,包括微流体和光电技术以及 IC 制造中的传统应用。

在微流体器件中，过度的壁粗糙度可导致巨大的高流体摩擦及干扰器件的流动特性。随着通道尺寸的减小，该问题会变得越来越严重[64]。CMP 已被证明能够为 MEMS 和微流体应用生产高质量的聚合物表面[65]。光电子器件对短程表面粗糙度和长程表面波动具有严格的要求。粗糙度和波动(或"波纹度")都可以在光波导中引起信号损失。根据 Marcuse 弯曲损耗方程，损耗的对数度与波纹的半径成反比，因此，随着波纹变得更加明显，信号损失呈指数增加。实验证明，CMP 可以将光电集成电路中的短程和长程表面波动减小到弯曲损耗可忽略不计的程度[66]。

在 IC 制造过程中，表面平滑是非常重要的，因为残留形貌可能在随后的器件制造工艺过程中产生缺陷，并最终导致器件故障。反应离子刻蚀(RIE)是一种常用的 IC 制造技术，它以高度定向的方式从芯片表面去除材料。因此，器件上的残留形貌会导致不完全的刻蚀并形成"纵梁"，从而可能导致在操作过程中的短路。图 10.21 给出了使用和不使用 CMP 工艺制成的器件对比。

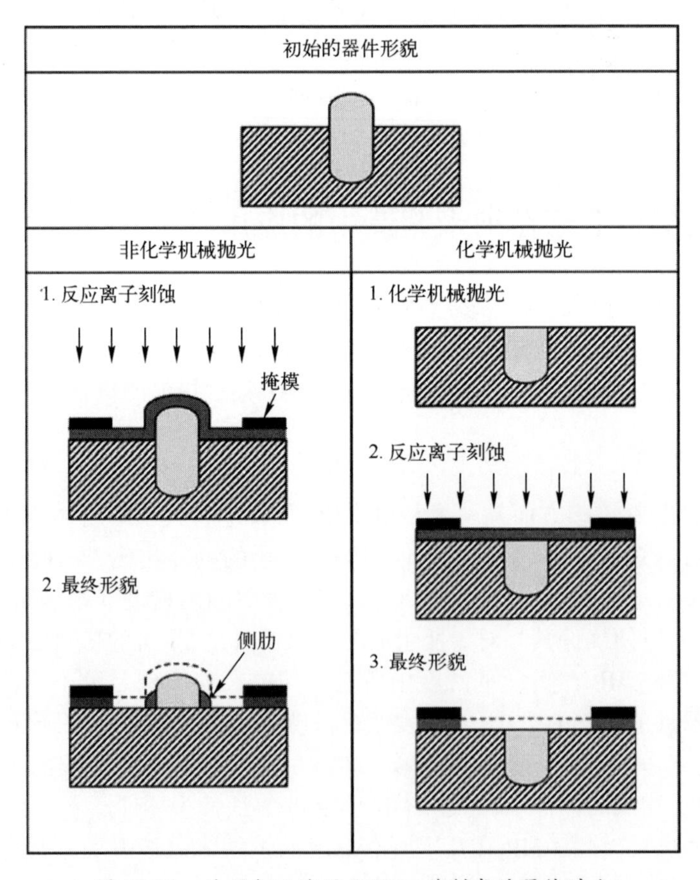

图 10.21　使用与不使用 CMP 工艺制成的器件对比

粗糙度还会导致 IC 器件中结构所承受的电场增加。这种增加的电场会导致介电层加速击穿,使器件无法工作并且其成品率也有所降低[67]。

CMP 是一种用于实现平坦化的理想技术,因为它在高低区域之间具有固有的选择性,从而可以在金属和其他材料上制造极其光滑的表面。这种高/低选择性是 CMP 工艺抗润滑特性的特有结果。例如,Stribeck 曲线,一些研究人员发现在常规 CMP 条件下无法实现流体动力润滑[68,69]。当两个表面被流体完全隔离时,由于流体中压力的存在就会发生流体动力润滑。这一过程是在较低的施加压力和/或较高的相对速度下发生的,可由 Sommerfield 数的高值 S_o 表示,该无量纲数字定义为

$$S_o=\frac{\eta v}{\delta p} \tag{10.4}$$

式中:η 为流体黏度;v 为两个表面之间的相对速度;δ 为表面之间的间隔;p 为施加到抛光对上的压力。绘制 Stribeck 曲线(摩擦系数与 Sommerfield 数的关系)可确定 3 个接触区域,如图 10.22 所示。

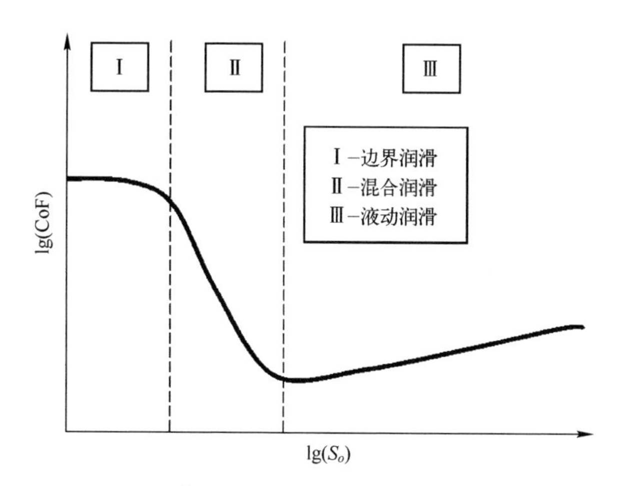

图 10.22 理论 Stribeck 曲线

在许多不希望有磨损的情况下,如轴承中摩擦副在流体动力区域工作。然而,CMP 通常在混合润滑状态下发生,这表明抛光垫和晶片之间存在明显但不完全的接触[10]。通常认为,这是由于抛光垫粗糙的质地以及凹槽和孔隙的存在造成的,这些凹槽和孔隙会在压力产生之前从抛光界面排出流体。

抛光垫和晶圆之间发生的接触位于两个表面的凹凸处。正是在这些接触点发生磨损,才优先去除了晶片上的高点。低洼区域的钝化可确保它们不会溶解,直到它们高到足以与抛光垫接触为止。图 10.23 为此过程的示意图。

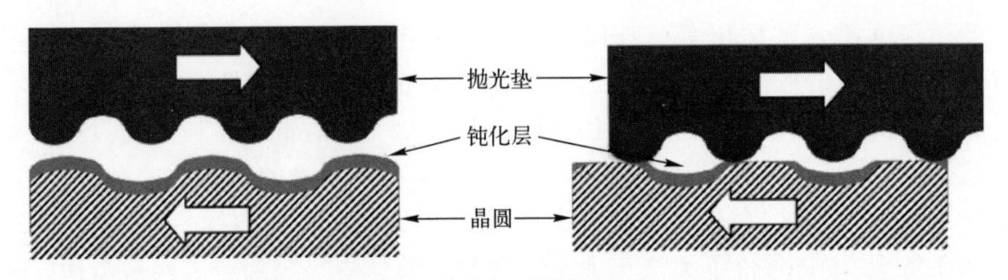

图 10.23　CMP 中高低选择性机制的示意图

因此,CMP 用于超光滑表面加工的焦点问题是如何实现抛光表面的钝化。在这种情况下,抛光过程中的去除率可以非常低[70]。所以通常选择相对温和的抛光参数,尤其是采用非常低的压力。另外,为了提高精度,可将 CMP 工具与外部振动隔绝开,也可加入润滑剂,例如羧酸(烷基链长至少为 10)[68]。

用于平滑的 CMP 工艺存在的困难在于需要处理各种各样的表面,包括不容易被氧化的贵金属和陶瓷。针对个别情况,已经通过试错法或使用原本打算用于其他材料的抛光液等方法找到了解决方案。例如,使用专门为 Cu 抛光而开发的抛光液来处理 Ag[71],但效果有限。使用 CMP 进行平滑所面临的另一项挑战是缺陷的产生。如果不仔细进行过程设计,在 CMP 中很难避免划痕和嵌入的颗粒,这通常也是通过试错法来将此问题最小化。

CMP 工艺已被用于金属如 Pt、Ag 和 Au[71],硬盘驱动器基板[63,72]和半导体如 CdZnTe[73,74]、GaN[75]和 InSb[76]的表面平坦化处理。除了 CdZnTe 外,在 CMP 工艺处理之后所有上述衬底的表面粗糙度都达到了亚纳米级,对于 Pt 和硬盘驱动器基板的 CMP 甚至实现了亚埃级的表面粗糙度。表 10.2 列出了一些材料抛光后的表面粗糙度。

表 10.2　使用 CMP 获得的不同衬底的表面粗糙度值比较

材　　料	表面粗糙度/Å	参考文献
硬质衬底	<0.4~0.9	[68,72]
Pt①	0.8	[63]
GaN	1	[75]
InSb	2~5	[76]
蓝宝石	6.83	[77]
碲锌镉	14.78~18.56	[74,73]

① 引用的值是 RMS 粗糙度。

图 10.24 展示使用 CMP 可实现表面平滑度的显著改善。图 10.24(a)所示为沉积的 Cu 膜表面,然后在包含 H_2O_2、BTAH、甘氨酸、柠檬酸和 85nm SiO_2 颗粒的抛光液中抛光 90s。在 CMP 过程中可以将表面的平均表面粗糙度从 61Å

降至4Å,大幅降低至原来的1/15。为了便于比较,图10.25中给出了商业单晶Si晶圆的表面AFM扫描图,此表面也是使用CMP完成的并且具有大约1Å的平均粗糙度。

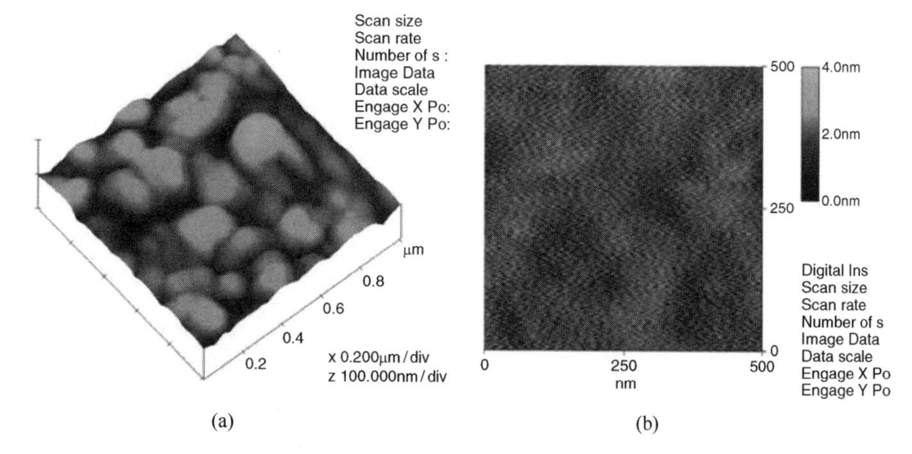

图10.24 使用CMP可实现表面平滑度的显著改善

(a) 使用PVD沉积的Cu薄膜表面的AFM图像;

(b) 经过CMP工艺后的Cu薄膜表面的AFM图像(z轴刻度为100nm/刻度)。

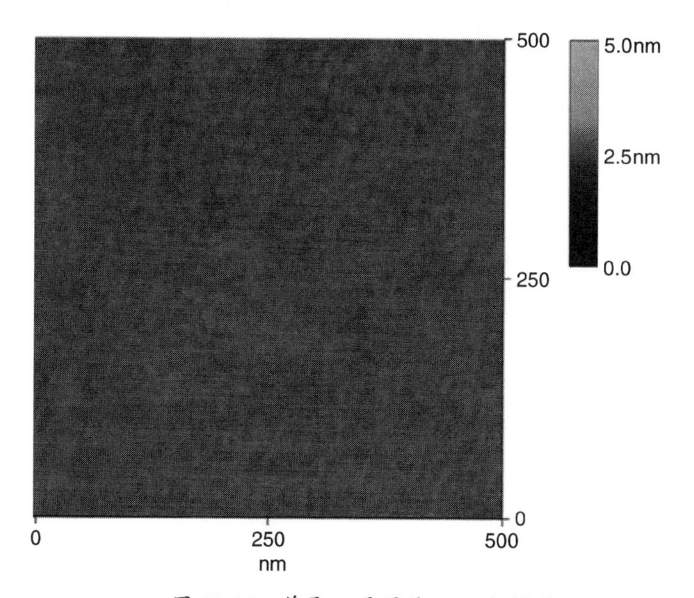

图10.25 单晶Si晶圆的AFM扫描图

10.3.2 新型集成工艺

如前所述,CMP通过化学和机械相结合方法去除材料。这意味着它能够在多尺度上去除材料并实现其表面平坦化。也就是说,CMP 在去除材料的同时使材料表面平坦化的能力使新的工艺集成方案成为可能。本节将回顾使用 CMP 来实现大马士革纳米互连和纳米器件之间的电隔离,并探讨 CMP 在相变存储器和分子器件中的应用。

1. Cu 大马士革工艺

半导体工业历史上互连结构的过程为:首先沉积一层 Al 覆盖层,然后使用光刻和刻蚀技术去除多余的 Al。在该减法中,W 通孔的作用是将不同的 Al 互连层连接在一起,如图 10.26 所示。在该图中,层间隔离层 1 和层间隔离层 2,以及白色钨插塞都已经被抛光过了。第一层层间隔离层是硼磷硅玻璃(BPSG)。

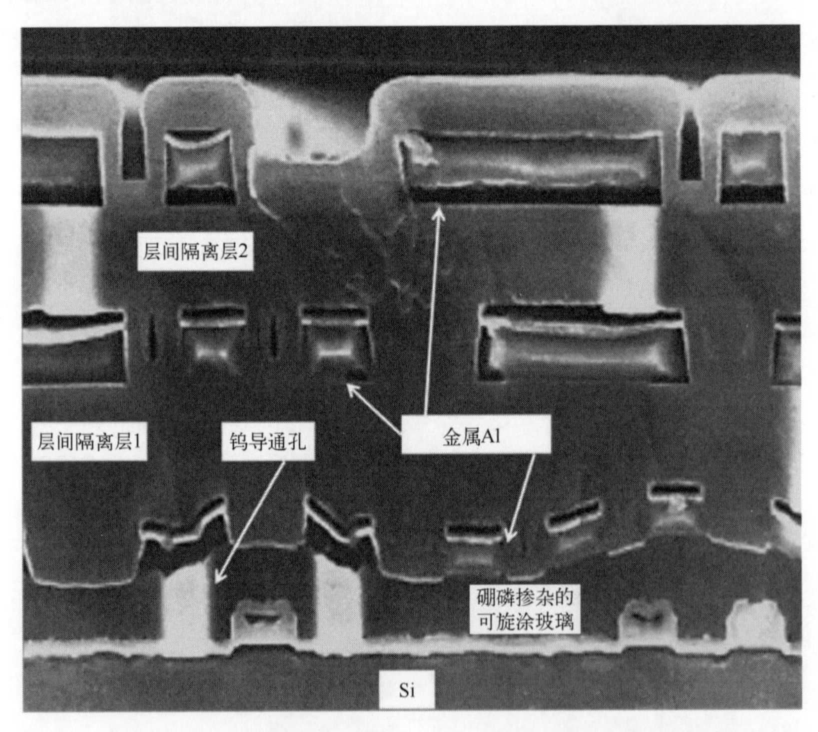

图 10.26 使用等离子体刻蚀工艺制造的 0.5mm 技术器件的 Al 互连横截面(注意,层间隔离层 1 和层间绝缘层 2 都使用 SiO_2 磨料进行 CMP 平坦化)

互连线宽度的控制由金属的刻蚀偏差和光刻工艺决定。随着尺寸的缩小,线宽的控制变得异常困难,其原因是需要金属侧壁轮廓保持垂直以满足更高的封装密度。因此,需要使用具有大衬底偏压的反应离子刻蚀,以使离子垂直地轰击到表面。然而,离子轰击侵蚀了光致抗蚀剂的轮廓边缘,导致 Al 的边缘轮廓退化和更大刻蚀偏差。由于 Al 互连制造存在上述问题,所以正在进行关于用 Cu 替代 Al 的研究。

如表 10.3 所列,Cu 的电阻率比 Al 低得多,并且仅比 Ag 的值稍高。Cu 互连中存在的问题是它不易被干法刻蚀技术刻蚀,并且还需要黏附层和扩散阻挡层。Cu 在 SiO_2中是快速扩散器,在 Si 中是深阱。尽管如此,还是出于两个原因选择了 Cu 来代替 Al。首先,Cu 的电阻率比 Al 的低 40%。这一点非常重要,因为互连线的电阻 R 及互连线之间或者互连线与衬底之间的电容 C 会导致沿互连线传播的信号延迟,即 RC 延迟。随着器件的减小,互连线之间的距离减小,电容增大,因此降低互连的电阻率意味着降低了 RC 延迟。其次,Cu 的熔点是所有潜在互连材料中最高的。这一点也是非常重要的,因为互连的主要失效机制是电迁移,即动量从电子向原子转移,导致晶格原子沿着电子流动的方向移动。在互连线中的高电流密度(约 $106A/cm^2$)作用下,会使材料中的原子在电子移动方向上迁移,从而造成互连线中的不连续处产生凹陷和凸起。电迁移是一种更容易发生在沿着电流方向晶界和界面上的扩散型过程。互连的平均失效时间由 Black[78]方程给出

$$t_{50} = CJ^{-n} e^{\frac{E_a}{kT}} \tag{10.5}$$

式中:t_{50}为失效的中值时间;C 为常数;J 为电流密度;n 为 1~7 之间的整数,但一般取 2;T 为以开尔文为单位的温度;k 为玻尔兹曼常数;E_a为电迁移激活能。典型的电子器件在室温至 373K 之间工作。在低熔点材料中,器件工作温度下的电迁移更容易发生。

表 10.3　互连材料的属性

性　　质	铝	银	铜	金
电阻率/(Ω/cm)	2.67	1.59	1.67	2.35
熔点/℃	659	961	1083	1063
对氧化硅的黏附性	好	差	差	差
扩散势垒区	否	是	是	是
湿法刻蚀	是	是	是	是
干法刻蚀	是	否	否	否

尽管 Cu 具备理想的性能,但是并不能使用制造 Al 互连线的减法工艺来处理它。如图 10.27 所示,通过使用大马士革工艺的 CMP 来实现 Cu 互连,其中图 10.27 右图显示了大马士革工艺,图 10.27 左图显示了将会在稍后进行讨论的浅沟槽隔离工艺(STI)。在大马士革工艺中,层间隔离层用沟槽和通孔实现图形化。许多方法可以排列沟槽和通孔制造的加工顺序[79]。在大马士革工艺中,使用 Cu 的 CMP 工艺来去除多余的 Cu,使其表面平坦。图形化表面的非最

佳抛光会导致这些图形特征的凹陷或侵蚀,并受到这些图形特征的尺寸和密度的强烈影响。与磨料相比,凹陷倾向于发生在大的特征上,而侵蚀发生在高图形密度的区域中[2]。这些现象如图 10.28 所示。

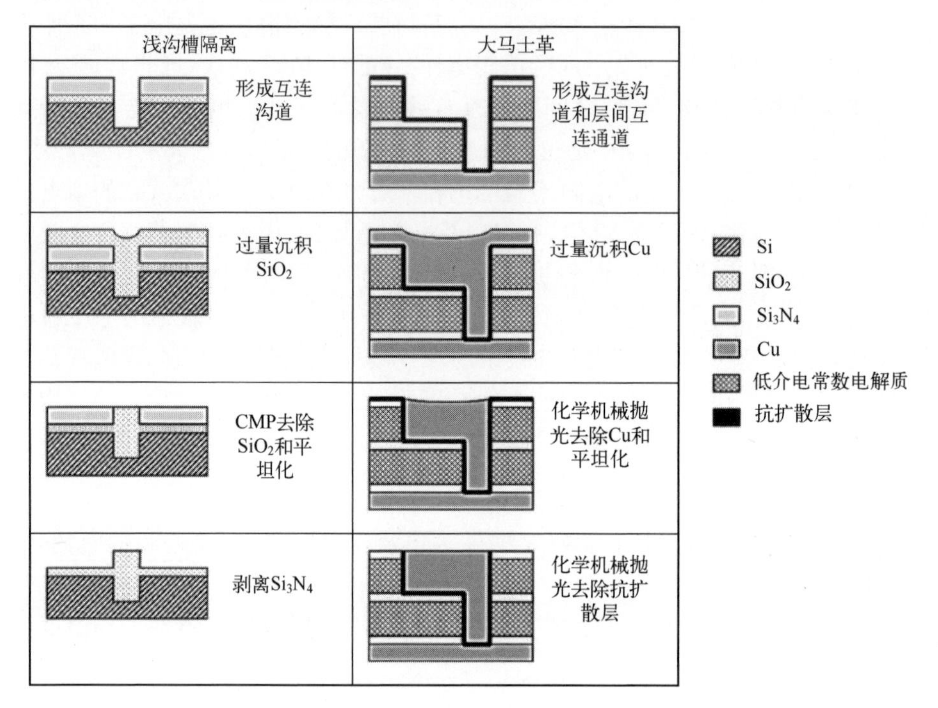

图 10.27　浅沟道隔离(STI)和大马士革 Cu 互连工艺示意图

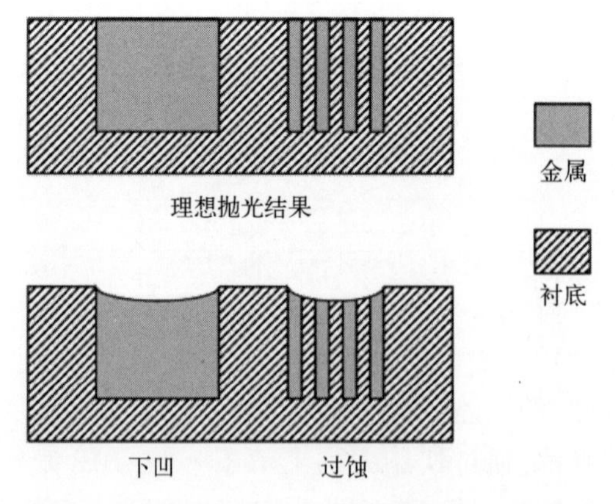

图 10.28　理想和次优 Cu 抛光的比较示意图

为了防止侵蚀和凹陷,要求晶片的不同区域具有不同的抛光速率。例如,如果金属抛光速率非常低,但阻挡层(衬底)抛光速率高,则可以减少或消除

图 10.28 所示的侵蚀和凹陷。这种选择性原理可用于改善混合表面的抛光结果。

Cu 的大马士革工艺使得多层金属层的叠加能够顺利实现。由 Cu 大马士革工艺制造的多层金属互连结构的实例如图 10.29 所示。图中展示了 8 层 Cu 互连结构,很明显,所有互连层都是经过平坦化的,除了成本外,似乎没有增加更多金属层的障碍。

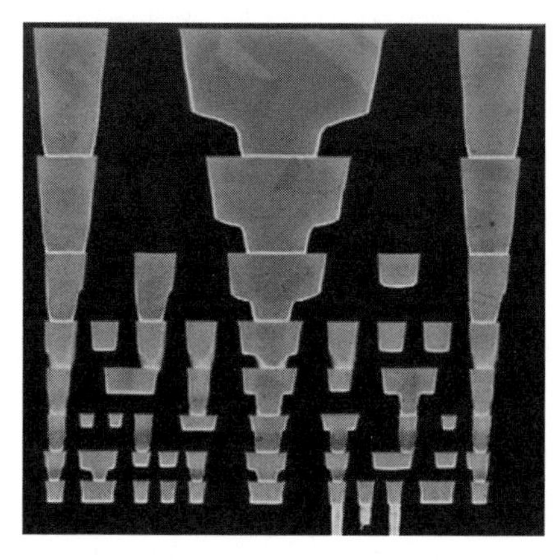

图 10.29 由 Cu 大马士革工艺制造的多层金属互连结构的实例(65nm 多层器件,每层都是通过沉积过量的 Cu 后将其抛光以创建一个平面界面(由英特尔公司提供))

随着 CMOS 缩放尺寸接近 20nm 里程碑,在关键金属层(具有关键尺寸)处的 Cu 互连的宽度也接近 20nm。在此关键特征尺寸下,CMP 工艺的可控性至关重要。

2. 浅沟槽隔离

为了防止相邻器件之间的泄漏和相互作用,必须实现纳米器件的电隔离。器件隔离的工艺必须是非常高效的,以避免大幅增加芯片面积。浅沟槽隔离工艺是在 1977 年发明的[80],但直到 20 世纪 90 年代才在 IC 制造中得到完全实现。正是 CMP 在浅沟道隔离中的应用,使得该方法最终得以施行。

浅沟道隔离工艺如图 10.27 左图所示。用薄的热氧化物覆盖衬底,然后在其上沉积 Si_3N_4层。对氮化物层进行图形化以形成用于 Si 沟槽反应离子刻蚀的掩模。该刻蚀容易侵蚀光致抗蚀剂,因此必须使用坚硬、耐化学腐蚀的掩模。接下来用 CVD 氧化物填充沟槽,然后通过 CMP 去除过量的氧化物,并且使该工艺停止在氮化物层上。最后,去除 Si_3N_4掩模层。浅沟道隔离具有许多微妙且重要的特征,如沟槽的底部和顶部必须导圆角,以防止电场的集聚。工艺对抛光后残留的 Si_3N_4的数量也有要求,这意味着浅沟道隔离抛光液的抛光速率必须具备很高的选择性。浅沟道隔离抛光是所有抛光工艺中要求最严格的。

3. 新型器件

CMP 已被用于制造具有纳米级大马士革结构的相变存储(PCM)器件[81]。大马士革结构可使焦耳热局域化,$Ge_2Sb_2Te_5$ 相变材料的表面平滑度(0.8nm RMS)可改善其接触电阻,使得相变存储器的开关可靠性得以改善。

CMP 可以通过抛光溅射的 Pt 电极并将平滑度从 2nm 提升到 0.08nm 来实现分子尺度器件产量的提高。这种改进增加了水接触角,并且导致在抛光表面上能够更好地填充自组装的烷烃硫醇盐分子[63]。用抛光的 Pt 电极制造的交叉棒分子器件极大地提高了自组装(2 倍)和 Langmuir-Blodgett(7 倍)膜的产率。

4. 存在的问题

与所有技术一样,CMP 有许多优点,但也存在一些缺点。一方面,CMP 需要向下的压力才能进行抛光。抛光过程中在 0.1m(4 英寸)直径晶圆上的 34.5kPa(5psi)抛光压力相当于需要在其上施加 280N 向下的压力,该力还会在抛光垫和晶圆表面之间产生剪切应力。然而,这些应力和压力对于制造精细的纳米结构来说可能太高。另一方面,CMP 还会在软材料中引起纳米划痕,该问题可以通过使用柔软的抛光垫和更低的抛光压力在一定程度上避开。当然,还可以设计新的集成方案。如图 10.30 所示,可以在纳米器件阵列的顶部先构建互连结构,然后在该结构上构建器件而不是单纯的构建互连结构(图 10.29)。在此概念中,将互连线制造在晶圆的一侧,然后在晶圆的另一侧形成通过衬底的通孔,最后在衬底的另一侧制造纳米器件。这只是一个假设图,因为它可能太过复杂而无法构建,然而,它确实是一种可以将高应力和高温度步骤与敏感的纳米器件制造步骤相分离的集成途径。

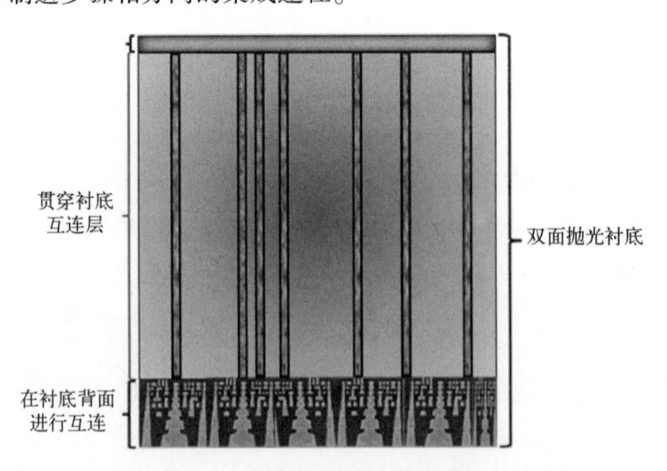

图 10.30 可能的集成方案示意图示例(首先制造互连,然后进行表面平坦化以允许在顶部构建纳米器件阵列)

10.4 小结

CMP 是一种用途非常广泛的技术,它利用机械力和化学作用来使表面平坦化并使其具有原子尺度的平滑度。此外,本章所讨论的 CMP 是一种使能技术,我们相信 CMP 将在纳米制造和纳米技术的未来应用中发挥更大的作用。

参 考 文 献

[1] "Interconnect" in The International Technology Roadmap for Semiconductors 2007 Edition and 2008 Update. http://www.itrs.net/. Accessed 28 Jan 2009.

[2] Li Y. Microelectronic applications of chemical mechanical planarization. Hoboken: Wiley; 2008. ISBN 9780471719199.

[3] Bohr MT, Chau RS, Ghani T, Mistry K. IEEE Spectrum. 2007;44:29.

[4] After Horiba Group. http://www.horiba.com/us/en/scientific/products/particle-characterization/applications/cmp/. Accessed June 2011.

[5] Li Z, Lee H, Borucki L, Rogers C, Kikuma R, Rikita N, Nagasawa K, Philipossian A. J Electrochem Soc. 2006;153:G399.

[6] Beyer K. IBM MicroNews. 1999;5:4.

[7] Chiodarelli N, Li Y, Cott D. Microelectron Eng. 2011;88:837.

[8] Gupta S, Kumar P, Chakkaravathi A. Appl Surf Sci. 2011;257:5837.

[9] Feng H-P, Yu B, Chen S. Electrochim Acta. 2011;56:3079.

[10] Philipossian A, Olsen S. Jpn J Appl Phys 1. 2003;42:6371.

[11] Higgs III CF, Ng SH, Borucki L, Yoon I, Danyluk S. J Electrochem Soc. 2005;152:G193.

[12] Mueller N, Rogers C, Manno VP, White R, Moinpour M. J Electrochem Soc. 2009;156:H908.

[13] Li Y. ICSICT Proc. 2004;1:508.

[14] Lu Z, Lee S-H, Gorantla VRK, Babu SV, Matijevic E. J Mater Res. 2003;18:2323.

[15] Kawahashi N, Matijević E. J Colloid Interf Sci. 1991;143:103.

[16] Lin F, Cadien KC. Unpublished work, 2011.

[17] Bielmann M, Mahajan U, Singh RK. Mater Res Soc Symp Proc. 2000;566:103.

[18] Luo J, Dornfeld DA. IEEE Trans Semicond Manuf. 2003;16:469.

[19] Jung S-H, Singh RK. Mater Res Soc Symp Proc. 2004;816:49.

[20] Li Z, Ina K, Lefevre P, Koshiyama I, Philipossian A. J Electrochem Soc. 2005;152:G299.

[21] Fu G, Chandra A, Guha S, Subhash G. IEEE Trans Semicond Manuf. 2001;14:406.

[22] Che W, Guo Y, Chandra A, Bastawros A. J Manuf Sci Eng Trans ASME. 2005;127:545.

[23] Cook LM. J Non-Cryst Solids. 1990;120:152.

[24] Iler RK. Chemistry of silica – solubility, polymerization, colloid and surface properties and biochemistry. New York: Wiley; 1979. ISBN 047102404X.

[25] Aksu S. Mater Res Soc Symp Proc. 2005;867:15.

[26] Perez N. Electrochemistry and corrosion science. Boston: Kluwer Academic Publishers; 2004. ISBN 1402077440.

[27] Carpio R, Farkas J, Jairath R. Thin Solid Films. 1995;266:238.

[28] Washburn EW. International critical tables of numerical data, physics, chemistry and technology. 1 Electronicth ed. Norwich: Knovel; 2003. ISBN 9781591244912.
[29] Ein-Eli Y, Abelev E, Rabkin E, Starosvetsky D. J Electrochem Soc. 2003;150:C646.
[30] Wardman P, Candeias LP. Radiat Res. 1996;145:523.
[31] Janna H, Scrimshaw MD, Williams RJ, Churchley J, Sumpter JP. Environ Sci Technol. 2011;45:3858.
[32] Tromans D. J Electrochem Soc. 1998;145:L42.
[33] Zheng JP, Roy D. Thin Solid Films. 2009;517:4587.
[34] Hong Y, Devarapalli VK, Roy D, Babu SV. J Electrochem Soc. 2007;154:H444.
[35] Hong Y, Patri UB, Ramakrishnan S, Roy D, Babu SV. J Mater Res. 2005;20:3413.
[36] Grover GS, Liang H, Ganeshkumar S, Fortino W. Wear. 1998;214:10.
[37] Philipossian A, Mitchell E. Jpn J Appl Phys 1: Reg Pap Short Notes Rev Pap. 2003;42:7259.
[38] Nolan L, Cadien KC. Unpublished work, 2009.
[39] Lu H, Fookes B, Obeng Y, Machinski S, Richardson KA. Mater Charact. 2002;49:35.
[40] Moinpour M, Tregub A, Oehler A, Cadien K. MRS Bull. 2002;27:766.
[41] Prasad YN, Kwon T-Y, Kim I-K, Kim I-G, Park J-G. J Electrochem Soc. 2011;158:394.
[42] Chen P-L, Chen J-H, Tsai M-S, Dai B-T, Yeh C-F. Microelectron Eng. 2004;75:352.
[43] Cooper K, Gupta A, Beaudoin S. J Electrochem Soc. 2001;148:G662.
[44] Xu K, Vos R, Vereecke G, Doumen G, Fyen W, Mertens PW, Heyns MM, Vinckier C, Fransaer J, Kovacs F. J Vac Sci Technol B. 2005;23:2160.
[45] Busnaina AA, Elsawy TM. J Electron Mater. 1998;27:1095.
[46] Renteln P, Ninh T. Mater Res Soc Symp Proc. 2000;566:155.
[47] Zhao B, Shi FG. Electrochem Solid-State Lett. 1999;2:145.
[48] Bastaninejad M, Ahmadi G. J Electrochem Soc. 2005;152:G720.
[49] Haosheng C, Jiang L, Darong C, Jiadao W. Tribol Lett. 2006;24:179.
[50] Xu G, Liang H, Zhao J, Li Y. J Electrochem Soc. 2004;151:G688.
[51] Liang-Yong W, Bo L, Zhi-Tang S, Wei-Li L, Song-Lin F, Huang D, Babu SV. Chin Phys B. 2011;20:038102.
[52] Oh M-H, Nho J-S, Cho S-B, Lee J-S, Singh RK. Powder Technol. 2011;206:239.
[53] Manivannan R, Victoria SN, Ramanathan S. Thin Solid Films. 2010;518:5737.
[54] Janjam SVS, Surisetty CVVS, Pandija S, Roy D, Babu SV. Electrochem Solid-State Lett. 2008;11:H66.
[55] Preston FW. J Soc Glass Technol. 1927;11:214.
[56] Luo Q, Ramarajan S, Babu SV. Thin Solid Films. 1998;335:160.
[57] Wang C, Sherman P, Chandra A. IEEE Trans Semicond Manuf. 2005;18:695.
[58] Luo J, Dornfeld DA. IEEE Trans Semicond Manuf. 2001;14:112.
[59] Borucki L. J Eng Math. 2002;43:105.
[60] Yu T-K, Yu CC, Orlowski M. Technical Digest – International Electron Devices Meeting, 1993, p. 865.
[61] Bastawros A, Chandra A, Guo Y, Yan B. J Electron Mater. 2002;31:1022.
[62] Seok J, Sukam CP, Kim AT, Tichy JA, Cale TS. Wear. 2003;254:307.
[63] Islam MS, Li Z, Chang S-C, Ohlberg DAA, Stewart DR, Wang SY, Williams RS. 5th IEEE international conference on nanotechnology 2005;1:80.
[64] Xiong R, Chung JN. Microfluid Nanofluid. 2010;8:11.
[65] Zhong ZW, Wang ZF, Tan YH. Microelectron J. 2006;37:295.
[66] Barkley E, Fonstad Jr CG. IEEE J Quantum Electron. 2004;40:1709.
[67] Lee S-C, Oates AS, Chang K-M. IEEE Trans Dev Mater Reliab. 2010;10:307.
[68] Lei H, Luo J. Wear. 2004;257:461.
[69] Higgs CF, Terrell EJ, Kuo M, Bonivel J, Biltz S. Mater Res Soc Symp Proc. 2007;991:333.
[70] Saif Islam M, Jung GY, Ha T, Stewart DR, Chen Y, Wang SY, Williams RS. Appl Phys A. 2005;A80:1385–9.

[71] Logeeswaran VJ, Chan M-L, Bayam Y, Saif Islam M, Horsley DA, Li X, Wu W, Wang SY, Williams RS. Appl Phys A. 2007;A87:187.
[72] Lee W, Qi Z, Lu W. 12th IFToMM world congress, Besançon; 2007.
[73] Zhang Z, Gao H, Jie W, Guo D, Kang R, Li Y. Semicond Sci Technol. 2008;23:105023.
[74] Zhou H. Mater Manuf Process. 2010;25:418.
[75] Xu X, Vaudo RP, Brandes GR. Opt Mater. 2003;23:1.
[76] Vangala SR, Qian X, Grzesik M, Santeufemio C, Goodhue WD, Allen LP, Dallas G, Dauplaise H, Vaccaro K, Wang SQ, Bliss D. J Vac Sci Technol B. 2006;24:1634.
[77] Zhang Z, Liu W, Song Z, Hu X. J Electrochem Soc. 2010;157:H688.
[78] Black JR. IEEE Int Reliab Phys Symp Proc. 2005;43:1.
[79] Wolf S. Silicon processing for the VLSI era, vol. 4. Sunset Beach: Lattice Press; 2004. ISBN 096167217X.
[80] Bondur JA, Pogge HB. United States Patent number 4,104,086, Method for forming isolated regions of silicon utilizing reactive ion etching, 1 Aug 1978.
[81] Zhong M, Song ZT, Liu B, Wang LY, Feng SL. Electron Lett. 2008;44:322.

第11章　聚焦氦离子束沉积、铣削与刻蚀加工

摘要

近年来,氦离子显微镜得到了成功的发展与应用,催生出了一些新型显微镜及用于纳米尺度制造的新工具。本章对纳米制造新领域的初期探索进行了回顾,并且描述了运用 Orion 氦离子显微镜实现材料的增加与去除工艺,主要集中在氦离子束沉积、铣削和刻蚀加工。其中,氦离子束诱导沉积结合了高分辨率的电子束沉积和高效率的重离子束诱导沉积的优点;氦离子铣削加工的效率远低于镓离子铣削,但却是制备高精度薄板材料的理想之选;少数研究已经证实了氦离子束刻蚀具有一定的可行性。此外,实验和理论研究结果表明,氦离子束诱导加工的主要机理与二次电子发射有关。

11.1　引言

当一束高能离子与材料表面发生碰撞时,材料的成分和结构将发生改变。该现象是许多技术在纳米尺度量级上制造结构的关键。在光刻中,材料表面涂覆的抗蚀剂的溶解度会随着曝光的进行而发生改变。在离子束诱导加工(IBIP)中,表面吸附层的物理和化学转化足以沉积或刻蚀得到想要的纳米结构。直到最近,离子束诱导加工逐渐采用镓离子束诱导加工(Ga-IBIP)。通常,根据每个入射粒子的加工体积来计算,Ga-IBIP 比相应的电子束诱导加工(EBIP)的效率更高,而且可以获得纯度更高的材料。然而,Ga-IBIP 的最小特征尺寸比 EBIP 的要大,即它的加工分辨率要低些。最终,不可避免的离子注入和离子束溅射可能会导致加工机理变得更为复杂。基于以上原因,有必要寻找一种非常理想的离子种类。然而,由于轻离子加工效率较低,最初并未考虑轻离子。例如,Dubner 在其早年的研究中采用宽束氦离子束沉积金属 Au,检测到了较低的沉积产率[1]。

尽管如此,近期 Alis 公司(现为 Carl Zeiss 公司一部分)推出了具有亚纳米离子束的 Orion-Plus 氦离子显微镜。科学家们对此感到乐观,认为其提供了可用于纳米级别加工的氦离子束[2,3]。实际上,一些制造商首次进行了氦离子诱

导加工生长实验,随后 Zeiss[4]、TNO in Delft[5]、University of Southampton[6-8]等机构证实了这种新的材料加工技术的可行性,而且首次试验结果就展示出了较好的加工质量。值得注意的是,研究结果还发现氦离子束诱导加工(He-IBIP)结合了 Ga-IBIP 的高效率和 EBIP 的高空间分辨率。

本章对 He-IBIP 近年来的工作进行了回顾,重点介绍氦离子束直接铣削、氦离子束诱导沉积(He-IBID)和氦离子束诱导刻蚀(He-IBIE)3 种工艺。然而,由于该领域起步较晚,出版的研究资料十分有限。目前,几乎所有的技术还处于探索期,并且只有很少的实用化装置。尽管如此,我们相信本章介绍的这些研究工作基本覆盖了所有与 He-IBIP 相关的研究。本章中所讨论的内容不仅包括已经出版的研究成果,而且还包括一些尚未公开报道的工作。另外,我们总结了近年来关于氦离子束直接铣削纳米制造的相关研究工作[8,10-13]。鉴于 He-IBIP 与 Ga-IBIP 及 EBIP 之间存在不同,我们将尽最大可能对所观测到的差异进行解释。

关于氦离子与物质之间的相互作用以及目前唯一商业化的 Orion 氦离子显微镜设备的相关介绍,已经在本书第 4 章中进行了全面描述。因此,本章对于氦离子相关的基础和设备将简要概括。另外,近年来出版了一些关于 IBIP 和 EBIP 综述的优秀文章,尤其是 Randolph 等[14]、Utke 等[15]及 van Dorp 和 Hagen[16]的相关工作,因此不会在本章节中过多讨论与 IBIP 和 EBIP 相关的基础知识。

11.2 氦离子与材料的相互作用

11.2.1 离子在物质中的渗入

Orion 氦离子显微镜(HIM)成像过程中,通常采用束流为 0.1~10pA 的高聚焦氦离子束辐照材料表面[3],该氦离子束在材料表面可以扫描出一个矩形区域。典型的最小光斑尺寸一般在 0.4~2nm 之间,具体尺寸主要取决于束流的大小;加速电压的范围一般在 10~30kV 之间。对于大多数的成像应用,由初始离子诱导产生的二次电子为活性粒子,因此他们可以产生用于成像的信号。近年来有关氦离子束纳米制造的研究结果表明,离子诱导产生的二次电子也属于可产生光化反应的粒子,因此在纳米制造过程中能够产生化学反应[4,6-9]。

当离子撞击材料表面时,离子和材料之间将产生几种相关联的相互作用。其中最重要的离子-固体相互作用机理如图 11.1 所示,注意到 30keV 的氦离子作用于材料表面后,渗入深度通常在几百纳米。

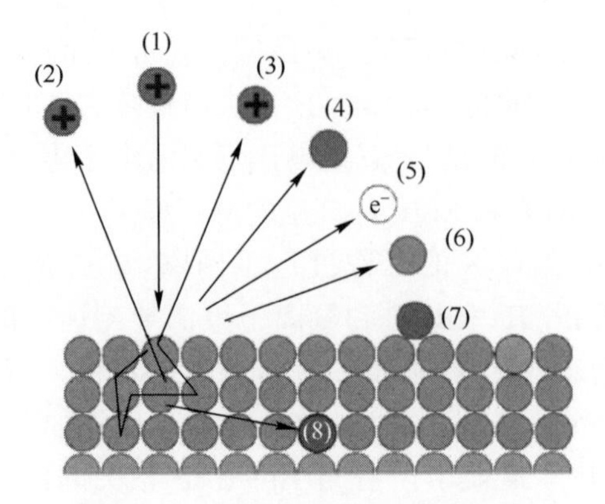

图 11.1　离子-固体相互作用机理

如图 11.1 所示,入射离子(1)在目标材料中经过单一(2)或者多次(3)散射后反弹回空气中。在散射过程中,还有可能发生离子被中和的现象(4)。离子在材料内部的相互作用可能导致二次电子的释放(5)。入射离子产生的动量传递给材料原子后,能引起级联碰撞,导致原子、离子或分子从材料的表面或内部射出,如溅射(6)。那些未发生散射而反弹回空气中的离子,可能被材料表面吸收(7)或注入目标材料的内部(8)。当然,以上所有情况都是随机发生的,并且发生的概率很大程度上取决于离子的能量和入射速度。各种现象发生所需要的离子动能示意图如图 11.2 所示。

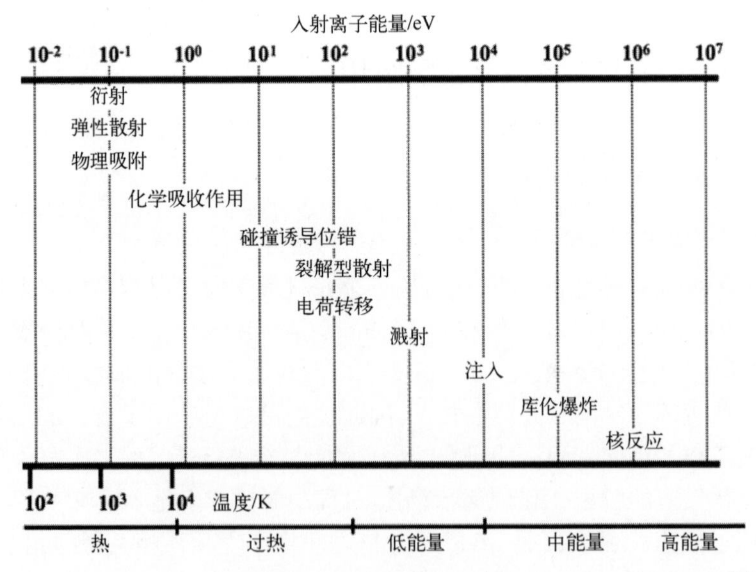

图 11.2　选定粒子-表面相互作用过程和离子动能之间的函数对应关系[17]

图 11.2 表明,对于 30keV 的氦离子来说,最相关的几种加工方式为注入、溅射、电荷转移、分离散射以及碰撞诱导分解。这些离子与材料作用的结果可能是可取的、不相干的甚至是有害的,这完全取决于实际的应用需求。然而,当氦离子束加工应用到纳米制造中时,对于这些作用机理就必须要有清晰的认识和考量。例如,沉积 1nm 厚的材料通常需要 10^{15}个离子/cm^2 的剂量。在此情况下,衬底的损伤是无法避免的,见第 4 章图 4.9。

图 11.3 来自参考文献[18],展示了相同束能的镓离子、氦离子和电子与单晶 Si 的相互作用关系。随着离子束能量的改变,离子束与单晶 Si 的相互作用体积的大小和形状将发生改变。相比于镓离子,氦离子注入深度更深且横向尺寸更窄;虽然电子比氦离子注入深度更深,但是其宽度较大。而对于纳米制造来说,能量束的有限扩散是至关重要的。

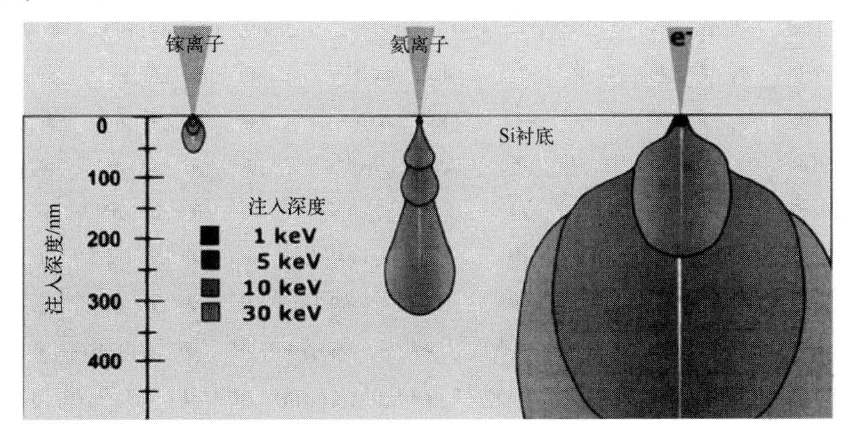

图 11.3　相同束能的镓离子、氦离子和电子与单晶 Si 的相互作用关系[18]

第 4 章中图 4.2 对比了 30keV 的电子和 30keV 的氦离子作用于单晶 Si 时的计算轨迹。图 4.2 中,位于顶部的图形对比结果表明,非常少的氦离子被散射回并射入表面;位于底部的图形展示了入射粒子轨迹在离入射点处 20nm 的情况,前者二次电子的逃逸深度或平均自由程是后者的 2~4 倍。在 20nm 深度处,氦离子束的横向扩散小于 1nm,而对于 30keV 的电子来说横向扩散则达到了几纳米。这两种观测结果证明了氦离子与电子相比具有两方面的优势:近表面相互作用更局域化,即具有更高的分辨率;具有更弱的邻近效应(如果邻近效应存在)。

11.2.2　氦离子束铣削

纳米制造的基本物理过程是减材或增材。通过直接氦离子溅射(铣削)去除材料是可行的,但是加工速度比较慢。尽管如此,在氦离子显微镜中,铣削可将最小检测物体的尺寸进一步缩小,如可完成几个纳米 Sn 球的加工[19]。在法向入射和 1~50keV 离子束能量条件下,通常的溅射产额为每个入射离子对应 0.01~0.1 个原子,大约比镓离子的溅射产额低了两个数量级,如图 11.4(a)所示。在倾斜入射条件下,氦离子的溅射产率急剧增加,如图 11.4(b)所示,并且在入射角接近 90°时溅射产额数值可以达到 1 原子/离子以上。对于溅射产额为 0.1 原子/离子而言,去除 1nm 厚度层通常需要 10^{17} 个离子/cm^2 的剂量。在此剂量下,将产生大量的亚表面损伤[18]。在图 11.5 所示的实验中,注入的氦离子

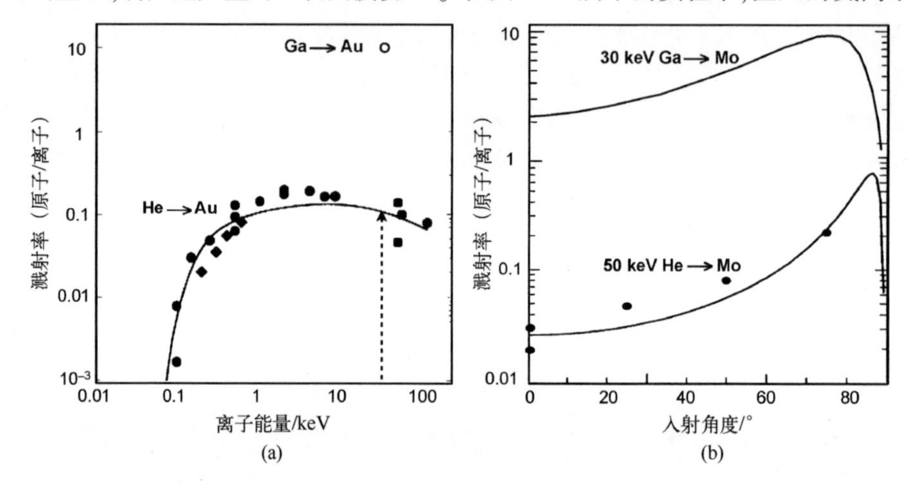

图 11.4 氦离子束铣削

(a) Au 的溅射产额与氦离子束能量在法向入射的关系(在 30keV 时溅射产率为 0.1 原子/离子,而对于镓离子则高达 10 原子/离子(图中圆点所示)。注意到在离子轰击作用下 Au 是具有最快腐蚀速度的材料之一;(b) 镓离子和氦离子轰击下 Mo 的溅射产率与倾斜入射角的关系[20]

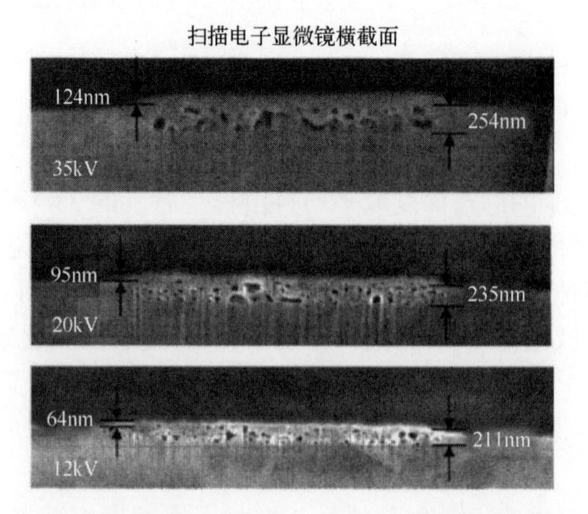

图 11.5 不同的离子束能量下 Cu 样品的横截面 SEM 图

(注入的氦离子的剂量为 1.3×10^{18} 个离子/cm^2。在离子注入范围的端面形成了纳米微泡)[18]

的剂量高于 10^{18}个离子/cm^2,该剂量下,被轰击后的 Cu 表面留下大约 10nm 深的凹坑。以上现象归因于位错和纳米微泡形成过程中材料表面的膨胀,实际表面已经去除。由于较低的材料去除率和加工过程中可能带来的衬底损伤,使得氦离子束铣削只应用在一些特殊场合。

11.2.3 离子和电子诱导加工

当然,在固体表面粒子诱导的物理和化学反应取决于固体的种类和状态。固体表面覆盖一层吸附薄膜,可能会导致固体物质与吸附层或它们的碎片发生化学反应。通过将前驱气体注入真空室,能够维持在离子束曝光期间吸附薄膜对固体表面的覆盖。固体表面能量束诱导的化学反应在吸附的前驱分子和原子之间发生,构成了 EBIP 和 IBIP 的机理。恰当地选择吸附物质,能够实现材料的局部沉积或去除加工。还可以通过引导带电荷粒子束来选择转变的位置。对于能量达到 keV 量级的电子束和离子束来说,按照惯例是可以实现优于 10nm 空间精度和 100ns 时间精度的控制。由于吸附的前驱分子在发生转变的过程中会不断消耗,对于优化加工过程而言,寻找相互匹配的前驱分子注入量和离子束或电子束能量通量是非常必要的。

发射出的二次粒子可以是电子、原子、分子或离子(图 11.1)。就电子束加工而言,由于离子的质量远大于电子,所以二次原子、离子和分子的发射是极少的。此外,在束能达到几 keV 时,离子束将比电子束产生更多的二次电子发射。氦离子被认为是一种介于重型镓离子和轻型电子之间的过渡[15]。如图 11.6 所示,从原理来说,入射粒子和二次粒子均可以引起表面反应[15]。对于重离子束诱导加工来说,通常认为二次(溅射的或激发的)衬底原子可以引起表面反应[1,15],如图 11.6 所示。然而,Chen 等观测到了 Ga-IBID 过程中二次电子对这种增长具有显著影响[21]。

大多数电子显微镜入射电子束的能量范围在扫描电子显微镜(SEM)中为几百电子伏特到几万电子伏特,在透射电子显微镜(TEM)中甚至高达几十万电子伏特。与它们相关联的二次电子的能量范围为几电子伏特到几千电子伏特。目前尚不清楚是入射电子还是二次电子对电子诱导反应的贡献更大。

一种针状气体注入系统(GIS)被应用于聚焦粒子束几百微米以内的冲击点上,如图 11.7 和图 11.8 所示。针尖可以从外部容器中传递前驱气体至能量束能够接收到的区域。前驱体分解将导致沉积的增长(图 11.8(a))或衬底的刻蚀(图 11.8(b))。沉积的成分与前驱体分子的化学性质有关,但是多数应用需要足够纯正的沉积。例如,W 丝可以通过氦离子束诱导分解 $W(CO)_6$来实现增长,但与此同时沉积的材料中还包含大量的 C 和 O。不幸的是,对于从气相到

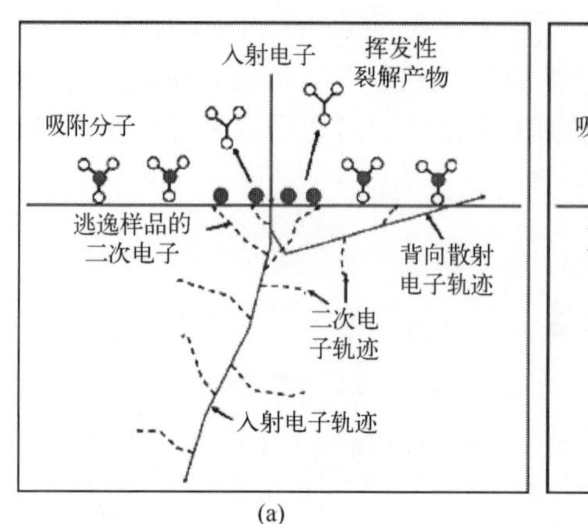

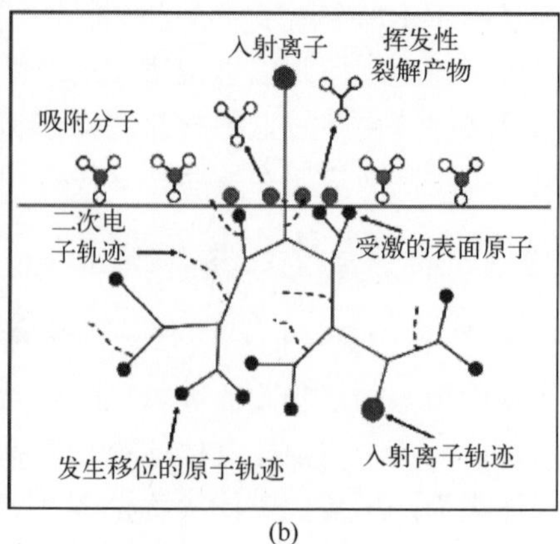

图 11.6　二次衬底原子可以引起表面反应[15](见彩图)

(a) 入射电子的相互作用产生了一系列二次电子和背向散射电子,所有的电子通过电子激发能够从吸附的前驱体分子中分离出来;(b) 入射离子的相互作用在衬底中产生二次电子和级联碰撞,作为激发表面原子的非溅射目标原子,有助于分子分离

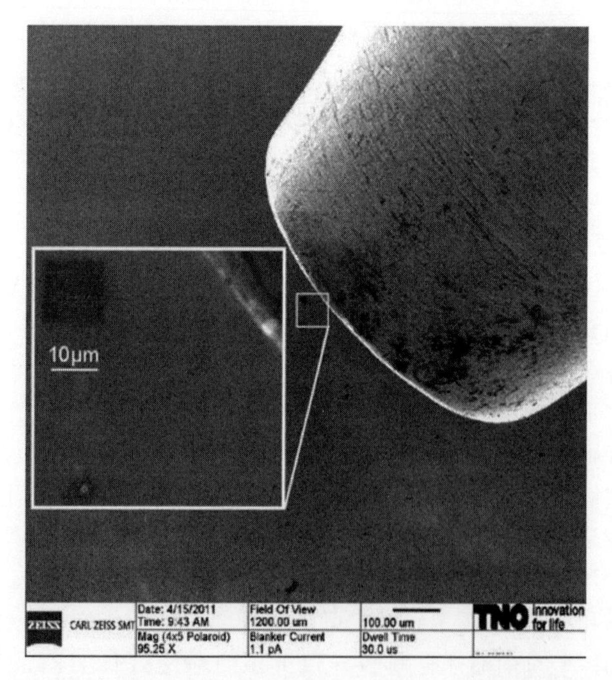

图 11.7　被加工样品表面及 GIS 喷嘴出口部分的氦离子显微镜图像(图片中心位置对应离子束线的中心轴。图中沉积了大量的细小针尖和一个 1mm×1mm 大小的方形(未发表))

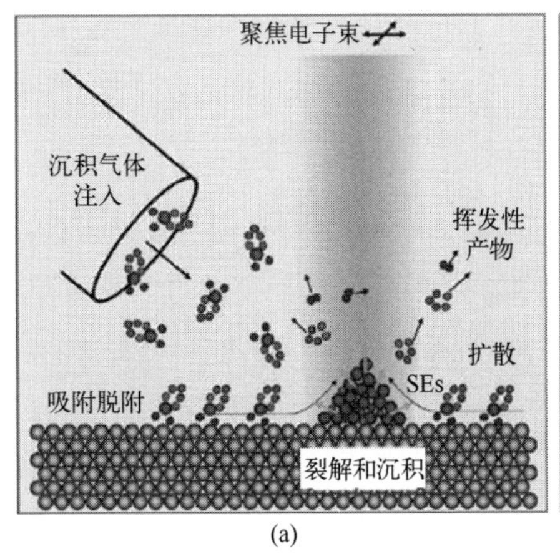

(a)

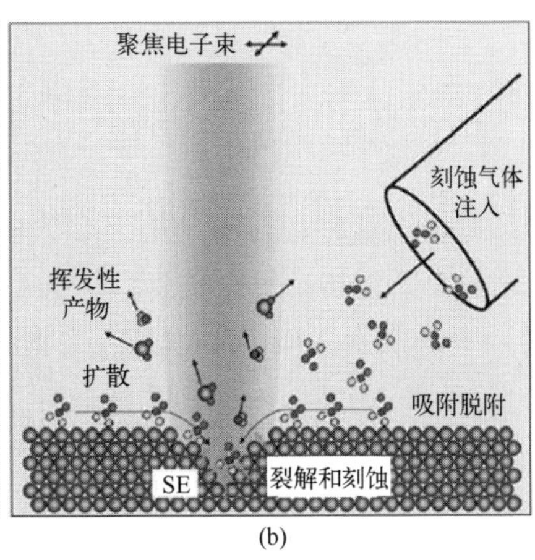

(b)

图 11.8 聚焦电子束(FEIB)诱导加工的反应消耗和补给
(分子在表面的吸附、脱附和扩散以及在电子冲击下的分离)[15]。
(a) 聚焦电子束诱导沉积(非挥发性的裂解反应产物形成了沉积,生成了能量束同轴的结构,挥发性的碎片被吸走);(b) 聚焦电子束诱导刻蚀(在电子冲击活性粒子过程中发生了吸附分子扩散,活性粒子与衬底物质反应生成了挥发性化合物)

目标位置的分子传递来说,额外的有机或有时为无机子群是必不可少的。如果能量束诱导加工采用重离子束,那么不可避免会产生溅射刻蚀或离子束铣削作用,将会大大降低沉积的增长速度。更不容置疑的是,如果前驱体分子的供应速度太慢,溅射刻蚀可能会占据主导作用,导致材料净去除而不是增长。显然,氦离子束的使用可以将伴随的溅射刻蚀降低至少一个数量级,从而降低到百分之几。结果,低流量的前驱体分子将阻碍沉积生长,但不至于产生材料的净去除效果。因此,与镓离子诱导沉积相比,氦离子和前驱体之间流量的平衡对氦离子诱导沉积的影响较小。

11.2.4 离子束诱导加工理论

决定离子束诱导生长和刻蚀的加工与前驱体分子、可发生光化作用的入射初始粒子及材料表面的物理和化学属性紧密相关。这些属性决定了吸附率、自发或能量束诱导的脱附率、表面扩散率及离子束诱导分解率。此外,这些属性还决定分解产物的特性,即脱附或与周围材料结合。如果采用离子束,铣削过程中会存在额外的原子去除。沉积率或刻蚀率 $R(r)$,可以表达为与单位时间内的体积、距离表面光斑中心为 r 的函数[15],即

$$R(r)=\sigma Vf(r)n(r) \tag{11.1}$$

式中:σ 为沉积或刻蚀加工过程中的横截面;V 为沉积或去除体积;$f(r)$ 为入射

粒子或二次粒子(单位面积单位时间内的粒子);$n(r)$为吸附前驱体分子的表面密度。

离子束诱导沉积或刻蚀的整个过程的二阶微分方程可以表示为[15]

$$\frac{\partial n}{\partial t}=sJ\left(1-\frac{n}{n_0}\right)+D\left(\frac{\partial^2 n}{\partial r^2}+\frac{1}{r}\frac{\partial n}{\partial r}\right)-\frac{n}{\tau}-\sigma fn \tag{11.2}$$

式中:等号右边的四项分别为吸附、扩散、脱附和分解;J 为入射的分子流量;n_0 为分子的饱和表面密度;D 为表面扩散常数;τ 为分子平均表面驻留时间。有关入射粒子和二次粒子作用的广泛讨论见参考文献[15]。

方程式(11.2)的求解并不简单,特别是当出现偏离构图的三维物体时。有时稳态求解方案可以对宽束的存在或初始生长行为进行计算。基于以上原因,一些研究者使用蒙特卡洛方法计算了与时间有关的生长或刻蚀[22-24]。

有趣的是,氦离子束介于重离子束和电子束之间,因此会发生有别于其他两种能量束的一些现象。例如,采用氦离子沉积时相伴发生的离子束铣削将会比采用镓离子时要低。此外,对于氦离子束诱导加工来说,假设在反应分解时激发或者溅射的二次原子的作用非常小。另外,氦离子束和镓离子束产生的二次电子处于相对较高的量级。因此,就氦离子束或镓离子束而言,我们所期望的沉积具有与发射的二次电子沉积类似的贡献。无论如何,具有实用性的、不同性质的第三种能量束类型将为诱导加工提供额外且独立的理论模型测试。

11.2.5 装备

目前,有关氦离子束沉积和刻蚀相关的研究比较有限,已发表的则更少[3-9]。几乎所有研究氦离子束加工的作者均使用了相同或相似的装备,即来自蔡司公司的 Orion 氦离子显微镜[2,3],该显微镜配备了来自 Omniprobe 公司的 OmniGIS 气体注入系统。Pt 沉积过程中前驱气体为甲基环戊二烯基三甲基铂($C_9H_{16}Pt$),钨沉积为六羰基钨($W(CO)_6$),硅氧沉积为四乙氧基硅烷(TEOS),而刻蚀则用氟化氙(XeF_2)。

如图 11.9 所示,OmniGIS 系统提供了 3 个气体腔室和一个氮气清扫或运载路线,所有的连接都是通过一个气体储藏室到一个长喷嘴,使之能够接近能量束冲击点。如图 11.8 所示,通常针尖的最低点和样品表面之间的距离为 200~300μm。喷嘴出口的直径为 500μm,并且针尖和能量束轴之间的夹角为 65°。在此系统中,前驱体气体与载气相混合,该载气通常为 N_2,因为其流速更为稳定。同时,这种气体也可以用于清洗。

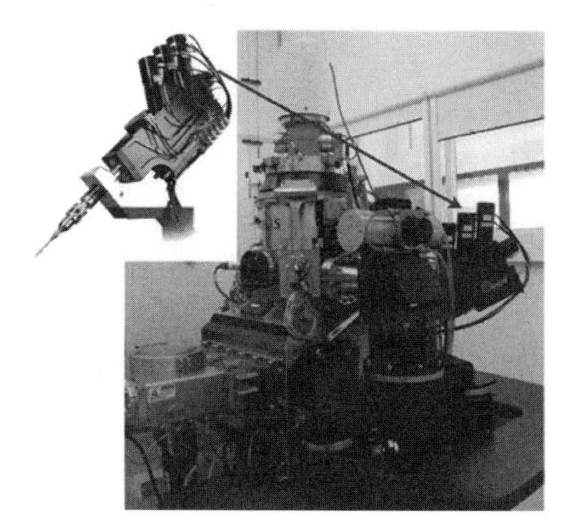

图 11.9 TNO 代尔夫特的 Orion 氦离子显微镜(配备了气体注入单元。左上角的插图展示了整个 GIS 单元)

11.3 氦离子束诱导加工(He-IBIP)工作回顾

11.3.1 方块沉积

基于氦离子束诱导沉积制造最简单的结构可能是方块。当离子束在样品表面的一个矩形区域持续地进行扫描便可以生成方块,图 11.10 所示为来自南安普顿大学的一个研究工作[9]。前驱气体是 $C_9H_{16}Pt$,衬底是单晶 Si。氦离子束流在 0.5~4pA 之间变化,氦离子束能量为 30keV,氦离子束驻留时间为 1μs,步距为 1nm,所有方块曝光的总时间为 100s,采用原子力显微镜测量方块的高度。

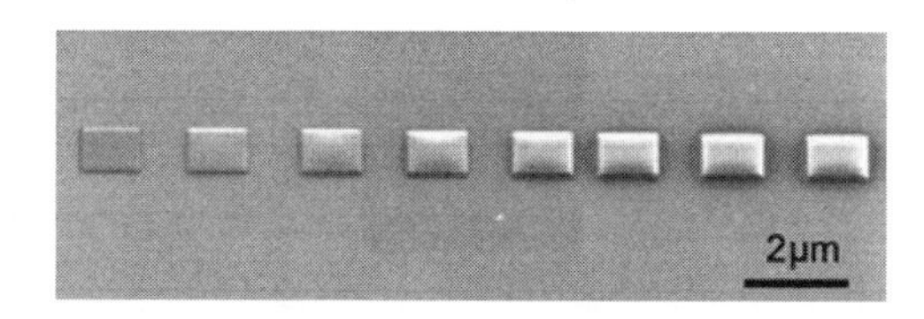

图 11.10 在各种不同束流条件下 He-IBIP 的方块高度增长情况(前驱气体采用 $C_9H_{16}Pt$,数字表示以 pA 为单位的电流(HIM 成像,与样品倾斜 45°角))[9]

一般来说,高剂量的氦离子束流意味着可以加工出高度更高的方块。在此研究工作中,方块高度从 2nm(氦离子束流为 0.5pA)增加到 65nm(氦离子束流为 4.0pA)。Sanford 等采用相同的前驱气体和相似的条件生长出了 500~

1000nm 高度的方块,然而,其衬底材料采用的是镀 Cr 玻璃[4]。一些学者系统地研究了离子束流、方块尺寸及氦离子束步长等因素对生长率和 Pt 含量的依赖性,这些问题将在下文中讨论。

11.3.2 静态能量束沉积

从原理上讲,具有亚纳米尺度的入射能量束可以制造出特征尺寸小于 1nm 的微结构。实际上,van Dorp 等[25]曾采用束斑直径为 0.3nm 的扫描透射式电子显微镜(STEM)制造出最小尺寸为 1.0nm 的结构,其衬底材料为一层悬空的 Si_3N_4 薄膜,前驱气体为六羰基钨($W(CO)_6$)。然而,这些沉积方法的效率仍然比较低。在持续的曝光过程中,EBID 的小尺寸结构在高度方向上生长并形成细小的柱状结构,但同时它们也在宽度方向上生长直至接近 25nm 的尺寸饱和值[22]。对于 Ga-IBID 来说,获得最好的柱状结构则更宽,该饱和值通常至少为 100nm。Ga-IBID 形成柱状结构宽度不能用材料沉积过程中离子的横向扩散来解释,因为该过程形成柱状结构的宽度通常在几十纳米尺度,如图 11.3 所示,也不能由二次电子的散射范围来解释,因为其宽度更小。Ga-IBID 具有较差空间分辨率的原因仍然未知,但可以与生长过程中发生不可避免的溅射过程关联起来分析。

长期以来关于静态氦离子束诱导沉积的研究比较少。一个经典的例子来自

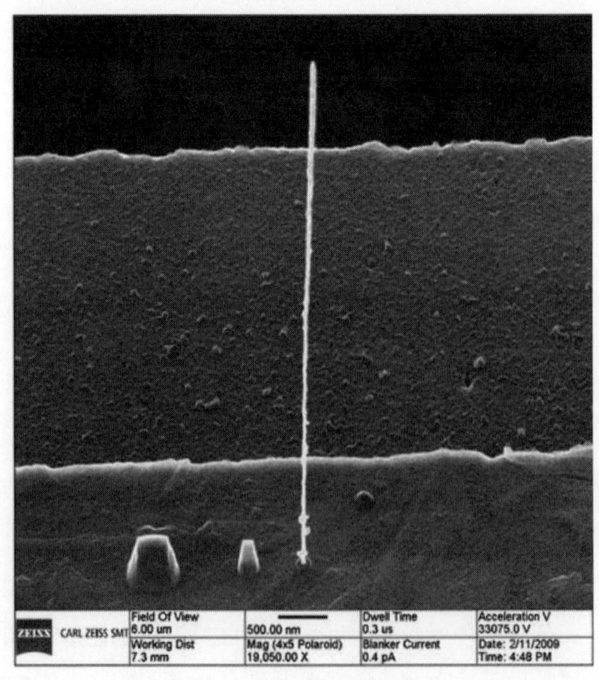

图 11.11 采用能量为 30 keV 的静态氦离子束生长的 W 柱(其尺寸为高 6.5μm、宽 50nm)[5]

于 Hill 等[5]，他们制作出了深宽比为 130 的 W 柱，如图 11.11 所示。此外，迄今为止，He-IBID 生成的最小微柱的宽度为 36nm，如图 11.12 所示。然而，目前还没有研究团队开展 He-IBID 的成核和初始副产物方面的研究。对于 He-IBID 的成核阶段而言，其能否达到与电子束诱导沉积相同的 1nm 极限也尚不明了。

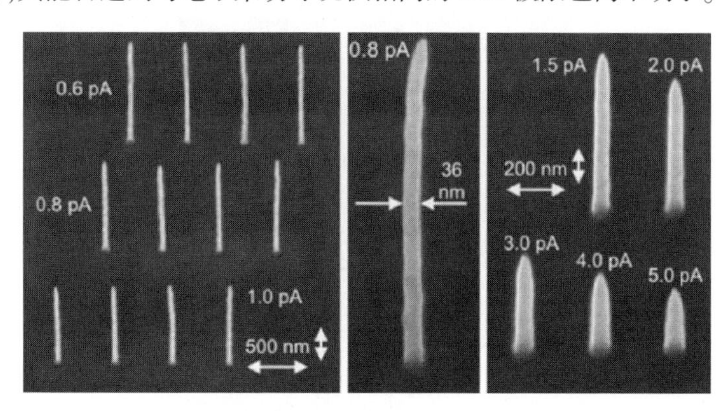

图 11.12　采用能量为 25 keV 和固定剂量为 6.0 pC 的静态氦离子束生长的一系列 PtC 柱（束流在 0.6~5.0pA 之间变化）[7]

图 11.12 展示了宽度为 36nm 的 PtC 柱状结构的顶尖曲率半径为 9nm±2nm。图 11.13 展示了一个与其类似且具有相同曲率半径的柱状结构的透射电镜图像（TEM）。在距离顶点 200nm 的位置处，柱直径达到了 52nm。

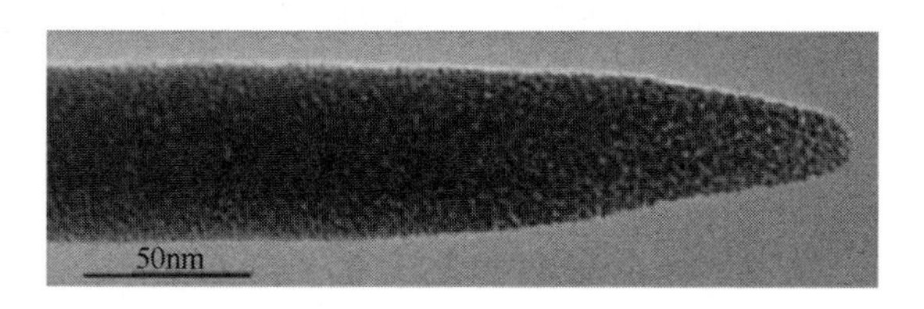

图 11.13　采用氦离子束诱导沉积生长的 PtC 柱状结构的 TEM 图像（顶尖的曲率半径为 9nm（作者：Maas、Van Veldhoven 和 Tichelaar，未发表））

正在生长的柱状结构上的离子散射可能会向背离轴心方向逃逸，与它们相关的二次电子则会诱导横向增长。在基体 PtC 材料上，通常穿透深度和横向偏转分别为 200nm 和 80nm[7]。Alkemade 等和 Chen 等得出结论，穿透深度和平均横向偏转取决于最终饱和的柱宽度。

如图 11.14 所示，Maas 和 Van Veldhoven 采用前驱体正硅酸乙酯（Tetraethylorthosilicate，TEOS）和静态氦离子束，生长出了 SiO_2 晶须。由图可知，生长出尖锐的晶须结构，但它们的形状大多不规则，比如，生成了分叉结构，并且正在生长的晶须明显被已生长好的晶须吸引而产生了变形。此外，在成像过程中晶须在不停地移动，这种现象很可能与电荷积累效应有关。

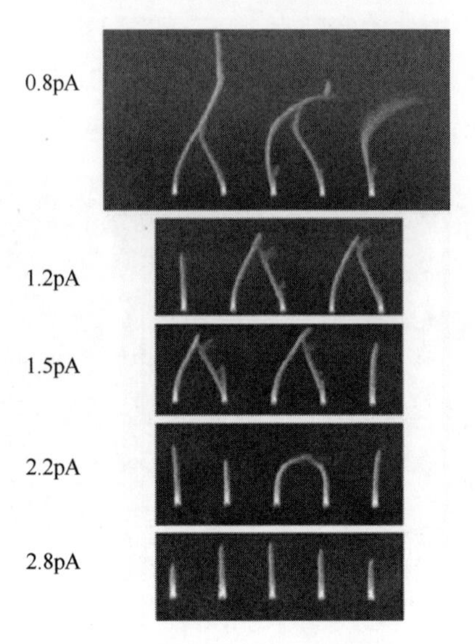

图 11.14 采用氦离子束诱导沉积（正硅酸乙酯作为前驱体生长的 SiO_2 晶须。不规则形状的形成是由于生长过程中电荷积累引起的（作者：Maas 和 Van Veldhoven，未发表））

11.3.3 材料生长速率

对于任何制造技术而言，一个最为关键的加工参数是加工时间，过长的加工时间意味着成本的额外增加。因此，一个关键的性能指标是材料生长速率或去除速率，分别用单位入射离子或单位电荷沉积或去除的体积表示，见式（11.1）所示。图 11.15 给出了已经发表的关于氦离子束诱导沉积金属 Pt 的生长率和束流之间变化关系的所有数据。除了这个数据外，Boden 等提供的实验生长数据（用正方形表示）几乎为常数，即 0.18μm^3/nC。束流在比较低的 0.5pA 时，可能意味着初始相的生长较慢。Sanford 等检测到更高的生长率，即 0.20～0.60μm^3/nC，如图 11.15 中的实心圆所示。此外，他们观测到了随着束流的增大，生长率呈现降低的趋势，这种现象他们姑且认为是由于前驱体分子的消耗所致。作者将步距控制在 1～3nm 范围内改变，但没有发现生长率发生任何变化。图 11.15 也表明了静态离子束对生长率的影响具有相同效果，如图 11.15 中十字架符号所示。令人感到惊奇的是，对于方块沉积来说，这种生长率变化不明显。

Sanford 等开展的扫描聚焦氦离子束实验中，平均时间的束流密度范围为 1～100pA/μm^2[4]，而 Boden 等采用的束流密度在 0.5～4pA/μm^2之间[9]。Chen 等在静态离子束实验中采用的束流密度比上述范围高出许多个数量级，在 600～5000nA/μm^2之间，这里假设束流半径为 1nm。尽管入射束流密度有较大的变化,但在此研究中的生长率非常相似。Sanford 研究工作中的生长率与束流之间的变化关系如图 11.15 中的实心圆所示,造成其变化的原因可能与更高束流条件下 C 元素的含量减少有关,详见下面的分析。图 11.15 中的空心圆也是 Sanford 的数据,但修正了 Pt 的含量涨落。缺乏与束流密度的相关性表明有一个非常快的前驱体供给到生长区或有一个比主光束点更大的生长区。

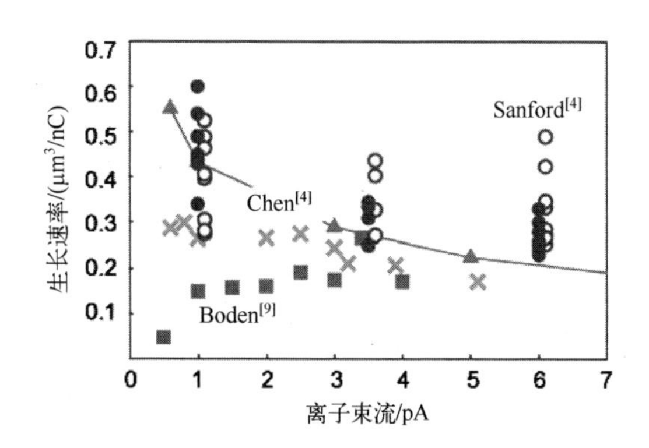

图 11.15 总结 3 项已发表的研究[4,7,9](关于氦离子束诱导沉积金属 Pt 的生长率和束流之间的变化关系。通过校正 Pt 的含量可以使实心圆演变为空心圆(为了更清晰地显示,空心圆水平平移了 0.1pA)。三角形表示仿真结果)[7]

11.3.4 成分

由电子束或离子束诱导沉积的结构很难有较高纯度。初始的前驱体分子含有的各种元素经常嵌入到沉积物中。另外,真空室中的 O 元素和 H 元素也有可能嵌入。由 IBID 生长的结构所含有的与初始前驱体相似元素的含量比 Ga-IBID 生长的结构中的含量多[15]。Sanford 等[4]用 EDX 检测了由甲基环戊二烯基三甲基铂($C_9H_{16}Pt$)氦离子束诱导沉积的方块成分,检测到 Pt 元素的含量范围为 8.5%~20%,远低于 Ga-IBID(通常为 35%~40%),但接近于 EBID 的含量。此外,Pt 元素的含量与生长率之间呈负相关性。随着束流的增加,沉积率减小,但是 Pt 元素的含量增加了。可能是由于离子束加热导致 C 元素去除,从而使得在更高束流条件下存在更低的增长率,如图 11.15 所示。

图 11.13 所示是 Maas、Van Veldhoven 和 Tichelaar(未发表)沉积的柱状结构,其 TEM 的 EDX 分析表明,Pt 元素成分含量为 6%~15%,剩余部分则为 C 元素。测得的氦离子束诱导沉积中 Pt-C 的含量比接近原始前驱体分子含量。

11.3.5 邻近效应

如图 11.14 所示,生长出来的 SiO_2 晶须之间的距离非常近,表明邻近效应会影响离子束的诱导沉积。这里,邻近效应非常有可能通过相邻的结构成为充电或放电的媒介得到缓解。在 Chen 等[26]和 Maas 与 Van Veldhoven(未发表)的研究中,Pt 柱的周期或间距是可变的。图 11.16 展示了当间距在 80~500nm 内变化时,9 根柱状结构的生长情况,图 11.17 展示了相应的柱子高度及直径随柱子间距的变化情况。在间距为 80nm 时,高度和宽度有近 25%的增长,与之相对应的体积几乎翻番。此外,密集的柱子则相互之间朝着对方生长。

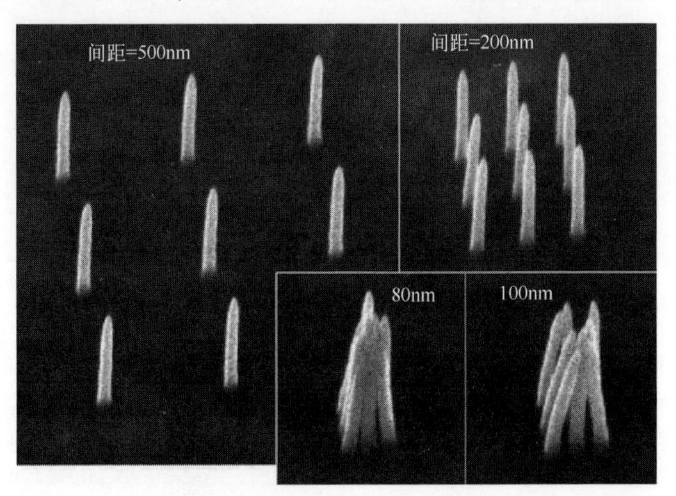

图 11.16 当间距在 80~500nm 内变化时 9 根柱状结构的生长情况
(左下角的柱子最先生长,右上角的柱子最后生长。
如果柱子之间的距离比较小,它们生长的尺寸也会受到影响。
此外,它们相互之间还会朝着对方弯曲(作者:Maas 和 Van Veldhoven,未发表)

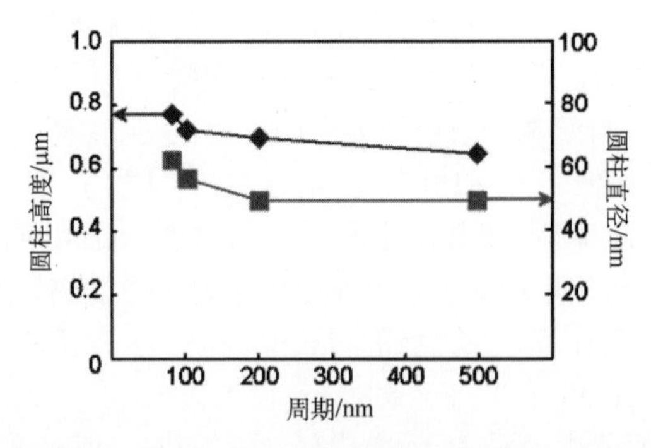

图 11.17 柱子高度及直径随柱子间距的变化情况(更小的柱子间距将形成
更高和更宽的柱子(作者:Maas 与 Van Veldhoven 未发表))

众所周知,Ga-IBID 具有相似的邻近效应[27]。在参考文献[27]中,束斑附近的材料生长归因于二次电子和原子。镓离子束诱导沉积生长的柱状结构比氦离子束沉积生长的柱子更宽,并且更大的间距(大于 3μm)有利于避免邻近效应的发生。造成这种差异的原因还不明确,但是可能与镓离子束诱导沉积产生的溅射有关。溅射会拖慢在束斑点处的沉积速度,但是不会影响束斑点附近的沉积速度。相反,溅射原子可能会引起它们在入射区域的沉积,这导致更强的邻近效应。

11.3.6 复杂结构

纳米制造已经广泛应用于制造尺度范围在 100nm 以下的一维或多维空间的功能结构或器件。人们在使用一种新的制造技术之前,需要对加工条件开展深入研究,至少部分或具有启发性地加以理解。He-IBID 仍然处于探索阶段,并且到目前为止仅仅制作了一些基础器件。配备图形发生器的系统能够沉积更为复杂的结构。图 11.18 展示了 5 条平行线的斜视图,尺寸为高 50nm×宽 15nm,相互之间的距离为 50nm。值得注意的是,最外面两条线与中间 3 条线几乎一模一样。显然,邻近效应并未造成几何形状的不规则。它们的线边缘粗糙度(3σ)为 3nm。

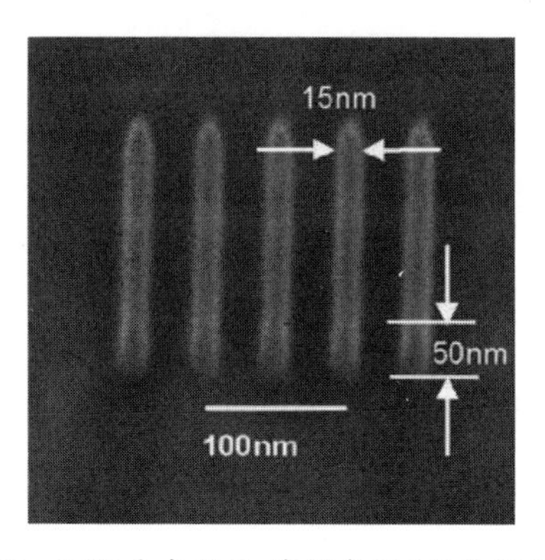

图 11.18 He-IBIP 生成的 Pt 线倾角 30°的氦离子 HIM 图像
(氦离子束束流为 0.5pA,能量为 25keV,线剂量为 0.5 pC/μm)[8]。

Scipioni 等[28]开展了后续实验,生成了一系列成对的线结构。如图 11.19 所示,线之间的间距逐步减小到 12nm,最小线宽为 13nm,最小间距为 6nm。当间距减小至 8nm 时,相邻的线融合在一起。该实验结果可能是当前 He-IBID 加工出来的最小特征尺寸。

采用前驱体为 $C_9H_{16}Pt$ 的另一个例子如图 11.20 所示。单词"Best"字母的宽度为 60nm,线宽为 20nm。尽管字母密集排列,但它们并没有融合在一起,如在字母"B"和"e"之间留下的间距为 6nm。实际上,最小间距似乎仅有最小线宽的一半左右,其可能原因为前驱体分子受到了阻碍未迁移到间隙区域。

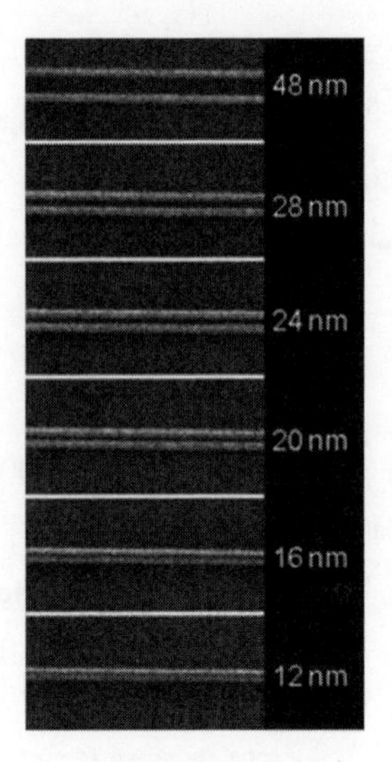

图 11.19　He-IBID 生成的不同间距 Pt 线的氦离子 HIM 俯视图(离子束束流为 0.5pA,能量为 25keV,线剂量为 0.48pC/μm。间距为 16nm 时,线条之间仍然可以区分开)

图 11.20　扩展的 He-IBID 生成的金属铂结构(标尺:100nm。字母“B”和“e”之间的间距为 6nm 宽(作者:Maas 和 Van Veldhoven,未发表))

图 11.21 所示为采用金属 Pt 生成的四探针测试器件。初步测量的电阻在 2~60Ω·cm,与 EBID 生长的 Pt 质量相当[29],但是远高于 Ga-IBID。图 11.22 所示为 Boden 等[9]用 Pt 和 W 沉积的霍尔棒结构。

图 11.21　He-IBID 生成的 Pt 线四探针测试装置
(电阻与 EBID 生长的 Pt 相同(Maas 和 Van Veldhoven,未发表))

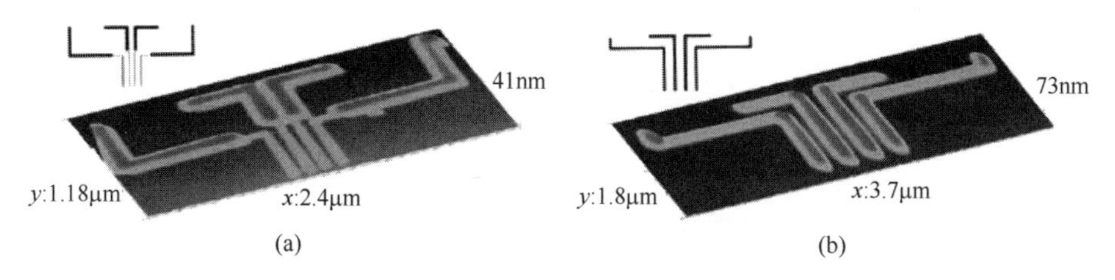

图 11.22 He-IBID 生长的 Pt 和 W 四点霍尔棒状结构的 AFM 测试结果[9](见彩图)
(a) Pt;(b) W。

11.3.7 氦离子束铣削

一些研究人员已经证实了氦离子直接铣削技术在微纳结构加工方面的可行性。由于氦离子束铣削的材料去除率是低效的,并且可用设备的最大束流较低,因此到目前为止大多数研究基本上限于研究亚 10nm 材料的成形工艺。图 11.23 展示了一根细金线的切割,该线的切口宽度为 8nm。能达到如此高精度的切口归因于狭小的束斑尺寸、有限的离子束展宽和较大入射角条件下高的溅射产率。Scipioni 等[12]采用窄至 10nm 的切口制作了 100nm 厚度的 Au 层,如图 11.24 所示。

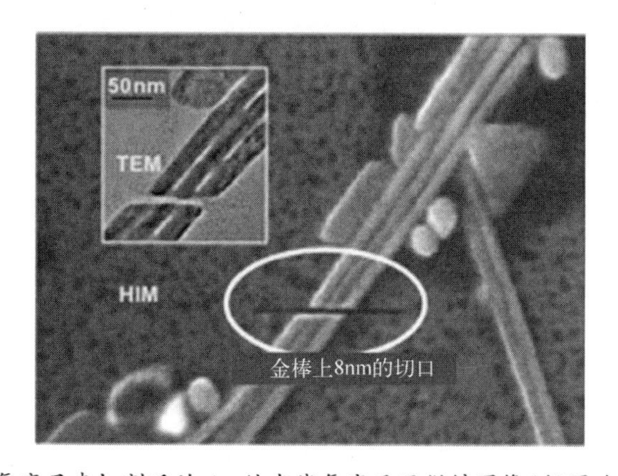

图 11.23 应用氦离子束切割后的 Au 纳米线氦离子显微镜图像(插图为相同区域的透射电子显微镜图像,沟槽宽度为 8nm,远大于氦离子束束斑直径;尽管如此,镓离子铣削很难达到这样的加工精度)[8]

如图 11.25 所示,Rudneva 等[13]在一些材料的小颗粒上铣削出了带有陡峭墙壁的矩形孔洞。在颗粒被完全贯穿之前,一些矩形孔洞的铣削过程就已经停止。高分辨率透射电镜表明,对于 Au、Pt 和 $Cu_xBi_2Se_3$ 等材料来说,剩余薄片容

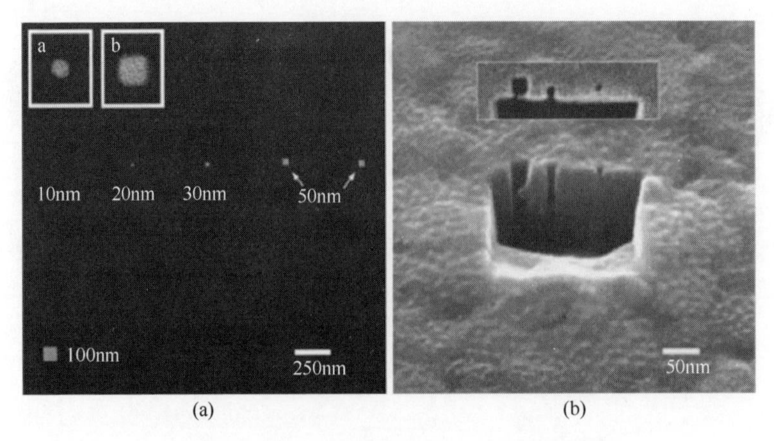

图 11.24 用氦离子束铣削得到 Au 的通孔[12]

(a) 用 100nm 厚的金箔制作的通孔,在透射模式下成像;(b) 在倾斜扫描模式下去掉遮挡材料后 Au 薄膜上制作的通孔的图像(插图为俯视图)。

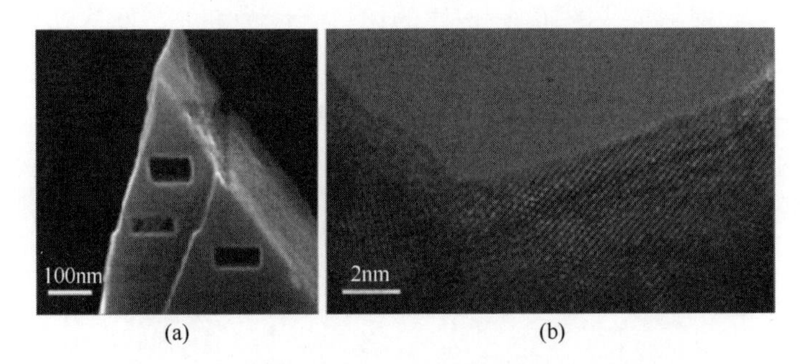

图 11.25 小颗粒上铣削出了带有陡峭墙壁的矩形孔洞

(a) 在较小的 $Cu_xBi_2Se_3$颗粒上采用束能为 30keV 的氦离子束铣削得到矩形孔洞的氦离子显微图像;(b) 高分辨率的 TEM 图像(可以观察到由离子束引起的小损伤)。

易发生多晶化;而对于单晶 Si 来说,容易出现非晶化。显然,在离子束轰击下,前 3 种材料不会发生损伤,也不会发生材料自发退火。值得注意的是,传统的方法一般用 Ga 聚焦离子束制备 TEM 薄片样品,材料通常从边缘去除,而非自上而下。值得注意的是,采用氦离子束制作的高深宽比的孔或坑。在镓离子铣削中,坑的形状一般为 V 形,并且深宽比很少达到 5 以上。图 11.4(b)展示了氦离子束铣削和镓离子束铣削的主要不同点,即后者的加工效率比前者高出 1~2个数量级。然而,在掠角入射时,氦离子束铣削相对高效,意味着离子束可以快速去除凹坑侧壁上的任何凸点。在镓离子束铣削时,凹坑侧壁的陡峭度很大程度上取决于再沉积。高深宽比孔洞的铣削可能在纳米技术中具有重要应用,如可以作为单分子研究中的筛孔或传感器。

石墨烯是石墨的单层原子层,在纳米电子器件中具有较大的应用潜力,但是石墨烯的建构是一个极其微妙的过程。一些学者报道采用聚焦氦离子束成功建构了石墨烯纳米结构[9-11]。如图 11.31 所示,目前最小的石墨烯结构大约为 10nm 宽的彩带状。

11.3.8 氦离子束诱导刻蚀

纳米制造的基本物理过程为材料的添加和去除。直接利用氦离子刻蚀(铣削)去除材料是可实现的,但是其加工效率非常低,比镓离子束加工慢 1~2 个数量级。如图 11.3 所示,镓离子在材料的顶层驻留。随着持续去除顶层材料,镓离子损伤并不会累积;相反,氦离子束在材料表面驻留的深度更为明显,并且发生了损伤累积的情况[18]。可以通过降低束流的能量来减小穿透深度,从而减小损伤。然而,离子束铣削在更低能量时需要更高剂量。幸运的是,在离子束轰击过程中腐蚀气体的增加能极大提高材料的刻蚀率[30]。我们也可以通过结合刻蚀气体和电子束来实现材料的去除[14]。

在新的 HIM 条件下,氦离子束诱导刻蚀是一种强有力的材料加工手段。虽然化学刻蚀的应用极大地增加了材料加工的可能性,但每种材料和形状的结合都有其特殊的配方。然而,找到一种有用的配方是非常耗时的,并且化学元素的增加会使得仪器更为复杂也容易性能衰减。配方研发及对仪器的影响阻碍了在纳米尺度下氦离子束对材料加工的快速进程。幸运的是,人们对传统化学增强等离子刻蚀材料加工具有丰富的经验[31]。化学增强等离子刻蚀与氦离子束诱导刻蚀之间最主要的差别是图形定义的方法。等离子刻蚀是基于掩模的使用,而氦离子束诱导刻蚀是基于可控的聚焦氦离子束。

XeF_2作为刻蚀气体生成单晶 Si 的表面氧化层的实验结果,如图 11.26 所示。从左下角至右上角,离子束的剂量逐步增加。由于 XeF_2气体的注入,氧化物中的开口引起单晶 Si 的自发欠蚀,如图中增强对比片段的灰色孔洞所示。注意到自发化学刻蚀通常是各向同性的,而氦离子束诱导刻蚀是各向异性的。要想获得较好的加工结果,刻蚀分子流和离子束流的大小必须合理调节。例如,可以在一些场合适当调节腐蚀分子流量和离子束流之间的平衡来调整刻蚀的各向异性,从而影响图形侧壁的倾斜度。

图 11.27 展示了 TaN 薄膜的表面形貌,分别对应的是采用了 XeF_2气体和不采用 XeF_2气体,曝光的氦离子束流密度为 0.7pA,能量为 25keV。显然,发生了氦离子束诱导刻蚀。这些加工材料可以作为高分辨率的掩模层。例如,良好的分辨率和陡峭程度较大的凹坑侧壁使得氦离子束诱导刻蚀非常适合制造短周期的光子晶体,该晶体能够在重要的蓝光或紫外波长范围内工作。

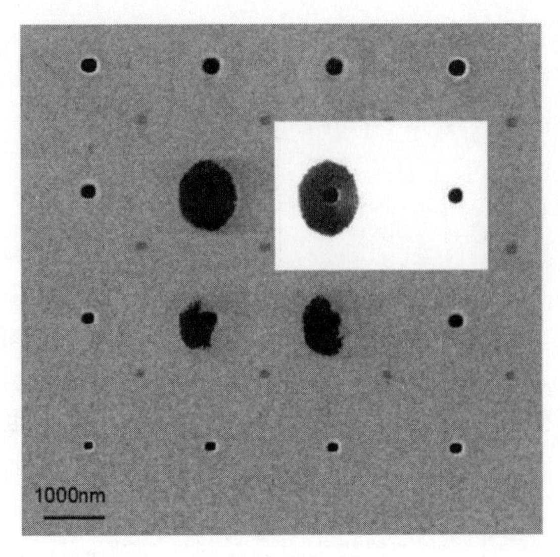

图 11.26 氦离子束诱导刻蚀 SiO_2(提高了局部图像对比度,使得氧化孔洞下面的单晶 Si 腔可见(作者:Maas 和 Van Veldhoven,未发表))

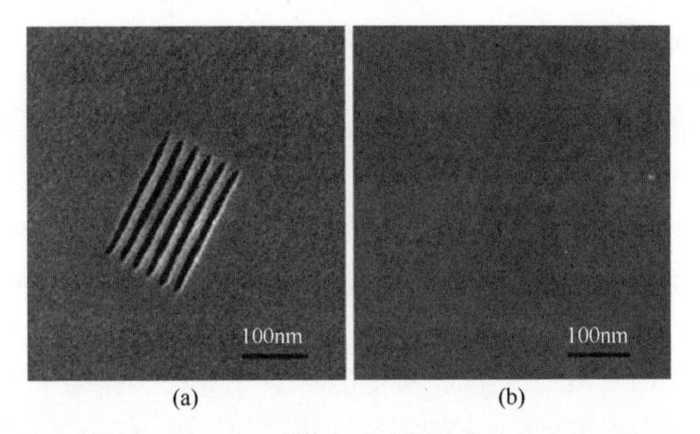

图 11.27 氦离子束诱导刻蚀 80nm 厚的 TaN 薄膜(线剂量为 3.9pC/μm,已被证实的分辨率为 12nm 半周期(作者:Maas 和 Van Veldhoven,未发表))
(a) 有 XeF_2;(b) 无 XeF_2。

11.3.9 氦离子束诱导沉积的建模

式(11.1)和式(11.2)提供了一个描述 IBID 生长的理论基础,相似的公式应用于氦离子束诱导刻蚀。然而,对于一个非平面或非固定几何体来说,如生长柱状沉积物或者蚀坑,差分公式的求解将变得非常复杂。此外,许多加工还没有定量掌握,如自发脱附或者表面扩散。因此,可以使用简化或定量模型[15,32]或蒙特卡洛模拟[14-16]。He-IBID 加工柱状结构的高度和宽度与束流密度之间的关系已经由 Alkemade 等[6]通过简化模型和 Chen 等[7]通过蒙特卡洛模拟方法进行了定量解释。两种模型均假设反应物沉积发生在粒子进入或离开正在生长的结构上,如图 11.28 所示。初始离子进入正在沉积的顶点部位,该顶点的直径为 1nm。然而,它们与二次电子相关,意味着"SE1"可以逃离进入点的区域,进入点的宽度与逃离深度一致,均可达约 10nm,如第 4 章的图 4.7 所示。如图 11.13 所示,观测到的柱状结构的顶点曲率半径与 10nm 的理论值一致。

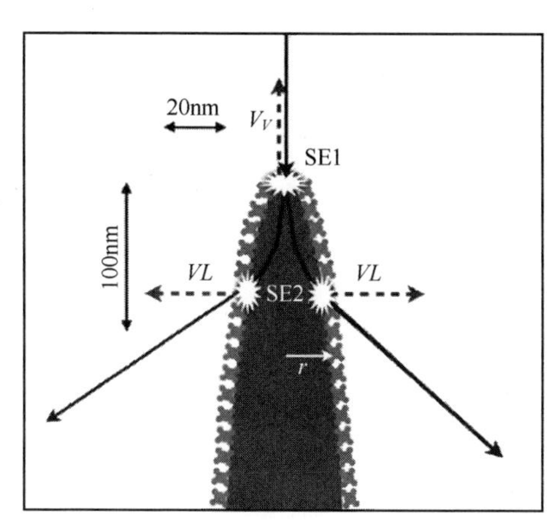

图 11.28　当离子束穿透到沉积物表面时发生了垂直增长,然而当它们逃逸时也会发生横向增长。最终沉积的宽度 W 取决于平均离子扩散和穿透范围 L(对 P. Alkemade[6]的工作进行了修改)。

因此,生长区域不是氦离子束冲击范围(约 $1nm^2$),也不是"SE1"的逃逸范围(约 $100nm^2$),而是整个柱子尖端,从顶尖向下 100nm 的距离 L,这里的 L 指的是离子束穿透范围。因此,生长区域大约为 πWL,约 $10,000nm^2$,如图 11.28 所示。束流为 1pA 时,覆盖此区域的平均束流密度约为 0.1 $nA/\mu m^2$,与 Sanford 等[4]开展的方块生长实验的最高束流密度相近。二次粒子的主要贡献能够用来解释图 11.15 中的方块和柱子沉积具有相近生长速率的原因,尽管主要束流密度的数量级存在差异。

图 11.29 和图 11.30 展示了 Smith 等[24]使用 EnvisION Monte Carlo 代码和 He-IBID[7]仿真模拟得到的 PtC_4柱。在该代码中,假设由离子或二次电子引起了分解。在散射事件发生后,离子进入或者离开柱状结构时都会引起分解的发生。Chen 等得出结论:通过仿真解释了束流与柱状结构体积之间的变化关系,如图 11.15 中的三角形图标所示[7]。尤其,随着束流的增加高度呈现减小的趋势,这是在柱尖端的反应物耗尽的一个直接佐证。此外,仿真的柱形状与实际的柱形状非常相似,如图 11.13 所示。

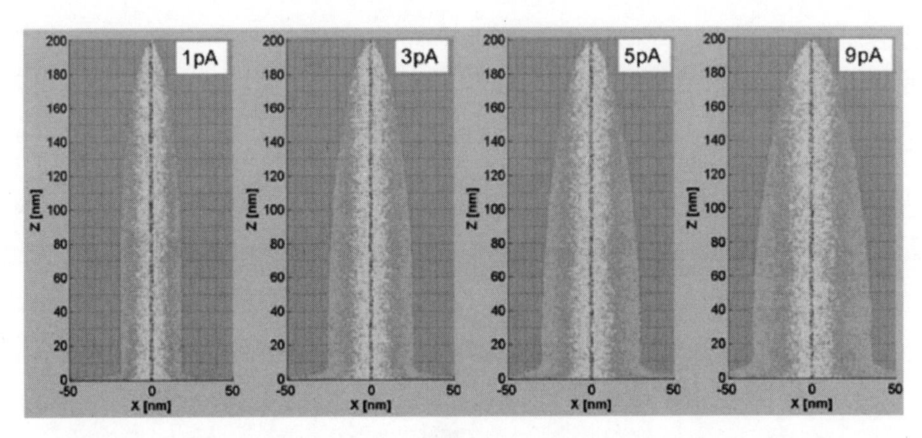

图 11.29 模拟在不同的氦离子束流条件下 He-IBID 生长的 PtC_4 柱(见彩图)
(不同的颜色意味着不同的分解机理。红色:一次离子;黄色:SE1;
绿色:前向散射离子;青色:SE2)[7]

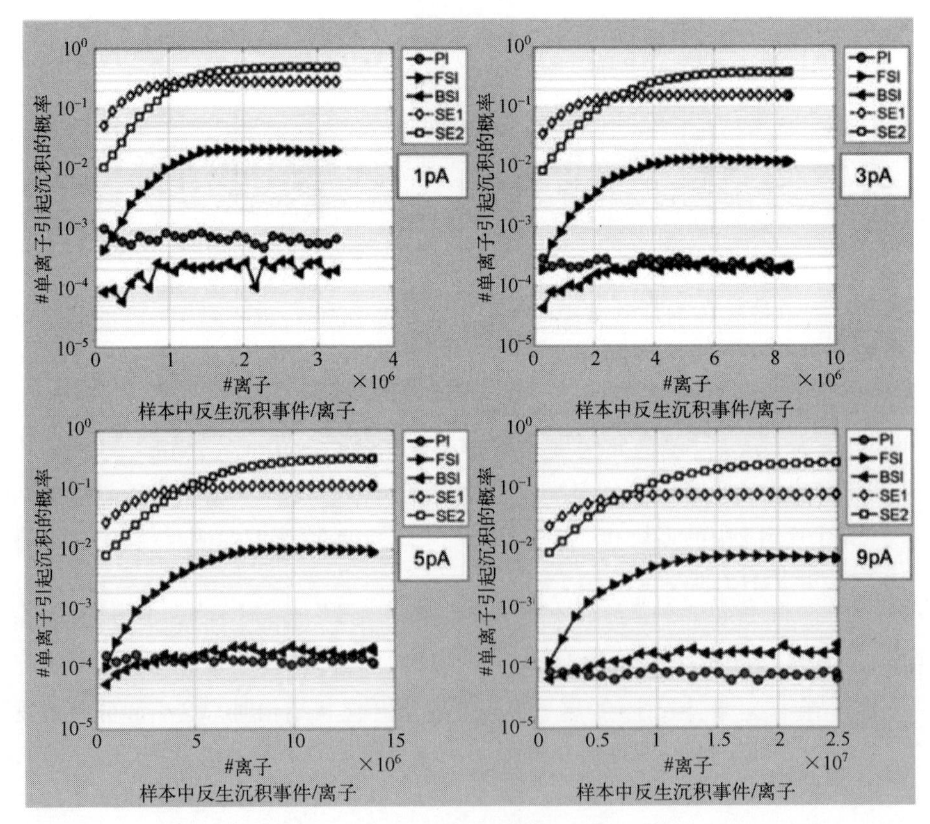

图 11.30 仿真氦离子束诱导沉积生长的 PtC_4 柱的剂量关系(绘制了各种分解机理)[7]

11.4 总结和展望

在采用不同的前驱气体和衬底材料条件下，诸多实验室所开展的实验已经证实了 He-IBID 是一种极具前景的技术，可用来制造几纳米到几微米尺度的结构。该技术的几种特色与 EBIP 和重离子诱导加工相同，尤其是 Ga-IBIP。该技术具有与 EBIP 相同的高分辨率精度，与 Ga-IBIP 相同的高加工效率。与 Ga-IBID 相比，He-IBID 有离子束刻蚀较弱的缺点，这反而是另一个优势。然而，氦离子束沉积的材料成分不纯，不过与前驱气体的初始成分相似，这种情况与 EBIP 类似。相反，Ga-IBID 可以生产出成分更纯的沉积物。尽管溅射产率低——通常低于 1 个原子/离子，但由氦离子束铣削直接构造纳米结构是可能的。在掠射时，由于相对较高的溅射产率(可达 1 个原子/离子)，可实现更短的加工时间和非常陡直的特征结构。特别是在加工非常薄的层状材料(如石墨烯)时，聚焦氦离子束铣削可能是最佳的技术，如图 11.31 所示。

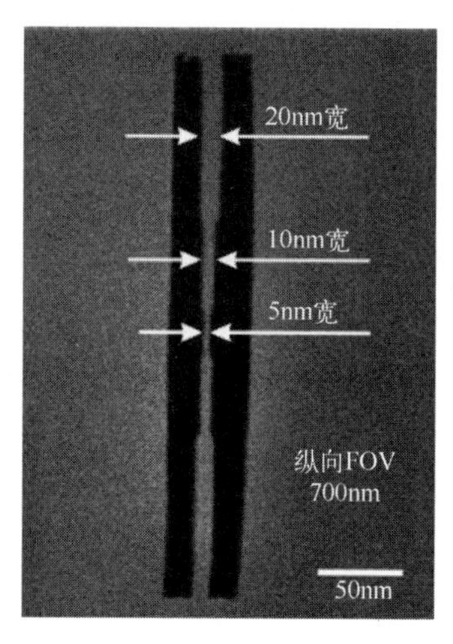

图 11.31 采用氦离子束在石墨烯表面切割的一系列不同宽度的纳米带[10]

Ga-IBID 的机理被认为是受激发的衬底原子相互撞击造成反应物分解所致[1,15]，尽管不能排除来自二次电子的贡献[21]。很明显，在氦离子束加工中这种碰撞作用比较弱，因此，将 He-IBID 的高加工效率主要归因于大量低能量二次电子。目前，采用 He-IBID 加工的最小结构是一个 13nm 宽的线条和一个 6nm 宽的间隙。EBID 的最佳分辨率高达 1nm[25]，我们期望 He-IBID 也具有相同的极限分辨率，因为它们的加工机理是相似的。此外，相对高的沉积率和较弱的溅射效应为模拟研究加工过程提供了有利条件。近来的蒙特卡洛仿真很好地解释了 He-IBID 生长简单结构时所测量的变化趋势。

可以预见,在 Ga-IBID 不能达到的极限领域,氦离子束诱导沉积存在良好的发展机遇,主要集中于中等分辨率、镓离子注入时带来的不可接受的污染以及溅射过程中形成的损伤。特别地,He-IBID 可能为掩模修复和半导体集成电路提供一种标准的 Ga-IBID 替代方案。这里,He-IBID 将不得不与 EBID 相比较,EBID 也被认为是一种 Ga-IBID 的替代方案。然而,离子穿透深度是其短板。注入离子可以引起衬底内部较大的损伤,深度可达几百纳米。另外,接近衬底表面的损伤比较少且可以通过自退火消除[13]。快速生长的针尖,如图 11.11 所示的非常长的 W 晶须,在纳米传感技术中可能有许多应用,如针尖在原子力显微镜或功能化传感器、纳米天线、场发射针尖等。此外,He-IBID 的材料可能被用作纳米器件中的力学或电学连接元件。最后,He-IBID 制备的材料可以用作其他生长技术如化学气相沉积或原子层沉积的图形种子层。

氦离子束诱导刻蚀也已经被证实了具有良好的空间分辨率。氦离子束诱导刻蚀技术可能成为高精度掩模修复和短波长光子晶体制造的技术选择之一。

该领域研究和发展最为乏味的可能是寻找合适的化学物质以及后处理工艺的耗时,以最大程度满足专业需求。在这一点上,He-IBID 的情况与 EBID 和 Ga-IBID 并没有不同。尽管如此,He-IBID 的可用性结合了 EBID 和 Ga-IBID 的优点,可极大地加速此领域的进程。最后,其他昂贵气体离子源如氖气,其具有更高的溅射产率和更浅的渗入深度;或其他更轻的离子源如氢气,其具有更低的损伤,可能为实现纳米级材料结构化提供最佳和最精细的工具,即原子级锐利且易于控制的惰性但功能强大的粒子束。

致谢:该研究为纳米技术的一部分,属于纳米技术国家研究计划,由荷兰经济事务部资助。衷心感谢我们的同事 P. Chen、E. van der Drift、来自荷兰代尔夫特理工大学的 H. Salemink 和来自荷兰应用科学研究组织(TNO)的 D. Maas,感谢他们的贡献和讨论。作者还要感谢 L. Scipioni、S. Boden, R. Hill、R. Livengood、S. Tan、I. Utke、C. Sanford、M. Rudneva 和 F. Tichelaar 为本文提供图片。

参 考 文 献

[1] Dubner AD, Wagner A, Melngailis J, Thompson CV. J Appl Phys. 1991;70:665–73.
[2] Ward BW, Notte JA, Economou NP. J Vac Sci Technol B. 2006;24:2871–4.
[3] Morgan J, Notte J, Hill R, Ward B. Microsc Today. 2006;14(4):24–31.
[4] Sanford CA, Stern L, Barriss L, Farkas L, DiManna M, Mello R, Maas DJ, Alkemade PFA. J Vac Sci Technol B. 2009;27:2660–7.

[5] Hill R, Faridur Rahman FHM. Nucl Instr Meth A. Nucl Instr Meth A. 2011;645:96–101.
[6] Alkemade PFA, Chen P, van Veldhoven E, Maas D. J Vac Sci Technol B. 2010;28:C6F22–5.
[7] Chen P, van Veldhoven E, Sanford CA, Salemink HWM, Maas DJ, Smith DA, Rack PD, Alkemade PFA. Nanotechnology. 2010;21:455302. 7 pp.
[8] Maas D, van Veldhoven E, Chen P, Sidorkin V, Salemink H, van der Drift E, Alkemade P. Proc SPIE. 2010;7638:763814. 10 pp.
[9] Boden SA, Moktadir Z, Bagnall DM, Mizuta H, Rutt HN. Microelectron Eng. Microelectron Eng. 2011;88:2452–5.
[10] Pickard D, Scipioni L. Graphene nano-ribbon patterning in the orion plus (Zeiss Application Note, Oct 2009).
[11] Bell DC, Lemme MC, Stern LA, Marcus CM. J Vac Sci Technol B. 2009;27:2755–8.
[12] Scipioni L, Ferranti DC, Smentkowski VS, Potyrailo RA. J Vac Sci Technol B. 2010;28: C6P18–23.
[13] Rudneva MI, van Veldhoven E, Shu MS, Maas D, Zandbergen HW. Abstract 17th international microscopy conference, Rio de Janeiro; 2010.
[14] Randolph SJ, Fowlkes JD, Rack PD. Crit Rev Solid State Mater Sci. 2006;31:55–89.
[15] Utke I, Hoffmann P, Melngailis J. J Vac Sci Technol B. 2008;26:1197–276.
[16] van Dorp WF, Hagen CW. J Appl Phys. 2008;104:081301. 42 pp.
[17] Rabalais JW. Principles and applications of ion scattering spectrometry. New York: Wiley-Interscience; 2003.
[18] Livengood R, Tan S, Greenzweig Y, Notte J, McVey S. J Vac Sci Technol B. 2009;27:3244–9.
[19] Castaldo V, Hagen CW, Kruit P, van Veldhoven E, Maas D. J Vac Sci Technol B. 2009;27:3196–202.
[20] Eckstein W, Behrisch R, editors. 'Sputtering yields' in sputtering by particle bombardment. Berlin: Springer; 2007.
[21] Chen P, Salemink HWM, Alkemade PFA. J Vac Sci Technol B. 2009;27:2718–21.
[22] Silvis-Cividjian N, Hagen CW, Teunissen LH, Kruit P. Microelectron Eng. 2002;61–62: 693–9.
[23] Fowlkes JD, Randolph SJ, Rack PD. J Vac Sci Technol B. 2005;23:2825–32.
[24] Smith DA, Joy DC, Rack PD. Nanotechnology. 2010;21:175302. 7 pp.
[25] van Dorp WF, van Someren B, Hagen CW, Kruit P, Crozier PA. Nano Lett. 2005;5:1303–7.
[26] Chen P. PhD thesis, Delft University of Technology; 2010.
[27] Chen P, Salemink HWM, Alkemade PFA. J Vac Sci Technol B. 2009;27:1838–43.
[28] Scipioni L, Sanford C, van Veldhoven E, Maas D. Microsc Today. 2011;19(3):22–6.
[29] Botman A, Mulders JJL, Weemaes R, Mentink S. Nanotechnology. 2006;17:3779–85.
[30] Winters HF, Coburn JW. Appl Phys Lett. 1979;34:70–3.
[31] Flamm DL, Donnelly VM. Plasma Chem Plasma Process. 1981;1:317–63.
[32] Lobo CJ, Toth M, Wagner R, Thiel BL, Lysaght M. Nanotechnology. 2008;19:025303. 6 pp.
[33] Livengood RH, Tan S, Hallstein R, Notte J, McVey S, Faridur Rahman FHM. Nucl Instr Meth A. 2011;645:136–40.

第12章　激光纳米图形化

摘要

过去10年中,使用可见光、红外线和紫外激光辐射,开发出了多种可灵活加工纳米图形与结构的技术,且这些技术加工的关键尺寸已能很好地实现小于光的波长。这些技术包括使用亚波长近场光学元件、利用非线性相互作用(如双光子吸收)、通过对比度增强剂提高介质的非线性响应以及将入射辐射耦合到更短波长的等离激元模式。这些技术可以通过光聚合实现表面结构、内部结构或完整三维结构的加工。此外,激光纳米烧蚀可用于表面的精确纳米铣削和纳米颗粒的直接生产。正在开发的激光诱导正向转移技术能将材料以微纳米点的形式直接沉积到结构表面上,特征尺寸可低至100nm。最后,全新一代的VUV、XUV和X射线激光器也正在出现,并有望在不久的将来实现更小特征尺寸结构的加工。

12.1　引言

目前,激光器可在紫外到红外的整个波长范围内使用,脉冲宽度也可从飞秒到连续波,这个特性为开发各种各样的纳米结构加工方法提供了一个非常广泛的调控光与物质相互作用的空间。特别地,利用飞秒激光脉冲可获得非常短的相互作用时间来产生极小的横向或体积能量扩散,使制造具有极小特征尺寸的结构成为可能。为了获得纳米尺度的结构,研究人员已经开发了许多技术用来突破入射光的波长极限,这些措施包括将相互作用区域减小为亚波长尺度的非线性过程、近场聚焦光学、利用双光束干涉效应或将飞秒脉冲耦合为体内或表面的较短波长的等离子体波。通过使用紫外波长激光器,上述方法还可以加工出具有更小特征尺寸的结构。通过使用高次谐波(HHG)[1-5]、毛细管放电激光器[6,7]和13.9nm短脉冲激光等离子体泵浦激光器[8],可有效地产生相干真空紫外(VUV)和极紫外(XUV)脉冲,使得飞秒和阿秒脉冲激光的新技术正在迅速地向前发展。在X射线波段运行的全新自由电子激光(FEL)源[9-11]为直接进行纳米尺度的图形化提供了可能。该技术的实现前提是需要开发可用于聚焦这种短波长辐射的新型光学元件,而且在多数情况下这些元件需要在真空中工作。除了材料烧蚀或化学图形化技术外,还可以使用激光烧蚀在纳米尺度上实现材料的增材沉积,这一过程称为激光诱导正向转移(LIFT)。以下各节将对这些方法作一一介绍。

任何基于激光的加工方法,其制约因素都是它们的本征分辨率极限,一般在波长尺度,其极限可通过成像透镜得到。对于成像系统,在平面波输入的情况下,分辨两个光斑的标准瑞利判据是:一个光斑的峰值强度与第二个光斑的艾里强度分布函数的第一个最小值相重合[12],从而导致分辨率极限可描述为

$$\text{Res}=0.61\frac{\lambda}{n}\sin\theta \tag{12.1}$$

式中:λ 为真空波长;n 为周围介质的折射率,变化范围为 1(空气中)~1.515(浸入油中);θ 为镜头光圈边缘到像点的夹角。$n\sin\theta$ 定义为成像系统的数值孔径(NA)。单聚焦的平顶激光光斑的艾里斑分布函数的半高宽(FWHM)可略小于该分辨率判据,方程式(12.1)中系数变为0.515。同样,真实激光束的轮廓将更接近高斯轮廓,因此实际焦斑将是截断高斯光束的傅里叶变换,从而导致形状函数不同于理想的艾里函数。当前,数值孔径高达1.4的高倍显微镜物镜已用于激光纳米图形化应用[13],对于500nm和250nm的可见光和紫外波长,其瑞利分辨率分别为218nm和109nm。

在许多应用中,通过使用非线性过程来加工图形可进一步提高分辨率。在这些情况下,其响应过程依赖强度的平方或更高次方,从而导致响应和修改区域的范围比原始焦斑直径小得多。此类过程的一种常见情况是双光子吸收,用于在透明介质内部写入三维结构。同样,非线性响应的材料也可用于进一步缩小特征尺寸。

12.2 激光与材料的相互作用

激光辐射到材料表面的初始耦合是通过正常的线性吸收来实现的,对于超短脉冲来说是通过非线性吸收过程(如双光子吸收)来实现,其中后者对透明介电材料特别有用[14-16]。在多数情况下,材料表面会被快速加热,其热浪会传播到材料中,其传播行为受热扩散方程控制。这为激光与材料相互作用设定了一个由热扩散系数决定的重要长度尺度,即

$$D=\frac{\kappa}{(\rho C)} \tag{12.2}$$

式中:κ 为热导率;ρ 为目标材料的密度;C 为材料热容。在相互作用的时间 t

内，热扩散过程导致的热量扩散距离由下列近似关系给出，即

$$X=a_0(Dt)^{1/2} \tag{12.3}$$

式中：系数 a_0为单位为 1 的常量，取决于系统的精确几何形状。

因此，扩散距离的精确时间依赖轮廓可很容易地通过数值计算得到。例如，在热扩散系数为 0.8cm^2/s 的 Si 中，热量在 1ns 内的扩散距离约为 280nm，在 1ps 内的扩散距离约为 9nm，而对于熔融石英，其热扩散系数为 0.008cm^2/s，热量在 1ns 时间内扩散距离仅为 28nm，在 1ps 内仅扩展 0.9nm。通常，选择激光脉冲宽度量级的时间尺度来估算热扩散长度，然后定义出受该热量影响的体积。在烧蚀区，相互作用特征尺寸的深度与热扩散长度或光学趋肤深度有关，两者中的任何一个都有可能占主导地位[17]。极小的热影响区域就是皮秒或飞秒持续时间的脉冲通常被用于纳米加工的原因。

瞬态表面高温会引起材料的相变以及与周围气体的化学反应。这种相变包括熔化和气化。反过来，这些材料在重新固化时将会引起材料物理或结晶的变化[18,19]。所有这些过程都可以改变相互作用区域及周围区域的表面化学组成和晶体结构，在相互作用区域产生所需的结果，而在相互作用区域之外产生一些不想要的结果。受影响的整个区域称为热影响区（HAZ）[20-24]。另外，温度的快速升高也会引发冲击波，这会导致相互作用区域中的局部压力出现很大的跳变，这是因为材料膨胀和达到压力平衡的惯性时间响应落后于能量吸收的时间尺度。长脉冲（如多个纳秒）和激光-材料之间较低强度的相互作用不会导致很大的冲击压力。然而，更高强度的短脉冲相互作用除了导致这种压力跳跃外，同时还可能导致雪崩电离和等离子体形成。如果后者发生在激光脉冲持续时间内，则吸收率会迅速上升并且压力跃变也会变得更大。在这些情况下，压力跃变可能会变得足够大，从而发射冲击波，该冲击波可能会导致比相互作用区域本身更大的损伤影响区域（DAZ）。对于某些器件的应用，此类受损区域可能会导致器件的性能下降或失效。因此，应选择适当的脉冲强度范围以使这些有害效应的影响最小化。

在高强度下，因碰撞吸收或逆韧致辐射吸收，最初由多光子电离[25,26]产生的自由电子将被迅速加热，反过来引起进一步的电离，从而导致电子和离子密度雪崩并形成等离子体[17,27,28]。由于向内传播的强烈冲击波和迅速膨胀的等离子体羽流，产生的等离子体会导致大量材料的烧蚀。通常，这一过程会导致烧蚀区域的尺寸高达几微米，仅在飞秒脉冲的情况下才能将特征尺寸可以保持在纳米范围内。典型的冲击波速度大约为 10^6cm/s，等离子体羽流膨胀率大约为 10^7cm/s。在 10^9W/cm^{2}的激光入射强度时，烧蚀引起的气化物质的平均粒子能量约为 0.1eV，在 10^{14}W/cm^{2}时可到 100eV。这些烧蚀气化的物质本身也可

用于材料的再沉积以形成激光沉积的薄膜,以及用于激光诱导的正向转移(LIFT),从而实现材料的直接写入。

目前,产生相干 VUV 辐射的技术进步使得其功率已达到可用于纳米加工的阈值水平。这些辐射源包括德国电子同步加速器(Deutsches Elektronen-Synchrotron,DESY)和斯坦福线性加速器实验室(SLAC)的 XUV 和 X 射线自由电子激光器[10,11]。此外,一些基于激光的新型光源,他们通过飞秒脉冲激光与气体喷射目标或者固体表面相互作用产生的高次谐波来实现[1,2,4,5,29-31]。这些光源的辐射激光波长可为 100~0.1nm,脉冲能量大约为每脉冲微焦耳量级[11,32]。在 XUV 波长范围内,许多材料的吸收趋肤深度都在 10nm 范围内,从而可以通过与化学抗蚀剂材料的线性相互作用或通过烧蚀相互作用来去除材料,从而在纳米级的尺度上直接写入图形。

12.3 二维纳米写入技术

近场光学技术、微透镜和超短波长都可以获得纳米表面特征尺寸。此外,更短波长的光源也逐渐开始出现,用于亚 100nm 范围内的直写加工。

研究已经证明许多技术可以将相互作用区域减少到远低于波长的尺度。近场光学显微镜已被用于将光源尺寸减小至 100nm 尺寸或更低。Nolte[33]的研究证明了这一点。如图 12.1 所示,200nm 宽的线被写在石英衬底上的金属 Cr

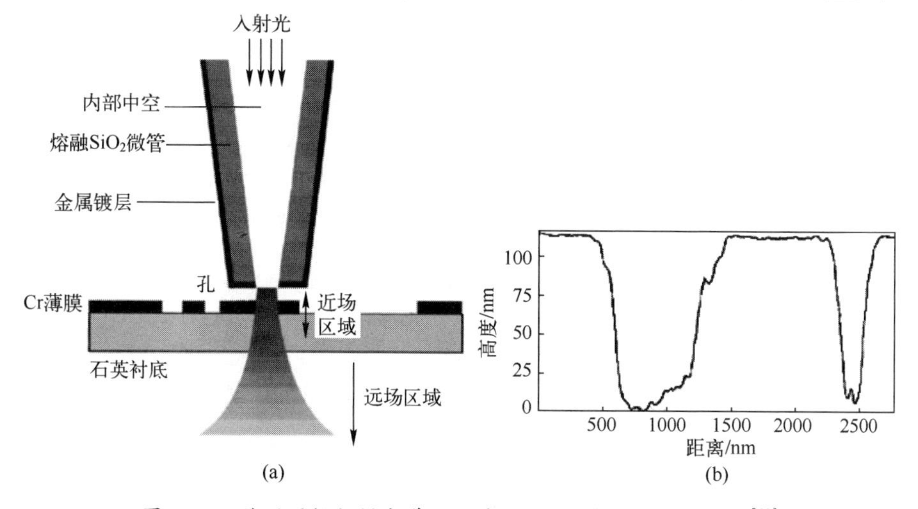

图 12.1 使用近场扫描光学显微镜(NSOM)产生亚波长特征[38]

(a) 实验装置布局示意图;(b) 加工在熔融石英衬底上 Cr 层中的凹槽高度分布(其中不同高度的扫描速率分别为 2mm/s 和 10mm/s、能量密度约为 100mJ/cm^2、波长为 266nm、重复频率为 1kHz)。

层中，其重复写入频率为1kHz，波长为266nm，脉冲时间为100fs，能量密度为被观察到的消融阈值（70mJ/cm^2）的1.5倍。Taylor等通过激光照射样品后，对产生的受损区域进行化学刻蚀，能够在玻璃表面上获得100nm的孔[34]。

Russo等团队[35,36]最近的出版物证明光源的尺寸可进一步减小，他们结合近场工艺获得了低至27nm的纳米烧蚀点，如图12.2所示。Joglekar等[37]通过将600fs的激光脉冲聚焦在玻璃盖玻片的背面，演示了直接制造出孔直径在15~30nm特征尺寸的孔。在这种情况下，自聚焦或与玻璃材料的相互作用似乎在减少相互作用光斑尺寸方面起着一定作用。

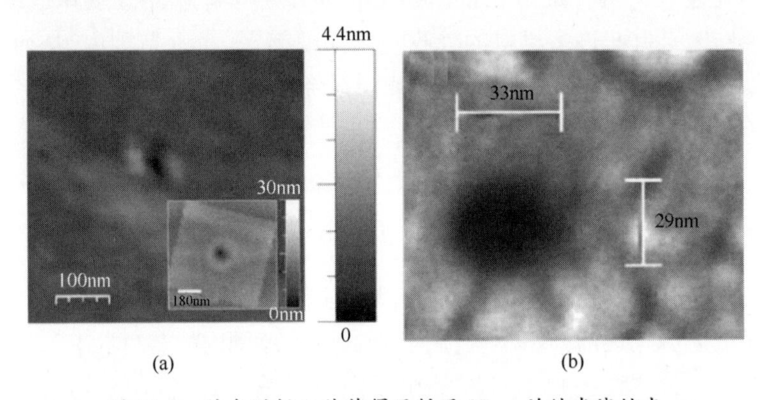

图12.2 结合近场工艺获得了低至27nm的纳米烧蚀点

（a）单个0.18nJ激光脉冲经过NSOM产生的半高宽为27nm的孔[35]；（b）通过使用1.3NA油浸物镜聚焦4nJ 600fs脉冲，可在康宁0211盖板上产生直径为30nm的出口孔[37]。

将辐射集中到较小工作区域的另一种方法是使用微透镜。这些微透镜可以通过各种标准光刻技术制造，然后用于将照明光束聚焦为一个高强度的工作束斑。图12.3展示的是使用微透镜阵列以4.76mJ/cm^{2}的入射通量烧蚀的直径为100nm、深度为20nm的Cr金属层中的孔[38]。透镜阵列由流体辅助加工工艺制造，辐照光源为532nm的纳秒脉冲激光。在参考文献[38]中，他们还使用了连续Ar^+激光在透镜下方烧结小斑点。在照射后进一步加热和烧结材料，可形成直径为50nm的纳米珠阵列。McLeod[39]使用了一种可操控的光学微透镜，该微透镜由一个光学捕获贝塞尔激光束来操控，可通过透镜将飞秒脉冲辐射到样品上以产生110nm的特征尺寸。Li等[40]通过将较短波长的248nm KrF激光脉冲入射在n型Si表面上的自组装亚微米透镜阵列上，然后进行刻蚀获得了30nm的特征尺寸。这种微透镜和微透镜阵列烧蚀和刻蚀的更多实例可以在其他参考文献中找到[41,42]。

另一种能产生非常小相互作用区域的技术使用了AFM探针尖端将激光辐射集中在尖端与表面之间的间隙中。这种技术在Au膜中展示了10nm的加工

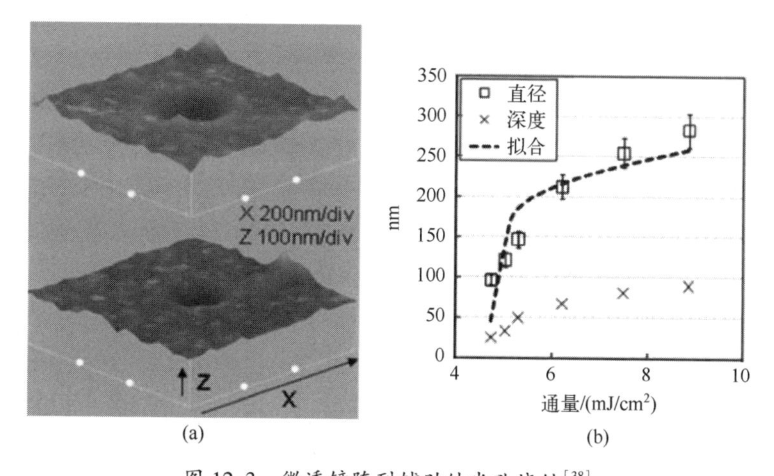

图 12.3 微透镜阵列辅助纳米孔烧蚀[38]

(a) 分别为 5.05mJ/cm² 和 4.76mJ/cm² 的能量密度下烧蚀孔的 AFM 图像;
(b) 孔直径与能量密度的函数关系图。

尺寸,如图 12.4 所示。在这一实验过程中,使用波长为 800nm 的千赫兹飞秒激光以约 70mJ/cm² 的能量密度辐照探针,同时使探针与表面保持几纳米的距离。AFM 尖端直写的更多示例可以在其他参考文献中找到[43,44]。

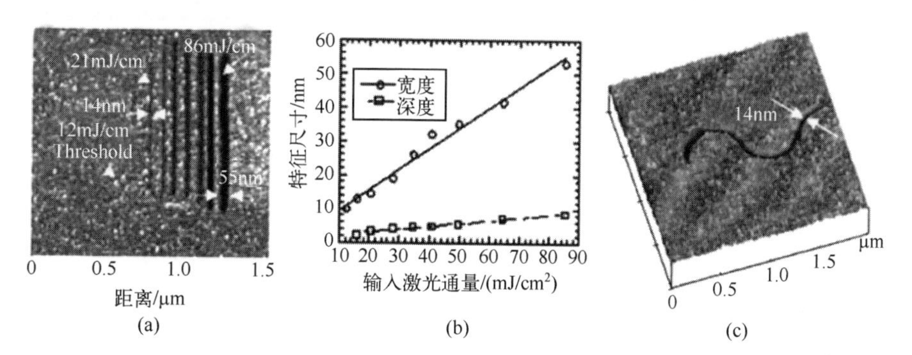

图 12.4 使用聚焦在 AFM 尖端上的 1kHz、83fs、800nm 激光脉冲在金膜上烧蚀特征结构[43]

(a) 14~86nm 线宽的 SEM 图像;(b) 特征尺寸对激光能量密度的依赖性;(c) 线宽为 14nm 的连续线。

实现纳米特征尺寸的直接方法是使用非常短的激光波长。工作在 193nm 的氟化氩激光器已用于加工出口直径为 90nm 的纳米孔[45]。在真空紫外区域中以 157nm 波长工作的氟激光器已被用于制作亚微米特征尺寸的结构[46,47]。基于高对比度抗蚀剂和高折射率浸没式液体介质,氟激光器也已被用于干涉光刻,产生的半周期线宽为 22nm [48]。使用 244nm 和 325nm 波长的激光结合金属辅助刻蚀技术,紫外干涉光刻已被用于加工直径为 65~100nm 的 Si 纳米线阵列[49-51]。三束干涉与 800nm 飞秒激光脉冲一起使用,可创建特征尺寸为 100nm

的周期性图形[52]。此类干涉光刻在纹理结构上的应用还包括对每个单元行为的独立控制[53]。

通过仔细控制短脉冲辐照激光的能量密度和偏振,可以形成许多自组织表面纳米结构,如波纹或光栅状结构。一般地,需要许多脉冲以使结构传播和生长。这些结构被认为是由于入射激光和在表面上激发的表面等离子体波之间的相互作用而形成的,特别是对于金属表面及随着激光照射表面发生电离而变得导电的半导体和电介质而言。如图 12.5(a)、(b)所示,目前已经在包括 GaP、GaAs、GaN 和 InP[54-56]的各种半导体材料上都观察到了这种波纹结构,其特征尺寸低至 170nm。通过表面的快速熔化和冷却可以产生更复杂的纹理和随机结构,其特征尺寸为 40~200nm,如图 12.5(c)所示。同时,在石墨表面[58]和石英玻璃上[59]也观察到了周期分别低至 110nm 和 170nm 的波纹结构。

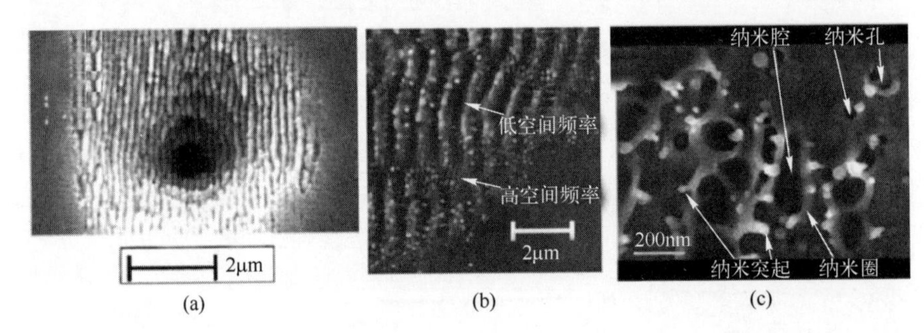

图 12.5 亚波长低空间频率(LSFL)和高空间频率(HSFL)波纹结构

(a) 在 GaP 上的尺度为 170nm 的 HSFL 结构[54];(b) 在 InP 上同时存在的 LSFL 和 HSFL 结构[55];(c) 能量密度为 0.35J/cm^2、波长为 800nm 的 65fs 激光脉冲在 Cu 上形成的烧蚀点中的复杂结构[57]。

激光光源波长的进一步发展是在 EUV 和 X 射线区出现新的光源。氩毛细管放电驱动的 46.9nm 波长的激光器实现了毫焦耳量级的直接脉冲输出,并已通过干涉光刻技术将其用于制造 55nm 光栅结构和 60nm 柱状结构[60-62]。通过波带片成像技术,该光源可被聚集为 82nm 全宽的烧蚀光斑,并用于在 PMMA 表面进行纳米加工[63]。使用气体喷射、毛细管相互作用或电离等离子体介质[5,29-31]和固体表面目标[64]生成的高次谐波可产生纳焦至微焦级的脉冲。预计在不久的将来将发展具有这种短波长光源的微加工技术。

现在世界上两个加速器实验室存在更强烈的自由电子激光源,即 DESY 的 Flash 和 SLAC 的 LCLS,它们可以产生波长范围为 30~0.1nm 的微焦耳量级脉冲能量。最初的微加工实验已经开始在 Flash 上使用亚微米聚焦光束产生直径为几微米的烧蚀孔[65],预计在不久的将来将产生更小的烧蚀特征尺寸。随着该技术的出现,未来 10 年中此类系统的应用将有显著增长。

12.4 三维非线性纳米写入技术

为了在体内写入结构，一般需要通过与强度相关的过程（例如多光子吸收）来实现非线性增强技术。通过将焦点聚焦在表面下方，由于激光在焦斑中的平均强度大大高于其他区域，因此焦斑中的平均反应速率远高于表面和焦平面之间的中间区域，从而可以在聚焦区域获得响应而不影响材料的其余非聚焦部分。这一设想首先在通过化学抗蚀剂和光聚合物中写入图形得以证明，这些图形对入射激光波长不敏感，但会对其二次谐波波长产生响应。Kawata 等[14,66]设定了固体中双光子写入的初始标准，展示了公牛微型雕像的三维写入技术，其总尺寸为 7μm×10μm，如图 12.6(a)所示。当用 120fs 的 800nm 激光脉冲写入时，可以获得 120nm 的横向分辨率。随后，通过使用淬灭剂[15,66]来增强抗蚀剂的对比度，上述课题组使用相同的技术实现了尺寸为 100nm 立体像素的加工，如图 12.6(b)所示。通过更加精确的控制，在使用相同抗蚀剂的情况下甚至可获得 23nm 的特征尺寸，如图 12.6(c)所示[67]。

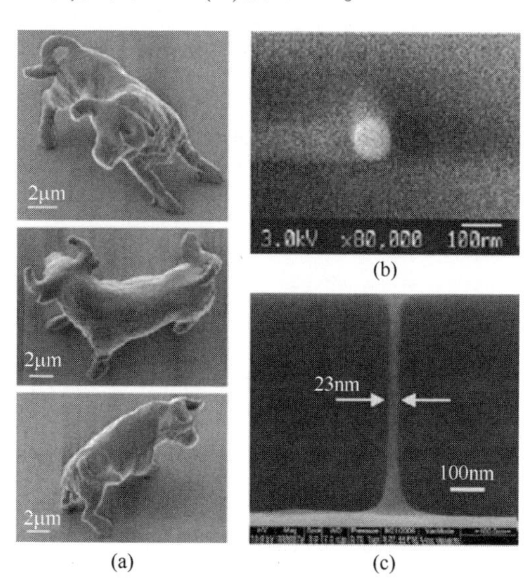

(a) (b) (c)

图 12.6 公牛微型雕像的三维写入技术

(a) 用 SCR500 光聚合物写入的尺寸为 10μm×7μm 的公牛(其分辨率为 120nm)；
(b) 用 SCR500 光敏聚合物写入的尺寸为 100nm 点并添加了聚合猝灭剂以增强对比度响应[66]；
(c) 用 SCR500 光聚合物写入的 23nm 柱状结构[67]。

其他研究团队也采用 SU-8 抗蚀剂进行了类似的演示，其中包括 Chichkov 组[68]使用 800nm 波长 100fs 的激光脉冲实现了 100nm 分辨率特征尺寸的写入，以及在 SU-8 抗蚀剂中写入了 30nm 直径的纳米棒[69]。相关参考文献中总结比较了各种抗蚀剂[70,71]。

基于近场衍射光学元件的三维干涉光刻技术可在 SU-8 抗蚀剂中实现光子晶体结构的制作。随后,通过非晶硅渗透工艺,可以产生特征尺寸约为 150nm 的复杂三维光子带隙结构[72]。

通过将光聚焦在材料的入射表面下方,也可以在透明电介质内部产生纳米光栅结构。这样的结构在扫描样品时需要多次重复的激光照射,并且再次被认为是入射的激光与材料电离在介质内部产生的等离子体之间的相互作用所引起的。这些相互作用在材料内产生致密化作用和纳米空隙,它们起着光栅结构的作用[73,74]。为了使它们可视化,可以对玻璃进行切片和刻蚀,以显示出损伤的光栅结构,如图 12.7 所示。

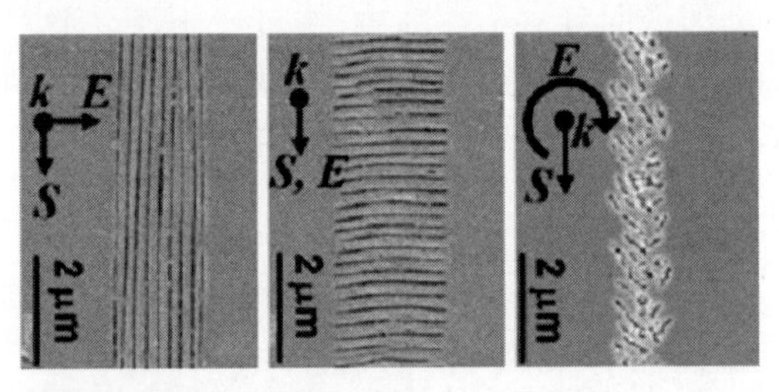

图 12.7 切片和刻蚀后的玻璃中的纳米光栅结构(它们产生于不同的偏振和扫描方向)[35]

12.5 纳米铣削和纳米颗粒合成

通过在单次冲击损伤阈值以下操作并使用重复脉冲,可以在大多数材料中观察到损伤孵育现象,最终在表面上可以看到宏观损伤。所需的冲击次数以操作通量与单次冲击损伤通量之比的指数而增加,其依赖程度由孵育参数 ξ[75,76] 给出。这种行为类似于金属中的疲劳失效,其中在金属的机械屈服极限以下连续弯曲最终会导致金属的失效。在激光辐照下,材料内的热压应力以及随后的每个激光脉冲造成的膨胀和收缩最终会导致晶体发生位错和原子级的微损伤,且该原子级损伤会随着每个激光脉冲的增长而增长。正好在阈值处的单脉冲或略微低于阈值通量的多个脉冲操作可以导致非常薄材料层的烧蚀,从而实现对表面进行精细的纳米铣削以获得精确的厚度。Kirkwood 等[77] 在 Cu 表面演示了平均速率为 2nm/s 的纳米铣削速度。纳米铣削也可用于微调声表面波器件或光学环形谐振器,最近的工作已开始证明其具有这种能力[78]。纳米铣削也可以应用于表面图形化和加工[79-81]。

激光纳米铣削的另一个主要应用是从表面产生纳米颗粒。通常,烧蚀过程在液体中进行,以方便收集产生的纳米颗粒。到目前为止,已经发展出多类技术及已被应用到各种材料体系,包括生成尺寸范围为 2~30nm 的 Au 纳米颗粒[82-84]、Si 纳米颗粒[85,86]、Au/Ag 核壳结构、Pt、Ag、Cu 和有机样品[87-89]。图 12.8 显示了一些生成的纳米颗粒图像。

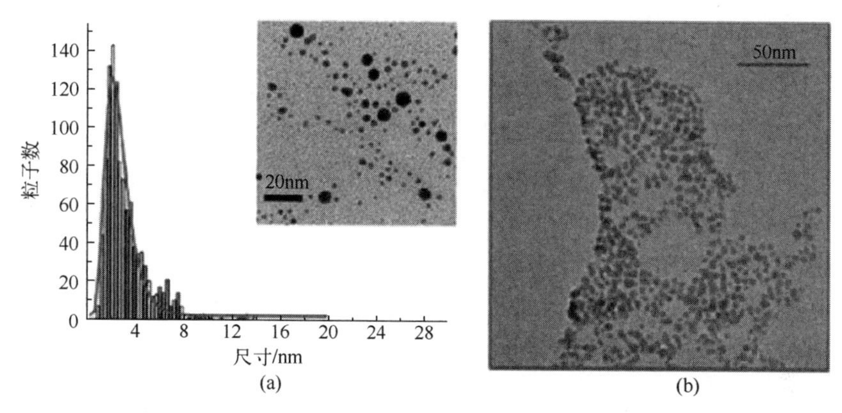

图 12.8 通过液体中的激光烧蚀产生的纳米颗粒

(a) 右旋糖酐纳米颗粒[89];(b) Au 纳米颗粒[88]。

12.6 激光诱导正向转移

除表面的激光纳米铣削外,还可以使用激光诱导的正向转移(LIFT)在表面上沉积材料。在这种情况下,部分薄膜在激光脉冲下,以点的形式从透明供体衬底转移到附近的受体衬底上。这一技术首次由 Bohandy 等[90]证明,他们通过使用单纳秒准分子激光脉冲(193nm)在 Si 和熔融 SiO_2 衬底上实现了 50μm 宽 Cu 线的直接写入。最近的研究表明,这一技术能够获得低至 200nm 的结构特征尺寸[91]。

图 12.9 显示了典型的 LIFT 过程。首先将连续薄膜沉积到对激光透明的衬底上,该薄膜通常在几十纳米到几微米之间,这种涂覆的衬底称为供体衬底。将受体衬底放置在薄膜的下方,紧邻供体衬底薄膜。通常,持续时间为百飞秒到几十纳秒的激光脉冲通过供体衬底聚焦到薄膜上,从而在界面处形成蒸汽。在此过程中与之相关的力可以撕掉一部分膜,使其高速地从供体衬底中喷出。喷射的薄膜穿过供体和受体衬底之间的间隙,撞击并与受体衬底结合。

通过使用纳秒脉冲(ns-LIFT)转移的金属材料具有若干缺点,例如由于能量沉积导致转移点周围存在裂缝和碎屑使得薄膜质量差、由于转移过程中的熔化和凝固导致的金属氧化和转移层分层。通常,使用超短皮秒或飞秒激光脉冲

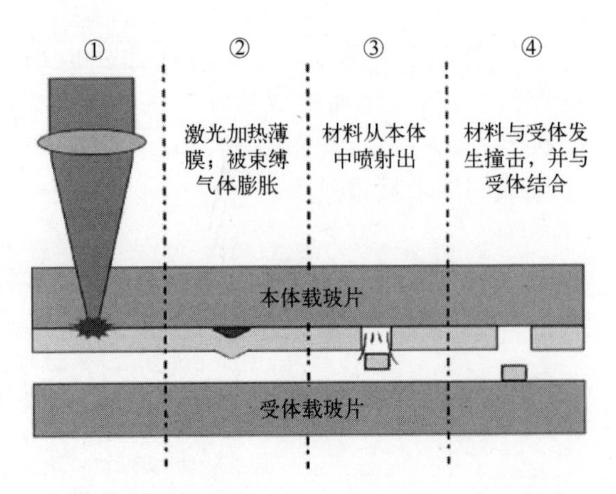

图 12.9 激光诱导正向转移(LIFT)工艺示意图

(ps-LIFT 或 fs-LIFT)可以克服这些缺点。对纳秒脉冲,吸收的激光能量将在激光脉冲持续期间扩散,因此熔融区域将比由激光焦点和激光穿透深度限定的激光吸收区域大得多。对于超短激光脉冲在脉冲持续期间内的热扩散非常小,这有利于亚微米图形的转移。

自 LIFT 工艺于 1986 年首次提出以来,大量的金属、无机材料和有机材料已经通过 LIFT 技术得到了转移。据报道,甚至活细胞也可以通过 LIFT 技术转移。LIFT 工艺非常适合应用于原型器件开发和器件的个性化定制,以及用于在那些表面形貌或者化学特性与传统微加工不兼容的器件及表面的改性和修复。使用具有 XYZ 微定位功能的 LIFT 系统,可以根据需要以编程方式将材料添加到微器件上或从微器件上移除。通过 LIFT 直接转移金属、无机材料和有机材料,已经实现了各种各样的应用。在构建 LIFT 微点的同时,通过在计算机控制的移动台上移动受体基片,可以将复杂的图形印制到基片上。将 LIFT 技术与其他激光直接写入技术(如激光微机械加工等)相结合,可以实现添加和移除材料的完整功能,可应用于埋入式电子器件的加工。

LIFT 过程中存在高温和高压的极端条件。许多脆弱的材料(如功能性纳米结构材料和生物细胞)可能无法在这种条件下生存。因此,需要寻找减轻这种极端情况的方法。一种方法是使用更先进的 LIFT 供体衬底设计。采用多层薄膜的 LIFT 技术最早由 Tolbert 提出,这一技术最初称为激光烧蚀转移[92]。在该方法中,首先将由激光吸收材料组成的过渡层薄膜沉积在透明供体衬底上,然后将要转移的目标材料沉积在该激光吸收材料的顶部,在 LIFT 工艺中,入射激光脉冲与吸收层相互作用,致其气化,然后迫使与吸收层接触的目标材料被移除并转移到受体衬底。这种方法将减少目标材料的损坏,因为激光能量主要与过渡层发生反应,并可能在吸收弱激光的情况下实现材料的转移。通过使用这种方法，激光染料[93]、荧光粉（Y_2O_3:Eu 和 Zn_2SiO_4:Mn）[94]、聚合物[95]、有机导电聚合物[96]、生物分子微阵列[97-99]、肽[100]、蛋白质[101]和活细胞[102]都可以通过使用金属（Au、Cr 或 Ti）作为吸收层（几十纳米厚）而成功转移。例如，通过使用 30~40nm Ag 纳米颗粒作为吸收材料在供体衬底上，LIFT 技术可以成功转移有机发光像素。聚合物也可用作供体衬底上的吸收材料。比如，使用商业聚合物作为吸收材料已成功实现了干细胞的转移[103]；使用光敏三氮烯聚合物（TP）作为牺牲层，LIFT 技术成功地转移了细胞[104]、有机发光二极管（OLED）像素[105]和半导体纳米晶体量子点（NQD）[106]。对于 OLED 像素和半导体 NQD 的转移，所使用的供体衬底由 3 层组成，即 TP 层、金属层和 LIFT 材料层（OLED 像素或 CdSe NQD）。TP 牺牲层通过 UV 激光脉冲蒸发，快速膨胀的有机蒸气将金属 LIFT 材料双分子层推向受体衬底。金属层用作电极，同时防止 OLED 像素或 CdSe NQD 暴露在 UV 辐射之下。来自美国海军研究实验室（NRL）的 Pique 小组[107]开发了 MAPLE DW（矩阵辅助脉冲激光蒸发直写）技术，该技术结合了激光诱导正向转移（LIFT）和矩阵辅助脉冲激光蒸发（MAPLE）。该方法采用待沉积的可溶性材料混合物和通常被预冷却至低温的溶剂相的混合物作为供体衬底上的目标材料。当目标物受到激光脉冲照射时，溶剂会迅速蒸发并被抽走，从而将溶质推向受体衬底，在分解最少的情况下形成均匀的薄膜。这种方法已应用于转移金属、陶瓷和聚合物材料，如 Ag、Au、$BaTiO_3$和 BTO [108,109]。各种类型的物理和化学传感器，微电池和生物传感器也已通过这种方法进行原型化[110]。最近，同一 NRL 研究小组[111,112]提出了一种名为“激光贴花转印”的方法。该方法使用黏性纳米颗粒悬浮液（他们的研究中为 Ag 纳米颗粒悬浮液）作为目标材料的油墨。研究发现，悬浮液的黏性在贴花转印中起到了重要的作用。另一种称为基于气泡的 LIFT 技术用于转移金刚石纳米粉末[113]。在该研究中，金刚石纳米粉末首先被铺展在涂有 Ti 的供体衬底的金属表面，然后使用 50ps 的可见光激光脉冲来加热供体衬底上的金属膜。激光加热的金属膜在向外移动时就像柔性膜一样，将纳米粉末推向受体衬底。但值得注意的是，并非所有功能材料都需要复杂的供体基材。通过使用简单涂覆碳纳米管（CNT）的玻璃衬底，ns-LIFT 技术已用于 CNT 场发射阴极的制作[114]，且转移的 CNT 场发射性质不会降低。

LIFT 加工过程的空间分辨率取决于 LIFT 斑点的大小。通常，在 LIFT 中使用具有高斯空间轮廓的激光器。由于激光烧蚀通常具有尖锐的能量阈值，因此暴露于激光下的薄膜，其高于烧蚀阈值的区域将被去除，而对于低于该阈值的薄膜区域，薄膜几乎不发生永久性变化，虽然薄膜传热引起的热扩散会在一定程度上造成能量阈值的模糊。因此，超短脉冲允许烧蚀点小于激光束腰。如果烧蚀阈值接近激光光斑的峰值强度，则沉积点可能会明显小于激光轮廓的束腰。

如图 12.10 所示，LIFT 点的大小取决于能量密度。在这些实验中，使用了涂有 80nm 厚 Cr 的供体衬底。800nm 波长、130 fs 脉冲激光的聚焦束腰直径为 3.7μm。随着能量密度从 0.2J/cm^{2}增至 2J/cm^2，LIFT 斑点的直径迅速增加，而能量密度在 2~20J/cm^{2}内变化时，斑点直径的增大变得很慢。当激光能量密度在转移阈值 0.2J/cm^{2}附近保持时，最小的 Cr 斑点直径约为 700nm，比激光束腰直径小 5 倍，如图 12.11 所示。

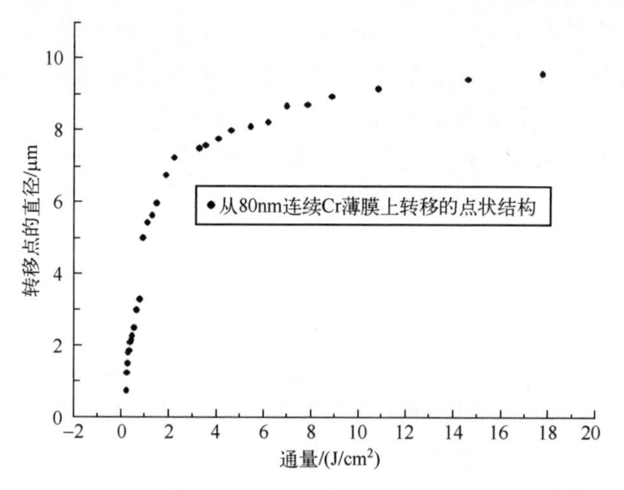

图 12.10 转移的 Cr 点直径与激光能量密度的关系[115]

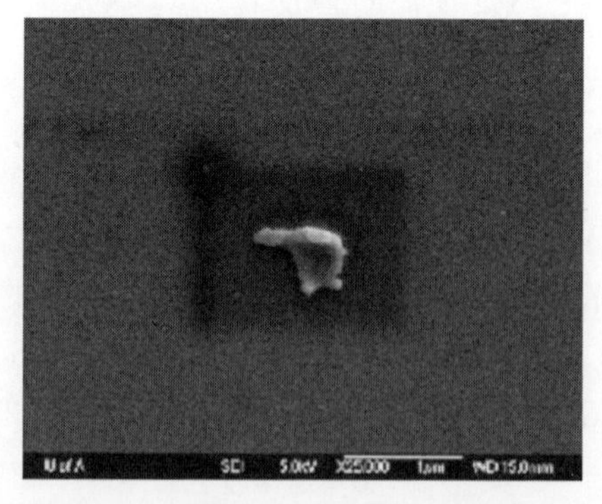

图 12.11 在 $F=0.24$J/cm^{2}下从 80nm 厚的连续 Cr 膜上转移的结构的 SEM 图像[115]（比例尺为 1μm）

供体衬底上膜的厚度是一个重要的参数。据报道，fs-LIFT 转移的 Cr 材料最小可实现的空间分辨率约为 330nm[116]。在该研究中，供体衬底上的薄膜非常薄(30nm),因此激光可将整个厚度的 Cr 薄膜熔化,从而导致熔融的 Cr 液滴沉积在受体衬底上。Banks 等人数值模拟[115]证实了在实验条件下的熔化深度约为 40nm[116]。使用低于熔化深度薄膜的技术称为纳米液滴 LIFT 技术。在这种技术中,LIFT 液滴的大小取决于薄膜的厚度和材料特性(特别是其液体表面张力)。

纳米液滴的尺寸取决于由激光焦斑尺寸和膜厚度确定的熔融体积。如图 12.12所示,当使用较小的焦斑或较薄的薄膜时,Au 液滴的直径将减小。当使用更薄的 10nm 厚的 Au 膜时,获得的 Au 纳米液滴尺寸为 220nm。如果使用 12.3 节中讨论的近场光学技术,有望获得更小的纳米液滴。

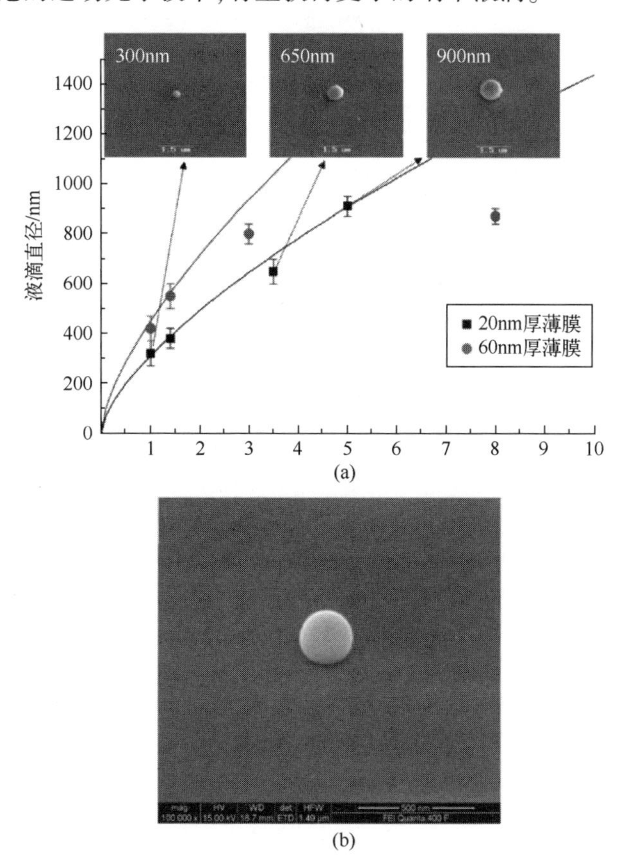

图 12.12 Au 液滴的激光诱导正向转移[91]

(a) 转移的液滴尺寸对聚焦条件和 Au 膜厚度的依赖性;(b) 通过使用 10nm 厚的膜转移的尺寸为 220nm 的 Au 液滴。

图 12.13(a)给出了另一种转移更小的亚微米点技术的示意图[115]。可以通过使用电子束光刻、EUV 光刻或激光纳米图形化技术在供体衬底上制造一系

列亚微米尺寸的材料点阵列。然后将激光脉冲聚焦在这些预先图形化的材料点阵的顶部，以便将其转移到受体衬底上。最近的研究表明，该技术能转移直径为100nm的预图形化点阵，如图12.13(b)所示。

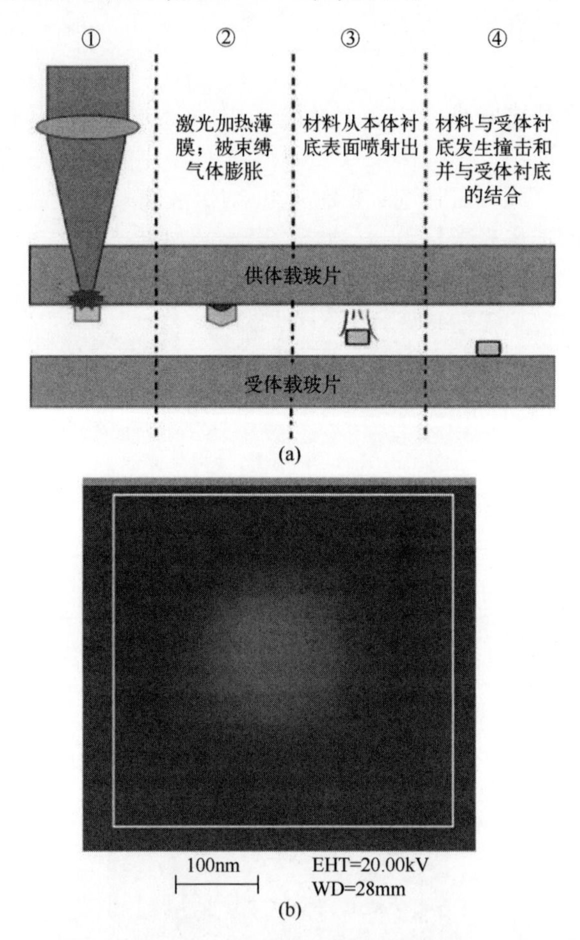

图12.13 用预图形化的供体衬底的LIFT工艺以实现100nm规模的尺寸沉积点
(a) LIFT工艺的示意图；(b) 使用该技术转移的100nm Cr点。

12.7 小结

显然，光学技术在所有不同的应用领域中正朝着更小的特征尺寸发展。通过烧蚀图形化过程、非线性加工和激光诱导材料正向转移(特别是使用飞秒激光和紫外线波长)，可以将特征尺寸减小到100nm左右。使用NSOM和AFM场聚焦技术以及其他非线性增强技术，可以实现低至10nm尺度的特征尺寸。在接近烧蚀阈值的条件下，可以对纳米表面薄膜进行铣削，同时低强度烧蚀还可以从多种材料中产生纳米颗粒。目前正在开发的新的相干 EUV 和 X 射线辐射源在不久的将来便可实现直接写入接近 10nm 尺寸的纳米结构。预计在未来几年中，激光纳米图形化技术的使用将继续增长。

参考文献

[1] Gaudiosi DM, Reagan B, Popmintchev T, et al. Phys Rev Lett. 2006;96:203001.
[2] Reagan BA, Popmintchev T, Grisham ME, et al. Phys Rev A. 2007;76:013816.
[3] Popmintchev T, Chen MC, Arpin P, et al. Nat Photonics. 2010;4:822–32.
[4] Chen MC, Arpin P, Popmintchev T, et al. Phys Rev Lett. 2010;105:173901-1-4.
[5] Pertot Y, Elouga Bom LB, Bhardwaj VR, et al. Appl Phys Lett. 2011;98:101104-1-3.
[6] Benware BR, Moreno CH, Burd CJ, et al. Opt Lett. 1997;22:796–8.
[7] Macchietto CD, Benware BR, Rocca JJ. Opt Lett. 1999;24(16):1115–7.
[8] Martz DH, Alessi D, Luther BM, et al. Opt Lett. 2010;35:1632–4.
[9] Ayvazyan V, Baboi N, Bohnet I, et al. Phys Rev Lett. 2002;88:104802.
[10] Ayvazyan V, Baboi N, Bahr J, et al. Eur Phys J D. 2006;37:297–303.
[11] Emma P, Akre R, Arthur J, et al. Nat Photonics. 2010;4:641–7.
[12] Born M, Wolf E. Principles of optics. Oxford: Pergamon Press; 1975.
[13] Iversen L, Metzler OY, Martinez KL, et al. Langmuir. 2009;25:12819–24.
[14] Kawata S, Sun HB, Tanaka T, et al. Nature. 2001;412:697–8.
[15] Takada K, Sun HB, Kawata S. Appl Phys Lett. 2005;86:071122.
[16] Luo H, Li Y, Cui HB, et al. Appl Phys A. 2009;97:709–12.
[17] Liu X, Du D, Mourou G. IEEE J Quantum Elec. 1997;33:1706–16.
[18] Bonse J, Brzezinka KW, Meixner AJ. Appl Surf Sci. 2004;221:215–30.
[19] Dassow R, Kohler JR, Helen Y, et al. Semicond Sci Technol. 2000;15:L31–4.
[20] Le Harzig R, Huot N, Audouard E, et al. Appl Phys Lett. 2002;80:3886–8.
[21] Beresna M, Gertus T, Tomasiunas R et al. Laser Chem. 2008 doi: 10.1155/2008/976205.
[22] Singh R, Alberts MJ, Melkote SN. Int J Mach Tool Manu. 2008;48:994–1004.
[23] Tan B, Dalili A, Venkatakrishnan K. Appl Phys A. 2009;95:537–45.
[24] Bonse J, Krüger J. J Appl Phys. 2010;107:054902.
[25] Mainfray G, Manus C. Rep Prog Phys. 1991;54:1333–72.
[26] Schaffer CB, Brodeur A, Mazur E. Meas Sci Technol. 2001;12:1784–94.
[27] Stuart BC, Feit MD, Herman S, et al. Phys Rev B. 1996;53:1749–61.
[28] von der Linde D, Schuler HJ. Opt Soc Am B. 1996;13:216–22.
[29] Ganeev RA, Bom LBE, Kieffer JC, et al. Phys Rev A. 2007;76:023831.
[30] Shiner AD, Trallero-Herrero C, Kajumba N, et al. Phys Rev B. 2009;103:073902.
[31] McFarland BK, Farrell JP, Bucksbaum PH, et al. Phys Rev A. 2009;80:033412.
[32] Hergott JF, Kovacev M, Merdji H, et al. Phys Rev A. 2002;66:021801.
[33] Nolte S, Chichkov BN, Welling H, et al. Opt Lett. 1999;24:914–6.
[34] Taylor RS, Hnatovsky C, Simova E, et al. Opt Lett. 2003;28:1043–5.
[35] Zorba V, Mao X, Russo RE. Appl Phys Lett. 2009;95:041110.
[36] Zorba V, Mao X, Russo RE. Anal Bioanal Chem. 2010;396:173–80.

[37] Joglekar AP, Liu H, Spooner GJ, et al. Appl Phys B. 2003;77:25–30.
[38] Pan H, Hwang DJ, Ko SH, et al. Small. 2010;6:1812–21.
[39] McLeod E, Arnold CB. Nat Nanotechnol. 2008;3:413–7.
[40] Li L, Guo W, Wang ZB, et al. J Micromech Microeng. 2009;19:054002.
[41] Brodoceanu D, Landstrom L, Bauerle DB. Appl Phys A. 2007;86:313–4.
[42] Tan LS, Hong M. Int J Optomechatronics. 2008;2:382–289.
[43] Chimmalgi A, Grigoropoulos CP, Komvopoulos K. J Appl Phys. 2005;97:104319.
[44] Milner AA, Zhang K, Prior Y. Nano Lett. 2008;8:2017–22.
[45] Yu M, Kim HS, Blick RH. Opt Express. 2009;17:10044–9.
[46] Herman PR, Chen KP, Wei M, et al. Proc SPIE. 2001;4274:149–57.
[47] Ihlemann J, Uller SM, Puschmann S, et al. Appl Phys A. 2003;76:751–3.
[48] Bloomstein TM, Marchant MF, Deneault S, et al. Opt Express. 2006;14(14):6434–43.
[49] Choi WK, Liew TH, Dawood MK. Nano Lett. 2008;8:3799–802.
[50] Choi WK, Liew TH, Chew HG, et al. Small. 2008;4:330–3.
[51] de Boor J, Geyer N, Wittemann JV, et al. Nanotechnology. 2010;21:095302.
[52] Li X, Feng D, Jia T, et al. Micro Nano Lett. 2011;6:177–80.
[53] Zhu M, Zhou L, Li B et al. Nanoscale (2011) doi: 10.1039/C1NR00015B.
[54] Borowiec A, Haugen HK. Appl Phys Lett. 2003;82:4462–4.
[55] Bonse J, Munz M, Sturm H. J Appl Phys. 2005;97:013538-1-9.
[56] Wang XC, Lim GC, Ng FL, et al. Appl Surf Sci. 2005;252:1492–7.
[57] Vorobyev AY, Guo C. Opt Express. 2006;14:2164–9.
[58] Golosov EV, Ionin AA, Kolobov YR, et al. Phys Rev B. 2011;83:115426.
[59] Sun Q, Liang F, Vallée R, et al. Opt Lett. 2008;33:2713–5.
[60] Capeluto MG, Vaschenko G, Grisham M, et al. IEEE Trans Nanotechnol. 2006;5:3–7.
[61] Capeluto MG, Wachulak P, Marconi MC, et al. Microelectron Eng. 2007;84:721–4.
[62] Wachulak PW, Capeluto MG, Menoni CS, et al. Opto-Electron Rev. 2008;16:444–50.
[63] Vaschenko G, Garcia EA, Menoni CS, et al. Opt Lett. 2006;31:3615–7.
[64] Dromey B, Kar S, Bellei C, et al. Phys Rev Lett. 2007;99:085001.
[65] Andreasson J, Iwan B, Andrejczuk A, et al. Phys Rev E. 2011;83:016403.
[66] Sun HB, Kawata S. Adv Polym Sci. 2004;170:169–273.
[67] Tan D, Li Y, Qi F, et al. Appl Phys Lett. 2007;90:071106 -1-3.
[68] Ovsianikov A, Ostendorf A, Chichkov BN. Appl Surf Sci. 2007;253:6599–602.
[69] Juodkazis S, Mizeikis V, Seet KK, et al. Nanotechnology. 2005;16:846–9.
[70] Lee KS, Kim RH, Yang DY, et al. Prog Polym Sci. 2008;33:631–81.
[71] Zhang YL, Chen QD, Xia H, et al. Nano Today. 2010;5:435–48.
[72] Chanda D, Zachari N, Haque M, et al. Opt Lett. 2009;34:3920–2.
[73] Hnatovsky C, Taylor RS, Simova E, et al. Appl Phys A. 2006;84:47–61.
[74] Bhardwaj VR, Simova E, Rajeev PP, et al. Phys Rev Lett. 2006;96:057404-1-4.
[75] Jee Y, Beckera MF, Walser RM. J Opt Soc Am B. 1988;5:648–59.
[76] Kirkwood SE, van Popta AC, Tsui YY et al. Appl Phys A 2004. doi: 10.1007/s00339-004-3135-7.
[77] Kirkwood SE, Taschuk MT, Tsui YY, et al. J Phys Conf Ser. 2007;59:591–4.
[78] Bachman D, Chen Z, Prabhu A et al. Integrated photonics research, silicon and nano photonics (IPR) topical meeting (2011), June 12–16, 2011, Toronto.
[79] Kirkwood SE, Shadnam MR, Amirfazli A, et al. J Phys Conf Ser. 2007;59:428–31.
[80] Hartmann N, Franzka S, Koch J, et al. Appl Phys Lett. 2008;92:223111.
[81] Klingebiel B, Scheres L, Franzka S, et al. Langmuir. 2010;26(9):6826–31.
[82] Compagnini G, Scalisi AA, Puglisi O. Phys Chem Chem Phys. 2002;4:2787–91.
[83] Kabashin AV, Meunier M. J Appl Phys. 2003;94(12):7941–3.
[84] Muto H, Miyajima K, Mafuné F. J Phys Chem C. 2008;112:5810–5.
[85] Khang Y, Lee J. J Nanopart Res. 2010;12:1349–54.

[86] Semaltianos NG, Logothetidis S, Perrie W, et al. J Nanopart Res. 2010;12:573–80.
[87] Abid JP, Girault HH, Brevet PF. Chem Commun. 2001:829–30.
[88] Amendola V, Meneghetti M. Phys Chem Chem Phys. 2009;11:3805–21.
[89] Besner S, Kabashin AV, Winnik FM, et al. Appl Phys A. 2008;93:955–9.
[90] Bohandy J, Kim BF, Adrian J, et al. J Appl Phys. 1986;60:1538–9.
[91] Kuznetsov AI, Koch J, Chichkov BN, et al. Opt Express. 2009;17:18820–5.
[92] Toth Z, Szörényia T, Tóthb AL. App Surf Sci. 1993;69:317–20.
[93] Nakate Y, Okada T, Maeda M. Jpn J Appl Phys. 2002;41:L839–41.
[94] Fitz-Gerald JM, Pique A, Chrisey DB, et al. Appl Phys Lett. 2000;76:1386–8.
[95] Boutopoules C, Tsouti V, Goustouridis D, et al. Appl Phys Lett. 2008;93:191109.
[96] Rapp L, Cibert C, Alloncle PA, et al. Appl Surf Sci. 2009;255:5439–43.
[97] Fernández-Pradas JM, Colina M, Serra P, et al. Thin Solid Films. 2004;27:453–4.
[98] Serra P, Fernández-Pradas JM, Berthet FX, et al. Appl Phys A. 2004;79:949–52.
[99] Duocastella M, Fernández-Pradas JM, Serra P, et al. J Laser Micro/Nanoeng. 2008;3:1–4.
[100] Dinca V, Kasotakis E, Catherine J, et al. Appl Surf Sci. 2007;254:1160–3.
[101] Barron JA, Young HD, Dlott DD, et al. Proteomics. 2005;5:4138–44.
[102] Barron JA, Rosen R, Jones-Meehan J, et al. Biosens Bioelectron. 2004;20:246–52.
[103] Doraiswamy A, Narayan RJ, Lippert T, et al. Appl Sufi Sci. 2006;252:4743–7.
[104] Kattamis NT, Purnic PE, Weiss R, et al. Appl Phys Lett. 2007;91:171120.
[105] Fardel R, Nagel M, Nuesch F, et al. Appl Phys Lett. 2007;91:061103.
[106] Up J, Liu J, Cui D, et al. Nanotechnology. 2007;18:025403.
[107] Chrisey DB, Piqué A, Fitz-Gerald JM, et al. Appl Surf Sci. 2000;154–155:593–600.
[108] Chrisey DB, Piqué A, Mode R, et al. Appl Surf Sci. 2000;168:345–52.
[109] Piqué A, Chrisey DB, Fitz-Gerald JM, et al. J Mater Res. 2000;15:1872–5.
[110] Piqué A, Arnold CB, Warden RC, et al. RIKEN Rev. 2003;50:57–62.
[111] Piqué A, Eyeing RCY, Kim H, et al. J Laser Micro/Nanoeng. 2008;3:163–9.
[112] Piqué A, Eyeing RC, Markus KM, et al. Proc SPIE. 2008;6879:687911.
[113] Kononenko TV, Alloncle P,Konov VI, et al. Appl Phys A. 2009;94:531–6.
[114] Chang-Jian SK, Ho JR, Cheng JWJ, et al. Nanotechnology. 2006;17:1184–7.
[115] Wang Q. MSc thesis, University of Alberta, 2009.
[116] Banks DP, Grivas C, Mills JD, et al. Appl Phys Lett. 2006;89:192107.

第13章 基于纳米多孔阳极 Al_2O_3/TiO_2 的模板制作与图形转移技术

摘要

本章主要介绍一种非光刻纳米加工技术,即"硬模板"技术。尽管阳极氧化形成的 TiO_2 纳米管在模板应用中越来越重要,但是目前应用最为广泛的硬模板仍然是电化学阳极氧化法制备的纳米多孔 Al_2O_3。在较小的力载荷作用下,硬模板几乎不发生变形,同时在有机溶剂和中性盐溶液的作用下也不会发生改变。较高的机械稳定性和良好的化学惰性使得硬模板能够与纳米加工中通用的各种化学、电化学和机械工艺相兼容,其中一些工艺在本书的其他章节中有相应的介绍。硬模板通常由自组织的纳米孔道阵列组成,这些纳米孔道具有相似或相同的尺寸且垂直于衬底。在过去的15年里,在构建更薄、更多功能(即在不同衬底上制备更有序的结构)的硬模板研究方面取得了巨大进展。硬模板法作为一种制造各种金属、半导体和有机纳米结构的方法,一直处于纳米技术研究的前沿。本章内容安排如下:13.2节介绍用于形成硬模板的工艺以及改善图形有序性的方法;13.3节和13.4节介绍使用模板孔道来生长形成有序功能化的一维纳米材料;13.5节介绍使用硬模板来影响纳米级图形转移的方法。

13.1 引言

通过对阀金属(如Al、Ti、Ta、Hf、Zr等)进行电化学阳极氧化,可以形成自组织的阀金属氧化物纳米孔阵列。阳极氧化过程简单、经济,产生的结构即使在高温下也具有很好的机械强度和耐化学腐蚀性。因此,阳极氧化形成的阀金属氧化物纳米孔是极好的模板和图形转移体系,基于 Al_2O_3 和 TiO_2 纳米孔已经实现了多种功能化纳米结构的制备。多孔 Al_2O_3 的阳极氧化制备最早可追溯至1956年[1,2],但直到最近10年才拓展至其他阀金属中[3-7]。本章的讨论范围仅限于阳极氧化铝(AAO)和纳米管状 TiO_2。在AAO中,纳米孔薄膜的厚度、纳米孔的尺寸和间距是主要的形貌参数,这些参数可以通过调整阳极氧化电压、反应时间和选择合适的电解液来控制。而在 TiO_2 纳米管(TNT)阵列中,管状结构需要一个额外的形貌参数,即壁厚。AAO 和 TNT 的制备都是在玻璃[8-12]、晶圆[13-15]、柔性聚合物衬底[16]甚至金属管道等曲面上完成的[17,18]。此外,通过将纳米孔薄膜从底层衬底剥离,AAO 和 TNT 都可以转化成几百微米厚的自支撑薄膜。由于黏附性问题,目前很难在具有重要技术价值的透明导电氧化物(TCO)涂层玻璃衬底上形成高质量的多孔 Al_2O_3,但是最新的实验表明,使用非常薄的 Ti 黏附层对解决这个问题有一定帮助[19]。另外,在 TCO 涂层玻璃衬底上制备 TNT 虽然是很有挑战性的工艺,但如今已成功实现并应用到了器件制备中[11]。AAO 和 TNT 的另一重要区别在于它们导电性不同,Al_2O_3 是绝缘体,而结晶化的 TiO_2 则为 n 型半导体。

13.2 多孔 Al_2O_3 和管状 TiO_2 的形成

13.2.1 纳米多孔阳极 Al_2O_3 的形成

纳米多孔 Al_2O_3 是在酸性水系电解液中通过电化学阳极氧化过程形成的。图 13.1(a)显示的是一种商用电化学电池,常被用于进行纳米多孔 Al_2O_3 的阳极氧化合成,而图 13.1(b)则是用于 TiO_2 纳米管阳极氧化合成的电化学电池示意图。电化学电池的阴极通常选择一种在阳极氧化电解液中不会被腐蚀的惰性材料。其中,金属 Pt 是一种典型的阴极材料,经过阳极氧化的阀金属作为电化学电池的阳极。有时会用 Ag/AgCl 或饱和甘汞等参比电极作为第三个电极。对于温度敏感的应用,阳极氧化过程中的热失控是一个不能忽视的问题,通常

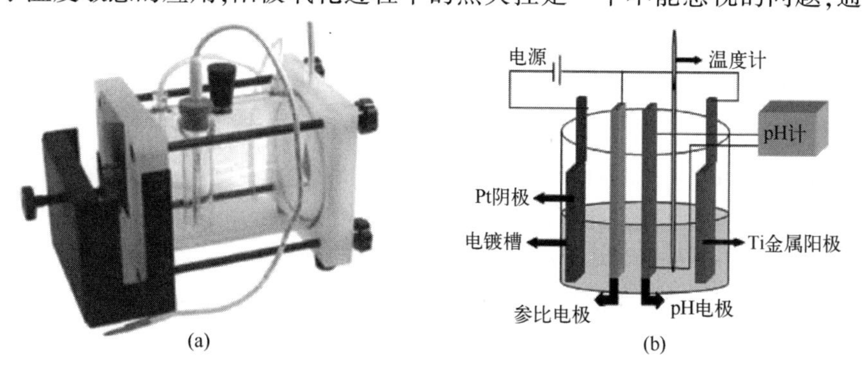

图 13.1 电化学电池及其原理[25]

(a) 普林斯顿应用研究电化学电池模型 K0235(通常用于纳米多孔氧化铝的制备);

(b) 用于 TiO_2 纳米管阵列合成的阳极氧化池示意图。

的解决办法是在电化学电池外围的玻璃上排布冷却水管线,并在电解液中插入温度计以监测其温度(图 13.1(b))。阳极氧化反应池中也常通过向电解液中充入惰性气体来控制 O_2 和水蒸气浓度(对于有机电解液而言)(图 13.1(a))。阳极氧化过程中,因为 Al/Al_2O_3 界面处电场辅助的 Al 氧化与 Al_2O_3/电解液界面处电场辅助的氧化物溶解相互竞争,氧化层的生长和刻蚀是同时进行的,这些相互竞争的反应最终会达到平衡,从而得到多孔结构,而这种微妙的平衡状态只能在草酸、H_2SO_4 和 H_3PO_4 等特定电解液中才能达到。更多关于孔产生和生长机制的研究可参见其他资料[20-24]。

通过两步阳极氧化工艺,可制备有序范围达 μm^2 量级的单分散六方排列的纳米孔 AAO 膜[26-28]。两步法中,第一步首先要在特定的电解液中对已抛光的铝箔进行几个小时的预氧化,然后用湿法刻蚀剂刻蚀掉已形成的纳米多孔 Al_2O_3。常用的湿法刻蚀剂包括 H_2CrO_4、H_3PO_4 及其混合物。在第二步中,将经过上述第一步处理的铝箔在相同的电解液及电压下再次阳极氧化。第一步处理后在铝箔表面留下的凹坑可作为成核点,在第二次阳极氧化过程中引导形成高度有序的自组织孔道。这些 Al_2O_3 膜的孔道其孔径和孔间距都与阳极氧化电压成正比。因此,通过控制阳极氧化电压,可以很容易地调控孔的孔径和分布。使用上述方法可以制备孔密度达 10^{11} 个孔/cm^2 的结构。市面上也可买到 AAO 膜,但是孔径大小的选择非常有限。根据多孔层的形成速度,自组织 Al_2O_3 纳米孔阵列的制备工艺可分为氧化物生长速率较慢(2~6μm/h)的温和阳极氧化(Mild Anodization,MA)和氧化物生长速率较快(50~100μm/h)的硬质阳极氧化(Hard Anodization,HA)两种。上述两种阳极氧化工艺可以形成 5~200nm 大小范围的各种孔径。H_2SO_4 电解液及低电压下可以形成小尺寸的孔,草酸电解液中形成中等尺寸的孔,而在高电压 H_3PO_4 电解液则可以实现大尺寸纳米孔的制备。然而,对于温和阳极氧化工艺,高度有序的空间结构只能在 3 种比较固定的参数条件下制得[29]:①H_2SO_4 中,25V 制备 63nm 的孔间距;②草酸中,40V 制备 100nm 的孔间距;③H_3PO_4 中,195V 制备 500nm 的孔间距。在草酸电解液中使用 100~150V 的高电压,将会发生硬质阳极氧化。该硬质阳极氧化工艺包括先在较低电压(例如 40V)下通过温和阳极氧化形成厚度大于 400nm 厚的氧化物保护层,然后逐渐将阳极氧化电压升至目标电压(例如 150V)并保持,以维持硬质阳极氧化工艺的进行。厚氧化物保护层的目的是抑制击穿效应并在硬质阳极氧化工艺的高电压下保证氧化膜的均匀生长。如果想要获得自支撑的 AAO 膜,可以在阳极氧化反应结束后使用饱和 $HgCl_2$ 溶液选择性地去除底部的 Al 衬底。

13.2.2 利用结构预制工艺制备大规模高度有序纳米多孔 Al_2O_3

纳米多孔 Al_2O_3 可形成完美、有序的由高深宽比纳米孔道组成的紧密堆积六方蜂窝结构(图 13.2)。正如 13.2.1 小节中所提到的,无缺陷有序区域的最大尺寸往往在几平方微米。为了展示模板应用可实现规模化和量产,需要更大面积的无缺陷纳米多孔 Al_2O_3。在阳极氧化前对 Al 表面进行预图形化处理,并使用这些图形结构作为成核位点来引导纳米孔道的生长,可以增加有序面积的尺寸[31]。早在 1997 年,Masuda 率先使用硬压印模在抛光的 Al 表面形成所需的成核位点。在 Masuda 使用的方法中,传统的电子束光刻被用来在母模上形成六角形排列的凸起阵列[32],母模由机械硬质材料如 SiC 制成。接着在室温下使用油压机将母模压在 Al 表面,以在 Al 表面产生所需的凹坑阵列。由 Gao 团队[15]发明的软压印技术则以自支撑的纳米多孔 Al_2O_3 膜作为刻蚀掩模,对 Al 表面进行 Ar 等离子体刻蚀,从而得到有序的纳米凹槽结构。其中用到的 AAO 刻蚀掩模可通过 13.2.1 小节中所述的两步阳极氧化法制得。使用上述刻蚀技术,可在多种衬底(如 Si、载玻片和柔性聚酰亚胺膜)上制备出大面积(大于 $1.5cm^2$)的高度有序多孔阳极 Al_2O_3 模板。

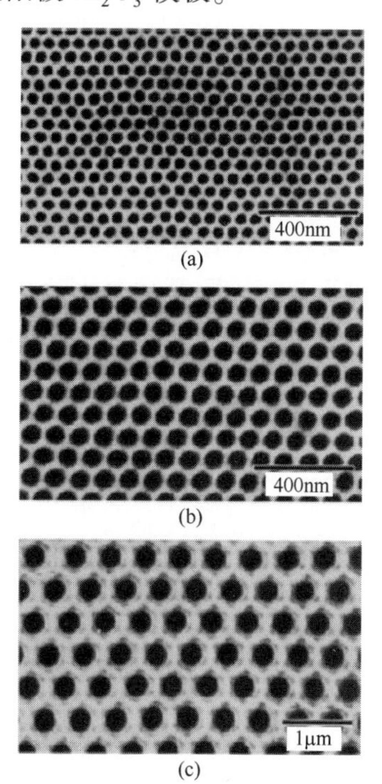

图 13.2 3 种酸性电解液中自然形成的长程有序阳极多孔 Al_2O_3 的 SEM 图片[30]

(a) H_2SO_4;(b) 草酸;(c) H_3PO_4。

另一种有趣的方法是基于单分散的聚苯乙烯纳米颗粒二维阵列的自组织过程。在这一工艺中,首先在亚微米尺度上复制聚苯乙烯颗粒二维阵列的有序结构,然后在阳极氧化期间引发孔生长,就可在 Al 表面形成浅凹陷[33]。其他可达到同样目的的方法包括直接聚焦离子束(FIB)光刻[34]、干涉光刻[35]、全息光刻[36]、胶体光刻[37]和嵌段共聚物自组装[38]。表 13.1 和表 13.2 对这些方法进行了总结,包括技术自身特点、有序面积尺寸以及适用衬底等详细内容。最近的一项技术,即步进快闪式压印光刻(Step and Flash Imprint Lithography, SFIL)[31]已被证明可在 4 英寸晶圆上制备出具有正方形和六方形结构的近乎完美的有序 AAO(图 13.3)。

表 13.1 块状 Al 预结构化方法汇总[31]

Al 预图形化方法	有序图形面积	备 注
两步阳极氧化[13]	不可用	该方法需要厚膜大于 40μm
使用 SiC 印章进行硬压印[14]	3mm×3mm	SiC 印章通过电子束光刻制备。压印压强为 $28kN/cm^2$
使用 Ni 印章进行硬压印[15]	晶圆尺度	Ni 印模可以从母模图形中大量复制,使用激光干涉曝光制备,压印压强为 $25kN/cm^2$
使用光学衍射光栅进行硬压印[16]	5mm×5mm	通过使用直角双棱镜主光栅的两步压入程序在 Al 表面上形成紧密排列的菱形脊
使用 Si_3N_4 印章进行硬压印[17]	4 英寸晶圆	从 Si 母板复制 Si_3N_4 印模,使用深 UV 光刻和 KOH 湿法刻蚀制造。压印压强为 $5kN/cm^2$
聚焦离子束[18,20]	不可用	抗蚀剂或直接图形化到 Al 表面
胶体光刻[21]	面积大于 $1cm^2$	使用加速蒸发诱导的自组装将胶体晶体沉积在云母表面上。压印压强为 $100kN/cm^2$
嵌段共聚物自组装[22]	不可用	使用该方法可实现孔径 12nm、间隔 45nm 的孔结构

表 13.2 在衬底上实现 Al 预图形化的方法总结[31]

方 法	面 积	备 注
全息光刻[19]	1cm×1cm	通过全息光刻在衬底上形成光栅抗蚀剂图形结构,再蒸发 Al,从而得到纳米级表面波纹 Al 结构
软压印[23]	大于 $1.5cm^2$	压印母板使用两步阳极氧化工艺制得,再使用 Ar^+ 铣技术将图形转移至 Al 表面
纳米压印[24]	2.5 英寸晶圆	将电子束光刻制备出的母板图形复制到 2.5 英寸 Ni 模板上,再压印到热塑性抗蚀剂中,最后通过 Ar^+ 铣技术将抗蚀剂图形转移至 Al 表面

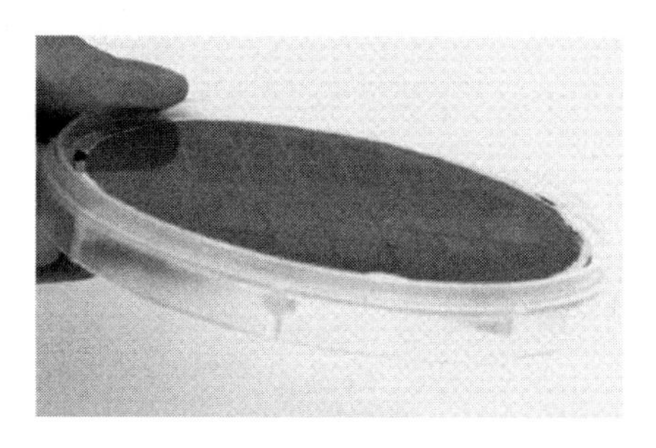

图 13.3 在 4 英寸晶圆上制备的近乎完美的 AAO 模板
(晶圆上呈明亮衍射光的 10mm ×10mm 方块区域便是使用 SFIL 预图形化的阳极氧化样品)[31]

13.2.3 TiO_2 纳米管阵列的制备

TiO_2 和 Al_2O_3 纳米多孔结构的制备工艺大体相同,只在一个方面有所差异。在 TiO_2纳米管阵列的阳极氧化制备过程中,除了电场辅助氧化和电场增强氧化物溶解反应外,还存在第三个反应,即 HF 的化学刻蚀[25]。TiO_2 在 HF 电解液中的化学溶解反应是形成管状结构而非纳米多孔结构的关键。与 AAO 类似,阳极化形成的 TNT 孔的直径主要由阳极氧化电压决定。我们已经知道,纳米管的壁厚受到阳极氧化电解液温度、化学刻蚀强度和持续时间以及溶剂介质本身性质的影响[39],但是壁厚与阳极氧化参数之间的确切依赖关系尚不明确。TNT 可以在含 F^- 的水性电解液中形成,溶液 pH 范围为 0~5。此外,在各种含有 F^- 的有机电解液中也能形成 TNT 结构。常用于制备有机电解液的溶剂包括甲酰胺、乙二醇(EG)、甘油和二甲基亚砜(DMSO)等。纳米管的长度由化学刻蚀强度以及 Ti 和电解液界面处的阻挡层厚度决定。太强的化学刻蚀会减少纳米管的长度。而在低中等黏度的电解液中,反应物离子在阻挡层中的固态传输是限制纳米管长度的因素[40,41]。在有机电解液中,形成的阻挡层相对较薄,因此纳米管生长得更快,从而能够实现更高的管长度。纳米管在水系电解液(pH 值为约 5)中的最大长度为 6.6μm;在基于甲酰胺的电解液中则可获得长达 100μm 的纳米管;而在 EG 基的电解液中生长的管长度甚至可以达到 1mm。纳米管孔的内径范围可在 15nm(阳极氧化电压为 8V 的含水电解液中)到 900nm(阳极氧化电压为 150 V 的基于二乙二醇电解液中)的范围内调节。除 EG 基电解液外,所有电解液中均可获得圆柱形的纳米管。在 EG 基电解液中,最终获得的结构为不规则的六方排列纳米孔。理想的规则阳极氧化 TNT 的相关研究还在进行中[43]。表 13.3 总结了 TNT 合成(图 13.4)的常用工艺。

表 13.3 制备 TiO_2 纳米管阵列的常用阳极氧化配方总结

参考文献	电解液			阳极参数			纳米管形状		
	溶剂	载体	浓度	H_2O 浓度	U/V	t/h	ID /nm	L /μm	WT /nm
[44]	水(pH <1)	HF	0.25%(质量分数)		10	1	22	0.2	13
[44]	水(pH <1)	HF	0.25%(质量分数)		20	1	76	0.4	17
[45]	水(pH = 4.5)	KF	0.1 M		10	90	30	2.3	
[46]	水(pH =4.5)	KF	0.1 M		25	17	110	4.4	20
[46]	水(pH = 5)	KF	0.1 M		25	17	110	6	20
[41]	甲酰胺	NH_4F	0.27 M	5%(体积分数)	20	24	56	19.6	17
[41]	甲酰胺	NH_4F	0.27 M	5%(体积分数)	35	30	129	37.4	15
[41]	甲酰胺	$N(n\text{-}Bu)_4F$	0.27 M	5%(体积分数)	35	48	146	68.9	22
[41]	甲酰胺	$N(n\text{-}Bu)_4F$	0.27 M	5%(体积分数)	15	46	50	20	15
[47]	二甲基亚砜(DMSO)	HF	1%(体积分数)	1%(体积分数)	20	70	50	10	—
[47]	二甲基亚砜(DMSO)	HF	1%(体积分数)	1%(体积分数)	60	70	150	93	—
[48]	甘油	NH_4F	0.5%(质量分数)	0	20	13	40	2.5	12
[49]	甘油	NH_4F	0.27M(质量分数)	50%(体积分数)	35	6	230	2	—
[40]	乙二醇	NH_4F	0.3%(质量分数)	2%(体积分数)	20	17	45	5	10
[40]	乙二醇	NH_4F	0.3%(质量分数)	2%(体积分数)	65	17	135	105	25

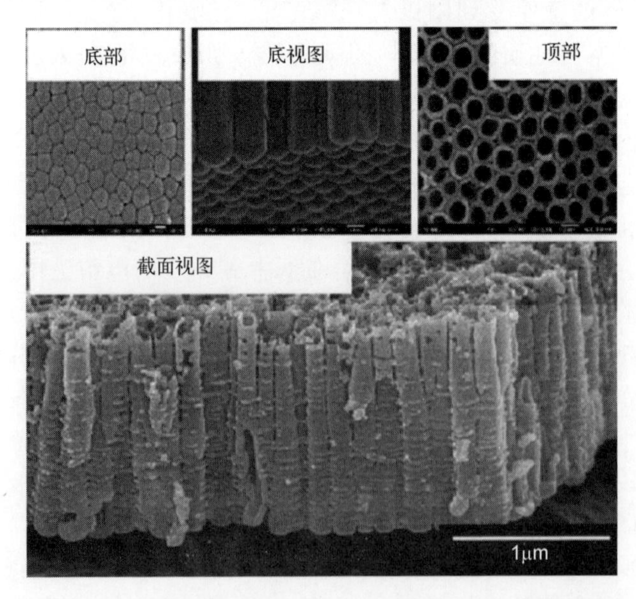

图 13.4 通过 Ti 阳极氧化制备的 TiO_2 纳米管阵列的 SEM 显微照片

(上排图片来自乙二醇中的 Ti 阳极氧化,得到类似于纳米多孔 Al_2O_3 的不规则六方排列结构;下排图像是在 KF 水溶液中通过 Ti 阳极氧化产生的结构,得到具有圆形横截面的纳米管)[50]

13.2.4 非本征衬底上纳米多孔 Al_2O_3 和纳米管状 TiO_2 模板的制备

在非本征衬底上制备纳米孔阵列通常包括两个步骤：首先要将目标阳极氧化金属沉积在所需的衬底上，这通常由溅射或蒸发过程实现；然后对沉积的 Al 或 Ti 薄膜进行阳极氧化。对于 TNT，还可以通过热退火工艺使其结晶化。

Dresselhaus 等[8]使用两步阳极氧化的方法在玻璃衬底、晶圆和镀 Pt 晶圆上获得了具有高度有序和高光学透明度的高深宽比纳米多孔 Al_2O_3。他们首先通过热蒸发工艺在衬底上沉积一层较厚的 Al 膜（6~12μm）。接着，对样品进行电化学抛光以及 10min 的初次阳极氧化，从而形成 1μm 厚的 Al_2O_3。然后，刻蚀去除这一层 Al_2O_3 并在相同条件下对样品进行二次阳极氧化，直至整个 Al 膜全部转化为纳米多孔 Al_2O_3。然而，该过程结束后，仅有不足 1μm 厚度的 AAO 模板仍然附着在衬底上。当 Al_2O_3 层厚度大于 1μm 时，由于阳极氧化过程中的体积膨胀，薄膜内的压应力累积会导致 AAO 模板从底部的衬底上剥离[8]。以消耗较厚阻挡层为代价，使用 SiO_2 包覆的晶圆可以避免较厚 AAO 模板的剥离。在技术价值更大的 TCO 涂层玻璃衬底（如 FTO 和 ITO）上，纳米多孔 Al_2O_3 的生长仍然存在困难。由于此限制，AAO 模板沉积尚未被广泛应用于光电器件中半导体纳米线和纳米管阵列的生长。Todoroki 等[12]此前报道了对溅射的 Al 薄膜进行简单阳极氧化，从而在 TCO 涂层玻璃上制备纳米多孔 Al_2O_3 的工作，而其他研究者则发现了模板分层和破坏现象[19]，这一点也被我们自己的实验所证实。对于这一问题，在沉积 Al 之前使用一层薄的 Ti 金属种子层可使纳米多孔 Al_2O_3 在 TCO 涂层玻璃上的生长过程更为稳定，同时这一方法也能改善模板与衬底的黏附性[19]（图 13.5）。

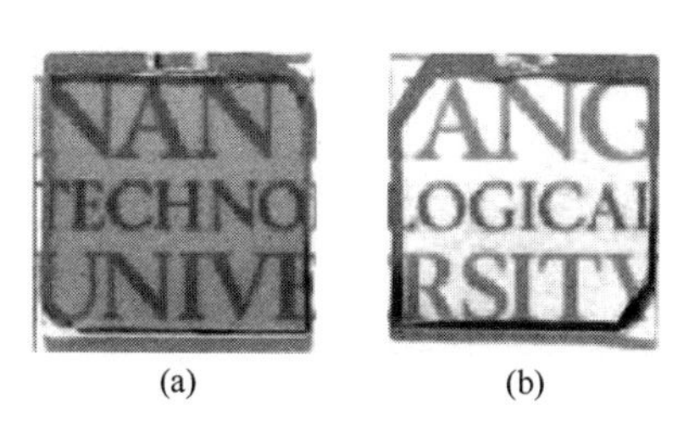

图 13.5 在有着 0.3~10nm Ti 黏附层的 ITO 玻璃衬底上制备的 AAO 模板的光学显微照片[19]
（a）具有阻挡层的模板；（b）没有阻挡层的模板。

Mor 等[9]在含有 0.25%（质量分数）HF 和 12.5%（体积分数）乙酸的水系电解液中阳极氧化了由真空沉积制得的 Ti 膜，从而在玻璃衬底上制备出了透明度高、良好有序的 TiO_2 纳米管阵列。最近，Varghese 等[11]在含有 4%HF 的 DMSO 基电解液中对真空沉积的 Ti 膜进行阳极氧化，在导电 FTO 涂层玻璃上得到了非常长（1~20μm）的高质量 TNT。在这两个研究中，都发现了真空沉积 Ti 膜的方法对于形成高质量 TNT 至关重要。TNT 仅在 Ti 膜致密度适当且具有粗晶粒时才形成。使用热蒸发或普通溅射在室温条件下沉积的钛膜在阳极氧化之后不会产生 TNT。目前发现只有使用磁控溅射在衬底温度升高到 500℃时或在室温下通过离子束辅助磁控溅射制备的 Ti 膜在阳极氧化时才可以形成高质量的 TNT（图 13.6）。

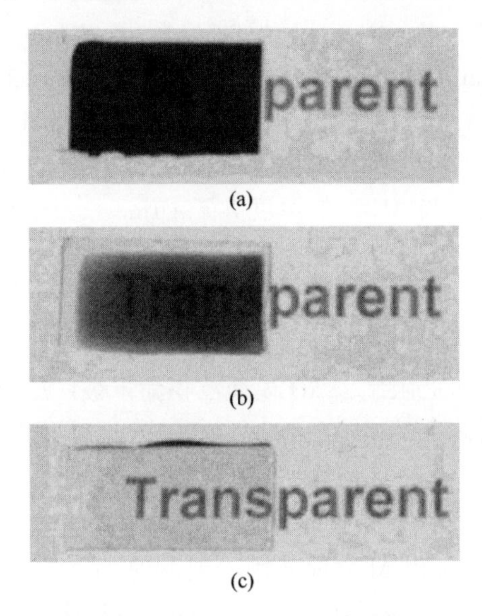

图 13.6　制备透明 TiO_2 纳米管阵列薄膜的关键环节[51]

（a）磁控溅射形成高质量钛薄膜；（b）对沉积得到的薄膜进行阳极氧化；
（c）热处理对残留的金属岛进行氧化。

13.3　功能纳米材料的模板生长

纳米多孔 Al_2O_3 技术能提供预先设定孔道长度、直径、宽度和密度的高度有序的模板，因此经常用于其他材料纳米线（NanoWires，NW）和纳米管（NanoTubes，NT）结构的模板化生长。在该合成方法中，通过将目标材料填充在 AAO 孔中（用于 NW）或包覆在 AAO 壁表面（用于 NT）就可以获得所需的纳米柱状结构。究竟是形成纳米线还是纳米管取决于沉积材料的浸润特性和孔壁的化学性质。基于膜的纳米材料合成是该技术的一个重要分支，在其中自支撑 AAO

膜可作为生长模板。与刻蚀聚合物膜和介孔材料相比,AAO 膜具有以下优点:具有更大的孔密度并且孔以非随机的六方排列组成。与孔径大小为 15~200nm 的孔相比,厚度大的 AAO 和 TNT 膜(50~1000μm)能够形成深宽比很大的纳米结构。通常情况下,在完成模板法材料生长之后,AAO 宿主模板会通过选择性溶解 Al_2O_3而释放掉。但是在某些情况下,模板也不会被释放。当下面的衬底能导电(如重掺杂的 Si 或 TCO-玻璃)时,Al_2O_3宿主的机械强度以及与导电衬底间的内建电接触对模板生长纳米线阵列的电传输测试非常有用[8]。衬底的高电导率,使得在纳米孔中很容易发生电沉积反应,从而形成 NW 和 NT 阵列。然而,阳极氧化过程在形成纳米孔的同时也会形成致密且连续的 Al_2O_3 阻挡层。这种阻挡层的电阻很大,阻止了孔和衬底之间的直接物理接触和电接触。有 3 种方法可以克服这一限制。第一种方法是通过刻蚀掉衬底,将纳米多孔模板与衬底分离,然后再对暴露的阻挡层进行刻蚀来去除 Al_2O_3 通道的堵塞端,之后在模板(此时为自支撑)的一侧利用真空沉积工艺沉积一层金属,为孔提供所需的电接触。由于这种方法产生的无支撑独立膜易碎,因此最适合于制备几十微米厚的膜。更薄的膜则很难完整地从衬底上分离出来[52]。第二种方法不需要将模板从衬底上剥离,通过降低阳极氧化电压来减小其电阻,从而使孔底部的阻挡层变薄。利用阻挡层的整流性质,使用交流(Alternating Current,AC)电化学沉积技术将材料沉积到孔中。第三种方法同样不需要分离,通过阻挡层的选择性化学刻蚀,实现与底部衬底的直接接触或在阻挡层中产生微小的导电通路。室温下,将样品浸泡在 0.1M H_3PO_4 溶液中刻蚀 3h 就可以形成通孔膜,但这种方法会使纳米孔的直径略微增大。如果不改变孔径和周期,可以用 CF_4 +O_2反应气体进行等离子体刻蚀,这也能有效地去除阻挡层。有文献报道,使用流速分别为 18sccm 和 8sccm 的 CF_4和 O_2,气压为 100mT、功率为 250W 的等离子体刻蚀 10min,就可以形成纳米孔[53]。

使用 AAO 模板化生长的纳米材料分为以下几大类。

(1) 铁磁性材料,如 Ni、Fe、Co 及其合金,可制备用于研究其磁特性、高密度存储器和生物传感器的纳米线结构。电化学沉积是其中最常用的技术,使用铁磁性金属可填充 AAO 孔[54-56]。因此,导电衬底必不可少。直流电沉积因其简易性而被广泛使用,交流电沉积则具有更好的可控性,并且不需要完全去除孔底部的阻挡层。尽管最近 TiO_2纳米管阵列模板也被用于制备铁磁性 Ni 纳米柱阵列[57],但纳米多孔 Al_2O_3依旧是首选模板。

(2) 可见光波段局部表面等离激元共振(Localized Surface Plasmon Resonance,LSPR) 的贵金属纳米结构,以 Au[58,59]、Ag[60,61]和 Cu[62]为制备材料的纳米棒正在被广泛应用于等离激元光子学领域,典型应用包括高灵敏度无标记生物传感[63]、超材料[64]、非线性光学效应增强[65]和超灵敏单分子传感等[66]。贵金属纳米管的高比表面积使其在上述应用中更具吸引力,但有关其制备和描述的报道相对较少[67]。纳米多孔 Al_2O_3 的电沉积也是一种应用广泛制备贵金属纳米管和纳米线结构的技术,这一技术由 C. R. Martin 研究小组在 20 世纪 90 年代开创[68-72]。此外,一些非电化学方法也得到了应用,如利用掠角沉积技术将贵金属蒸发到 AAO 模板中[73]、在 AAO 孔中光化学分解包含 Ag 和 Au 的前驱体[74]以及通过溶剂热合成法在 AAO 模板中融合 Ag 纳米颗粒链等(图 13.7)[75]。

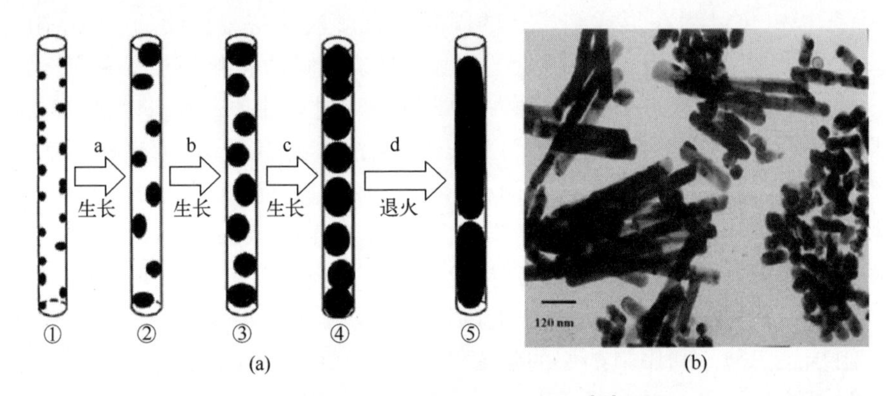

图 13.7 非电化学方法的应用[75]

(a) 通过金属纳米颗粒的融合生成金属纳米棒的示意图;(b) 从 AAO 模板释放的 Ag 纳米棒的 TEM 图像。

(3) 无机半导体纳米棒和纳米管主要应用在光伏[76,77]、光发射[78]和激光[79]、单电子器件[80]和热电学[81]等方面。基于 AAO 模板,已经通过电化学沉积和化学气相沉积的方法分别得到了 CdS 纳米棒[82]和 CdS 纳米管结构[83]。最近,许多论文报道了以 AAO 模板为基础,利用模板辅助气-液-固(Vapor-Liquid-Solid,VLS)生长[84]和化学沉淀[85]等技术制备单晶 CdS 纳米线的研究。模板化生长主要应用于制备Ⅱ~Ⅵ族半导体的一维纳米结构,如 CdS、CdSe[86]、CdTe[87]、ZnO[88,89]、ZnS[90-93]、ZnTe[94]、PbS[95]、PbSe[96]和 Bi_2Te_3[97-99]。有关模板化生长Ⅲ~Ⅴ族半导体(如 GaN[100,101])纳米棒和纳米管的研究也有但很少。此外,TiO_2 纳米管阵列也可以充当Ⅱ~Ⅵ族纳米结构合成的硬模板[102,103]。

(4) 基于 π-共轭型有机小分子和聚合物的纳米管和纳米线。在孔底部电化学包覆 Co 颗粒的 AAO 模板上催化裂解乙烯、丙烯或乙炔等不饱和碳氢化合物可以制备出碳纳米管(CNT),此方法在 20 世纪 90 年代后期得到了证实[104-107]。这种 CNT 阵列可以用作纳米级晶体管中的活性材料[108]、场发射器[109-111]以及燃料电池和锂离子电池中的电极[112]。π-共轭型有机小分子,如酞菁[113,114]、三苯胺[115]、线性并苯[116]和富勒烯[117],纳米棒和纳米管也可以通过AAO模板制成。类似地,半导体聚合物纳米管和纳米棒也可以在AAO中生长[118-123]。这种π-共轭型纳米结构可应用于有序体相异质结太阳能电池、有机肖特基二极管和采用偏振光发射的有关器件中。

13.4 孔的分化:高度有序的镶嵌纳米结构

2003年,Masuda等[124]介绍了一种基于预制Al结构的新方法,将周期可控的自组装的AAO孔区分为两种类型,具体制备过程如下。首先,使用传统电子束光刻制备图形化的SiC主模,上面有周期为200nm的理想凸点阵列,但每6个位置有一个缺陷(即没有凸点)。将这种主模压印在抛光的铝箔上时,模板上的图形在Al表面上复制为有序的凹坑阵列,但每6个位置都缺少一个凹坑。再将该铝箔在80V、16℃、0.05M的草酸中进行阳极氧化以形成纳米多孔结构[125]。当选择性地去除Al以露出阻挡层时,发现压印位置处的阻挡层比非压印位置处(缺陷位置)的阻挡层更厚。同时,非压印部位孔的直径小于压印部位孔的直径。利用压印和非压印处阻挡层厚度的差异,可以有选择地打开非压印小孔的底部。图13.8展示了这种可选择性开孔AAO膜阻挡层面的SEM图像。从该图中可以清楚地看到,每第六个位置(对应于非压印位置)直径略小的孔都被选择性地打开了。随后,在膜顶端沉积接触层,为后续在膜上电沉积金提供电接触。由于孔底部被选择性地打开,Au只选择性地沉积到在非压印孔的位置,如在图中标记为"2"的位置处。

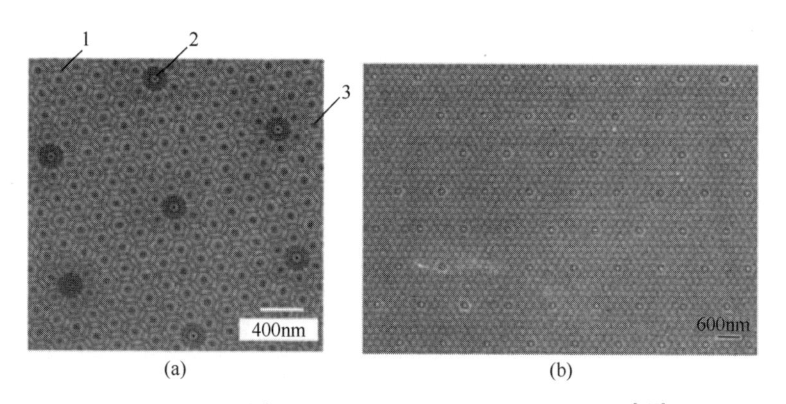

图13.8 可选择性开孔AAO膜阻挡层面的SEM图[125]

(a) 从选择性开孔的Al_2O_3衬底的阻挡层侧获得的SEM图像;(b) Au盘阵列的SEM图像。

1—多孔Al_2O_3;2—选择性开孔;3—阻挡层。

显然,孔的选择性打开取决于湿法刻蚀阻挡层的时间,在最佳时间处,非压印孔底部较薄的阻挡层被完全去除而打开孔,但是剩余的孔不被打开。文献[125]中,作者发现在 H_3PO_4 中浸泡 77min 是选择性打开孔的最佳时间。整个工艺流程如图 13.9 所示。

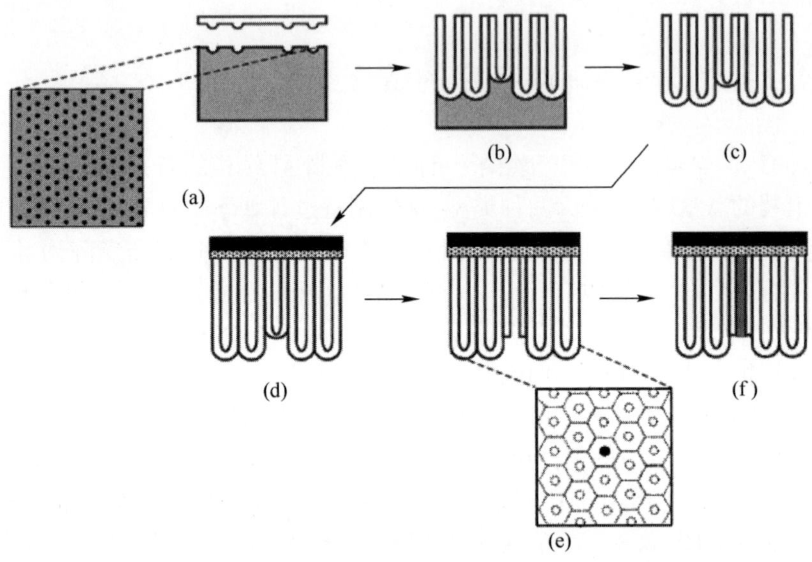

图 13.9 孔分化的 Au 纳米盘阵列的制备方法示意图[125]

(a) SiC 模板压印 Al;(b) Al 的阳极氧化;(c) 去除 Al;(d) 在 AAO 膜顶部形成电极;(e) 选择性刻蚀底部较浅的阻挡层以形成选择性开孔;(f) Au 沉积。

将金属(如 Au)沉积到选择性打开的孔中后,可以进一步使用相同的孔分化过程以打开所有剩余的孔。在后续步骤中,将第二种材料(如 Ni)沉积到剩余的孔中(此时为开放的孔),可以得到二元镶嵌纳米复合材料。进一步,孔分化工艺还可扩展至需调控分化型孔的周期等参数的应用中。而且用于形成镶嵌复合结构的材料不限于 Ni 和 Au 等金属,也可以是能通过电化学或电泳沉积到孔中的任何材料。这种精细的孔分化过程[124]的详细加工示意图如图 13.10 所示。图 13.11 是制得的二元镶嵌纳米复合材料的 SEM 图。在最近的工作中[126],该原理已被扩展至制备具有棋盘图形的阳极纳米多孔 Al_2O_3 掩模中。

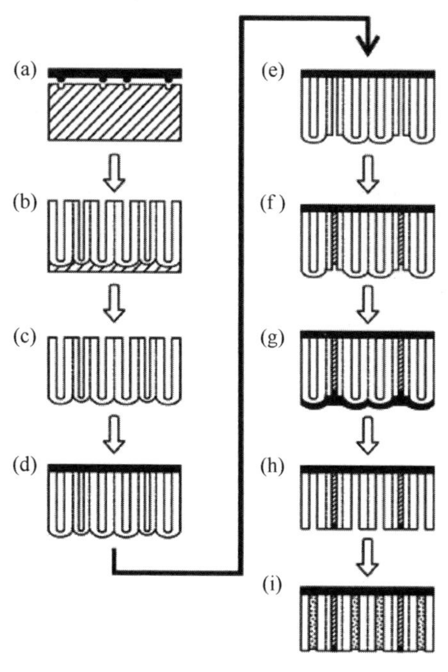

图 13.10　Au-Ni 镶嵌纳米结构的制备过程示意图[124]

(a) 使用 SiC 模板压印 Al;(b) Al 的阳极氧化;(c) 去除 Al;(d) 在纳米多孔 Al_2O_3 膜的表面形成接触电极;(e) 在非压印位置选择性刻蚀阻挡层;(f) 选择性沉积 Au;(g) 形成绝缘层;(h) 在压印位置刻蚀阻挡层;(i) 沉积 Ni 以产生镶嵌纳米复合材料。

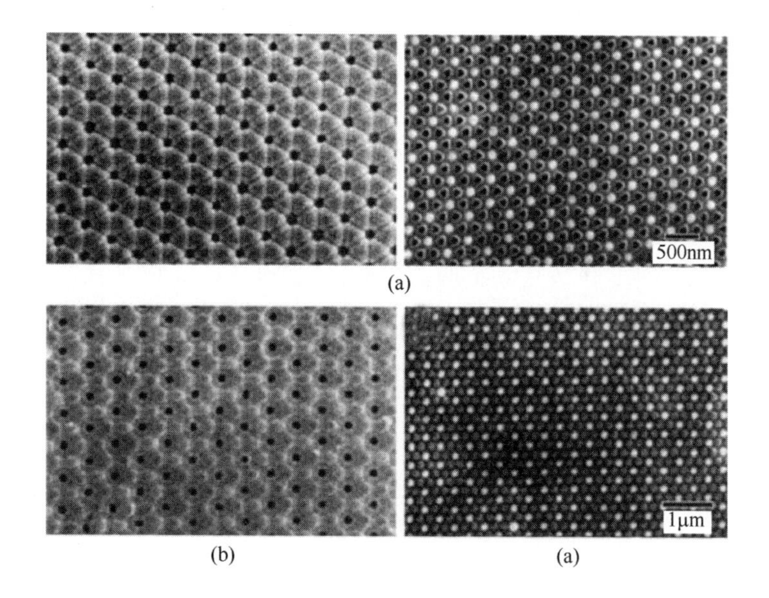

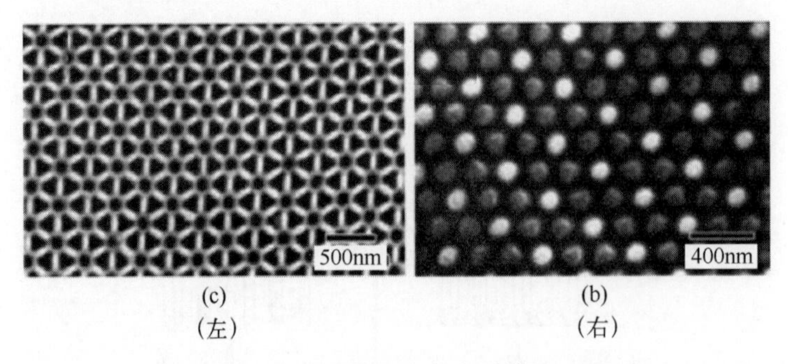

图 13.11　二元镶嵌纳米复合材料的 SEM 图

(左)孔分化膜的阻挡层的 SEM 图像,突出了最佳刻蚀时间的重要性:(a) 阳极氧化膜;(b) 使用 5%(质量分数)H_3PO_4 在 30℃下刻蚀 60min;(c) 使用 5%(质量分数)H_3PO_4 在 30℃下刻蚀 80min(在刻蚀 60min 后,只有非压印位置处的阻挡层穿透,如(b)中所示。在(c)中,过刻蚀导致压印位置处的阻挡层出现穿透,因此穿透阻挡层所需的刻蚀时间取决于覆盖孔的位置是否被压印,这是一种可用于在阳极 Al_2O_3 模板的通道内选择性地沉积两种不同材料的独特性质)。(右)(顶部)在分离的 AAO 膜的非压印位置处选择性嵌入的 Au 的 SEM 图像;(底部)由 Au 和 Ni 组成的镶嵌复合物的 SEM 图像:(a)低放大率;(b)高放大率(更亮的圆点为 Au 圆柱)。[124]

13.5　利用阳极氧化形成的纳米多孔硬模板进行图形转移

自组装阳极氧化形成的纳米多孔模板提供了一种制备大面积亚 100nm 尺度图形的高产量、低成本方法。一方面,13.3 节中提到的纳米材料的模板化生长是一种将材料沉积到 AAO 或 TNT 孔中的辅助过程;另一方面,图形转移可以采用加法或减法工艺将自支撑 AAO 膜的纳米多孔结构复制到下面的衬底上。在减法工艺中,AAO 的纳米孔作为衬底刻蚀的掩模。因此,AAO 已被作为掩模用于 MeV 离子辐照的图形转移[127]。它还被用作湿法刻蚀的掩模[128],同时也被应用到如等离子体灰化[129]和反应离子刻蚀(RIE)等干法刻蚀工艺中[53,101,130]。减法过程分为正转移和负转移两种工艺。在正转移工艺中,纳米多孔图形通过刻蚀直接转移到下面的衬底上(通常是金属或半导体)。在负转移工艺中,首先通过蒸发形成掩模,然后刻蚀形成纳米多孔图形的反结构。

13.5.1　利用 AAO 刻蚀掩膜在单晶半导体衬底上制备纳米孔阵列

六方有序排列的 AAO 结构在基于二维光子晶体的千分尺光电器件中有很重要的应用。然而,为了以 AAO 的高度有序纳米沟道结构作为光子材料,必须首先将其转化为半导体,使其具有更高的介电常数和更大的光子带隙[131]。这促使人们以超薄 Al_2O_3 膜为刻蚀掩模在 Si、GaAs、InP 和 ZnTe 等衬底上制备纳米孔阵列结构。Crouse 等[13]通过热蒸发 Al 及在 0.3M 草酸中单步阳极氧化(40V),在 Si 片上制备出了孔间距为 100nm、孔径为 50nm 的纳米多孔 Al_2O_3。首先利用离子铣削将 AAO 模板从 2μm 减薄至 300nm,然后将样品置于 5%(质量分数)的 H_3PO_4中进行 1h 的孔扩宽刻蚀并去除阻挡层,再以 AAO 模板为掩模,使用 Cl_2+ BCl_3对 Si 进行反应离子刻蚀,最终就能实现六方排列的图形向 Si 衬底转移。最近,有研究者在纳米级图形化的 Si 片(111)上以 AAO 为刻蚀掩模成功生长并制备出了 InGaN 基的发光二极管(Light Emitting Diode,LED)[79]。将样品放置于 0.3M H_3PO_4 中,并在 6℃下施加 120V 的电压阳极氧化 30min,最终就形成了平均纳米孔直径为 150nm、孔间距离为 120nm 的 AAO 模板。对模板进行感应耦合等离子体(Inductively Coupled Plasma,ICP)刻蚀后可将 AAO 图形转移到 Si 衬底上。Si 和 GaN 之间晶格常数和热导率的较大不匹配会导致高的位错密度,而在 Si 衬底上生长 GaN 的过程中,纳米图形化可以降低这种位错密度。在另一项研究中[132],以 AAO 为刻蚀模板,在图形化的单晶 Si 晶片上制备出了用于光伏应用的抗反射亚波长结构化表面。

图 13.12(a)展示了实现亚波长结构化表面的制造工艺示意图,图 13.12(b)是所制得的亚波长 Si 纳米结构的 SEM 图像。第一步,即 Si 的热氧化,在标准石英炉中进行,为阳极氧化形成了很薄的保护性氧化物阻挡层。沉积的 Al 膜的厚度为 500nm。阳极氧化过程在 0.3M 草酸溶液中进行,电压为 40V,所得结构的周期约为 100nm,随后在 5%(质量分数)H_3PO_4中进行孔扩宽并去除阻挡

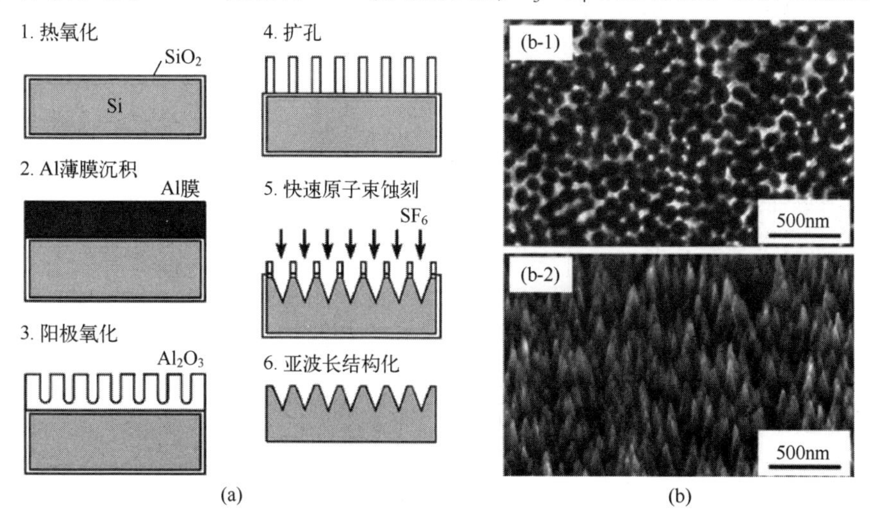

图 13.12 使用 AAO 图形化的亚波长结构(SWS)晶圆[132]

(a) 亚波长 Si 纳米结构的制造流程;(b) 以 AAO 为掩模,高速原子束刻蚀 50min 后的 Si 表面的 SEM 图像:(b-1)顶视图;(b-2)倾斜图。

层。以SF_6为刻蚀气体的快速原子束(Fast Atom Beam,FAB)刻蚀技术在加速电压的作用下可产生亚波长结构的表面浮雕光栅。图 13.13 表明,在 300~1000nm 的整个波长范围内,所得亚波长 Si 纳米结构表面的反射率都小于 1%。图 13.13 还比较了抛光的 Si 片和常规碱性纹理 Si 晶片的反射率[132]。

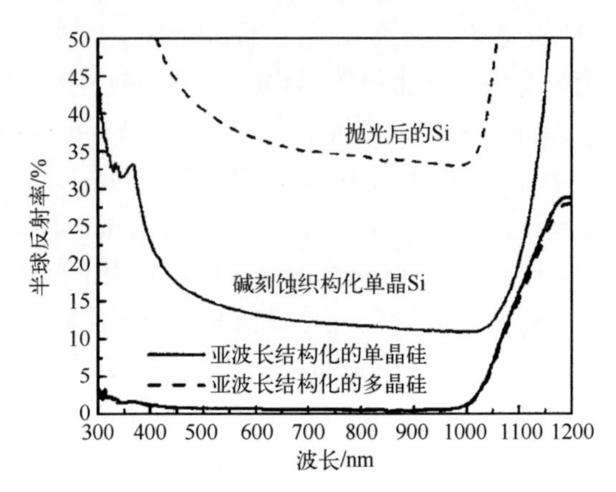

图 13.13 通过图 13.12(a)的方法基于 AAO 模板制造的亚波长 Si 纳米结构表面的实验反射光谱[132]

13.5.2 利用 AAO 模板制备纳米点阵

半导体纳米晶体的有序化制造形成二维阵列是纳米光子学和纳米电子学的基础,也是相关应用研究的重要主题。嵌入薄介电层内的 Si 纳米晶体是下一代非易失性存储器件的基石。由 GaAs 和其他衬底上的 InP 和 InAs 纳米岛阵列构成的量子点(Quantum Dot,QD)激光器在应用中的作用变得越来越重要,如应用到高密度光学数据存储系统中。在研究大规模耦合纳米单元集体行为的基础实验设计方面,横向二维量子点阵列的制备也非常重要。在所有这些应用中,量子点阵列的高度有序排布和间距的控制对实现器件特性的精确控制至关重要。此外,这些应用中,还需要能大面积制备关键特征尺寸小于 100nm 的结构。这些要求超出了传统纳米加工技术的能力。而电化学制备的自组织纳米多孔 Al_2O_3 模板的使用为制备二维量子点阵列提供了非常有吸引力的途径。

在其中一个研究中,以超薄 AAO 膜为模板,使用热蒸发技术在 Si 衬底上形成了 CdS 纳米点阵列。得到的 CdS 纳米点(图 13.14)是具有(002)择优取向的多晶态结构,且具有单分散的尺寸分布[133]。在图 13.14(b)中展示了两种不同尺寸的 CdS 纳米颗粒的光致发光特性,上图中为 10nm 的颗粒,下图中为 50nm 的颗粒,两者均有两个特征峰,即带边发射(子带Ⅰ)和表面缺陷发射(子带Ⅱ)。带边发射归因于纳米颗粒中激子的辐照复合,因此其峰值能量通常略低于 CdS 纳米颗粒的带隙能量。尺寸为 10nm 的纳米点其粒子微晶尺寸小于 4 倍的玻尔激子半径,因此展现出量子限域效应,表现为子带 Ⅰ 宽峰的强烈蓝移。另外,50nm 的纳米点位于激子约束区域外,在 506nm 处显示出与尺寸无关的窄带边发射特征峰[133]。

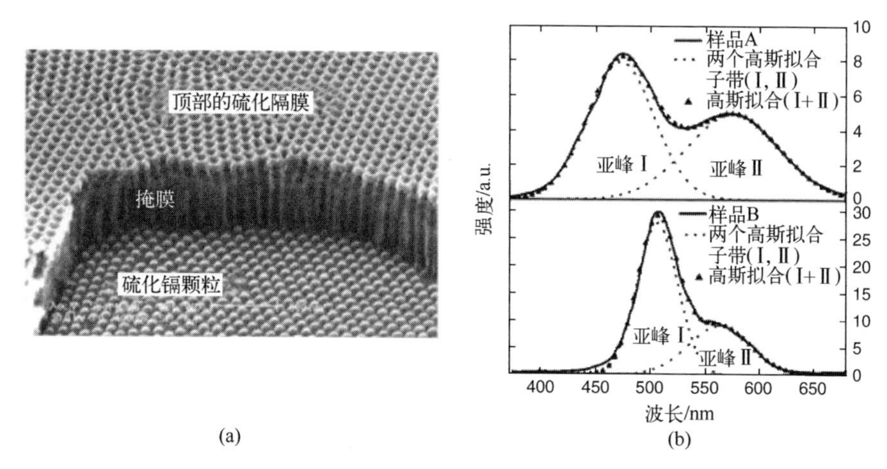

图 13.14 在 Si 衬底上形成的 CdS 纳米点阵列及其特性[133]
(a) 使用 AAO 掩模在 Si 衬底上形成的 CdS 纳米点阵列(其平均直径和间隔分别为 80nm 和 105nm);
(b)(上图)10nm 高度和(下图)50nm 高度的 CdS 纳米点阵列的光致发光光谱和
它们的两个高斯拟合子带。其中激发波长为 350nm。子带 Ⅰ 和 Ⅱ 的峰值位置分别
位于上图中的约 473nm 和 575nm 以及下图中的 506nm 和 563nm。

以 BCl_3 为反应离子刻蚀(Reactive Ion Etching,RIE)气体,以周期为 110nm、直径为 55nm 的 AAO 膜为刻蚀掩模,Liang 等[134]成功将纳米孔阵列图形转移到了 GaAs 衬底上。随后,他们利用分子束外延技术在非光刻纳米图形化的 GaAs 衬底上生长出了高度有序的 InAs 纳米点阵列。得到的纳米点(图 13.15)以一种六方密集排列的横向超晶格的形式被组织在一起。

图 13.15 GaAs 衬底上通过 AAO 膜作为模板形成的六角形有序 InAs 量子点阵列的 SEM 图[134]
(a) SEM 顶视图;(b) SEM 斜视图。

对于等离激元器件应用,期望在任意衬底上得到尺寸可控的贵金属颗粒(Ag 和 Au)周期性阵列结构。AAO 模板也成功被应用到了这一应用领域中。Atwater 等[135]的研究证明,利用 AAO 为模板,在光学厚度的 GaAs 太阳能电池上修饰密集排列的高深宽比 Ag 纳米颗粒,其短路电流密度可增加 8%。在该器件中,由于吸收层中入射光的传播路径较长,导致了光吸收的增强,这种增强主要是由 Ag 纳米颗粒本身表面等离子激元相互作用的强烈散射导致的。

13.5.3 AAO 作为离子束辐照掩模

Matsuura 等[136]对抛光的单晶 $SrTiO_3$衬底进行了离子束辐照研究。实验中将一个 AAO 模板固定在衬底上,让离子束垂直照射样品并确保离子束方向平行于孔的轴线,经过一段时间以后,就可以将纳米多孔图形转移到衬底上。AAO 模板的孔径为 55nm,间距为 100nm。他们尝试了不同的离子束辐照参数:Pt 离子束能量为分别为 200keV、500keV 和 1MeV,对应的束流分别为 $1\times10^{14}/cm^2$、$2\times10^{14}/cm^2$和 $2\times10^{14}/cm^2$,在这些参数下研究 $SrTiO_3$衬底暴露区的非晶化特性。在辐照期间,衬底温度保持在 77K 以确保非晶化过程初始条件的一致性。在此过程中,非晶化的 $SrTiO_3$密度降低了 20%。随后,除去模板,将衬底浸入浓 HNO_3 水溶液中选择性地刻蚀掉非晶化的 $SrTiO_3$[136]。这一图形化技术非常强大,因为其他的纳米加工方法很难对诸如 $SrTiO_3$等陶瓷材料进行刻蚀或在其表面上加工图形化结构。

参 考 文 献

[1] Renshaw TA. J Appl Phys. 1958;29:1623–4.
[2] Cosgrove LA. J Phys Chem. 1956;60:385–8.
[3] Gong D, Grimes CA, Varghese OK, Hu WC, Singh RS, Chen Z, Dickey EC. J Mater Res. 2001;16:3331–4.
[4] Mozalev A, Sakairi M, Saeki I, Takahashi H. Electrochim Acta. 2003;48:3155–70.
[5] Tsuchiya H, Macak JM, Sieber I, Schmuki P. Small. 2005;1:722–5.
[6] Tsuchiya H, Schmuki P. Electrochem Commun. 2005;7:49–52.
[7] Allam NK, Feng XJ, Grimes CA. Chem Mater. 2008;20:6477–81.
[8] Rabin O, Herz PR, Lin YM, Akinwande AI, Cronin SB, Dresselhaus MS. Adv Funct Mater. 2003;13:631–8.
[9] Mor GK, Varghese OK, Paulose M, Grimes CA. Adv Funct Mater. 2005;15:1291–6.
[10] Sadek AZ, Zheng HD, Latham K, Wlodarski W, Kalantar-Zadeh K. Langmuir. 2009;25: 509–14.
[11] Varghese OK, Paulose M, Grimes CA. Nat Nanotechnol. 2009;4:592–7.

[12] Chu SZ, Wada K, Inoue S, Todoroki S. J Electrochem Soc. 2002;149:B321–7.
[13] Crouse D, Lo YH, Miller AE, Crouse M. Appl Phys Lett. 2000;76:49–51.
[14] Premchand YD, Djenizian T, Vacandio F, Knauth P. Electrochem Commun. 2006;8:1840–4.
[15] Yu XF, Li YX, Ge WY, Yang QB, Zhu NF, Kalantar-Zadeh K. Nanotechnology. 2006;17:808–14.
[16] Chong ASM, Tan LK, Deng J, Gao H. Adv Funct Mater. 2007;17:1629–35.
[17] Yin AJ, Guico RS, Xu J. Nanotechnology. 2007;18:035304.
[18] Shankar K, Basham JI, Allam NK, Varghese OK, Mor GK, Feng XJ, Paulose M, Seabold JA, Choi KS, Grimes CA. J Phys Chem C. 2009;113:6327–59.
[19] Foong TRB, Sellinger A, Hu X. ACS Nano. 2008;2:2250–6.
[20] Patermarakis G. J Electroanal Chem. 2009;635:39–50.
[21] Houser JE, Hebert KR. Nat Mater. 2009;8:415–20.
[22] Parkhutik VP, Shershulsky VI. J Phys D. 1992;25:1258–63.
[23] Thompson GE, Furneaux RC, Wood GC, Richardson JA, Goode JS. Nature. 1978;272:433–5.
[24] Osulliva J, Wood GC. Proc R Soc Lond Ser A Math Phys Sci. 1970;317:511.
[25] Mor GK, Varghese OK, Paulose M, Shankar K, Grimes CA. Sol Energy Mater Sol C. 2006;90:2011–75.
[26] Hwang SK, Jeong SH, Hwang HY, Lee OJ, Lee KH. Korean J Chem Eng. 2002;19:467–73.
[27] Sui YC, Cui BZ, Martinez L, Perez R, Sellmyer DJ. Thin Solid Films. 2002;406:64–9.
[28] Sulka GD, Stroobants S, Moshchalkov V, Borghs G, Celis JP. J Electrochem Soc. 2002;149: D97–103.
[29] Lee W, Ji R, Gosele U, Nielsch K. Nat Mater. 2006;5:741–7.
[30] Masuda H. In: Wehrspohn RB, editor. Ordered porous nanostructures and applications. New York: Springer; 2005. p. 37–56.
[31] Kustandi TS, Loh WW, Gao H, Low HY. ACS Nano. 2010;4:2561–8.
[32] Masuda H, Yamada H, Satoh M, Asoh H, Nakao M, Tamamura T. Appl Phys Lett. 1997;71: 2770–2.
[33] Matsui Y, Nishio K, Masuda H. Small. 2006;2:522–5.
[34] Liu CY, Datta A, Wang YL. Appl Phys Lett. 2001;78:120–2.
[35] Lee W, Ji R, Ross CA, Gosele U, Nielsch K. Small. 2006;2:978–82.
[36] Sun ZJ, Kim HK. Appl Phys Lett. 2002;81:3458–60.
[37] Fournier-Bidoz S, Kitaev V, Routkevitch D, Manners I, Ozin GA. Adv Mater. 2004;16:2193.
[38] Kim BY, Park SJ, McCarthy TJ, Russell TP. Small. 2007;3(11):1869–72.
[39] Mor GK, Shankar K, Paulose M, Varghese OK, Grimes CA. Nano Lett. 2005;5:191–5.
[40] Prakasam HE, Shankar K, Paulose M, Varghese OK, Grimes CA. J Phys Chem C. 2007;111: 7235–41.
[41] Shankar K, Mor GK, Fitzgerald A, Grimes CA. J Phys Chem C. 2007;111:21–6.
[42] Mohammadpour A, Shankar K. J Mater Chem. 2010;20:8474–7.
[43] Macak JM, Albu SP, Schmuki P. Phys Status Solidi-Rapid Res Lett. 2007;1:181–3.
[44] Mor GK, Shankar K, Varghese OK, Grimes CA. J Mater Res. 2004;19:2989–96.
[45] Cai QY, Paulose M, Varghese OK, Grimes CA. J Mater Res. 2005;20:230–6.
[46] Varghese CK, Paulose M, Shankar K, Mor GK, Grimes CA. J Nanosci Nanotechnol. 2005;5:1158–65.
[47] Paulose M, Shankar K, Yoriya S, Prakasam HE, Varghese OK, Mor GK, Latempa TA, Fitzgerald A, Grimes CA. J Phys Chem B. 2006;110:16179–84.
[48] Macak JM, Tsuchiya H, Taveira L, Aldabergerova S, Schmuki P. Angew Chem-Int Edit. 2005;44:7463–5.
[49] Macak JM, Hildebrand H, Marten-Jahns U, Schmuki P. J Electroanal Chem. 2008;621: 254–66.
[50] Grimes CA, Mor GK. TiO_2 Nanotube Arrays. New York: Springer; 2009. ISBN 97814-41900678.

[51] Mor GK, Shankar K, Paulose M, Varghese OK, Grimes CA. Nano Lett. 2006;6:215–8.
[52] Zhang JP, Kielbasa JE, Carroll DL. J Mater Res. 2009;24:1735–40.
[53] Liang JY, Chik H, Yin AJ, Xu J. J Appl Phys. 2002;91:2544–6.
[54] Cho SG, Yoo B, Kim KH, Kim J. IEEE Trans Magn. 2010;46:420–3.
[55] Guo YG, Wan LJ, Zhu CF, Yang DL, Chen DM, Bai CL. Chem Mater. 2003;15:664–7.
[56] Zeng H, Skomski R, Menon L, Liu Y, Bandyopadhyay S, Sellmyer DJ. Phys Rev B. 2002;65:134426.
[57] Prida VM, Hernandez-Velez M, Pirota KR, Menendez A, Vazquez M. Nanotechnology. 2005;16:2696–702.
[58] Shukla S, Kim KT, Baev A, Yoon YK, Litchinitser NM, Prasad PN. ACS Nano. 2010;4:2249–55.
[59] Schmucker AL, Harris N, Banholzer MJ, Blaber MG, Osberg KD, Schatz GC, Mirkin CA. ACS Nano. 2010;4:5453–63.
[60] Zong RL, Zhou J, Li Q, Du B, Li B, Fu M, Qi XW, Li LT, Buddhudu S. J Phys Chem B. 2004;108:16713–6.
[61] Zhao C, Tang SL, Du YW. Chem Phys Lett. 2010;491:183–6.
[62] Zong RL, Zhou J, Li B, Fu M, Shi SK, Li LT. J Chem Phys. 2005;123:094710.
[63] McPhillips J, Murphy A, Jonsson MP, Hendren WR, Atkinson R, Hook F, Zayats AV, Pollard RJ. ACS Nano. 2010;4:2210–6.
[64] Dickson W, Wurtz GA, Evans P, O'Connor D, Atkinson R, Pollard R, Zayats AV. Phys Rev B. 2007;76:115411.
[65] Zong RL, Zhou J, Li Q, Li LT, Wang WT, Chen ZH. Chem Phys Lett. 2004;398:224–7.
[66] Habouti S, Solterbeck CH, Es-Souni M. J Mater Chem. 2010;20:5215–9.
[67] Hendren WR, Murphy A, Evans P, O'Connor D, Wurtz GA, Zayats AV, Atkinson R, Pollard RJ. J Phys Condens Matter. 2008;20:362203.
[68] Foss CA, Hornyak GL, Stockert JA, Martin CR. J Phys Chem. 1992;96:7497–9.
[69] Foss CA, Hornyak GL, Stockert JA, Martin CR. J Phys Chem. 1994;98:2963–71.
[70] Hornyak GL, Patrissi CJ, Martin CR. J Phys Chem B. 1997;101:1548–55.
[71] Cepak VM, Martin CR. J Phys Chem B. 1998;102:9985–90.
[72] Wirtz M, Martin CR. Adv Mater. 2003;15:455–8.
[73] Losic D, Shapter JG, Mitchell JG, Voelcker NH. Nanotechnology. 2005;16:2275–81.
[74] Zhao WB, Zhu JJ, Chen HY. J Cryst Growth. 2003;258:176–80.
[75] Li XM, Wang DS, Tang LB, Dong K, Wu YJ, Yang PZ, Zhang PX. Appl Surf Sci. 2009;255:7529–31.
[76] Kang Y, Kim D. Sol Energy Mater Sol C. 2006;90:166–74.
[77] Martinson ABF, Elam JW, Hupp JT, Pellin MJ. Nano Lett. 2007;7:2183–7.
[78] Liu CH, Zapien JA, Yao Y, Meng XM, Lee CS, Fan SS, Lifshitz Y, Lee ST. Adv Mater. 2003;15:838.
[79] Ding JX, Zapien JA, Chen WW, Lifshitz Y, Lee ST, Meng XM. Appl Phys Lett. 2004;85:2361–3.
[80] Routkevitch D, Tager AA, Haruyama J, Almawlawi D, Moskovits M, Xu JM. IEEE Trans Electr Dev. 1996;43:1646–58.
[81] Heremans JP, Thrush CM, Morelli DT, Phys MCWu. Rev Lett. 2002;88:216801.
[82] Routkevitch D, Bigioni T, Moskovits M, Xu JM. J Phys Chem. 1996;100:14037–47.
[83] Shen XP, Yuan AH, Wang F, Hong JM, Xu Z. Solid State Commun. 2005;133:19–22.
[84] Ergen O, Ruebusch DJ, Fang H, Rathore AA, Kapadia R, Fan ZF, Takei K, Jamshidi A, Wu M, Javey A. J ACS. 2010;132:13972–4.
[85] Mu C, He JH. J Nanosci Nanotechnol. 2010;10:8191–8.
[86] Xu DS, Shi XS, Guo GL, Gui LL, Tang YQ. J Phys Chem B. 2000;104:5061–3.
[87] Zhao AW, Meng GW, Zhang LD, Gao T, Sun SH, Pang YT. Appl Phys A Mater Sci Process. 2003;76:537–9.

[88] Li Y, Meng GW, Zhang LD, Phillipp F. Appl Phys Lett. 2000;76:2011–3.
[89] Zheng MJ, Zhang LD, Li GH, Shen WZ. Chem Phys Lett. 2002;363:123–8.
[90] Shen XP, Han M, Hong JM, Xue ZL, Xu Z. Chem Vapor Depos. 2005;11:250–3.
[91] Xu XJ, Fei GT, Yu WH, Wang XW, Chen L, Zhang LD. Nanotechnology. 2006;17:426–9.
[92] Zhai TY, Gu ZJ, Ma Y, Yang WS, Zhao LY, Yao JN. Mater Chem Phys. 2006;100:281–4.
[93] Farhangfar S, Yang RB, Pelletier M, Nielsch K. Nanotechnology. 2009;20:325602.
[94] Li L, Yang YW, Huang XH, Li GH, Zhang LD. J Phys Chem B. 2005;109:12394–8.
[95] Wu C, Shi JB, Chen CJ, Lin JY. Mater Lett. 2006;60:3618–21.
[96] Peng XS, Meng GW, Zhang J, Wang XF, Wang CZ, Liu X, Zhang LD. J Mater Res. 2002;17:1283–6.
[97] Sander MS, Gronsky R, Sands T, Stacy AM. Chem Mater. 2003;15:335–9.
[98] Jin CG, Xiang XQ, Jia C, Liu WF, Cai WL, Yao LZ, Li XG. J Phys Chem B. 2004;108:1844–7.
[99] Menke EJ, Li Q, Penner RM. Nano Lett. 2004;4:2009–14.
[100] Zhang J, Zhang LD, Wang XF, Liang CH, Peng XS, Wang YW. J Chem Phys. 2001;115:5714–7.
[101] Deb P, Kim H, Rawat V, Oliver M, Kim S, Marshall M, Stach E, Sands T. Nano Lett. 2005;5:1847–51.
[102] Chen SG, Paulose M, Ruan C, Mor GK, Varghese OK, Kouzoudis D, Grimes CA. J Photochem Photobiol A Chem. 2006;177:177–84.
[103] Seabold JA, Shankar K, Wilke RHT, Paulose M, Varghese OK, Grimes CA, Choi KS. Chem Mater. 2008;20:5266–73.
[104] Hornyak GL, Dillon AC, Parilla PA, Schneider JJ, Czap N, Jones KM, Fasoon FS, Mason A, Heben MJ. Nanostruct Mater. 1999;12:83–8.
[105] Iwasaki T, Motoi T, Den T. Appl Phys Lett. 1999;75:2044–6.
[106] Jeong SH, Hwang HY, Lee KH, Jeong Y. Appl Phys Lett. 2001;78:2052–4.
[107] Lee JS, Gu GH, Kim H, Jeong KS, Bae J, Suh JS. Chem Mater. 2001;13:2387–91.
[108] Choi WB, Cheong BH, Kim JJ, Chu J, Bae E. Adv Funct Mater. 2003;13:80–4.
[109] Gao H, Mu C, Wang F, Xu DS, Wu K, Xie YC, Liu S, Wang EG, Xu J, Yu DP. J Appl Phys. 2003;93:5602–5.
[110] Jeong SH, Lee KH. Synth Met. 2003;139:385–90.
[111] Hwang SK, Lee J, Jeong SH, Lee PS, Lee KH. Nanotechnology. 2005;16:850–8.
[112] Reddy ALM, Shaijumon MM, Gowda SR, Ajayan PM. Nano Lett. 2009;9:1002–6.
[113] Takami S, Shirai Y, Chikyow T, Wakayama Y. Thin Solid Films. 2009;518:692–4.
[114] Chintakula G, Rajaputra S, Singh VP. Sol Energy Mater Sol C. 2010;94:34–9.
[115] Haberkorn N, Gutmann JS, Theato P. ACS Nano. 2009;3:1415–22.
[116] Al-Kaysi RO, Muller AM, Frisbee RJ, Bardeen CJ. Cryst Growth Des. 2009;9:1780–5.
[117] Guo YG, Li CJ, Wan LJ, Chen DM, Wang CR, Bai CL, Wang YG. Adv Funct Mater. 2003;13:626–30.
[118] Park DH, Kim BH, Jang MG, Bae KY, Joo J. Appl Phys Lett. 2005;86:113116.
[119] Park DH, Kim BH, Jang MK, Bae KY, Lee SJ, Joo J. Synth Met. 2005;153:341–4.
[120] Park DH, Lee YB, Kim BH, Hong YK, Lee SJ, Lee SH, Kim HS, Joo J. J Korean Phys Soc. 2006;48:1468–71.
[121] Kim HS, Park DH, Lee YB, Kim DC, Kim HJ, Kim J, Joo J. Synth Met. 2007;157:910–3.
[122] Wang HS, Lin LH, Chen SY, Wang YL, Wei KH. Nanotechnology. 2009;20:075201.
[123] Haberkorn N, Weber SAL, Berger R, Theato P. ACS Appl Mater Interfaces. 2010;2:1573–80.
[124] Masuda H, Abe A, Nakao M, Yokoo A, Tamamura T, Nishio K. Adv Mater. 2003;15:161.
[125] Matsumoto F, Harada M, Nishio K, Masuda H. Adv Mater. 2005;17:1609.
[126] Harada M, Kondo T, Yanagishita T, Nishio K, Masuda H. Appl Phys Express. 2010;3:015001.
[127] Razpet A, Possnert G, Johansson A, Abid M, Hallen A. Radiation effects and ion-beam

processing of materials. In: Wang LM, Fromknecht R, Snead LL, Downey DF, Takahashi H, editors. Materials research society symposium proceedings, 2004, vol 792, p. 575–580.
[128] Zacharatos F, Gianneta V, Nassiopoulou AG. Nanotechnology. 2008;19:495306.
[129] Menon L, Ram KB, Patibandla S, Aurongzeb D, Holtz M, Yun J, Kuryatkov V, Zhu K. J Electrochem Soc. 2004;151:C492–4.
[130] Jung M, Lee S, Byun YT, Jhon YM, Kim SH, Mho SI, Woo DH. Advances in nanomaterials and processing, Pts 1 and 2.In: Ahn BT, Jeon H, Hur BY, Kim K, Park JW, editors. Solid state phenomena, 2007, vol 124–126, p. 1301–1304.
[131] Nakao M, Oku S, Tamamura T, Yasui K, Masuda H. Jpn J Appl Phys Part 1. 1999;38:1052–5.
[132] Sai H, Fujii H, Arafune K, Ohshita Y, Yamaguchi M, Kanamori Y, Yugami H. Appl Phys Lett. 2006;88:201116–201113.
[133] Lei Y, Chim WK, Sun HP, Wilde G. Appl Phys Lett. 2005;86:103106.
[134] Liang JY, Luo HL, Beresford R, Xu J. Appl Phys Lett. 2004;85:5974–6.
[135] Nakayama K, Tanabe K, Atwater HA. Appl Phys Lett. 2008;93:121904.
[136] Matsuura N, Simpson TW, Mitchell IV, Mei XY, Morales P, Ruda HE. Phys Lett. 2002;81:4826–8.

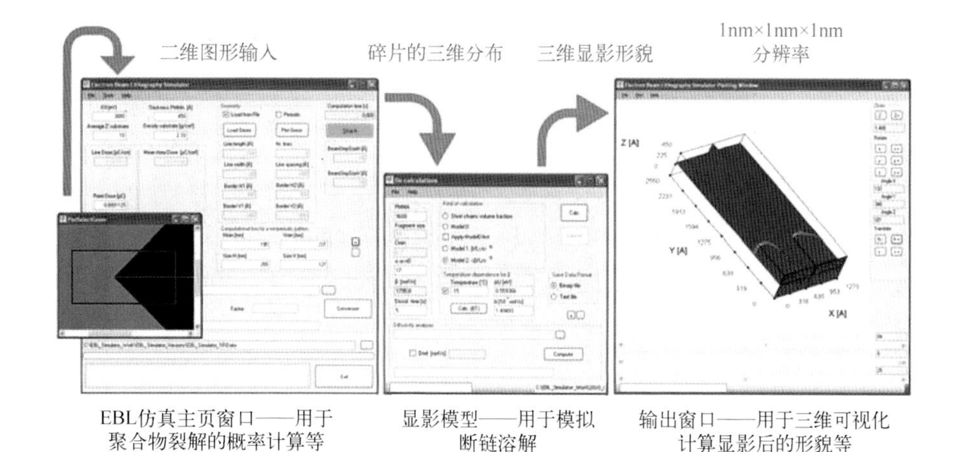

图 2.24 EBL 模拟器用户界面的屏幕截图(演示了图形输入的过程，模拟了曝光(断链)和显影并展示了结果[47])

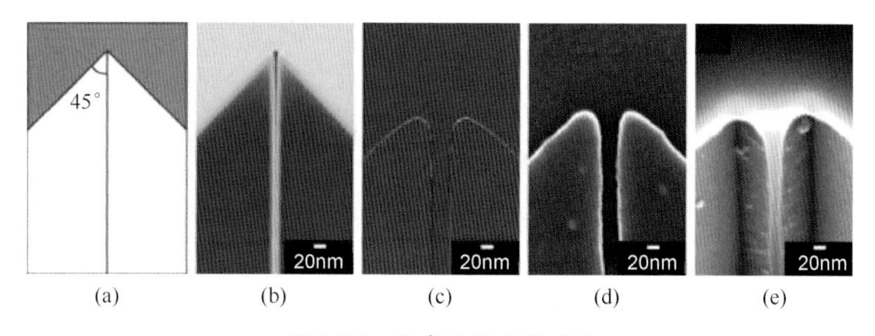

图 2.25 仿真结果及其对比

(a) 典型的谐振器钳位点设计示意图;(b) 计算得到的断裂数量(曝光图);(c) 计算的溶出轮廓(显影图);(d) 显影后 PMMA 抗蚀剂的 SEM 图像;(e) 释放的 SiCN 谐振器钳位点 SEM 图像[53]。

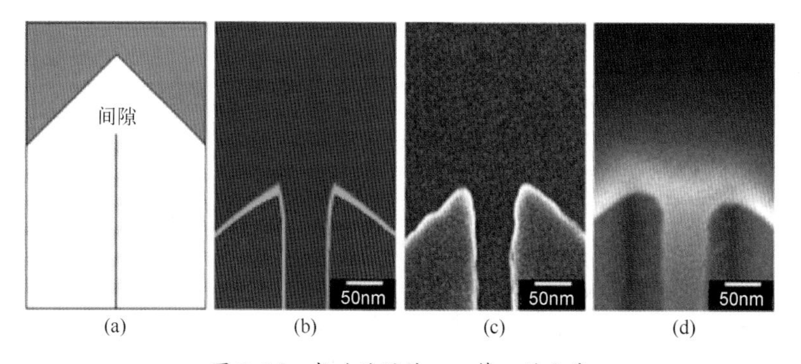

图 2.26 成功的设计——第一种方案

(a) 在谐振器和板块状结构之间具有 170nm 优化间隙的替代钳位点设计图;(b) 最终溶解曲线;(c) 显影后的 PMMA 抗蚀剂 SEM 图像;(d) 释放的 SiCN 谐振器钳位点 SEM 图像[53]。

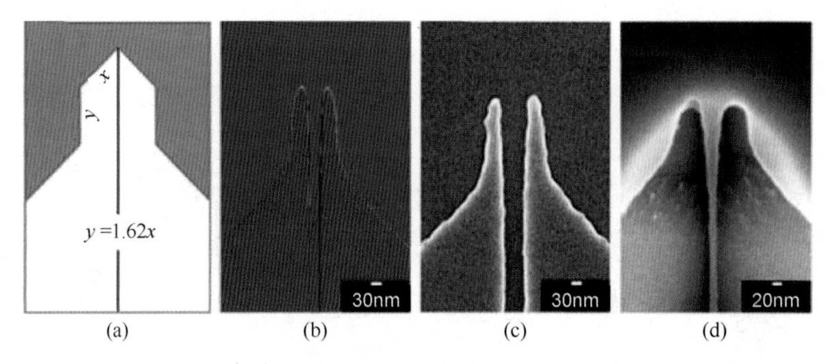

图 2.27　成功的设计——第二种方案

(a) 经过优化的边缘宽度 $x = 165$nm 的替代夹点设计图;(b) 最终溶解的结构轮廓;(c) 显影的 PMMA 抗蚀剂 SEM 图像;(d) 释放后的 SiCN 谐振器钳位点 SEM 图像[53]。

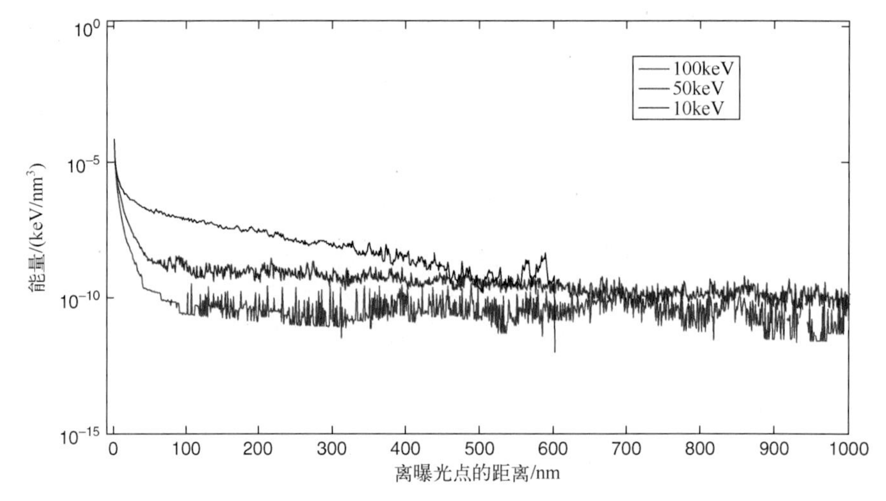

图 3.9　电子束能量为 10keV、50keV 和 100keV 时在抗蚀剂与衬底界面处的能量沉积函数 EDF(r)(衬底为块体 Si)

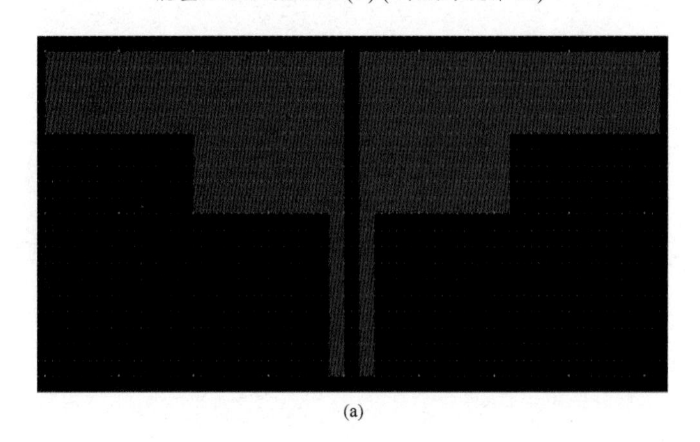

(a)

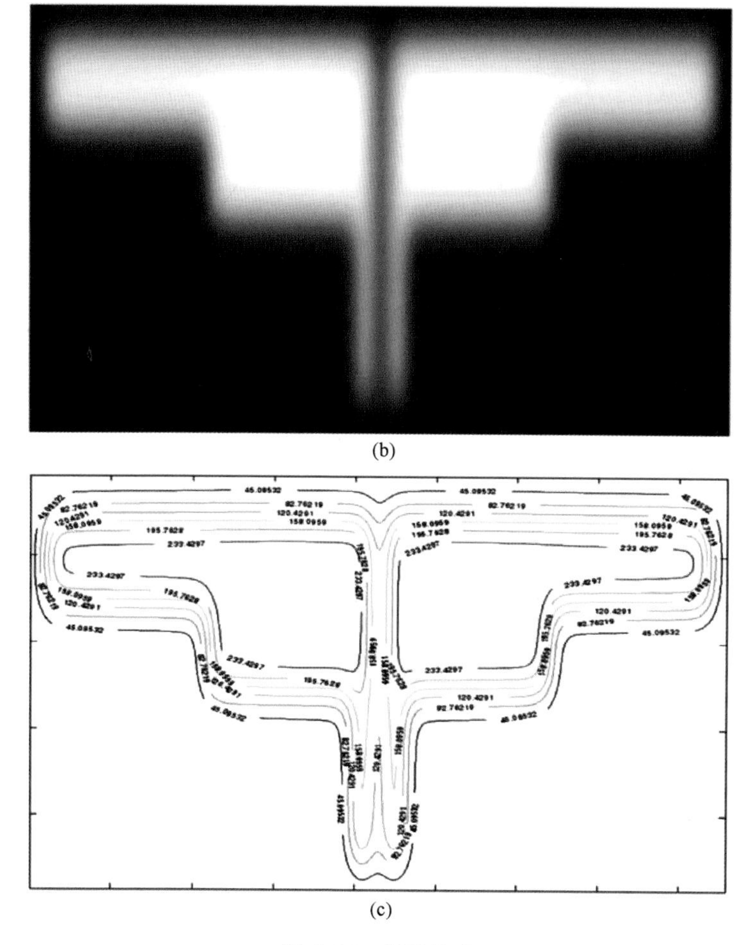

(b)

(c)

图 3.16　邻近效应

(a) 由大面积块状结构、密集精细结构以及靠近大面积块状结构的精细结构组成的版图；(b) 在抗蚀剂与衬底界面处的能量分布灰度图；(c) 等能量线分布。

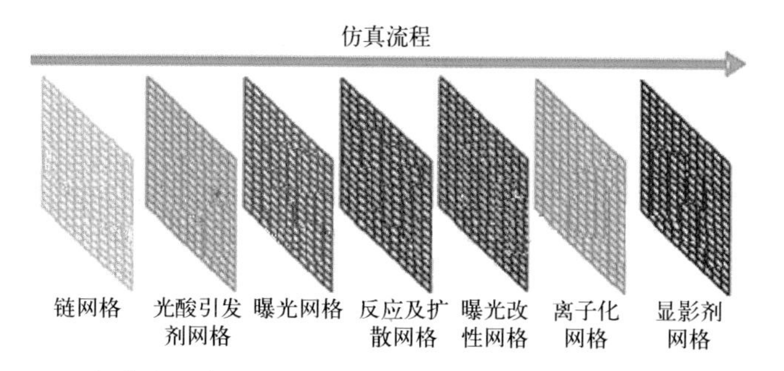

图 3.21　仿真流程在“临时格点”中进行数据存储或提取且在整个光刻仿真过程中这一操作会一直发生并更新

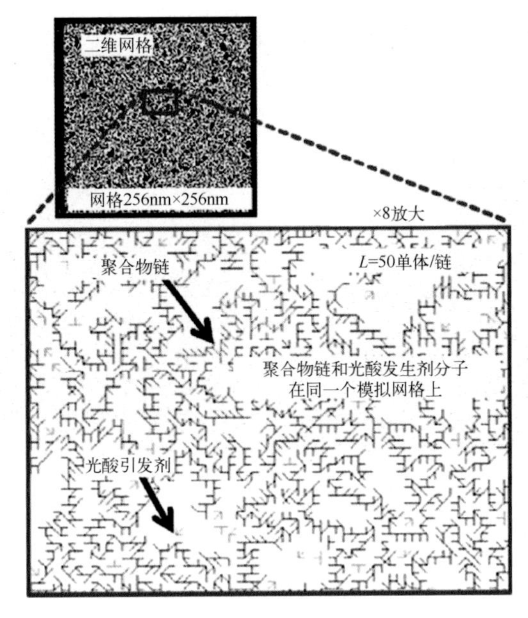

图 3.23 抗蚀剂聚合物分子及引发剂分子的分布(将一个典型的二维抗蚀剂格点阵列中的一小块区域进行放大。L 为抗蚀剂链的平均聚合度)

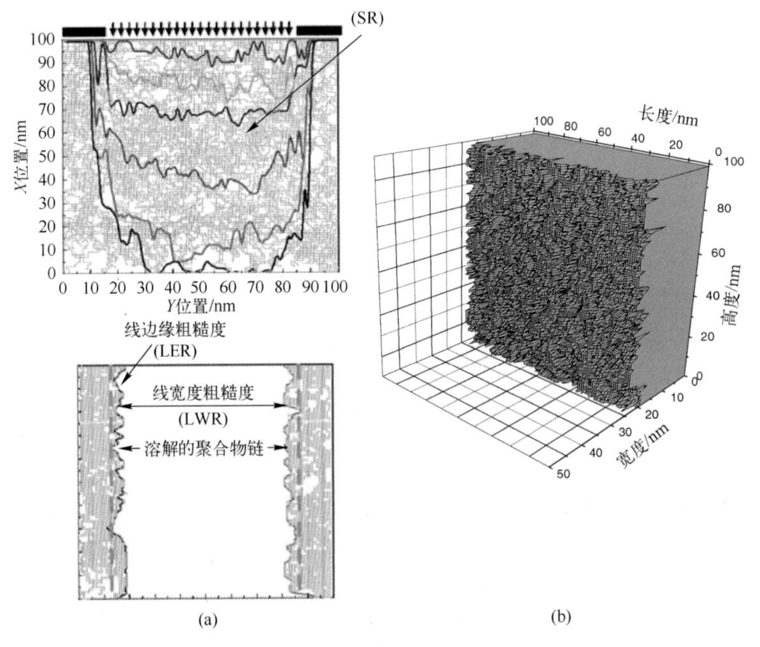

图 3.24 抗蚀剂溶解过程的随机仿真能够提取表面粗糙度和线边缘粗糙度具体形貌演化，可分析与抗蚀剂厚度的关系以及 LER 与边缘深度的变化

(a) 二维示例;(b) 三维示例。

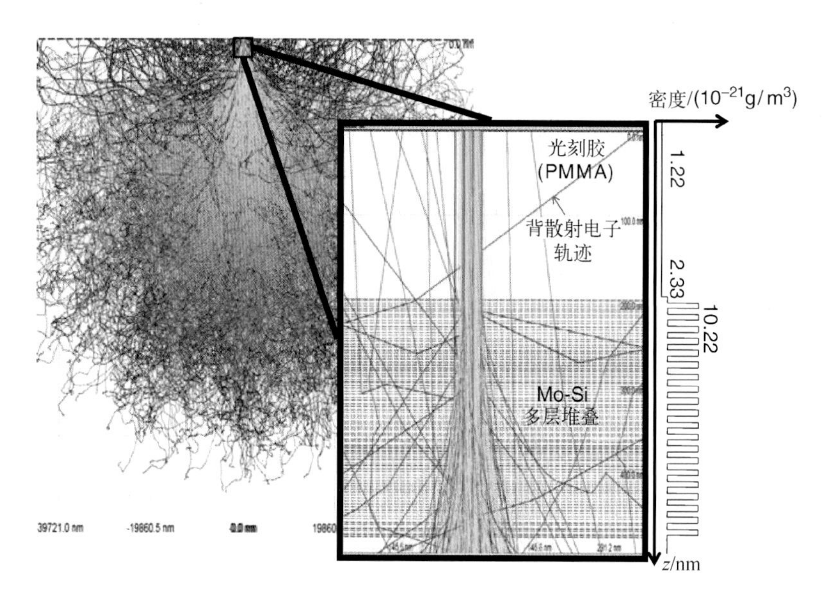

图 3.26　100keV 电子与 200nm PMMA/40 层 Mo-Si 多层膜堆叠衬底发生碰撞后的电子轨迹

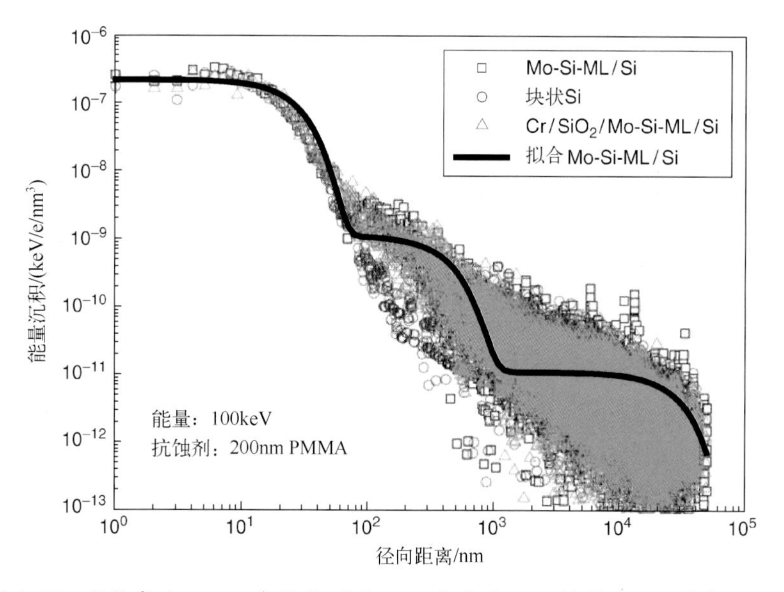

图 3.27　当衬底为 Mo-Si 多层膜、块体 Si 及完整的 EUV 掩模时抗蚀剂中的 EDF（对 PMMA/Mo-Si 多层膜作为衬底时的能量沉积函数进行高斯拟合[26]）

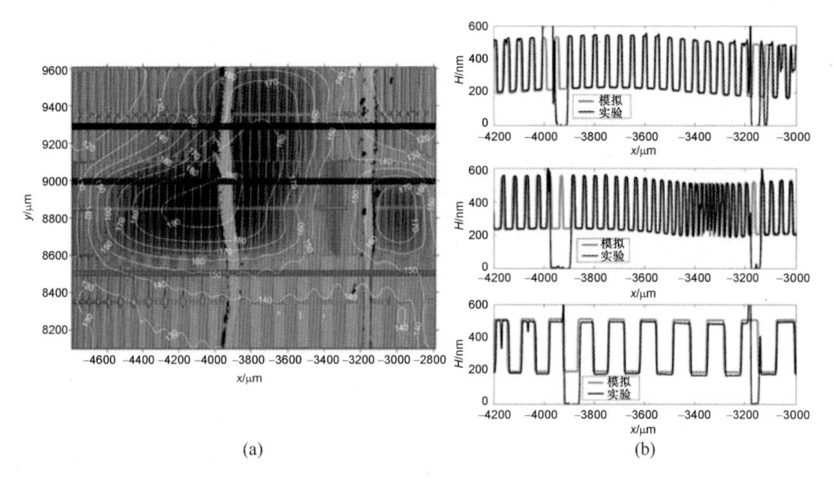

图 5.3　压印中的不均匀形貌及其模拟分布

(a) 在 180℃下压印胶中的结构光学显微镜图像[103](水平线(蓝色、红色、绿色)表示轮廓仪测量压印胶厚度的区域);(b) 图(a)中蓝、红、绿线定义的同位置压印胶厚度的测量和模拟分布比较。

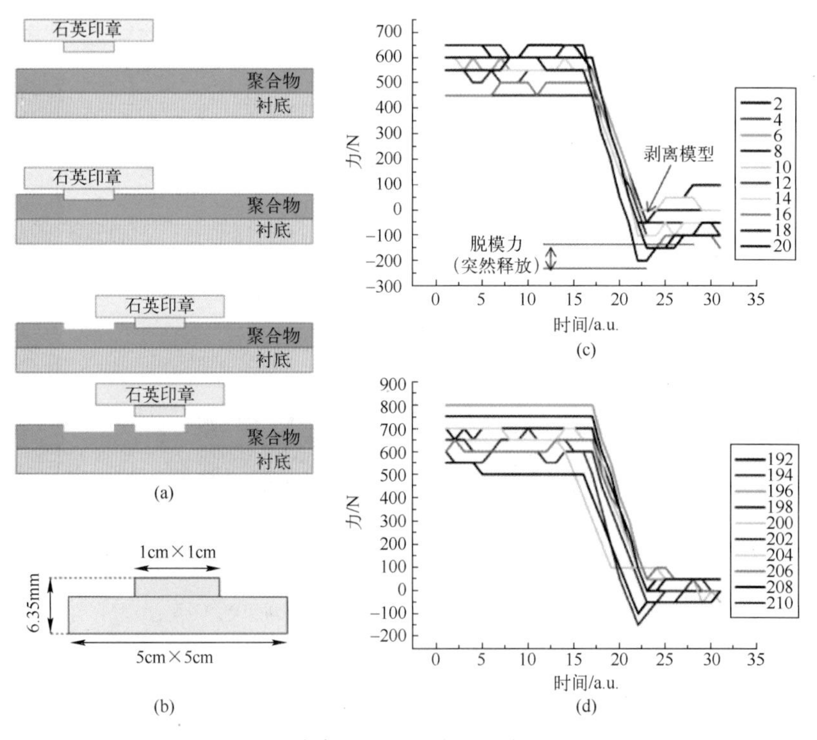

图 5.4　压印流程及其在脱模时的受力曲线(脱模温度为 80℃)

(a) 步进式纳米压印的流程示意图;(b) 模板的横截面;(c) 在 210 次压印脱模过程中前 20 次压印受力曲线;(d) 在 210 次压印脱模过程中最后 20 次压印受力曲线。

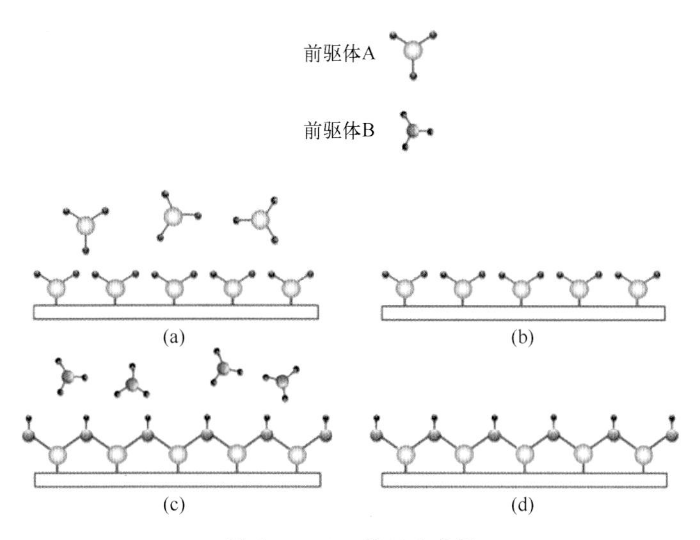

图 6.1 ALD 循环示意图

(a) 脉冲反应前驱体 A 直到表面饱和;(b) 清扫未吸附的反应物;(c) 脉冲反应前驱体 B,并与吸附的反应前驱体 A 分子反应;(d) 清扫过量的反应物和副产物。

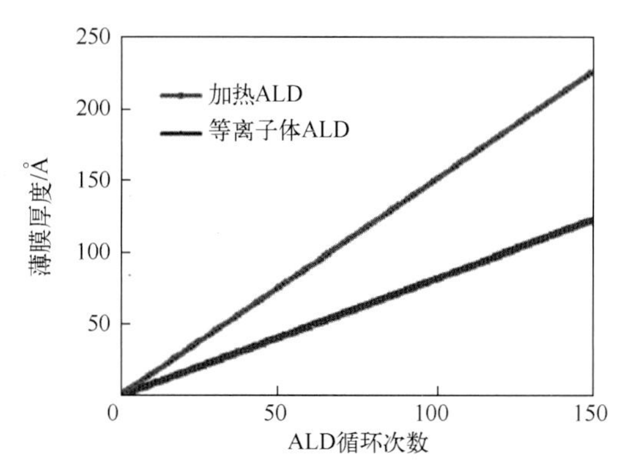

图 6.3 通过原位椭偏仪监测到的在 373K 下分别用加热沉积和等离子体 ALD 得到的 Al_2O_3 厚度在每个生长周期下的对比

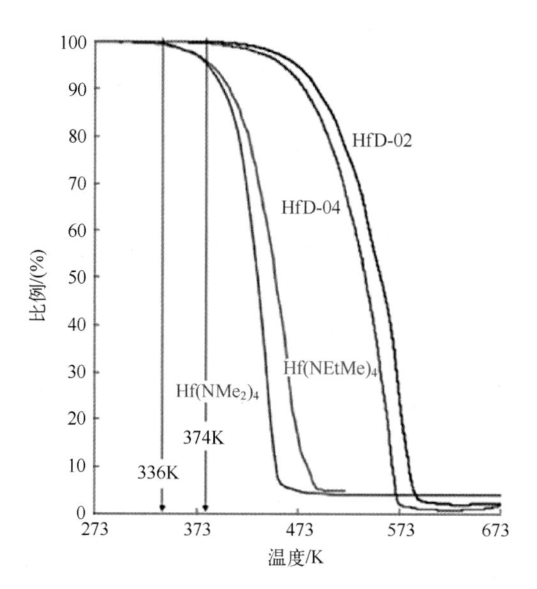

图 6.7 Hf 前驱体 TGA 曲线[15]

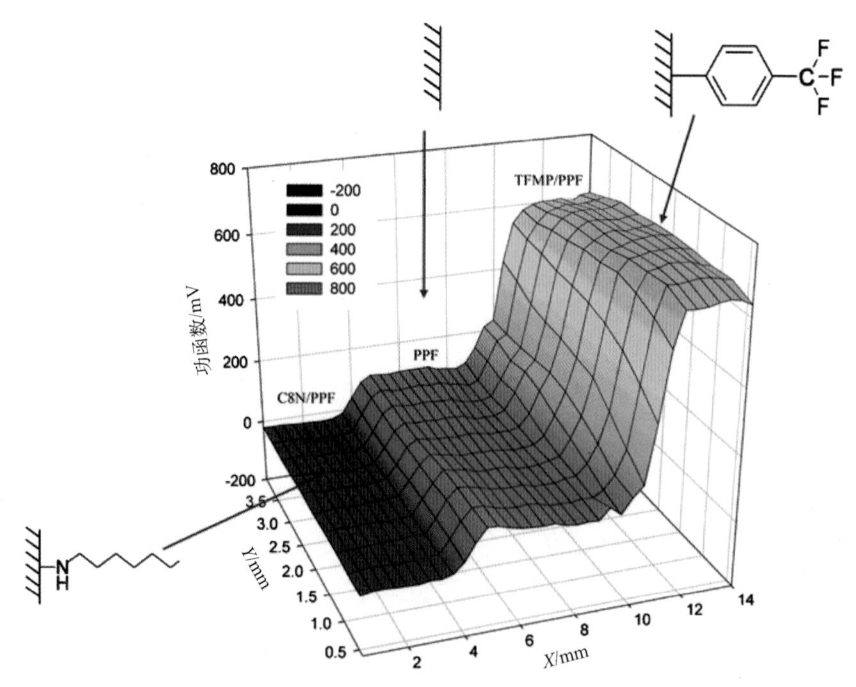

图 7.5 利用分子层偶极子的不同定向排布改变碳表面(PPF,热解的光刻胶薄膜,中心区域)的功函数(烷基胺偶极子的取向朝着表面,导致左边相对于未修饰碳表面区域功函数的降低。相对于未修饰碳薄膜右边的区域,由于三氟甲基苯硼酸层的偶极子取向背离碳表面,造成该区域功函数的增加[34])

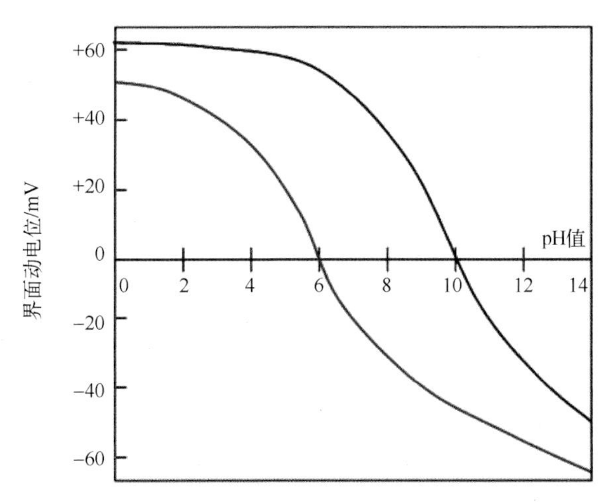

图 10.6　两种不同物质的电动电位与抛光液 pH 值的关系

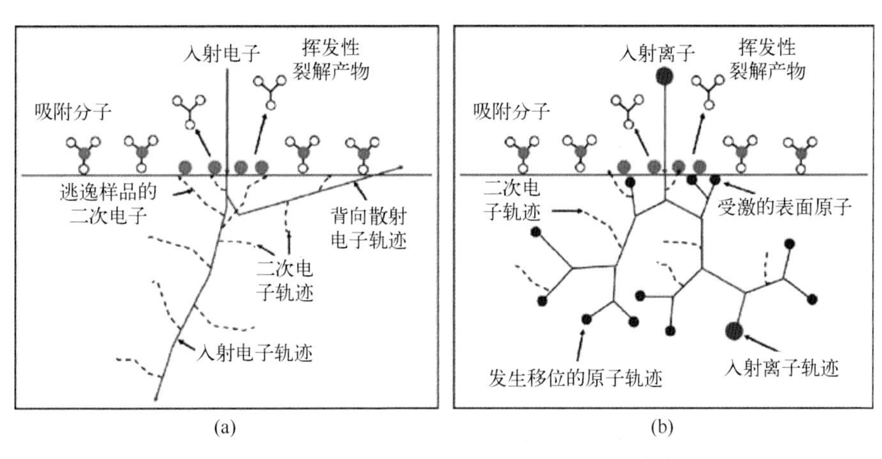

图 11.6　二次衬底原子可以引起表面反应[15]

(a) 入射电子的相互作用产生了一系列二次电子和背向散射电子,所有的电子通过电子激发能够从吸附的前驱体分子中分离出来;(b) 入射离子的相互作用在衬底中产生二次电子和级联碰撞,作为激发表面原子的非溅射目标原子,有助于分子分离

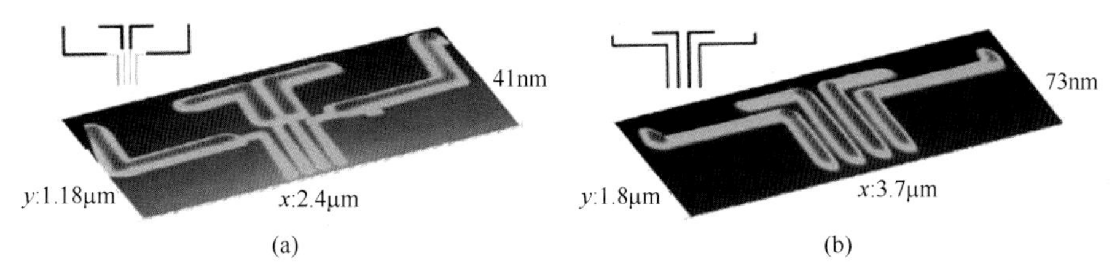

图 11.22　He-IBID 生长的 Pt 和 W 四点霍尔棒状结构的 AFM 测试结果[9]

(a) Pt;(b) W。

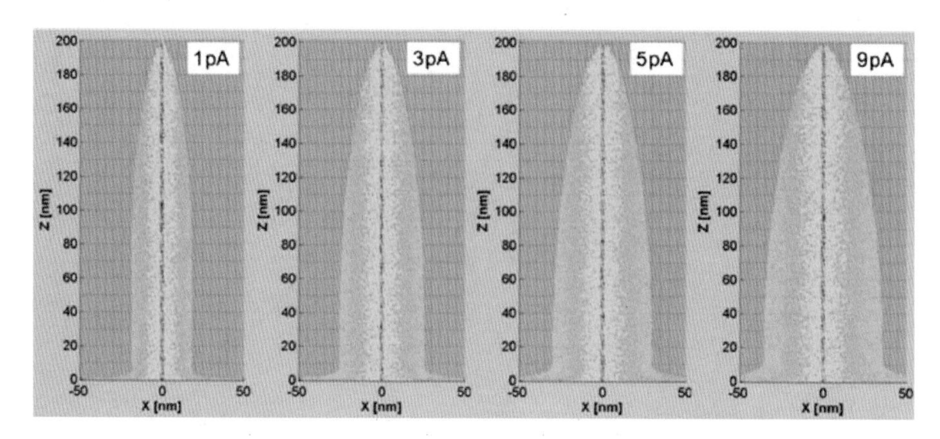

图 11.29　模拟在不同的 He^+ 束流条件下 He-IBID 生长的 PtC_4 柱
（不同的颜色意味着不同的分解机理。红色：一次离子；黄色：SE1；
绿色：前向散射离子；青色：SE2）[7]